Psychoakustische Schallfeldsynthese für Musik

Tim Ziemer

Psychoakustische Schallfeldsynthese für Musik

Raum schaffen für Komposition, Aufführung, Akustik und Wahrnehmung

Springer

Tim Ziemer
Institut für Systemische Musikwissenschaft
Universität Hamburg
Hamburg, Deutschland

ISBN 978-3-031-26862-5 ISBN 978-3-031-26863-2 (eBook)
https://doi.org/10.1007/978-3-031-26863-2

Die Deutsche Nationalbibliothek verzeichnet diese Publikation in der Deutschen Nationalbibliografie; detaillierte bibliografische Daten sind im Internet über http://dnb.d-nb.de abrufbar.

Springer

Lektorat: Thomas Diztinger
Springer ist ein Imprint der eingetragenen Gesellschaft Springer Nature Switzerland AG und ist ein Teil von Springer Nature.
Die Anschrift der Gesellschaft ist: Gewerbestrasse 11, 6330 Cham, Switzerland

Meiner verstorbenen Familie gewidmet:
Wolli, Mölli, die Alten und die Zwillinge.
Wann sehen wir uns wieder?

Vorwort

Musik und Raum ist eines der heißesten Themen der aktuellen Forschung und Anwendungen. Wellenfeldsynthese, 3D-Audio in Spielen, der ATMOS-Kino-Audio-Standard, Konzertsaal-, Techno-Club- oder Home-Entertainment-Akustik – einen akustischen 3D-Raum zu gestalten ist heute eine der größten Faszinationen und Herausforderungen.

Dieses Buch beleuchtet das Thema Raum und Audio aus vielen Blickwinkeln. Moderne Methoden der Raumakustik, der Signalverarbeitung, der Konzertsaalgestaltung, der Auralisation oder der Visualisierung verbessern sich derzeit sehr schnell. Das Buch gibt einen umfassenden Überblick über all diese Aspekte, basierend auf mathematischen Gleichungen, die in anderen Lehrbüchern heute oft kaum noch zu finden sind, wie z. B. bei der Herleitung des Kirchhoff-Helmholtz-Integrals und seiner Verbindung zum Huygens-Prinzip. Solche Gleichungen sind zwar alltäglich, aber ihre Herleitung und Begründung lehrt über ihre Stärken und Grenzen. Indem er sich diesen Methoden von Grund auf neu nähert, ist Tim Ziemer in der Lage, ein tiefes Verständnis für die Gründe zu vermitteln, warum diese Methoden heute verwendet werden.

Das Buch berücksichtigt auch Neuromusikologie, Psychoakustik, Semantik und Philosophie und gibt faszinierende Einblicke in neuronale Interaktionen und Kodierungen, semantic Loads, synästhetische Beziehungen sowie historische und ethnische Unterschiede der Wahrnehmung und Behandlung von Musik und Raum. Tim Ziemer beschreibt, dass sich das menschliche Gehör aus dem Seitenlinenelement der Fischen entwickelt hat, mit dem sie Wasserströmungen um sich herum wahrnehmen und deshalb Schwärme bilden können. Das Ohr „tastet" also den Raum ab, um zu erkennen, wo wir uns befinden. Die Lokalisierung einer Schallquelle wiederum wird durch ein Zusammenspiel von linker und rechter Gehirnhälfte stark gefördert, eine weitere der vielen Aufgaben, die unser Gehör im Bereich der räumlichen Wahrnehmung erfüllen kann.

Aus der Geschichte sind viele Beispiele für die Nutzung des Raums in der Musik bekannt und diskutiert worden. Monteverdi platzierte verschiedene Musikinstrumentengruppen in verschiedenen Räumen und fügte so unterschiedlichen Nachhall hinzu, so wie ein modernes Mischpult Delays und Effekte für verschiedene

Instrumentengruppen hinzufügt. In der Steinzeit fand man in Höhlen bestimmte Orte, an denen verschiedene Vokale am besten klangen. Ovid erzählt uns von der Verwandlung einer Nymphe namens Echo (von griechisch echon, sich verhalten wie), die alles erwiderte, was man sagte. Sie verwandelte sich in einen Stein, und seither sprechen Steine zurück.

Solche Echos finden sich auch in Musikinstrumenten, die von Impulsen durchlaufen und an verschiedenen Stellen reflektiert werden. Gitarren, Geigen oder Klaviere sind also auch Echokammern, und wir hören sie mit einem eigenen Raum, einer wahrgenommenen Quellenausdehnung (Apparent Source Width, ASW). In der Tat assoziieren wir den Klang von Musikinstrumenten sehr oft mit räumlichen oder taktilen Attributen wie rauh, flach, tief, offen. Ein Heavy-Metal-Gitarrensound ist bekanntlich ein Brett, Geigen können hohl klingen, Klaviere ausgedehnt und groß, Flöten klein.

Beim Vergleich von Audioequipment ist die Räumlichkeit heute vielleicht das wichtigste Qualitätskriterium. Digital/Analog-Wandler (DAC) gelten als gut, wenn sie tief klingen, in der Lage sind, Musikinstrumente abzustufen und sie räumlich darzustellen. Andernfalls klingen sie vielleicht flach, klein und daher dumpf. Das Gleiche gilt für Lautsprecher und Kopfhörer. Bei der Verwendung eines 3D-Virtual-Reality-Headsets beim Gaming wollen wir den Klang so differenziert hören wie in unserer realen 3D-Umgebung.

Tim Ziemer stellt all diese Aspekte und noch viel mehr vor. Er arbeitet seit vielen Jahren auf diesem Gebiet und hat faszinierende Anwendungen für 3D-Audio entwickelt. Vielleicht am bemerkenswertesten ist seine Idee einer psychoakustischen Schallfeldsynthese. Es hat sich bereits gezeigt, dass die Anwendung von Wahrnehmungsregeln in der Audiosignalverarbeitung die Klangqualität enorm verbessern kann. Am bekanntesten dürfte MP3 sein, wo psychoakustische Regeln zu einem Audiokompressionsalgorithmus genutzt wurden. Auch die psychoakustische Schallfeldsynthese macht sich solche Vorteile zunutze. Sie nutzt den Präzedenz-Effekt des Hörens, einen sehr bekannten und leistungsfähigen Effekt, um die Gestaltung eines solchen Schallfelds zu verbessern.

Diese Entwicklung war nur möglich, weil Tim Ziemer ein tiefes Verständnis für alle Aspekte von Audio und Raum hat, sei es akustisch, psychologisch, semantisch, philosophisch oder historisch. Sein Buch ist daher auch eine Fundgrube für alle, die sich für die Entwicklung neuer Algorithmen zur Verbesserung von Raumklang inspirieren lassen wollen. Wer das Ganze kennenlernen möchte, findet hier eine hervorragende Einführung mit vielen Referenzen und Quellen.

Das Buch ist ein wunderbares Beispiel für die Systematische Musikwissenschaft als interdisziplinäres Forschungsgebiet, das musikalische Akustik und Signalverarbeitung, Musikpsychologie und Neurokognition sowie Musikethnologie und verwandte Disziplinen vereint. Um Musik zu verstehen, muss man all diese Aspekte berücksichtigen und sich ein Gesamtbild machen. Erst dann werden solche Erfindungen möglich, wie sie Tim Ziemer in diesem wunderbaren und inspirierenden Buch vorstellt.

Daher bietet das Buch einen umfassenden Überblick über die Forschung im Bereich Raumklang und Musik. Ich habe es sehr gerne gelesen und hoffe, dass es viele inspiriert, die in diesem Bereich arbeiten oder sich für das sehr alte und immer wieder neue Forschungsthema Musik und Raum interessieren.

Hamburg, Deutschland
März 2019

Rolf Bader

Vorwort

Meine Arbeit an räumlichem Audio für die Musikpräsentation begann, als ich 2008 Magisterstudent an der Universität Hamburg war. Mein Professor, Rolf Bader, sagte etwas wie: „Wir haben fünfzehn Lautsprecherboxen. Wählen Sie das gewünschte Schallfeld und lösen Sie ein lineares Gleichungssystem, um entsprechende Lautsprechersignale zu erzeugen." Was so einfach klingt, hat mir wirklich zu schaffen gemacht: *Was ist das Schallfeld, das ich will? Welchen Klangeindruck wünsche ich mir? Welches Hörerlebnis möchte ich bieten? Was muss getan werden, ist aber noch nicht erreicht worden? Und wie kann ich das erreichen?* Die Aufgabe setzte eine Kettenreaktion in Gang. Die Suche nach dem idealen Musikhör-Erlebnis beschäftigt Philosophen, Forscher, Künstler und Ingenieure seit Jahrhunderten. Das Thema wurde aus der Sicht der Ästhetik, des Musikinstrumentenbaus und der Synthesizer-Entwicklung, der Komposition und Aufführungspraxis, der Raumakustik, der Audiotechnik, der Psychophysik, der Musikethnologie, der Musikpsychologie und -soziologie, der Musiktheorie und vieler anderer Bereiche angegangen. Interessanterweise sind viele musikalische Konzepte, Ideale und offene Fragen mit der Räumlichkeit in der Musik verbunden.

Viele Musiker sind enttäuscht, dass selbst die besten E-Pianos es nicht schaffen, so groß zu klingen wie ein Konzertflügel. Tonhöhe, Lautstärke und Dynamik, zeitliche und spektrale Feinstruktur und sogar die Haptik von E-Pianos können dem Original sehr nahe kommen und realistisch wirken. Manche E-Pianos erzeugen sogar eine tieffrequente Vibration der Klavierbank. Das soll die Spielbedingungen realistischer machen, indem es Informationen für den Tastsinn hinzufügt. Manche Keyboards werben mit mystischen Konzertflügel-Tasten oder *erweiterten* Stereobreiten-Funktionen, deren aufwändige Signalverarbeitung ein Firmengeheimnis bleibt. Allerdings können auch ungeübte Hörer sofort erkennen, ob sie einen echten Flügel oder eine Lautsprecherwiedergabe von einem E-Piano oder einem Raumklangsystem hören. Da die zeitliche und spektrale Dynamik nahezu perfekt rekonstruiert wird, bleibt nur noch die räumliche Dynamik übrig. Natürlich hat die Raumakustik einen großen Einfluss auf die wahrgenommene Räumlichkeit des Klangs. Aber als Musikwissenschaftsstudent, der viel Zeit in einem Freifeldraum verbracht hat, wusste ich, dass ein Konzertflügel auch ohne nennenswerte Raumreflexionen immer groß klingt. Der große schwingende Resonanzboden erzeugt ein kompliziertes Schallfeld. Hier sorgen interaurale Pegel- und Phasenunterschiede dafür, dass es breit klingt. Außerdem verändern sich der Klangeindruck und die interauralen Unterschiede leicht, wenn man den Kopf bewegt. Kopfbewegungen sind typisch für das Hören von Musik oder das Spielen von Musikinstrumenten. So habe ich meine Aufgabe gefunden: Die Klangabstrahlungseigenschaften von Musikinstrumenten zu erfassen und zu rekonstruieren, um ein räumliches und natürliches Hörerlebnis für Hörer zu schaffen, die sich beim Hören bewegen können. Leider lieferte der Stand der Technik bei Mikrofon-Array-Messungen und Lautsprecher-Array-Technik nur mäßig befriedigende Ergebnisse für unsere Konstellation von vergleichsweise vielen Mikrofonen (128) und wenigen Lautsprechern (15, die einen Hörbereich in einem akustisch unbehandelten Raum von drei Seiten umgeben). Also passte ich die konventionelle Technik an meine Bedürfnisse an, wobei ich mit den typischen Problemen der Sparsity, der Unterabtastung und der inversen Probleme konfrontiert wurde. Da ich jedoch Musikwissenschaftler bin, habe ich Lösungen gefunden, die den Ursprung des Gehörs, die psychologische Organisation des Klangs, Vorstellungen von Musikproduktion, Komposition und Aufführungspraxis sowie die musikalische Akustik im Hinblick auf Instrumentenakustik, Raumakustik und insbesondere Psychoakustik berücksichtigen. Das Ergebnis könnte man als *psychoakustisches Schallfeldsynthesesystem für die Musikpräsentation* bezeichnen. Es zielt nicht auf eine perfekte physikalische Kopie eines gewünschten Schallfeldes ab. Stattdessen liefert es die Hinweise, die das Gehör benötigt, um die Quelle zu lokalisieren und ihre räumliche Ausdehnung sowie ihr natürliches Timbre zu erfahren, die an verschiedenen Hörpositionen sehr unterschiedlich sein können. Die Hinweise werden mit der erforderlichen Präzision geliefert, wobei die zeitliche, spektrale und räumliche Genauigkeit des Gehörs berücksichtigt wird.

Allgemeine Bemerkungen und ein Überblick über die Struktur und den Inhalt dieses Buches werden in Kap. 1 gegeben. Einige Konzepte der Räumlichkeit in der Musik werden in Kap. 2 besprochen, wobei die Räumlichkeit in der Musikpsychologie, der Komposition und der modernen Musikproduktion, der Musiktheorie und dem Music Information Retrieval betrachtet wird. Die primäre Funktion des Gehörs ist das räumliche Hören und die mentale Repräsentation der Außenwelt. Eine Abhandlung über die Biologie des Gehörs findet sich in Kap. 3. Die Beziehung zwischen der physischen Außenwelt und ihrer mentalen Repräsentation wird in Kap. 4 erörtert. Die Schallabstrahlungseigenschaften von Musikinstrumenten und Mikrofonarraymethoden zu ihrer Aufnahme werden in Kap. 5 zusammengestellt. Der abgestrahlte Schall von Musikinstrumenten breitet sich durch den Hörraum aus und erreicht die Ohren der Zuhörer direkt oder nach Einzel- oder Mehrfachreflexionen. Der Einfluss der Raumakustik auf das räumliche Hörerlebnis wird in Kap. 6 behandelt. Konventionelle stereophone Audiosysteme werden vor dem Hintergrund der Darstellung von Raumklang in Kap. 7 besprochen. Die Wellenfeldsynthese stellt eine Alternative zu stereophonen Audiosystemen dar. Sie überwindet bestimmte Einschränkungen, bringt aber auch neue Herausforderungen für die räumliche Musikpräsentation mit sich. Der Ansatz wird in Kap. 8 hergeleitet und diskutiert. Schließlich wird in Kap. 9 die psychoakustische Schallfeldsynthese als neues Paradigma in der Entwicklung räumlicher Audiotechnik vorgestellt.

Der vorgestellte Ansatz der psychoakustischen Schallfeldsynthese für Musik ist ein exemplarischer Fall, der den Vorteil psychoakustischer Überlegungen bei der Entwicklung neuer räumlicher Audiotechnologien verdeutlicht. Mit der psychoakustischen Schallfeldsynthese ist es möglich, einen gewünschten Klangeindruck mit Hilfe eines hybriden Ansatzes zu erzeugen, der physikalische und wahrnehmungsbezogene Aspekte des Schallfeldes einbezieht. Psychoakustische Kontrolle ist ein neues Paradigma, das für viele weitere Audiotechnologien genutzt werden kann. Der Ansatz ist nicht auf Musik beschränkt, sondern kann auch Anwendungen mit Sprache, Sonifikation und vielem mehr umfassen. Der Ansatz legt den Grundstein für eine neue Generation psychoakustischer Audiotechnologie und für ein Überdenken etablierter Audiosysteme.

Hamburg, Deutschland
Mai 2017

Tim Ziemer

Danksagung

Mein Dank gilt Rolf Bader und Albrecht Schneider, die mir alle Grundlagen beigebracht haben und mir dann genügend Freiraum gaben, meinen eigenen Gedanken zu folgen und eigene Wege zu finden. Ihr Mut, neue Felder zu betreten und unkonventionelle Lösungen zu finden, hat mich inspiriert, das gesamte Spektrum der systematischen Musikwissenschaft zu betrachten und Ansätze und Lösungen aus den Bereichen Biologie, Musiktheorie, Instrumentenakustik, Raumakustik und Psychoakustik, Kognitionswissenschaft und Musikpsychologie, Elektrotechnik und Informatik zu finden. Ich bin dankbar, dass sie mir immer wieder Ratschläge geben und mich unterstützen, wo immer sie können.

Ich danke dem interdisziplinären Gutachterausschuss meiner Dissertation. Neben Rolf Bader und Albrecht Schneider gaben auch Wolfgang Fohl, Georg Hajdu, Christiane Neuhaus und Clemens Wöllner kritisches Feedback aus verschiedenen Blickwinkeln und wertvolle Anregungen für die weitere Forschung im Bereich räumliches Audio für Musik, die in diesem Buch ihren Höhepunkt findet.

Eine Reihe von Stiftungen und Gesellschaften hat mich bei der Präsentation meiner Forschungsergebnisse und der Arbeit an diesem Buch finanziell unterstützt. Ich danke der Claussen-Simon-Stiftung, die mich bei der Fertigstellung dieses Buches sehr unterstützt hat, und dem Deutschen Akademischen Austauschdienst, der viele meiner Konferenzreisen finanziert hat.

Mein Team an der Universität Hamburg hat mir immer den Rücken gestärkt, insbesondere Niko Plath, Florian Pfeifle, Michael Blaß, Christian Köhn, Orie Takada, Claudia Stirnat, Jost Fischer, Rolf Bader, Albrecht Schneider, Christiane Neuhaus, Marc Pendzich, Clemens Wöllner, Konstantina Orlandatou, Lenz Hartmann, Jesper Hohagen und Henning Albrecht. Es war für mich inspirierend zu sehen, wie viele Disziplinen auf dem Gebiet der systematischen Musikwissenschaft vereint sind. Sie haben mir Einblicke in Ihre Arbeit gegeben, die Ansätze aus den Bereichen Biologie, Mathematik, digitale Signalverarbeitung, Physik, Ethnologie, Informatik, Kognitionswissenschaft, Psychologie, Soziologie, Kunst, Kultur, Wirtschaft, Politik und Geisteswissenschaften nutzt. Sie haben mir die Macht der Interdisziplinarität vor Augen geführt.

Inhaltsverzeichnis

Symbole und Abkürzungen

Symbole

α	Winkel zwischen der Normalrichtung der Wellenfront und der Sekundärquelle
β	Absorptionskoeffizient
$\gamma(t-\tau)$	Zeitfenster
$\Gamma(\omega,\varphi)$	Lösung für den Azimutwinkel der Helmholtz-Gleichung
$\Gamma_{\mathrm{Q}}(\omega,\varphi)$	Horizontale Strahlungscharakteristik der Quelle
$\Gamma_{\mathrm{Y}}(\omega,\varphi)$	Horizontale Strahlungscharakteristik der Sekundärquelle
δ	Dirac-Delta
κ	Matrix-Konditionszahl
ϕ	Phase
φ	Azimutwinkel
φ_0	Blickrichtung in der horizontalen Ebene
φ_Q	Azimutwinkel der Quelle im kopfbezogenen Koordinatensystem
λ	Wellenlänge
Π	Funktion des Radius
ϑ	Polarwinkel
Θ	Lösung für den Polarwinkel der Helmholtz-Gleichung
ρ	Dichte
σ	Standardabweichung
ω	Kreisfrequenz ($\omega = 2\pi f$)
Ω	Breite der Strahlungskeulen des Beamformers oder des Schallstrahlers
$\Psi(\omega,\varphi,\vartheta)$	Sphärische Harmonische (Lösung für Azimut- und Polarwinkel der Helmholtz-Gleichung)
a	Kodierungsfaktor
$\hat{A}$	Amplitude
$\hat{\mathbf{A}}$	Amplituden- oder Verstärkungsvektor
$A(\omega)$	Komplexe Amplitude

b	Dekodierungsfaktor
B	Surround-/Rear-Kanal („Back")
BQI	Binauraler Qualitätsindex (=1 − *IACC*)
BR	Bass-Verhältnis (Bass Ratio)
c	Schallgeschwindigkeit
C	Center-Kanal
C_{80}	Clarity Factor (Verhältnis von frühen zu späten Reflexionen)
const	Konstante
$d(\mathbf{Y})$	Fensterfunktion
D	Manipulationsfaktor, der die Amplitude der Quelle in die Amplitude des Aufnehmers umwandelt
dB	Schalldruckpegel in Dezibel
$\mathrm{dB_{SL}}$	Dezibel-Spektrum-Pegel
$\mathrm{dB_{SPL}}$	Dezibel Schalldruckpegel
dir	Direkter Ton
e	Eulersche Zahl (≈2.718281828…)
EDT	Frühe Abklingzeit (Early Decay Time)
EEL	Early-Ensemble-Level
eig	Eigenwert
f	Frequenz
$\mathbf{f}$	Stetig differenzierbare Vektorfunktion
F	Vorderer Kanal („Front")
FF	Fernfeld
g	Spezielle Lösung der Green'schen Funktion im Zeitbereich (Impulsantwort)
$\tilde{g}$	Allgemeine Lösung der Green'schen Funktion im Zeitbereich
G	Spezielle Lösung der Green'schen Funktion im Frequenzbereich (komplexe Übertragungsfunktion)
$\tilde{G}$	Allgemeine Lösung der Green'schen Funktion im Frequenzbereich
G_X	Klangstärke
h	Index („Höhe")
H	Hallmaß
$H_n^{(2)}(\omega,r)$	Sphärische Hankel-Funktion zweiter Art und n-ter Ordnung
$\imath$	Imaginäre Einheit $\sqrt{-1}$
$I_n(r)$	Sphärische Besselfunktion zweiter Art und n-ter Ordnung
IACC	Interauraler Kreuzkorrelationskoeffizient
IACF	Interaurale Kreuzkorrelationsfunktion
ITD	Interauraler Zeitunterschied
ITDG	Initial Time Delay Gap
$J_n(r)$	Sphärische Besselfunktion erster Art und n-ter Ordnung
k	Wellenzahl $\left(k = \frac{\omega}{c} = \frac{2\pi}{\lambda}\right)$
K	Ausbreitungsmatrix
$K(\omega, \varphi)$	Ausbreitungsfunktion

l	Index („Länge“)
L	Linker Kanal („Links“)
$\mathbf{L}$	Position des linken Lautsprechers
$L\,1$	Trennlinie zwischen Quellenbereich und quellenfreiem Bereich
LFC	Lateral Fraction Coefficient
lg	Dekadischer Logarithmus
LG	Lateral Strength
max	Maximum
min	Minimum
$\mathbf{M}_m(\mathbf{Q}, \varphi)$	Position der Mikrofone
NF	Nahfeld
$p(t)$	Schalldruck im Zeitbereich (Schallsignal)
$P(\omega)$	Schalldruck im Frequenzbereich (Spektrum)
$P(t, \omega)$	Schalldruck im Zeit-/Frequenzbereich
$P_n^m\left(cos\vartheta\right)$	Assoziierte Legendre-Funktionen
pre	Vorhersage (Pprediction)
Q	Primärquelle
$\mathbf{Q}$	Position der Primärquelle
Q'	Spiegelquelle
$\mathbf{Q}'$	Position der Spiegelquelle
$\mathbf{Q}_p$	Position der Phantomschallquelle
r	Radius
$\mathbf{r}$	Ortsvektor in Polar-/Kugelkoordinaten
$\mathbf{r}'$	Spiegelposition in polaren/Kugel-Koordinaten
R	Rechter Kanal („Rechts“)
$\mathbf{R}$	Position des rechten Lautsprechers
bzw.	Resonanz
RR	Reverberation Ratio
RT	Reverberation Time (Abklingzeit)
s	Lautsprecherbasis
S	Oberfläche des quellenfreien Volumens
$\tilde{S}$	Äquivalente Absorptionsfläche
$S\,1$	Trennebene zwischen Quellvolumen und quellenfreiem Volumen (siehe Abb. 8.8b)
$S\,2$	Halbkugelförmige Trennfläche zwischen einem Quellvolumen und einem quellenfreien Volumen (siehe Abb. 8.8b)
SL	Spektrum Level
SDI	Spatial Diffusion Index
SPL	Schalldruckpegel
st	Statisch
ST	Support
$\mathrm{ST}_{\mathrm{early}}$	Early Support
$\mathrm{ST}_{\mathrm{late}}$	Late Support
T	Übertragungskanal („Übertragung“/„Total“/„Track“)
T_{fade}	Überblenddauer des Präzedenzfades

t_e	Echoschwelle
t_s	Center Time
TR	Treble Ratio
U	Quellvolumen (siehe Abb. 8.8)
$\mathbf{v}$	Schallschnelle im Zeitbereich
V	Quellenfreies Volumen (siehe Abb. 8.8)
w	Index (Breite (width))
$\mathbf{x}$	Ortsvektor in kartesischen Koordinaten
$\mathbf{X}$	Abhörposition
X	Platzhalter für einen Frequenz- oder Amplitudenabfall
$\mathbf{y}$	Lautsprechermatrix mit allen Lautsprecherstandorten
$\mathbf{Y}$	Position der Sekundärquelle
$\mathbf{Y'}$	Gespiegelte Position der Sekundärquelle
Y_n	Sphärische Besselfunktion zweiter Art und n-ter Ordnung (sphärische Neumann-Funktion)
z	Kritische Bandbreite der Bark-Skala
∇	Nabla-Operator
∇^2	Laplace-Operator

Abkürzungen

AAC	Advanced Audio Codec (psychoakustischer Kompressionsalgorithmus)
AC-3	Adaptiver Transformationskodierer Nr. 3 (psychoakustischer Kompressionsalgorithmus)
ADT	Künstliches Double Tracking
ar.	Arithmetisch
ASC	Schwerpubkt des Spektrums („Audio Spectrum Centroid“)
ASW	Scheinbare Quellbreite
ATRAC	Adaptive Transform Acoustic Coding (Algorithmus zur Audiokompression)
ATSC	Advanced Television System Committee
BEM	Boundary-Elemente-Methode
BWV	Bach-Werke-Verzeichnis
c#	Programmiersprache C-Sharp
CD	Compact Disc (digitaler Datenträger)
CD-ROM	Compact Disc-Read-Only-Speicher (digitaler Datenträger)
CRC	Cyclic Redundancy Check (ein Fehlererkennungssystem)
CTC	Übersprechungsunterdrückung („Crosstalk cancellation“)
DFT	Diskrete Fourier-Transformation
DIN	Deutsches Institut für Formung
DOA	Ankunftsrichtung („Direction Of Arrival“)
DSP	Digitale Signalverarbeitung

DVB	Digitale Videoübertragung
DVD	Digital Versatile Disc (digitaler Datenträger)
ER	Frühe Reflexionen („Early Reflections")
FDM	Finite-Differenzen-Methode
FEM	Finite-Elemente-Methode
FFT	Schnelle Fourier-Transformation
GPU	Grafikprozessor-Einheit
GUI	Grafische Benutzeroberfläche
h/w/d	Höhe/Breite/Tiefe („height"/„width"/„depth")
HDMI	Hochauflösende Multimedia-Schnittstelle
Hi-Fi	High Fidelity (Qualitätsanforderungen an Audiowiedergabesysteme)
HOA	Ambisonics höherer Ordnung
HRTF	Kopfbezogene Übertragungsfunktion
ICLD	Pegeldifferenz zwischen den Kanälen
ICTD	Zeitverschiebung zwischen den Kanälen
ILD	Interauraler Pegelunterschied
ISO	Internationale Organisation für Normung
ITD	Interaurale Zeitverschiebung
JND	Eben wahrnehmbarer Unterschied („Just Noticeable Difference")
K-H-Integral	Kirchhoff-Helmholtz-Integral
LA	Hörbereich („Listening Area")
LD	Laser-Disc
LEV	Listener Envelopment
LFC	Lateral Fraction Coefficient
LFE	„Low Frequency Effects" (Subwoofer)
LR	Späte Reflextionen („Late Reflections")
LSR	Regression der kleinsten Quadrate („Least Square Regression")
MADI	Digitale Mehrkanal-Audioschnittstelle
MDAP	Multiple Direction Amplitude Panning
MEM	Minimum-Energie-Methode
MIR	„Music Information Retrieval" (Computergestützte Musikanalyse)
MLP	Meridian Lossless Packing (verlustfreies Audiocodierungsformat)
MP3	MPEG II Audio Layer 3 (psychoakustischer Audiokompressionsalgorithmus)
NAH	Akustische Nahfeld-Holografie
NFC-HOA	Nahfeld-kompensierte Ambisonics höherer Ordnung
NWDR	NordWestDeutscher Rundfunk (deutsche öffentlich-rechtliche Rundfunkanstalt)
ORTF	Office de Radiodiffusion Télévision Française
PA	Beschallungslautsprecher („Public Address")
PC	Personal Computer
PCM	Puls-Code-Modulation
RC	Abstrahlcharakteristik („Radiation Characteristics")

RMS	Root-Mean-Square (Vergleichswert für die Leistung von Verstärkern)
SACD	Super Audio Compact Disc
SDDS	Sony Dynamic Digital Sound
SPL	Schalldruckpegel
TV	Fernsehen (Television)
VBAP	Vektor Base Amplitude Panning
VCA	Spannungsgesteuerter Verstärker
VOG	Voice Of God-Lautsprecher
WFS	Wellenfeldsynthese

Abbildungsverzeichnis

Tabellenverzeichnis

Kapitel 1
Einführung

1.1 Allgemeine Bemerkungen

Das vorliegende Buch beschreibt einen neuen Ansatz für räumliches Audio: die *psychoakustische Schallfeldsynthese*. Die technische Umsetzung dieses Ansatzes ermöglicht ein natürliches, räumliches Musikhör-Erlebnis. Mehrere Zuhörer können sich in einem Hörraum frei bewegen und die Instrumentalmusik genießen. Die Umsetzung der Schallabstrahlungseigenschaften von Musikinstrumenten macht den erlebten Klang breit, natürlich und lebendig. Durch die Kombination eines physikalischen Kerns der Schallfeldsynthese mit psychoakustischen Überlegungen wird der Instrumentalklang in Bezug auf Quellposition und -breite, Tonhöhe und Stimmung, Lautstärke und Dynamik, Timing und Klangfarbe als natürlich erlebt. Der Rechenaufwand dafür ist gering und die Kompatibilität zu vielen etablierten räumlichen Audiosystemen wie Stereo, 5.1 und Wellenfeldsynthese ist gegeben. Die Implementierung der Abstrahlcharakteristik in räumliches Audio ist ein notwendiger Schritt hin zu einem immersiven Musikhörerlebnis. Die Berücksichtigung der Psychoakustik bereits bei der Entwicklung des räumlichen Audio-Systems ist ein neues Paradigma, das sich auf alle Arten von Audiotechnologie übertragen lässt, wie z. B. Instrumentenbau und Synthesizerdesign, Musikpraxis und Audiokompression.

Musik ist von Natur aus räumlich. Die Beziehung zwischen Musik und Raum ist ein Thema, das schon die frühen Musikphilosophen fasziniert hat. Die Musik hat sich über Jahrhunderte in Bezug auf Konzepte, Komposition, Instrumentenbau, Aufführungspraxis und Technologie weiterentwickelt. Ein großer Teil dieser Entwicklung ist räumlicher Natur. Die Beziehung zwischen Musik und Raum spiegelt sich nicht nur in musikalischen und ideellen Aspekten der Komposition, des Mixings und des Masterings wider. Sie ist auch ein fester Bestandteil der Aufführungspraxis, der Konzerte und der Musikwiedergabe. Die Beziehung zwischen Hören und Räumlichkeit lässt sich bis zum evolutionären Ursprung des Gehörs

T. Ziemer, *Psychoakustische Schallfeldsynthese für Musik*,
https://doi.org/10.1007/978-3-031-26863-2_1

zurückverfolgen und zeigt sich in verschiedenen Phasen der Schallverarbeitung. Die oft komplizierten Abstrahlungseigenschaften von Instrumenten beeinflussen die Wahrnehmung von Quellengröße und Natürlichkeit. So fehlt z. B. bei monophoner Aufnahme und Lautsprecherwiedergabe eines Klaviers dessen ursprüngliche Räumlichkeit. Auch wenn Timing, Tonhöhe, Dynamik und Timbre perfekt original sind, klingt ein Lautsprecher nicht so *groß* wie ein Konzertflügel, und selbst unerfahrene Zuhörer können sie durch Hören unterscheiden. Der Hauptgrund dafür ist, dass die räumlichen Abstrahlcharakteristika der Quelle bei den meisten räumlichen Audiosystemen nicht berücksichtigt werden. Die Implementierung einer natürlichen Akustik kann etwas von der ursprünglichen Quellenausdehnung und Lebendigkeit zurückbringen. Da jedoch nicht klar ist, welcher Frequenzbereich und welche anderen Klangmerkmale die Wahrnehmung am stärksten beeinflussen, können herkömmliche Beschallungssysteme räumliche Audiosignale nur begrenzt manipulieren und realistische Szenen darstellen. Um diesen Nachteil zu überwinden, waren die Fortschritte bei der Audioaufnahme und -wiedergabe im letzten Jahrhundert fast ausschließlich räumlich motiviert. Stereo hat die Monowiedergabe aufgrund seiner überlegenen Räumlichkeit praktisch verdrängt: Phantomquellen können in verschiedenen Winkeln platziert werden, die wahrgenommene Quellenausdehnung kann manipuliert werden und die Wiedergabe der Raumakustik ist viel immersiver und einhüllender. Der Erfolg konventioneller Audiosysteme wird darauf zurückgeführt, dass sie die notwendigen Klangmerkmale für eine robuste und intersubjektive Wahrnehmung von Quellenposition und -breite, Lautstärke, Dynamik und Klangfarbe liefern.

Die Fortschritte im Bereich der räumlichen Audiotechnik gipfeln in der Wellenfeldsynthese. Nach der Konzeptualisierung in den 1980er-Jahren, Implementierungen und Studien in den 1990er-Jahren haben Forschung und Entwicklung in den frühen 2000er-Jahren einen Höhepunkt erreicht, der in marktreifen Wellenfeldsynthesesystemen gipfelte. Wellenfeldsynthesesysteme bilden das Schallfeld virtueller Monopolquellen mit hoher Genauigkeit in einem großen Hörbereich nach. Wellenfeldsynthesesysteme haben einen Punkt erreicht, an dem eine höhere physikalische Genauigkeit nur noch eine Frage einer höheren Anzahl von Lautsprechern und einer besseren akustischen Beschaffenheit des Zuhörerraums ist. Erweiterungen auf zweidimensionale Arrays zur Synthese dreidimensionaler Schallfelder sind unkompliziert und werden vor alem durch den Rechenaufwand und die Unpraktikabilität der Installation ebener oder halbkugelförmiger Arrays um einen Hörbereich herum behindert.

Auch wenn die Forscher immer noch Verfeinerungen der Methoden und Erweiterungen bestehender Systeme präsentieren, stagniert der Fortschritt. Und die Notwendigkeit, alle paar Zentimeter einen Lautsprecher zu installieren, ist für viele Veranstaltungsorte in der Unterhaltungsindustrie unpraktisch. Daher werden Lösungen mit einer geringeren Anzahl von Lautsprechern benötigt, was wiederum psychoakustische Überlegungen ins Spiel bringt, um eine natürliche Szene zu ermöglichen und sicherzustellen, dass physikalische Synthesefehler unhörbar sind. Diese Überlegungen können den Forschern Denkanstöße geben und die Entwicklung räumlicher Audiosysteme wieder in Gang bringen.

Dieses Buch stellt das neuartige Konzept der psychoakustischen Schallfeldsynthese für ein natürliches, räumliches Hörerlebnis von Musik vor. Die Abstrahlcharakteristik von Musikinstrumenten wird durch 128 gerichtete Abstrahlfaktoren für jede Frequenzgruppe dargestellt. Das Konzept wird in einem System umgesetzt, das einen natürlichen, räumlichen Klangeindruck und eine präzise Quelle für Hörer innerhalb eines ausgedehnten Hörbereichs erzeugt. Der Rechenaufwand, um dies zu erreichen, ist vergleichsweise gering. Die Methode ist skalierbar und kann auf verschiedene Lautsprecherkonfigurationen, auch mit unregelmäßigen Lautsprecherabständen, angewendet werden. Simulationen und Hörtests liefern den Beweis für das Konzept. Die physikalische Genauigkeit des synthetisierten Schallfeldes wird gegenüber der wahrnehmungsbezogenen Präzision zurückgestellt.

Das vorliegende Buch betrachtet die Beziehungen zwischen Musik und Raum aus der Sicht verschiedener Disziplinen, um für die psychoakustische Schallfeldsynthese als neuen Ansatz für räumliche Audiotechnologie zu argumentieren. Aufgrund der Interdisziplinarität kann ein breites Publikum von diesem Buch profitieren, von Anfängern über Toningenieure bis hin zu Forschern auf dem Gebiet der räumlichen Audiotechnik, sei es aus den Bereichen Biologie, Audiologie oder Psychophysik, Physik, Elektrotechnik, Kommunikationstechnik oder Informatik, Musiktheorie, Musiktherapie oder Musikwissenschaft.

1.2 Schnittpunkt von Raum und Musik

Musik und Raum sind in vielerlei Hinsicht miteinander verbunden. In diesem Buch ist jedes Kapitel der Beziehung zwischen Musik und Räumlichkeit aus einem anderen Blickwinkel gewidmet:

Räumliche Konzepte der Musik
Vorstellungen von Dimensionalität, Geometrie, Größe, Verteilung und Örtlichkeit finden sich in vielen Sprachen und Kulturen, wenn Musik komponiert, im Geiste vorgestellt, beschrieben, analysiert oder interpretiert wird.[1] Wahrnehmungsmodelle, wie sie von den Musikwissenschaftlern Albert Wellek und Gerhard Albersheim entwickelt wurden, enthalten Vorstellungen von einem *musikalischen Raum* und einem „Empfindungsraum“.[2] Raum spielt auch in der Musikproduktion und in der Aufführungspraxis eine wichtige Rolle. *Symmetrische Figuren* finden sich von den barocken Fugen Johann Sebastian Bachs bis zur seriellen Musik des 20. Jahrhunderts von Pierre Boulez, räumlich verteilte Orchester von der venezianischen Mehrchörigkeit des 16. Jahrhunderts bis hin zu modernen Lautsprecherensembles. *Pseudostereofonieverfahren* sind gängige Praxis im Tonstudio.[3] Das Vorhandensein von Raum in der Musikwahrnehmung spiegelt sich in musiktheoretischen Konzep-

[1] Siehe z. B. Kurth (1990) und Griebsch (2000).

[2] Siehe z. B. Albersheim (1939) und Schneider (1989).

[3] Siehe z. B. Stoianova (1989); Mazolla (1990); Kaiser (2012), und Ziemer (2017a).

ten wie dem *Quintenzirkel* oder der *melodischen Karte sowie* in Matrixoperationen, multidimensionaler Skalierung und Quellentrennung in computergestützter Musikanalyse wider.[4] Die räumlichen Konzepte bei der Erzeugung, Analyse und Wiedergabe von Musik sind das Thema von Kap. 2.

Biologie des Gehörs

Die starke Wechselbeziehung zwischen Musik und Raum kann auf den evolutionären Ursprung des Ohres zurückgeführt werden, welches im Seitenlinienelement des Fisches zu liegen scheint, das bereits bei den frühesten Wirbeltieren vorhanden ist.[5] Seine ursprüngliche Funktion war die räumliche Orientierung und nicht Kommunikation oder kultureller Ausdruck.[6] Die Orientierung durch Identifikation und Lokalisation von Quellen ist nur durch die räumliche Verteilung von Sinnesorganen wie dem Seitenlinienelement oder den Ohren möglich. Selbst die Frequenz von Schallwellen wird im Innenohr räumlich kodiert.[7] Kap. 3 gibt einen Einblick in die Evolution des Gehörs vom Fisch bis zum Menschen.

Psychoakustik

Die räumliche Anordnung von Frequenzen im Innenohr ist eine Ursache für verschiedene psychoakustische Effekte, wie die *Maskierung*.[8] Obwohl die psychologischen Mechanismen, die eine räumliche Orientierung durch akustische Signale ermöglichen, nicht vollständig verstanden sind, ist unsere Fähigkeit, Schallquellen zu lokalisieren, ausgiebig untersucht worden und heute gut bekannt.[9] Die Art und Weise, wie Menschen die auditive Außenwelt in einer mentalen Landkarte zur Orientierung abbilden, wird als *Auditory Scene Analysis* bezeichnet und ist vor allem aus phänomenologischer Sicht erforscht.[10] Psychoakustisches Wissen ist bereits in Audiosysteme und Kompressionsformate eingeflossen und hat das Potenzial, bestehende Anwendungen zu verbessern[11] oder es kann als Grundlage für neue Audiotechnik dienen. Es wird daher in Kap. 4 ausführlich behandelt.

Räumlicher Klang von Musikinstrumenten

Das menschliche Gehör ist nicht nur in der Lage, Schallquellen zu lokalisieren. Es ist auch in der Lage, Originalinstrumente von der Lautsprecherwiedergabe durch Unterschiede in ihrer räumlichen Abstrahlung zu unterscheiden.[12] Die Schallabstrahlung von Musikinstrumenten kann aufgrund des Zusammenspiels von schwingenden, abstrahlenden und reflektierenden Teilen des Korpus und der eingeschlossenen Luft sehr komplex sein. Es wurden viele Methoden entwickelt, um

[4] Siehe z. B. Lerdahl (2001) und Brandenburg et al. (2009).

[5] Siehe z. B. Coombs et al. (1992), S. 267 und Gans (1992), S. 7.

[6] Siehe Fay (1992), S. 229.

[7] Siehe z. B. Zwicker und Fastl (1999), S. 29.

[8] Siehe z. B. Fastl (1977) und Gelfand (1990).

[9] Siehe Blauert (1997).

[10] Siehe Bregman (1990) und Theile (1980).

[11] Siehe z. B. Blauert (2008) und Fastl (2010).

[12] Siehe z. B. Warusfel et al. (1997), S. 1.

diese Abstrahlcharakteristika zu messen, um den Klang von Instrumenten besser zu verstehen, z. B. durch Fernfeldaufnahmen, Beamforming und Nahfeldaufnahmen.[13] Der räumliche Klang von Musikinstrumenten wird in Kap. 5 behandelt.

Räumliche Akustik

In natürlichen Hörsituationen wird der Direktschall von Musikinstrumenten durch Reflexionen, Beugungen und Streuungen an den Raumoberflächen angereichert, die sogenannte *Raumakustik*. Dies führte zu Überlegungen über Abmessungen, Geometrien und andere Merkmale der Architektur von Aufführungsräumen für Musik.[14] Es hat sich gezeigt, dass die wahrgenommene, musikalische Klangqualität eines Raumes besonders von räumlichen Eigenschaften abhängt.[15] Kap. 6 gibt einen Überblick über objektive und subjektive Aspekte der Raumakustik.

Konventioneller stereophoner Klang

Eine wichtige Aufgabe der High-Fidelity Audiosysteme besteht darin, diese räumlichen Merkmale so natürlich wie möglich wiederzugeben.[16] Die technologische Entwicklung konventioneller Audiosysteme, von *Mono* über *Stereo* zu *Surround Sound* und *immersivem Audio* fußt fast ausschließlich auf der Erweiterung von Möglichkeiten, räumliche Aspekte des Klangs zu reproduzieren. In der Regel zielen diese Audiosysteme darauf ab, ein psychologisch äquivalentes Schallfeld an der Hörposition zu erzeugen, anstatt eine physikalische Nachbildung. Dieser Ansatz hat bestimmte Vor- und Nachteile,[17] die in Kap. 7 ausführlich erörtert werden.

Wellenfeldsynthese

Die raschen Fortschritte in der Computertechnologie und der digitalen Signalverarbeitung haben es möglich gemacht, einen anderen Weg zu gehen, der darauf abzielt, ein natürliches Schallfeld physikalisch nachzubilden. *Schallfeldsynthese* eröffnet neue Möglichkeiten der räumlichen Klangwiedergabe.[18] Anwendungen erzeugen in der Regel virtuelle Quellen an beliebigen Positionen, die von mehreren Zuhörern innerhalb eines großen Hörbereichs genau lokalisiert werden können. Es gibt Ansätze, um nicht nur die gewünschte Quellenposition, sondern auch die gewünschten Abstrahlcharakteristika nachzubilden.[19] *Wellenfeldsynthese* ist ein weit verbreiteter Ansatz zur Schallfeldsynthese. Ihre Theorie und Anwendungen werden in Kap. 8 vorgestellt, wobei der Schwerpunkt auf der Rekonstruktion der komplizierten räumlichen Schallabstrahlung von Instrumenten liegt.

---

[13] Siehe z. B. Maynard et al. (1985); Kim (2007).

[14] Siehe z. B. Ahnert und Tennhardt (2008), Fuchs (2013), Knudsen (1988) sowie Blauert und Xiang (2009).

[15] Siehe z. B. Beranek (1996, 2004) und Kuhl (1978).

[16] Siehe Verheijen (1997), S. 9, Pulkki (2008), S. 747, Schanz (1966), S. 8–18, Berkhout et al. (1993), S. 2764 und Faller (2009).

[17] Siehe z. B. Blauert (2008) und Ziemer (2017a).

[18] Siehe z. B. Berkhout (1988), Verheijen (1997), Ahrens (2012), Ziemer (2016, 2018).

[19] Siehe z. B. Avizienis et al. (2006), Baalman (2008), Corteel (2007), Ziemer (2017a), Ziemer und Bader (2017).

Psychoakustische Schallfeldsynthese
In diesem Buch wird die Abstrahlcharakteristik von Musikinstrumenten aus der Perspektive der Psychoakustik, der Instrumentenakustik und der Raumakustik, der stereophonen Audiosysteme und der Schallfeldsynthese untersucht. Auf dieser Grundlage wird ein theoretischer Rahmen entwickelt, um die Schallabstrahlcharakteristik von Instrumenten zu messen, zu speichern und mit Hilfe der *psychoakustischen Schallfeldsynthese* zu synthetisieren. Die wichtigste Neuerung ist die umfangreiche Implementierung der Psychoakustik in allen Schritten des gesamten Verfahrens, einschließlich des *Präzedenz-Fades* für eine eindeutige Lokalisierung. Darüber hinaus wird die *Radiation Method* zur Implementierung der Abstrahlcharakteristik der Lautsprecher vorgestellt, um die Berechnungen robuster zu machen und die Genauigkeit des rekonstruierten Schallfeldes zu verbessern. Die Evaluation des implementierten Ansatzes dient als Proof of Concept. Darüber hinaus dient sie dazu, Hypothesen aus dem Bereich und der Auditory Scene Analysis in einem musikalischen Kontext zu evaluieren. Der Ansatz wird anhand von Simulationen, physikalischen Messungen und Hörtests validiert. Die Implementierung der psychoakustischen Schallfeldsynthese kann als Werkzeug für die Forschung im Bereich der Akustik, der digitalen Signalverarbeitung, der Psychoakustik und der Psychologie sowie für musikalische Anwendungen dienen. Das Prinzip kann mit konventionellen stereophonen Audiosystemen und bestehenden Schallfeldsynthese-Anlagen angewendet werden. Kap. 9 beschreibt diesen Ansatz der psychoakustischen Schallfeldsynthese für Musik und gibt einen Ausblick auf zukünftige Entwicklungen im Bereich der psychoakustischen Schallfeldsynthese.[20]

Literatur

Ahnert W, Tennhardt H-P (2008). Raumakustik. In: Weinzierl S (Hrsg) Handbuch der audiotechnik, Chap. 5. Springer, Berlin, S 181–266. https://doi.org/10.1007/978-3-540-34301-1_5

Ahrens J (2012) Analytic methods of sound field synthesis. Springer, Berlin. https://doi.org/10.1007/978-3-642-25743-8

Albersheim G (1939) Zur Psychologie der Ton- und Klangeigenschaften (unter Berücksichtigung der ‚Zweikomponententheorie' und der Vokalsystematik). Heitz & Co, Leipzig

Avizienis R, Freed A, Kassakian P, Wessel D (2006) A compact 120 independent element spherical loudspeaker array with programable radiation patterns. In: Audio Engineering Society Convention 120, May 2006. http://www.aes.org/e-lib/browse.cfm?elib=13587. Zugegriffen am 28.03.2023

Baalman M (2008) On wave field synthesis and electro-acoustic music, with a particular focus on the reproduction of arbitrarily shaped sound sources. VDM, Saarbrücken

Beranek LL (1996) Acoustics. American Institute of Physics, Woodbury. Reprint from 1954 edition

Beranek LL (2004) Concert halls and opera houses: music, acoustics, and architecture, 2. Aufl. Springer, New York. https://doi.org/10.1007/978-0-387-21636-2

[20] Details zum Ansatz und zu den einzelnen Schritten sind in der Literatur zu finden, z. B. bei Ziemer (2009, 2011a, b, c, d, 2014, 2015a, b, 2016, 2017a, b, c, 2018), Ziemer und Bader (2015a, b, c, d, 2017).

Berkhout AJ (1988) A holographic approach to acoustic control. J Audio Eng Soc 36(12):977–995. http://www.aes.org/e-lib/browse.cfm?elib=5117

Berkhout AJ, de Vries D, Vogel P (1993) Acoustic control by wave field synthesis. J Acoust Soc Am 93(5):2764–2778. https://doi.org/10.1121/1.405852

Blauert J (1997) Spatial hearing. The pychophysics of human sound source localization, Revised. Aufl. MIT Press, Cambridge

Blauert J (2008) 3-d-Lautsprecher-Wiedergabemethoden. In: Fortschritte der Akustik – DAGA 08, Mar 2008, Dresden, S 25–26

Blauert J, Xiang N (2009) Acoustics for engineers. Troy lectures, 2. Aufl. Springer, Berlin. https://doi.org/10.1007/978-3-642-03393-3

Brandenburg K, Dittmar C, Gruhne M, Abeßer J, Lukashevich H, Dunker P, Gärtner D, Wolter K, Grossmann H (2009) Music search and recommendation. In: Furht B (Hrsg) Handbook of multimedia for digital entertainment and arts, Chap. 16. Springer, Dordrecht, S 349–384. https://doi.org/10.1007/978-0-387-89024-1_16

Bregman AS (1990) Auditory scene analysis. MIT Press, Cambridge/MA

Coombs S, Janssen J, Montgomery J (1992) Functional and evolutionary implications of peripheral diversity in lateral line systems. In: Webster DB, Fay RR, Popper AN (Hrsg) The evolutionary biology of hearing, Chap. 15. Springer, New York, S 267–294. https://doi.org/10.1007/978-1-4612-2784-7_19

Corteel E (2007) Synthesis of directional sources using wave field synthesis, possibilities, and limitations. EURASIP J Adv Signal Process 2007:90509. https://doi.org/10.1155/2007/90509

Faller C (2009) Spatial audio coding and MPEG surround. In: Luo F-L (Hrsg) Mobile multimedia broadcasting standards. Technology and practice, Chap. 22. Springer, New York, S 629–654. https://doi.org/10.1007/978-0-387-78263-8_22

Fastl H (1977) Temporal masking effects: II. Critical band noise masker. Acustica 36:317–331. https://www.ingentaconnect.com/contentone/dav/aaua/1977/00000036/00000005/art00003. Zugegriffen am 28.03.2023

Fastl H (2010) Praktische Anwendungen der Psychoakustik. In: Fortschritte der Akustik – DAGA 2010, Berlin, S 5–10

Fay RR (1992) Structure and function in sound discrimination among vertebrates. In: Webster DB, Fay RR, Popper AN (Hrsg) The evolutionary biology of hearing, Chap. 14. Springer, New York, S 229–263. https://doi.org/10.1007/978-1-4612-2784-7_18

Fuchs H (2013) Applied acoustics. Concepts, absorbers, and silencers for acoustical comfort and noise control. Alternative solutions-innovative tools-practical examples. Springer, Heidelberg. https://doi.org/10.1007/978-3-642-29367-2

Gans C (1992) An overview of the evolutionary biology of hearing. In: The evolutionary biology of hearing, Chap. 1. Springer, New York, S 3–13. https://doi.org/10.1007/978-1-4612-2784-7_1

Gelfand SA (1990) Hearing. An introduction to psychological and physiological acoustics, 2. Aufl. Informa, New York/Basel

Griebsch I (2000) Raum-Zeit-Aspekte beim Zustandekommen vermittelnder Dimensionen. In: Böhme T, Mehner K (Hrsg) Zeit und Raum in Musik und Bildender Kunst. Böhlau, Cologne, S 139–150

Kaiser C (2012) 1001 mixing tipps. mitp, Heidelberg

Kim Y-H (2007) Acoustic holography. In: Rossing TD (Hrsg) Springer handbook of acoustics, Chap. 26. Springer, New York, S 1077–1099. https://doi.org/10.1007/978-0-387-30425-0_26

Knudsen VO (1988) Raumakustik. In: Winkler K (Hrsg) Die Physik der Musikinstrumente. Spektrum der Wissenschaft, Heidelberg, S 136–149

Kuhl W (1978) Räumlichkeit als Komponente des Raumeindrucks. Acustica 40:167–181. https://www.ingentaconnect.com/contentone/dav/aaua/1978/00000040/00000003/art00006. Zugegriffen am 28.03.2023

Kurth E (1990) Musikpsychologie. G. Olms, Hildesheim, 2. nachdruck der ausgabe berlin 1931 edition. https://doi.org/10.2307/932010

Lerdahl F (2001) Tonal pitch space. Oxford University Press, Oxford. https://doi.org/10.1093/acprof:oso/9780195178296.001.0001
Maynard JD, Williams EG, Lee Y (1985) Nearfield acoustic holography: I. Theory of generalized holography and the development of NAH. J Acoust Soc Am 78(4):1395–1413. https://doi.org/10.1121/1.392911
Mazolla G (1990) Geometrie der Töne. Elemente der mathematischen Musiktheorie. Birkhäuser, Basel
Pulkki V (2008) Multichannel sound reproduction. In: Havelock D, Kuwano S, Vorländer M (Hrsg) Handbook of signal processing in acoustics, Chap. 38. Springer, New York, S 747–760. https://doi.org/10.1007/978-0-387-30441-0_38
Schanz GW (1966) Stereo-Taschenbuch. Stereo-Technik für den Praktiker. Philips, Eindhoven
Schneider A (1989) On concepts of 'tonal space' and the dimensions of sound. In: Sprintge R, Droh R (Hrsg) MusicMedicine. International society for music in medicine IV, international musicmedicine symposium, California, 25–29 Oct 1989
Stoianova I (1989) Textur/Klangfarbe und Raum. Zum Problem der Formbildung in der Musik des 20. Jahrhunderts. In: Morawska-Büngeler M (Hrsg) Musik und Raum. Vier Kongressbeiträge und ein Seminarbericht, Mainz, S 40–59
Theile G (1980) Über die Lokalisation im überlagerten Schallfeld. PhD thesis, University of Technology Berlin, Berlin
Verheijen E (1997) Sound reproduction by wave field synthesis. PhD thesis, Delft University of Technology, Delft
Warusfel O, Derogis P, Caussé R (1997) Radiation synthesis with digitally controlled loudspeakers. In: Audio Engineering Society Convention 103, Sep 1997
Ziemer T (2009) Wave field synthesis by an octupole speaker system. In: Naveda L (Hrsg) Proceedings of the second international conference of students of systematic musicology (SysMus09), S 89–93. http://biblio.ugent.be/publication/823807/file/6824513.pdf#page=90
Ziemer T (2011a) Wave field synthesis. Theory and application. Magister thesis, University of Hamburg
Ziemer T (2011b) A psychoacoustic approach to wave field synthesis. In: Audio Engineering Society conference: 42nd international conference: semantic audio, Ilmenau, Jul 2011, S 191–197. http://www.aes.org/e-lib/browse.cfm?elib=15942
Ziemer T (2011c) Psychoacoustic effects in wave field synthesis applications. In: Schneider A, von Ruschkowski A (Hrsg) Systematic musicology. Empirical and theoretical studies. Peter Lang, Frankfurt am Main, S 153–162. https://doi.org/10.3726/978-3-653-01290-3
Ziemer T (2011d) A psychoacoustic approach to wave field synthesis. J Audio Eng Soc 59(5):356. https://www.aes.org./conferences/42/abstracts.cfm#TimZiemer
Ziemer T (2014) Sound radiation characteristics of a shakuhachi with different playing techniques. In: Proceedings of the international symposium on musical acoustics (ISMA-14), Le Mans, S 549–555. http://www.conforg.fr/isma2014/cdrom/data/articles/000121.pdf. Zugegriffen am 28.03.2023
Ziemer T (2015a) Exploring physical parameters explaining the apparent source width of direct sound of musical instruments. In Jahrestagung der Deutschen Gesellschaft für Musikpsychologie, Oldenburg, Sep 2015, S 40–41. http://www.researchgate.net/publication/304496623_Exploring_Physical_Parameters_Explaining_the_Apparent_Source_Width_of_Direct_Sound_of_Musical_Instruments. Zugegriffen am 28.03.2023
Ziemer T (2015b) Spatial sound impression and precise localization by psychoacoustic sound field synthesis. In: Deutsche Gesellschaft für Akustik e.V., Mores R (Hrsg) Seminar des Fachausschusses Musikalische Akustik (FAMA): „Musikalische Akustik zwischen Empirie und Theorie", Hamburg, S 17–22. Deutsche Gesellsch. f. Akustik. https://www.dega-akustik.de/fachausschuesse/ma/dokumente/tagungsband-seminar-fama-2015/. Zugegriffen am 28.03.2023
Ziemer T (2016) Implementation of the radiation characteristics of musical instruments in wave field synthesis application. PhD thesis, University of Hamburg, Hamburg, Jul 2016. http://ediss.sub.uni-hamburg.de/volltexte/2016/7939/. Zugegriffen am 28.03.2023

Ziemer T (2017a) Source width in music production. Methods in stereo, ambisonics, and wave field synthesis. In: Schneider A (Hrsg) Studies in musical acoustics and psychoacoustics, Current research in systematic musicoogy, Chap. 10, Bd 4. Springer, Cham, S 299–340. https://doi.org/10.1007/978-3-319-47292-8_10

Ziemer T (2017b) Perceptually motivated sound field synthesis for music presentation. J Acoust Soc Am 141(5):3997. https://doi.org/10.1121/1.4989162

Ziemer T (2017c) Perceptual sound field synthesis concept for music presentation. In: Proceedings of meetings on acoustics, page paper number 015016, Boston. https://doi.org/10.1121/2.0000661

Ziemer T (2018) Wave field synthesis. In: Bader R (Hrsg) Springer handbook of systematic musicology, Chap. 18. Berlin/Heidelberg, S 175–193. https://doi.org/10.1007/978-3-662-55004-5_18

Ziemer T, Bader R (2015a) Complex point source model to calculate the sound field radiated from musical instruments. In: Proceedings of meetings on acoustics, Oct 2015, vol 25. https://doi.org/10.1121/2.0000122

Ziemer T, Bader R (2015b) Implementing the radiation characteristics of musical instruments in a psychoacoustic sound field synthesis system. J Audio Eng Soc 63(12):1094. http://www.aes.org/journal/online/JAES_V63/12/. Zugegriffen am 28.03.2023

Ziemer T, Bader R (2015c) Implementing the radiation characteristics of musical instruments in a psychoacoustic sound field synthesis system. In: Audio Engineering Society Convention 139, page paper number 9466, New York. http://www.aes.org/e-lib/browse.cfm?elib=18022. Zugegriffen am 28.03.2023

Ziemer T, Bader R (2015d) Complex point source model to calculate the sound field radiated from musical instruments. J Acoust Soc Am 138(3):1936. https://doi.org/10.1121/1.4934107

Ziemer T, Bader R (2017) Psychoacoustic sound field synthesis for musical instrument radiation characteristics. J Audio Eng Soc 65(6):482–496. https://doi.org/10.17743/jaes.2017.0014

Zwicker E, Fastl H (1999) Psychoacoustics. Facts and models, 2. Aufl. Springer, Berlin. https://doi.org/10.1007/978-3-662-09562-1

Kapitel 2
Räumliche Konzepte der Musik

Raumkonzepte spielen in der Musik eine große Rolle. Musiktheorien sind Modelle für die Analyse musikalischer Kompositionen als Voraussetzung für die semantische Interpretation und den Vergleich. Für westliche Musik basieren sie hauptsächlich auf Partituren. Computergestützte Musikanalyse, Music Information Retrieval (MIR), verfolgt das gleiche Ziel, basiert auf Operationen an digitalen Audiosignalen und wird zum Beispiel für automatischer Musiksuche genutzt, um Musik für den Verbraucher durch Musik-Data-Mining, Expertensysteme und automatische Musikempfehlungen leicht zugänglich zu machen. Sowohl die konventionelle Musiktheorie als auch die MIR haben eine Tradition des räumlichen Denkens, der Darstellung und der Argumentation, wie in den folgenden Abschnitten gezeigt wird. Ideen von Raum und Ort durchdringen die Musik von Grund auf, von der Musik und der Suche nach Musikinformationen über die kreativen Prozesse der Komposition und Aufführung bis hin zur Musikwahrnehmung.

2.1 Der Raum in der Musikpsychologie

Der Raum hat einen starken Einfluss auf die Wahrnehmung, die Vorstellung und den Ausdruck von Musik. Sowohl der Psychologe Révész (1937) als auch der Musikwissenschaftler Kurth (1990) haben sich ausführlich mit diesem Phänomen beschäftigt und mehrere Hypothesen aufgestellt, die z. B. von Schneider (1989) und Griebsch (2000) überarbeitet und diskutiert wurden. Auf der Grundlage ihrer Arbeiten soll im Folgenden die Beziehung zwischen Raum und Musik diskutiert werden.[1]

[1] Insbesondere basierend auf Révész (1937), Kurth (1990), Schneider (1989) und Griebsch (2000).

T. Ziemer, *Psychoakustische Schallfeldsynthese für Musik*,
https://doi.org/10.1007/978-3-031-26863-2_2

Die Musikwissenschaftler Ernst Kurth und Hans Mersmann stellen fest, dass die musikalische Entfaltung in der Zeit als statische und kinematische Energie verstanden werden kann, die vom Hörer als Bewegung in einem imaginären Raum wahrgenommen wird, der weder sichtbar noch fühlbar ist.[2] Sowohl Kurth als auch der Musikpsychologe Albert Wellek verwenden den Begriff „Musikalischer Raum"; Wellek fügte „Hörraum" und „Tonraum" hinzu, um die menschliche Wahrnehmung von Musik zu beschreiben.[3] Die Raum- und Materialwahrnehmung in der Musik ist kein Zufall, sondern notwendig, um Musik trotz ihrer körperlichen Formlosigkeit, ihrer „Wesenlosigkeit", vorstellbar zu machen.[4] Deshalb, so Kurth, werden in den meisten Sprachen räumliche Begriffe verwendet, um Musik zu beschreiben. Für den Philosophen und Mathematiker René Thom (1983) ist die räumliche Form wesentlich für das Verstehen als solches und nicht nur auf die Musik beschränkt.[5] Sie ist eher ein Gefühl, als eine Vorstellung und liegt unterhalb der Ebene der klaren Empfindung. Auch der Philosoph, Psychologe und Musikwissenschaftler Carl Stumpf hält den räumlichen Charakter in der musikalischen Wahrnehmung für immanent, aber nur für eine Pseudo-Lokalität.[6] Für ihn wie auch für Thom scheint es in der Natur des Menschen zu liegen, sich Musik räumlich vorzustellen, zu erklären und auszudrücken. Blauert (1974) beobachtete in seinen Untersuchungen auf dem Gebiet der Psychoakustik, dass Probanden meist in der Lage sind, Klangreize in Begriffen zu beschreiben, die sich auf Raum und Räumlichkeit beziehen.[7] Nach Griebsch (2000) gibt es in allen Kulturen vier Dichotomien, von denen drei räumlicher Natur sind:[8]

- auf/ab
- Mitte/Rand
- innen/außen
- aktiv/passiv.

Wellek sieht den Ursprung dieser Assoziation in einer Ursynästhesie – Griebsch (2000) formuliert sie als Ur-Analogie – die von jedem Menschen verstanden werden kann.[9] Christian von Ehrenfels (1890) schlägt in ähnlicher Weise eine intermodale Analogie vor, indem er argumentiert, dass eine Melodie, die entlang der Dimension der Tonhöhe transponiert wird, ihre Identität ebenso beibehält wie ein Objekt, das entlang einer Dimension des physischen Raums transponiert wird.[10] Diese Verbindung von Raum und Dimensionalität mit musikalischen Qualitäten ist auch ein Grundgedanke einiger räumlicher Konzepte in der Musiktheorie, wie in

[2] Siehe Schneider (1989), S. 113 und Kurth (1990), S. 119.

[3] Siehe Schneider (1989), S. 121.

[4] Siehe Kurth (1990), S. 116.

[5] Vgl. Godøy (1997), S. 90, in der Übersetzung von Thom (1983), S. 6.

[6] Siehe Révész (1937), S. 150.

[7] Siehe Blauert (1974), S. 75.

[8] Siehe Griebsch (2000), S. 143 f.

[9] Siehe Griebsch (2000), S. 144 ff.

[10] Siehe von Ehrenfels (1890).

Abschn. 2.4 erörtert wird. Qualitäten in der Musik beruhen auf Gestaltprinzipien, die in Abschn. 4.5 ausführlich diskutiert werden.

Nicht nur in der westlichen Musiknotation wird die horizontale Dimension mit der Zeit und die vertikale Dimension mit der Tonhöhe in Verbindung gebracht. Nach Wellek können Intensität und Klangfarbe als Fern-Nah-Dimension betrachtet werden und werden auf diese Weise in Kompositionen von Jan Pieterszoon Sweelincks barocker „Echo-Fantasie" (um 1617) bis zu György Ligetis Avantgarde-Stück „Lontano" (1967) verwendet.[11] Diese Dimensionen sind in Abb. 2.1 dargestellt. Karlheinz Stockhausen verwendet in seiner Komposition „Kontakte" ein Konzept von Klangschichten, um durch den Einsatz von Lautstärke in den Vorder- und Hintergrund zu gelangen.[12] Der romantische Komponist und Musiktheoretiker Arnold Schönberg verfolgte die Idee, dass Melodien wie Objekte im physischen Raum transponiert, gedreht und gespiegelt werden können.[13] Kurth hält drei Dimensionen für hinreichend, um Analogien zu knüpfen, betont aber die Rolle einer inneren Geometrie, die durch Intervalle, Akkorde und melodische Konturen beeinflusst wird. Der Musikethnologe Erich Moritz von Hornbostel versteht eine Klein-Groß-Dimension als Folge von Volumen und Dichte, betrachtet aber weder diese noch Lebendigkeit, Größe, Härte oder Diffusität als orthogonale Dimensionen.[14]

Zbikowski (2002) erklärt die Verwendung von Begriffen des physischen Raums für Musik mit Hilfe von „konzeptuellen Metaphern".[15] Menschen neigen dazu, Cross-Domain-Mapping zu verwenden, um Entitäten und Beziehungen der Zieldomäne (Musik) mit Begriffen einer Quelldomäne (z. B. physischer Raum) zu er-

Abb. 2.1 Drei Dimensionen in der Musik, nach Wellek. (Nach Schneider (1989), S. 115)

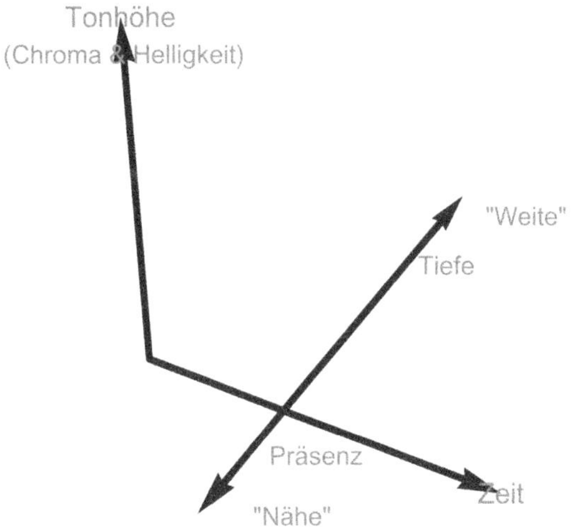

[11] Siehe Schneider (1989), S. 114.

[12] Siehe de la Motte-Haber (2000), S. 35.

[13] Siehe Deutsch (1985), S. 131.

[14] Siehe z. B. Schneider (1989), S. 108 und Révész (1937), S. 164 f.

[15] Zbikowski (2002), insbesondere S. 63–73.

klären. Griebsch (2000) hebt zusätzlich die Bedeutung des „tertium comparationis" hervor, einer beeinträchtigenden Dimension mit gemeinsamen Merkmalen von Analogiepaaren zwischen den beiden Domänen. Je weniger Dimensionen es gibt und je mehr Analogiepaare existieren, desto besser funktioniert die Darstellung. Das Gleiche gilt z. B. zwischen dem physischen Raum und den Emotionen („I'm feeling up"), der Kreativität („think outside the box"), dem Bewusstsein („He fell asleep") oder der Gesundheit („She's in top shape").[16]

Wie Révész feststellte, scheint es keine phänomenologische Ähnlichkeit zwischen Tonbewegung und Richtungen in einem taktilen Raum zu geben. Die verallgemeinerte Aussage, dass hohe Frequenzen vom Gehör an einer höheren vertikalen Position geortet werden,[17] hat mit der Alltagserfahrung nicht viel zu tun und steht im Widerspruch zu Erkenntnissen aus Hörtests, wie sie von Blauert (1974) durchgeführt wurden und in Abschn. 4.4 diskutiert werden. Auf dem Klavier werden tiefe bis hohe Töne von links nach rechts gespielt, ein Cello verlangt ein tieferes Greifen für eine höhere Tonhöhe auf derselben Saite, ein Posaunist kann seinen Arm strecken und zusammenziehen, um verschiedene Tonhöhen zu spielen. Offensichtlich sind diese Mechanismen der Veränderung nicht für Begriffe wie „hohe" und „tiefe" Töne verantwortlich. Daher wird die Verschiebung des Kehlkopfes zum Singen variabler Tonhöhen manchmal als Ursprung dieser Begriffe für musikalische Tonhöhen angesehen, insbesondere angesichts der nachvollziehbaren Hypothese, dass Musik ihren Ursprung im Vokalgesang hat. Révész (1937) erlebte in einem Selbstversuch mit verstopften Ohren bei einer Orchesterprobe, dass er Schwingungen niedriger Frequenzen in den unteren Teilen seines Brustkorbs spürte, und höhere Frequenzen im oder sogar über dem Kopf lokalisierte. Dies überzeugte ihn von der Schwingungshypothese, die besagt, dass die Lokalisierung der gefühlten Schwingungen – nicht der gehörten – im oder um den Körper herum der Ursprung der Bezeichnung für „hohe" und „tiefe" Töne ist. Andererseits sind diese Begriffe zwar weit verbreitet, z. B. im Englischen, Deutschen, Chinesischen, Indischen und Hebräischen, aber andere Kulturen verwenden andere Begriffe. Auf Bali und Java nennen Musiker Tonhöhen „klein" und „groß", die Suyá – amerikanische Ureinwohner – sagen „jung" und „alt", die griechischen Standardbegriffe sind „oxis" und „barys", was „scharf/spitz" und „schwer" bedeutet.[18] Analogien und Begriffsmetaphern können erklären, warum in verschiedenen Kulturen unterschiedliche Metaphern verwendet werden, obwohl sie in den meisten von ihnen verständlich sind. Dem Biologen Lewald (2006) zufolge entstehen solche Metaphern zunächst aus einem Mangel an geeigneten Begriffen, etablieren sich aber und werden so selbst zu geeigneten und verständlichen Begriffen.[19] Dies erklärt auch die Verwendung von nicht-räumlichen visuellen Begriffen, wie Helligkeit, Brillianz oder Klangfarbe, und taktilen

---

[16] Siehe z. B. Zbikowski (2002), S. 65 für einige der oben genannten und weitere Beispiele.

[17] Siehe z. B. Lewald (2006), S. 190.

[18] Siehe Zbikowski (2002), S. 63 und 72 f.

[19] Siehe Lewald (2006), S. 190.

Vokabeln, wie Rauhigkeit oder Schärfe. Da sie alle Arten von räumlichen und nicht-räumlichen Metaphern erklärt, scheint sie der Immanenz des Raums in der Musik zu widersprechen. Der Musikwissenschaftler Albersheim (1939) liefert jedoch eine Erklärung für die Idee der Immanenz. Er unterscheidet zwischen dem objektiven, empirisch-realen Raum, in dem sich unser physisches Leben abspielt, und einem subjektiven Wahrnehmungsraum, dem „Empfindungsraum".[20] Blauert (1997) stimmt dem zu und unterscheidet zwischen dem Klangereignis im physischen Raum und dem Hörereignis im „Wahrnehmungsraum".[21] Für Albersheim (1939) bilden die Prominenz der nicht ausgedehnten Stellen und ihre Beziehungen zueinander und zu einem Ausdehnungskontinuum den Raum. Tonhöhen und Intervalle finden in einem Wahrnehmungsraum ebenso statt wie Positionen und Distanzen im objektiven Raum. Mit diesem Raumverständnis ist für ihn der Raum der Musik immanent, und folgerichtig werden räumliche Begriffe verwendet, um Aspekte der Musik zu beschreiben.

Tatsächlich haben psychoakustische Untersuchungen ergeben, dass die Wahrnehmungsqualitäten wie die Klangfarbe in einem Wahrnehmungsraum stattfinden, der oft als „Timbreraum" bezeichnet wird.[22] Der Musikwissenschaftler Bader (2013) fasst die verschiedenen Ansätze und Ergebnisse von über zwanzig Studien zur Timbreunterscheidung sowie zur Identifikation und auditiven Unterscheidung von Musikinstrumenten zusammen.[23] In Hörtests konnten subjektive Urteile über die Ähnlichkeit von Klangfarben zu mehr als 70 % durch eine multidimensionale Skalierung mit drei Dimensionen erklärt werden, die alle hoch mit physikalischen Parametern korreliert waren.[24] Diese wurden z. B. aus Ähnlichkeits- oder Unähnlichkeitsurteilen von Klangpaaren oder -tripeln aus synthetischen Klängen, natürlichen Instrumenten und künstlich geschaffenen „Hybridinstrumenten" abgeleitet, deren physikalische Eigenschaften zwischen realen Instrumentenklängen liegen.[25] Die meisten Forscher fanden ähnliche Dimensionen, die für die Charakterisierung der Klangfarbe entscheidend sind. Auf der spektralen Seite sind es die Helligkeit – oft quantifiziert durch den spektralen Zentroiden (Audio Spectrum Centroid ASC) – die Bandbreite und die Verteilung der Spektralkomponenten, die eine wichtige Rolle bei der Wahrnehmung der Klangfarbe spielen. Auf der zeitlichen Seite beeinflussen Merkmale des Einschwingvorgangs – wie die Dauer des Attacks, die Phasensynchronität im Attack und die Fluktuationen der Teiltöne – den wahrgenommenen Klangcharakter musikalischer Klänge. Auch spektro-temporale Merkmale, wie das Vorhandensein hoher Teiltöne in den Transienten, der spektrale Flux oder die Amplitudenhüllkurve scheinen eine Rolle bei der Klangfarbenwahrnehmung und bei der Identifizierung und Unterscheidung von Musikinstrumenten zu spielen. Das

---

[20] Siehe Albersheim (1939), S. 60, 71 und S. 59 ff.

[21] Siehe z. B. Blauert (1997), S. 373. Weitere Einzelheiten finden sich in Abschn. 4.4.1.

[22] Siehe z. B. Donnadieu (2007), Troiviainen (1997), S. 338 und Bader (2013), S. 351.

[23] Siehe Bader (2013), S. 329–379.

[24] Siehe Bader (2013), S. 331.

[25] Siehe Bader (2013), S. 335.

Gleiche gilt für spezifische Merkmale wie das Vibrato von Geigen. Als wichtigstes Merkmal bei der Bewertung des Timbres wurde die Helligkeit ermittelt, die den größten Teil der Daten erklärt. Der Psychologe Garner (1974) erklärt dieses Phänomen allgemein wie folgt: „[...] eine Dimension ist besser unterscheidbar als die andere, und [...] die besser unterscheidbare Dimension wird als Grundlage für die Klassifizierung verwendet."[26] Er beschreibt also nicht nur die Dominanz einer Dimension über die andere, sondern spricht auch einen weiteren wichtigen Aspekt an: Obwohl es kontinuierliche Dimensionen zu geben scheint, kann eine Klassifizierung der Klangfarbe beobachtet werden. Donnadieu (2007) fand heraus, dass in Hörtests, bei denen die Versuchspersonen aufgefordert wurden, „ähnliche" Klänge frei zu gruppieren, die resultierenden Gruppen hauptsächlich auf der Ähnlichkeit der Klangerzeugungsmechanismen und Resonatoren beruhten.[27] Eine ähnliche kategoriale Gruppierung wurde auch von Lakatos (2000) bei einer Untersuchung von perkussiven Timbres festgestellt.[28]

Timbre wird als ein Aspekt der Klangqualität betrachtet und manchmal sogar definiert, der unabhängig von Tonhöhe, Lautstärke und Dauer ist.[29] Obwohl Timbres in einem niedrigdimensionalen Wahrnehmungsraum zugeordnet werden können, werden sie als übersummenhafte Qualität betrachtet – die mehr ist, als nur der Punkt, der sich aus ihren Größen auf mehreren Dimensionen ergibt – und kann eher als „ganzheitliches Bild des gesamten musikalischen Objekts" betrachtet werden.[30] Es ist möglich, dass die Dimensionen, die den Timbreraum aufspannen, weder vollständig orthogonal noch orthonormal sind.[31] Dies könnte teilweise die leichten Unterschiede in der Bezeichnung der Dimensionen oder der physikalischen Maße zu ihrer Quantifizierung erklären.

Zusammengefasst – ob immanent oder nicht, ob Wahrnehmungsraum oder konzeptuelle Metapher – scheint der Raum sehr geeignet zu sein, um sich erlebte Aspekte und Phänomene von Klang und Musik vorzustellen, und sie auszudrücken. Räumliche Begriffe werden in den meisten Sprachen zur Beschreibung von Musik verwendet und sind sogar zwischen verschiedenen Kulturen verständlich. Die Raumwahrnehmung tritt nicht nur beim Hören von Musik auf. Sie wirkt sich auch stark auf den kreativen Prozess der Musikkomposition aus, wie im folgenden Abschnitt erläutert wird.

[26] Frei übersetzt aus Garner (1974), S. 113.

[27] Vgl. Donnadieu (2007), S. 300 f, unter Bezugnahme auf ihre Doktorarbeit, Donnadieu (1997).

[28] Siehe Lakatos (2000).

[29] Siehe Ando (2010), S. 92 und 120.

[30] Frei übersetzt aus Godøy (1997), S. 89. Übersummenhaftigkeit wird im Abschn. 4.5 ausführlicher behandelt.

[31] Siehe z. B. Bader (2013), S. 359 ff.

2.2 Raum in Komposition und Aufführungspraxis

Symmetrie als Kompositionstechnik hat sich von Johann Sebastian Bachs (1685–1750) Fugen bis zur seriellen Musik von Pierre Boulez (1925–2016) erhalten.[32] Auch in der Aufführungspraxis lassen sich räumliche Überlegungen durch die meisten Epochen hindurch finden: Bereits in der barocken Aufführungspraxis wurden raumbezogene Ideen umgesetzt, wie die Verteilung der Chöre in der venezianischen Polychoralität.[33] Hector Berlioz „Requiem" wurde 1837 für Chöre und Bläserensembles in allen vier Himmelsrichtungen im Dôme des Invalides in Paris komponiert. Der berühmte romantische Komponist und Dirigent Gustav Mahler dachte an räumlich verteilte Instrumente für die Aufführung der „Symphonie fantastique" des romantischen französischen Komponisten Hector Berlioz.[34] Wallace Clement Sabine, ein Pionier auf dem Gebiet der Raumakustik,[35] argumentierte, dass die Raumakustik die Arbeit von Komponisten stark beeinflusst und die Musik prägt. So führten beispielsweise romanische Kirchen mit ihrer langen Nachhallzeit zu der Technik, Harmonien zwischen aufeinanderfolgenden Tönen zu schaffen.[36] Parameter, wie die Dauer von Tönen und das Tempo von Sequenzen, werden von der Raumakustik beeinflusst, nämlich von der Stärke und Dauer des Nachhalls. Der Akustiker Jürgen Meyer (1986) fand Hinweise darauf, dass die Raumakustik von Original-Konzertsälen einen großen Einfluss auf Kompositionen hat. Er belegt dies an Kompositionen des klassizistischen Komponisten Joseph Haydn (1732–1809) und an heute noch existierenden Konzertsälen.[37] Darüber hinaus betont er die Wechselbeziehung zwischen der Orgel und der Raumakustik von Kirchen in Bezug auf Raumresonanzen, Reflexionen und Nachhall.[38,39]

Raum ist ein zentraler Aspekte in der musikalischen Avantgarde, zu beobachten in Dodekaphonie, Serialismus, elektronischer Musik und anderen innovativen Kompositionstechniken. Eine Befreiung von Hierarchie und Autorität machte den Weg frei für einen neuen kompositorischen Innenraum der Musik, ebenso wie multifunktionale Aufführungssäle, die neue Wege der musikalischen Wahrnehmung ermöglichten.[40] Gerade in der elektroakustischen Musik wird der Raum oft explizit

[32] Siehe z. B. Mazolla (1990), S. 84 ff.

[33] Siehe Stoianova (1989), S. 36.

[34] Siehe de la Motte-Haber (2000), S. 35.

[35] Näheres zu seinen Arbeiten auf dem Gebiet der Raum- und Konzertsaalakustik siehe Kap. 6.

[36] Siehe Forsyth (1985), S. 3.

[37] Siehe Meyer (1986).

[38] Siehe Meyer (2003). Natürlich beeinflusst der Raum nicht nur die Komposition, sondern auch die Aufführung. Der zeitgenössische Dirigent und Komponist Bräm (1986) beschreibt den Einfluss der Raumakustik auf das Tempo nicht aus kompositorischer, sondern aus dirigentischer Sicht. Je nach den raumakustischen Bedingungen musste er das Tempo von Wolfgang Amadeus Mozarts „Jupiter-Sinfonie" in einem Bereich von zwanzig Prozent und mehr anpassen, um ein gewünschtes Ergebnis zu erzielen. Die Raumakustik wird in Kap. 6 ausführlich behandelt.

[39] Siehe Bräm (1986), S. 9.

[40] Siehe Nauck (1997), S. 19–20.

in der Vorstellung, im Denken und in der Intention berücksichtigt. Karlheinz Stockhausen sah die Raummusik als aufkommenden Trend voraus, ebenso Bernd Alois Zimmermann, Luigi Nono, Boulez und Edgar Varése.[41] Einerseits manifestiert sich dieses Denken in Idealen und Visionen der Kompositions- und Aufführungspraxis: Varèse betrachtete Raummusik als klingende Bewegungen in einem Raum, der vier Dimensionen hat: Die horizontale zeitliche Dimension, die vertikale, spektrale Dimension, die Dynamik als Tiefe und eine vierte Dimension, die er als Klangprojektion ähnlich einem Scheinwerfer beschreibt.[42] Eine wesentliche Voraussetzung für ein modernes Theater ist für Zimmermann eine omnimobile Architektur, bei der die Bühne den Zuschauerraum sphärisch umgibt. Bühne und Publikum müssen sich bewegen, einander zu- und abwenden, sich austauschen und sogar ineinander übergehen können.[43] Einerseits werden hier Kompositionen und Aufführungspraxis umgesetzt: Stockhausen benutzte einen Drehtisch, um Rotationsklänge zu erzeugen, einschließlich eines Dopplereffekts und des Effekts, sich dem Zuhörer zuzuwenden und von ihm wegzudrehen. 1958 schufen Varèse und der griechische Komponist Yannis Xenakis Stücke für „Poème électronique", ein kollaboratives Gesamtkunstwerk, das auf der Weltausstellung in Brüssel in Zusammenarbeit mit dem Architekten Le Corbusier präsentiert wurde (siehe Abb. 2.2). Es war ein Gesamtkunstwerk aus Architektur, Bildern, Licht und Klang und enthielt eine „Raumpolyphonie" mit 350–425 Lautsprechern.[44] Bei der Aufführung von „Réponse" (1981), einer Komposition für ein Kammerorchester, das von sechs Soloinstrumenten und Lautsprechern umgeben ist, verwendet Boulez Mikrofone, um die Soloinstrumente aufzunehmen, einen Echtzeit-DSP-Prozessor, um die Klänge zu manipulieren, und Lautsprecher, um die Ergebnisse abzuspielen. Wie in Abb. 2.3 zu sehen ist, wird das Verhältnis von räumlichem Zentrum und Umgebung zu einem kompositorischen Element, ebenso wie die Klangbewegungen durch den Raum (Abb. 2.4).[45]

Für den Avantgarde-Komponisten Erik Satie ist Musik ein Teil des Raumes, wie ein Möbelstück.[46] Der Komponist Bill Fontana schafft Kunst, die er „Klangskulpturen" nennt, der Maler Julius (Heidelberger Kunstverein) komponierte „Musik für einen gelben Raum – presto", die den Raum mit Musik „gelb malen" soll.[47] Der Schweizer Komponist Walter Fähndrich entwirft Musik für Räume, „die den Eindruck erweckt, dass die Musik vom Raum selbst erzeugt wird"[48] und hat sogar einen exemplarischen Klangkatalog erstellt. Dies ist ein Ansatz zur Gestaltung

---

[41] Siehe de la Motte-Haber (2000), S. 31.

[42] Siehe Stoianova (1989), S. 41.

[43] Siehe Kirchmeyer und Schmidt (1970), S. 279.

[44] Siehe Kirchmeyer und Schmidt (1970), S. 20, Barthelmes (1986), S. 85 und de la Motte-Haber (2000), S. 35.

[45] Siehe Boulez und Gerzso (1988) für weitere Einzelheiten. Die Komposition verwendet ein amplitudenbasiertes Panning, das in Kap. 7 ausführlich erläutert wird.

[46] Siehe Barthelmes (1986), S. 85.

[47] Siehe Barthelmes (1986), S. 77, 81 und 86.

[48] Siehe Fähndrich et al. (2010).

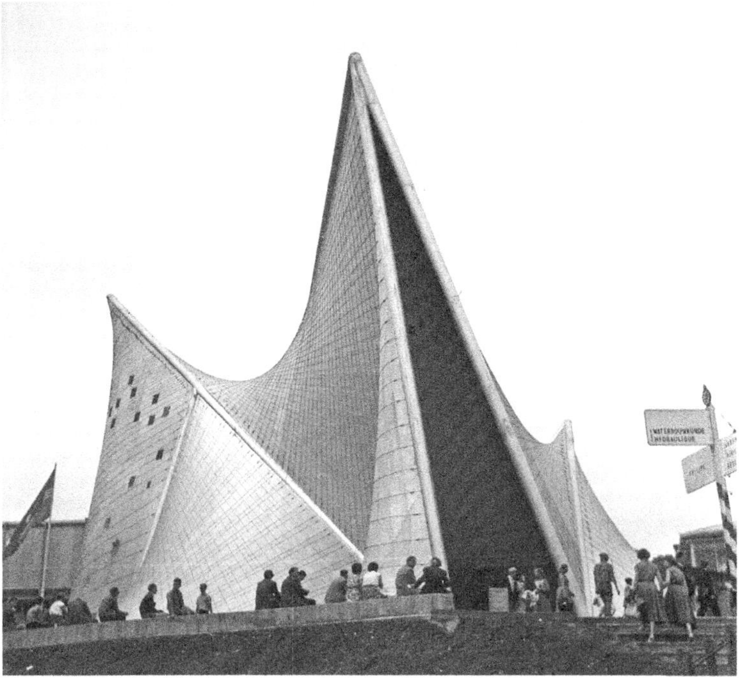

Abb. 2.2 Poème Électronique des Architekten Le Corbusier und der Komponisten Varèse und Xenakis. (Foto von Hagens (2018), bereitgestellt unter Creative Commons Lizenz)

oder Umgestaltung unserer natürlichen und technischen akustischen Umwelt, der sogenannten *Soundscape*. Der deutsche Komponist Hans Otte komponiert meditative Klanglandschaften, als Pendant zu Landschaftsbildern.[49] Der Einfluss von angenehmen Klängen zur Ergänzung oder Verdeckung von belastendem Lärm ist zu einem Thema der psychoakustischen, psychologischen und soziologischen Forschung geworden.[50] Im Zeitraum von 1950 bis 1979 schuf der schwedische Komponist Allan Patterson 16 Raumsinfonien, die den Funktionalismus eines musikalischen Raumes nutzen, um Mikro- und Makroformen zu schaffen.[51] Die Komponistin und Sounddesignerin Sabine Schäfer schuf für ihre Klanginstallation „Hörbild" ein Lautsprecher-Ensemble, wie es in Abb. 2.4 dargestellt ist, das für sie zu einer Art Musikinstrument wurde.[52] 1998 schuf Edwin von der Heide ein *akustisches Fenster*, das zum Höreindruck einer entlegenen Industrielandschaft führt. Er realisierte dies, indem er eine solche Landschaft mit einem rechteckigen Array aus 40 Mikrofonen aufnahm und die Aufnahmen über ein Lautsprecherarray mit genau derselben An-

[49] Siehe Barthelmes (1986), S. 85.

[50] Siehe z. B. Genuit (2003) und Bockhoff (2007). Die Maskierung wird ausführlich in Abschn. 4.3.

[51] Siehe Stoianova (1989), S. 40.

[52] Siehe Schäfer (2000), S. 251 f. An der Hochschule der Künste Bern können Sie sich Stücke anhören, die für das Lautsprecherinstrument komponiert wurden.

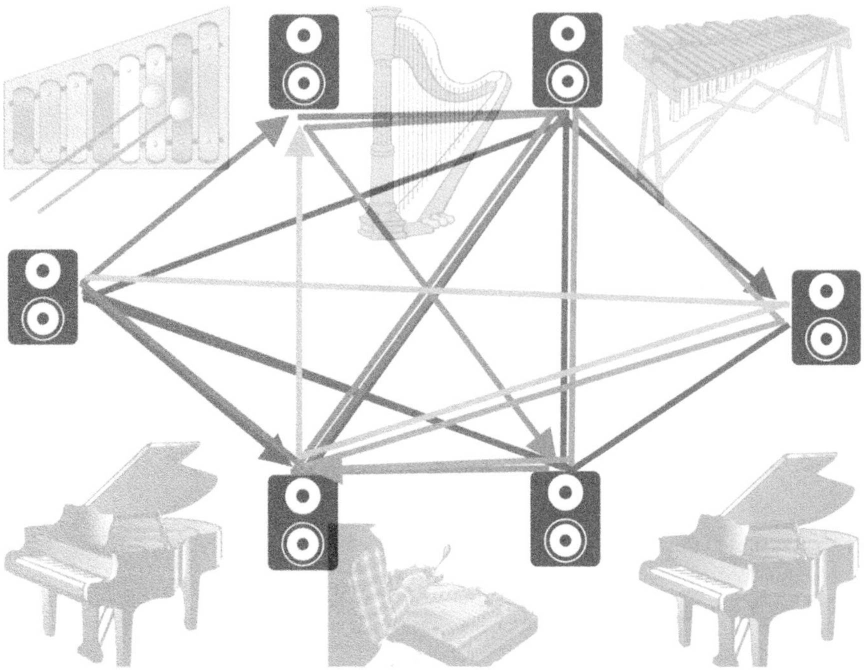

Abb. 2.3 Aufbau für „Réponse“ von Boulez. Ein Ensemble steht in der Mitte, umgeben von Publikum, Soloinstrumenten und Lautsprechern. Die Lautsprecher verwenden Amplitudenpanning, um manipulierte Solopassagen durch den Raum „wandern“ zu lassen (durch die Pfeile angedeutet). (Nach Boulez und Gerzso (1988), S. 178 f., der eine Übersetzung von Boulez und Gerzso (1988) ist)

Abb. 2.4 „Hörbild“; ein Lautsprecherensemble, das Sabine Schäfer 1995 als musizierende Klangskulptur schuf. Sie nutzte die Installation weiterhin als Musikinstrument für ihre Kompositionen. (Foto von Felix Groß mit freundlicher Genehmigung von Sabine Schäfer)

ordnung wiedergab.[53] Kompositionen für moderne Audiosysteme, wie z. B. Wellenfeldsynthese-Installationen, nutzen oft die neuen Möglichkeiten, die diese Systeme in Bezug auf Quellenverteilung und Bewegung bieten. Alle diese Arten von Komposition und Aufführung können unter dem Begriff *Klangkunst* zusammengefasst werden, der alle Arten von räumlichen akustischen Konzeptionen umfasst.[54]

In den meisten Epochen spielte der Raum eine zentrale Rolle in der Komposition, was sich in den Partituren, in der Anordnung der Ensembles oder im beabsichtigten Ausdruck widerspiegelte. Doch der tatsächliche objektive Raum, wie in Abschn. 2.1 beschrieben, wurde in modernen Kompositionen immer zentraler, vor allem vor dem Hintergrund fortschrittlicher Technologien wie elektroakustischer Performance und digitaler Signalverarbeitung. Zusammen mit neuen Formen der musikalischen Aufführung – wie Klangskulpturen, Soundscapes und Happenings – entstanden neue kompositorische Methoden und Ideen, um den Raum aktiv in die Musik zu integrieren.

2.3 Raum in der Musikproduktion

Ziel der Tonaufnahme ist es, die Musik zu konservieren, so dass sie leicht transportiert, kopiert, verbreitet und wiedergegeben werden kann. Das Hauptziel der Aufnahme, des Abmischens und des Masterings von Musik besteht darin, den Klang in der gewünschten Weise einzufangen und abzustimmen, um eine „auditive Aussage“ zu treffen, die weder physikalisch noch wahrnehmungsmäßig mit der Live-Musik identisch sein muss.[55] Dieser Vorgang umfasst z. B. die Optimierung der spektralen Balance, der Lautheit und Dynamik und der räumlichen Verteilung sowie der Intensität und Diffusität der Raumakustik. In der Regel wird dies von einem Tonmeister nach Abschluss der Komposition und des Arrangements durchgeführt. Dieser Vorgang wird oft als handwerklich angesehen und der Tonmeister versucht, den Klang so zu manipulieren, dass er die ästhetische Idee des Werks unterstreicht, ohne die Komposition zu beeinträchtigen. Bei manchen Musikstücken spielt der Klangeindruck eine noch wichtigere Rolle als die Komposition, die Orchestrierung oder das Arrangement. Hier ist das Sounddesign ein entscheidender Teil des kreativen Prozesses. Musikproduzenten oder Tonmeister kreieren, stimmen und manipulieren Klänge, oft mit wenig Aufmerksamkeit für Text, Melodie oder

---

[53] Siehe Weinzierl (2008), S. 37. Diese Technik wird als „akustischer Vorhang“ bezeichnet und ist ein grundlegendes Konzept der Wellenfeldsynthese, das in Kap. 8, insbesondere in Abschn. 8.1, eingehend behandelt wird.

[54] Siehe z. B. Baalman (2008), Kap. 4 für einen Überblick über Wellenfeldsynthese-Kompositionen und Weinzierl (2008), S. 37, für weitere Informationen über Klangkunst.

[55] Direktes Zitat aus Rogers (2004), S. 31 und indirektes Zitat aus Maempel (2008), S. 232, 238, S. 240 und 245.

Harmonie. Viele Entwicklungen in der Audiotechnik zielen nur darauf ab, Klänge zu formen, um eine „Audioscape" zu schaffen.[56]

Ein großer Teil der Klangabstimmung hat mit der Räumlichkeit zu tun. Laut dem professionellen Tontechniker Bobby Owsinski (2014) „… ist es die Hauptaufgabe eines Toningenieurs, die Dinge größer und weiter klingen zu lassen."[57] Um dies zu erreichen, haben sich viele Aufnahme- und Mischtechniken etabliert. Diese werden in den folgenden Unterkapiteln, basierend auf einer Reihe von Lehrbüchern und wissenschaftlichen Artikeln, nacheinander vorgestellt.[58] Dieser Abschnitt konzentriert sich auf die räumliche Audioaufnahme und -mischung für Stereo. Die Geschichte und die Prinzipien der stereophonen Audiosysteme werden vor dem Hintergrund der Räumlichkeit in Kap. 7 diskutiert.[59]

2.3.1 Raum in Aufnahmetechniken

Kugelmikrofone wandeln die auf eine Membran von einigen Quadratmillimetern oder -zentimetern wirkenden Kräfte in elektrische Spannung um. Auf diese Weise erzeugen sie ein Signal, das proportional zum Schalldruck im sensitiven Frequenzbereich des Mikrofons ist, der häufig zwischen nahezu 0 und 20 bis 50 kHz liegt. Mikrofone zeichnen kontinuierlich den Schalldruck auf, der die meisten Aspekte des Instrumentalklangs umfasst, wie Tonhöhe und Melodie, Dynamik und Timbre. Sie zeichnen den Schall jedoch nur an der Position des Mikrofons selbst auf. Da der Schalldruck ein Skalar ist, enthält die Aufzeichnung kaum Informationen über den Ursprung oder die Ausbreitungsrichtung einer Wellenfront.

Ein Hinweis auf die Lage der Schallquelle relativ zum Mikrofon ist die Verstärkung der tiefen Frequenzen bei nahen Quellen. Aufgrund von akustischen Kurzschlüssen verbleiben niedrige Frequenzen tendenziell im Nahfeld der Quellen, wenn ihr Körper im Vergleich zur Wellenlänge klein ist. Es wird nur wenig niederfrequente Energie in das Fernfeld abgestrahlt. Folglich kann ein Mikrofon den tieffrequenten Anteil nur aufzeichnen, wenn es sich in der Nähe der Quelle befindet.[60] Mikrofone mit einer nierenförmigen Richtcharakteristik verstärken diesen Effekt noch. Hier verursachen die tiefen Frequenzen einen weiteren akustischen Kurzschluss an der Mikrofonmembran. Der Effekt ist bei entfernten Quellen stärker, d. h. Mikrofone mit Nierencharakteristik nehmen umso weniger tief-

[56] Siehe Zagorski-Thomas (2014), S. 124.

[57] Frei übersetzt aus Owsinski (2014), S. 49.

[58] Nämlich Owsinski (2014), Levinit (2004a), Maempel (2008), Hamidovic (2012), Fouad (2004), Pulkki (2004), Levinit (2004b), Rogers (2004), Kaiser (2012a, b, 2013), Otondo (2008), Faller (2005), Mores (2018), Ziemer (2017) und Cabrera (2011).

[59] Ein breiterer Überblick über Räumlichkeit bei Musikaufnahmen und -mischungen für Stereo, Surround, Ambisonics und Wellenfeldsynthese findet sich in Ziemer (2017).

[60] Weitere Informationen über die Schallabstrahlungseigenschaften von Musikinstrumenten finden Sie in Kap. 5, insbesondere in Abschn. 5.2.

frequente Anteile auf, je weiter die Quelle vom Mikrofon entfernt ist. Der akustische Kurzschluss wird durch eine Signalverarbeitungskette kompensiert, die die tiefen Frequenzen anhebt. Eine Verstärkung der tiefen Frequenzen ist also ein Indiz für eine nahe Quelle. Gleichzeitig werden sehr hohe Frequenzen mit zunehmendem Abstand stärker gedämpft als tiefe Frequenzen. Dieser Effekt ist sowohl messbar als auch hörbar. Aufgrund der kurzen Wellenlänge kann Wärme von Zonen mit hohem Druck auf Zonen mit niedrigem Druck übertragen werden. Auf diese Weise diffundiert ein Teil der Energie als Wärme, anstatt sich als Schallwelle fortzubewegen. Ein weiterer Entfernungsindikator ist das Verhältnis von Direktschall und Nachhall. In der Nähe der Schallquelle dominiert der Direktschall und überdeckt einen großen Teil der Raumantwort.[61] Hier sind die Raumreflexionen nur zwischen aufeinanderfolgenden Tönen hörbar. Bei weit entfernten Quellen kann das extreme Gegenteil beobachtet werden. Frühe Reflexionen können sogar lauter sein als der Direktschall, und der Nachhall kann Teile des Direktschalls verdecken und Transienten verschmieren, wie z. B. den Einschwingvorgang, Modulationen und den Ausschwingvorgang. Diese monophonen Audioparameter sind vergleichbar mit monauralen auditiven Hinweisen. Sie enthalten einige Informationen über die räumlichen Eigenschaften der Klangszene und werden von Musikproduzenten und Tontechnikern häufig ausgenutzt.[62] Wenn es jedoch um die Lokalisierung des horizontalen Quellwinkels und die Wahrnehmung der Ausdehnung der Quelle und der Eingehülltheit des Hörers geht, sind binaurale Hinweise von großer Bedeutung.[63]

Die Aufnahmetechniken versuchen, binaurale Hinweise für das räumliche Hören in Bezug auf die Lokalisierung, die Ausdehnung der Quelle und die akustischen Eigenschaften des Aufführungsraums zu erfassen. Im Nahfeld des Instruments dominiert der Direktschall die Aufnahme, und die Raumreflexionen sind vergleichsweise leise. Hier zielen Stereo-Aufnahmetechniken hauptsächlich darauf ab, ein Muster der natürlichen Schallabstrahlcharakteristik der Quelle zu erfassen.[64] Aufgrund von Interferenzen der Wellen, die von verschiedenen Teilen des Instrumentenkörpers und der eingeschlossenen Luft ausgehen, ist der Klang in jeder Richtung leicht unterschiedlich. Diese Unterschiede erzeugen inkohärente Signale an den Ohren des Zuhörers, die die Wahrnehmung der Quellenausdehnung beeinflussen. In größerer Entfernung vom Instrument gibt der Unterschied zwischen den Mikrofonaufnahmen Hinweise auf den Einfallswinkel der Wellenfronten. Das Verhältnis von Nachhall zu Direktschall zeigt die Entfernung an, während Unterschiede in der Ankunftszeit oder Amplitude den Quellenwinkel anzeigen. Direktschall und frühe Re-

---

[61] Einen Überblick über Maskierung und Raumakustik finden Sie in den Kap. 4 und 6.

[62] Siehe z. B. Fouad (2004), S. 150, Rogers (2004), S. 32 f. Einzelheiten zum Abmischen in der Musikproduktion werden im folgenden Abschnitt behandelt.

[63] Die Psychoakustik des räumlichen Hörens wird in Kap. 4, insbesondere in Abschn. 4.4, sowie in Kap. 6, insbesondere in Abschn. 6.2.

[64] Die Schallabstrahlungseigenschaften von Musikinstrumenten sowie die Aufnahmetechniken, die in der Forschung zu deren Erfassung eingesetzt werden, werden in Kap. 5 ausführlich behandelt.

flexionen wirken sich besonders auf die Wahrnehmung der Quellenausdehnung aus, während späte Reflexionen einen Einfluss auf die Wahrnehmung der Eingehülltheit des Hörers haben.

In Abb. 2.5 sind mehrer Techniken für die Stereoaufnahme einer Trommel dargestellt. Sie beruhen auf Mikrofonpaaren. Die Richtcharakteristik eines jeden Mikrofons wird durch die Form seines Kopfes dargestellt. Die drei Typen sind Kugel, Achter- und Nierenmikrofon. Der Punkt rechts auf der Trommelmembran stellt ein piezoelektrisches Kontaktmikrofon dar. Der linke Kanal ist blau eingefärbt, der rechte Kanal ist rot eingefärbt. Aufnahmetechniken, bei denen die Mikrofonpositionen nahezu übereinstimmen, werden als *Koinzidenztechniken* bezeichnet. Die A-B-Aufnahmetechnik arbeitet mit zwei omnidirektionalen Mikrofonen, die zwischen 20 und 80 cm voneinander entfernt sind. Es handelt sich um eine so genannte *Abstandsmethode*. Im Nahfeld können die Mikrofone je nach den Abstrahlungseigenschaften der Schallquelle leicht unterschiedliche Spektren aufzeichnen. Im Fernfeld treten Zeitdifferenzen zwischen den Kanälen (Inter Channel Time Differences, ICTD) auf, wenn das Gerät zu einer Seite abgelenkt wird. Das X-Y-Mikrofonpaar besteht aus zwei Mikrofonen mit Nierencharakteristik. Ihre Positionen sollten nahezu deckungsgleich sein, wobei eines 45° nach links und das andere 45° nach rechts zeigt. Manchmal werden für X-Y-Aufnahmen auch Super- oder Hypernieren verwendet. In der Nähe eines Instruments können die Spektren wiederum leicht unterschiedlich sein. Im Fernfeld erzeugen seitlich abgelenkte

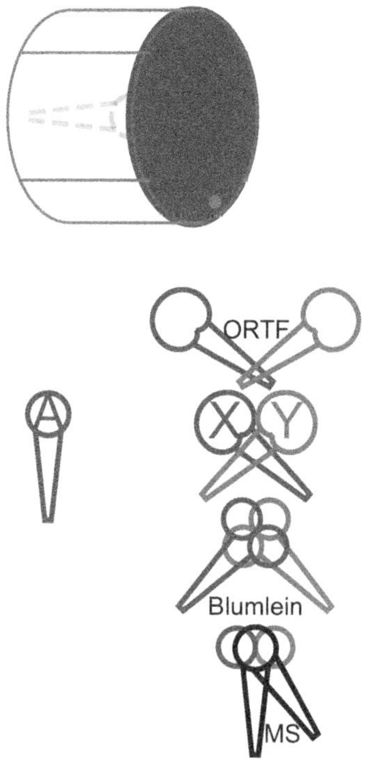

Abb. 2.5 Stereo-Aufnahmetechniken, die verschiedene Teile des abgestrahlten Trommelklangs einfangen. (Nach Ziemer (2017), S. 309)

Schallquellen Interkanal-Pegeldifferenzen (Inter Channel Level Differences ICLD), die die Position der Quelle angeben. Da die Mikrofonpositionen fast übereinstimmen, sind die Aufnahmen in Phase. Bei der Summierung erzeugen sie kaum destruktive Interferenzen. Sie sind also monokompatibel. Die so genannte ORTF-Aufnahmetechnik ist eine Kombination aus A-B und X-Y. Benannt ist sie nach dem Office de Radiodiffusion Télévision Française. Zwei Mikrofone mit Nierencharakteristik haben einen Abstand von 17 cm und einen Öffnungswinkel von 110°, wodurch im Nahfeld leicht inkohärente Signale entstehen. Im Fernfeld treten ICLD und ICTD auf, wenn die Quelle in der horizontalen Ebene nach beiden Seiten abgelenkt wird. Die Blumlein-Aufnahmetechnik ist eng mit der X-Y-Methode verwandt. Zwei Achtermikrofone haben einen Winkel von 90° zueinander. Bei reinem Direktschall erzeugt ORTF größere ICLDs als X-Y für abgelenkte Quellen. Allerdings werden dabei auch von hinten eintreffende Wellen aufgezeichnet, so dass ein größerer Anteil des rückwärtigen Umgebungsschalls erfasst wird. Die Aufnahmetechnik wurde in den frühen 1930er-Jahren von Blumlein (1933) patentiert.[65] Bei der Mitten-Seiten-Stereo-Aufnahme (MS) wird ein Mikrofon mit Kugel- oder Nierencharakteristik mit einem parallel angeordneten Achtermikrofon kombiniert. Die neutrale Achse des bidirektionalen Mikrofons fällt mit der Richtung der höchsten Empfindlichkeit des Nierenmikrofons zusammen. Auf diese Weise wird der Frontalschall nur vom ersten Mikrofon aufgenommen, während das zweite Mikrofon hauptsächlich die seitlich eintreffenden Wellenfronten erfasst. Die erste Aufnahme enthält den monauralen Anteil des Schalls und wird auf beide Stereokanäle geleitet. Die zweite Aufnahme enthält die Differenz zwischen links und rechts und entspricht damit den „interauralen“ Unterschieden, wie sie vom Hörer wahrgenommen werden. Sie wird zum linken Kanal addiert und vom rechten Kanal subtrahiert. Hier kann die Verstärkung der bidirektionalen Aufnahme manipuliert werden, um den Klang breiter oder schmaler zu machen. Bei allen Aufnahmetechniken hängt der Grad der ICLDs und ICTDs von der Position und den Abstrahlungseigenschaften der Quelle sowie von der Menge und den Eigenschaften der Reflexionen im Aufnahmeraum ab. Weitere Einzelheiten zu diesen Stereomikrofonierungstechniken sind in der Literatur zu finden.[66]

Dem Kognitionswissenschaftler und Plattenproduzenten Levinit (2004b) zufolge erreichte die Aufnahmetechnik in den 1970er-Jahren einen Punkt, an dem High-Fidelity-Aufnahmen von Bands keine Herausforderung mehr darstellten, so dass die Herausforderung darin bestand, etwas Überlebensgroßes zu schaffen. Er nennt es „eine Art auditiven Impressionismus“,[67] bei dem der Klang wichtiger sein kann als die Noten. Im Aufnahmestudio wurden verschiedene zusätzliche Aufnahmetechniken ausprobiert, um Klangquellen zu vergrößern. In der Abbildung wird ein leichter Piezo-Wandler mit Knete auf die Membran geklebt, während ein anderes Mikrofon im Inneren der Trommelschale platziert wird. Dieser Ansatz ist in Abb. 2.5 dargestellt. Ebenso werden Gitarren oft mit einem Mikrofon in der Nähe

[65] Siehe Blumlein (1933).

[66] Siehe z. B. Kaiser (2012b), S. 33–43, Friedrich (2008), Kap. 13, Ziemer (2017) und Mores (2018).

[67] Frei übersetzt aus Levinit (2004b), S. 14.

des Halses und einem anderen Mikrofon in der Nähe des Schalllochs aufgenommen. Die erste Aufnahme hat einen helleren Ton und enthält mehr Griffgeräusche. Die Aufnahme mit dem zweiten Mikrofon klingt wärmer, weil sie von der Helmholtz-Resonanz um 100 Hz dominiert wird. Nach Levinit (2004a) gibt dies dem Zuhörer das Gefühl, mit einem riesigen Instrument konfrontiert zu sein oder den Kopf im Inneren der Gitarre zu haben.[68] Melodie und Harmonie werden oft doppelt aufgenommen. Dieses Verfahren wird als *Overdubbing* bezeichnet und kam in den 1960er-Jahren auf. Aufgrund von leichten Unterschieden in Tonhöhe, Timing, Artikulation und Mikromodulationen sind die Aufnahmen inkohärent. Der Grad der Kohärenz ändert sich dynamisch, wodurch eine natürliche Varianz entsteht. Wenn jede Aufnahme von einem einzelnen Lautsprecher wiedergegeben wird, klingt das Instrument breiter als kohärente Lautsprechersignale. Der Verbreiterungseffekt nimmt zu, wenn eine Verzögerung von einigen Millisekunden zwischen den beiden Aufnahmen eingefügt wird oder wenn eine der Aufnahmen mit einem Hochpass-Filter abgespielt wird.[69] Diese Technik wird in der Regel nicht für die Rhythmusgruppe verwendet, da sie Transienten verschmieren und das Timing verwischen kann. Die Instrumente eines Schlagzeugs werden oft einzeln von einem oder mehreren Mikrofonen im Nahfeld abgenommen. In der Praxis des Aufnahmestudios wird dies *close-miking* genannt und fängt nur wenig Nachhall und Übersprechung ein. Wenn die gewünschten Schlagzeugklänge nicht durch Audioeffekte wie Equalizer, Filter und Kompressoren erreicht werden können, können die Aufnahmen dazu verwendet werden, einen Sampler mit bevorzugten Klängen anzusteuern, und die Samples können mehr oder weniger zur Originalaufnahme beigemischt werden.[70] Zusätzliche Overhead-Mikrofone, meist ein A-B-Paar mit großem Abstand, nehmen das gesamte Schlagzeug inklusive des Raumhalls auf. Das soll den Klang homogener machen und die einzelnen Aufnahmen wieder zusammenbinden. Der natürliche Raumnachhall verleiht ihnen mehr Tiefe, Phasenumkehrung lässt sie größer klingen.[71]

Wurde ein Instrument mit nur einem Mikrofon aufgenommen, kann die Aufnahme erweitert werden, indem sie in einem halligen Raum über einen Lautsprecher abgespielt und mit einer Stereoaufnahmetechnik aufgenommen wird. Hier ergeben sich durch die Abstrahlcharakteristik des Lautsprechers und die inkohärenten Raumreflexionen leicht dekorrelierte Aufnahmen.[72]

Bei allen Aufnahmetechniken wirkt sich der Abstand zwischen der Schallquelle und den Mikrofonen auf das Verhältnis von Direktschall zu Schallreflexionen aus. Viele Tontechniker ziehen es vor, Instrumente in eher trockenen, d. h. in reflexions-

[68] Siehe Levinit (2004a), S. 157.

[69] Insbesondere Gitarren und Gesang werden auf diese Weise behandelt. Siehe z. B. Maempel (2008), S. 236, Hamidovic (2012), S. 52, 57 und 67 und Kaiser (2012a), S. 113 und S. 116–127 für Details zum Overdubbing.

[70] Dieser hybride Ansatz wurde in den 1980er-Jahren populär, siehe z. B. Levinit (2004a), S. 148 und 150, Hamidovic (2012), S. 27 und Kaiser (2012a), S. 89 f.

[71] Nach Mozart (2015), S. 82 und Hamidovic (2012), S. 20 f.

[72] Dies wird z. B. in Faller (2005) vorgeschlagen.

armen Räumen aufzunehmen. Künstlicher Nachhall kann später in der Musikproduktionskette leicht hinzugefügt werden. Dies ist seit den 1960er-Jahren gängige Praxis.[73] Das umgekehrte Verfahren, d. h. die Dereverberation oder blinde Quellentrennung, ist eine wesentlich schwierigere Aufgabe.[74] Andere Tontechniker ziehen es vor, in einer halligen Umgebung aufzunehmen, wenn sie einen Raum mit geeigneten akustischen Eigenschaften zur Verfügung haben.

2.3.2 Raum in Techniken des Musikabmischens

Techniken des Musikabmischens erhöhen die wahrgenommene Räumlichkeit von Musikinstrumenten. Sie werden entweder zusätzlich zu den Stereo-Aufnahmetechniken angewandt, oder sie werden angewandt, wenn die Aufnahme bereits abgeschlossen ist oder die Musik nicht akustisch, sondern elektronisch ist. Häufig wird mit diesen Techniken aus einer Monoquelle ein stereophones Signal erzeugt. Die Techniken lassen sich daher unter dem Begriff *Pseudo-Stereophonie* zusammenfassen. Wie die Aufnahmetechniken zielen sie darauf ab, Stereokanalsignale weniger kohärent zu machen. Viele Autoren erlauben tiefe Einblicke in ihre Trickkiste, um „Instrumente riesig klingen zu lassen“.[75] Räumliche Begriffe gehören zu den am häufigsten verwendeten Begriffen bei der Beurteilung von Musikmischungen, und es hat sich gezeigt, dass Weite einen wesentlichen Beitrag zur Präferenz von Musikmischungen und zur Bewertung der Audioqualität leistet.[76] Ein gewisses Maß an Räumlichkeit ist jedoch nicht nur aus kreativer und ästhetischer Sicht erwünscht. Es wurde auch festgestellt, dass die wahrgenommene Audioqualität und der wahrgenommene räumliche Eindruck beim Hören von Musik über Kopfhörer eine hohe Korrelation aufweisen, was darauf hindeutet, dass die Räumlichkeit einen wichtigen Beitrag zur wahrgenommenen Audioqualität leistet.[77]

Eine einfache, aber wirksame Methode zur Verbreiterung einer Quelle besteht darin, ein Spektrum zu teilen und jede Hälfte einem einzelnen Kanal zuzuordnen, z. B. mit Hilfe eines Tief- und eines Hochpassfilters.[78] Das Ergebnis ist in Abb. 2.6 zu sehen. Die beiden Signale sind ähnlich genug, um als ein einziges gehört zu werden, aber so inkohärent, dass sie weiträumig klingen.[79] Levinit (2004a) und seine ehemalige Schülerin Sunan E. Rogers (2004) argumentieren, dass bereits die

[73] Siehe z. B. Stevenson (1968), der die flexiblen raumakustischen Eigenschaften eines Fernsehstudios diskutiert.

[74] Nachhallunterdrückung und blinde Quellentrennung mit Hilfe von Mikrofonarray-Techniken werden z. B. in Bader (2014) behandelt.

[75] Dies ist die Übersetzung eines Kapitels in Levinit (2004a) auf S. 157 ff.

[76] Siehe De Man und Reiss (2017), Wilson und Fazenda (2015, 2016).

[77] Siehe Gutierrez-Parera und López (2016).

[78] Vorgeschlagen z. B. in Faller (2005) und Hamidovic (2012).

[79] Dieser psychologische Effekt lässt sich durch die Prinzipien der auditiven Szenenanalyse erklären, die in Abschn. 4.5 erläutert werden.

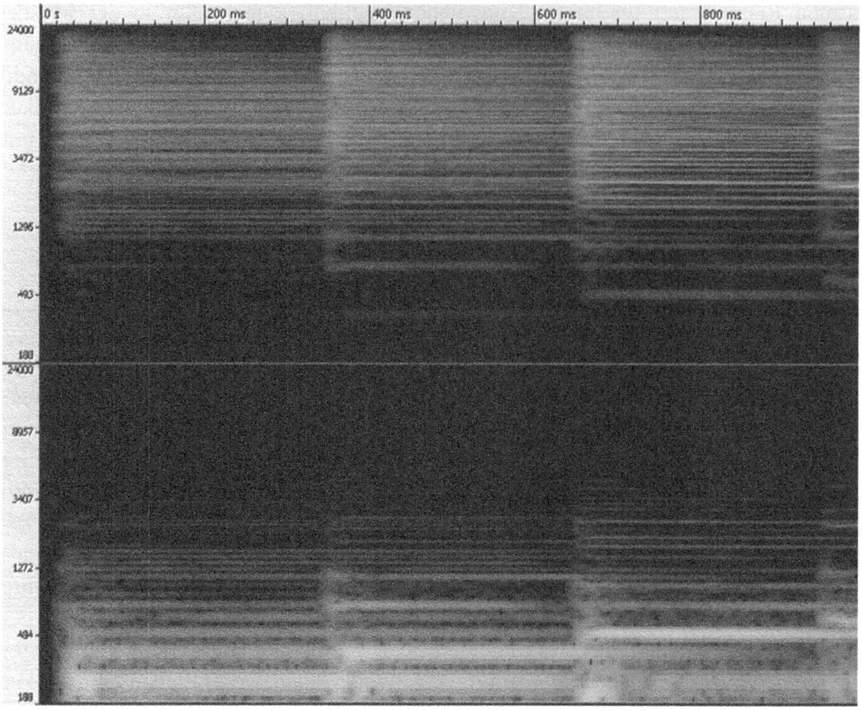

Abb. 2.6 Pseudostereo durch High-Passing des linken (oben) und Low-Passing des rechten Kanals (unten)

Anwendung eines Kompressors Instrumente größer klingen lässt. Das Gehör wendet einen ähnlichen Mechanismus an, wenn Quellen sehr laut sind. Ein Kompressor soll also die Illusion einer sehr nahen, großen und lauten Schallquelle hervorrufen. Der Praktiker Kaiser (2012a) unterscheidet zwischen verschiedenen Graden der Dynamikkompression. Er verwendet harte Kompression für einen harten, kleinen Klangeindruck und weiche Kompression für einen breiteren Klang.[80]

Levinit (2004a) schlägt vor, E-Gitarren sowohl über Line-Kabel als auch über Mikrofone am oberen Gehäuse, am unteren Gehäuse, und mit Raummikrofonen aufzunehmen. Um die räumliche Streuung einer Overdub-Aufnahme zu erhöhen, kann ein Kanal um eine Oktave verschoben werden. Auf diese Weise ist die spektrale Verschmelzung immer noch stark, aber zusätzlich zu der leichten zeitlichen Inkohärenz wird die spektrale Kohärenz reduziert. Um die Explosivität und Lautstärke von perkussiven Instrumenten zu erhöhen, kann ein Gated Reverb verwendet werden. Es erzeugt eine plötzliche Abschwächung kurz nach dem Einsetzen des Halls.[81]

[80] Siehe Levinit (2004a), S. 158 und Rogers (2004), S. 35 versus Kaiser (2012a), S. 32.

[81] Alle diese Mischverfahren werden in Levinit (2004a) vorgeschlagen.

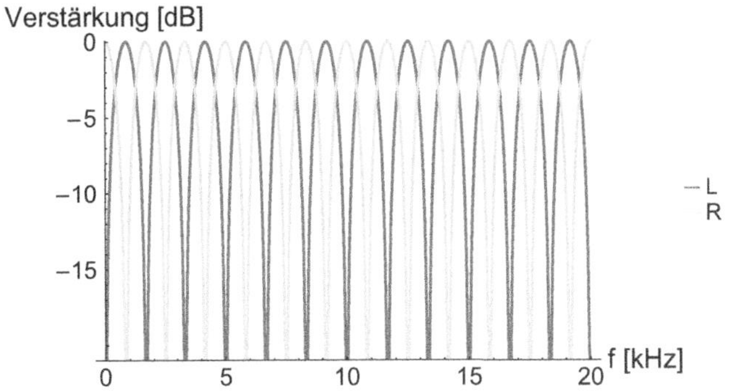

Abb. 2.7 Pseudostereo durch Anwendung komplementärer Kammfilter auf den linken und rechten Kanal. (Aus Ziemer (2017), S. 312)

Eine weitere häufig angewandte Pseudo-Stereo-Technik besteht darin, entweder komplementäre Kammfilter auf beide Kanäle anzuwenden oder ein Allpass-Filternetzwerk zu verwenden, das die Phase der Frequenzkomponenten in einem Kanal randomisiert.[82] Beide Methoden erzeugen zwei dekorrelierte Versionen aus einer ursprünglichen Monodatei. Die erste Methode ist in Abb. 2.7 dargestellt. Die Peaks des Filters für den linken Kanal fallen mit den Notches des Filters für den rechten Kanal zusammen. Die Folge dieser Verarbeitung ist, dass die Frequenzen im Stereopanorama im Sinne eines amplitudenbasierten Pannings in unterschiedliche Winkel verschoben werden. Dieses Panning-Muster wiederholt sich über die Frequenz. Die zweite Methode ist in Abb. 2.8 dargestellt. Die Amplitudenspektren beider Kanäle bleiben identisch, aber die Phase der einzelnen Frequenzen des rechten Kanals wird randomisiert. Diese Randomisierung kann eine drastische Auswirkung auf das Zeitsignal haben, die besonders bei Einschwingvorgängen hörbar wird. Wenn viele Frequenzen gleichphasig beginnen, kann dies zu einem steileren Attack führen und als Klickgeräusch hörbar werden. Sind Frequenzen nicht in Phase, verschmiert der Attack und kann schwach oder crescendoartig klingen. Bei dieser Methode kann das Filter mit dem besten Einschwingverhalten und der gewünschten Räumlichkeit durch Ausprobieren gefunden werden. Im gezeigten Beispiel ist die Phasenrandomisierung möglicherweise nicht die beste Wahl, da die Notenanfänge definitiv verschmiert sind. Eine weitere statische Dekorrelation zwischen den Kanälen kann durch den Einsatz von Pitch Changers, leichten Verzögerungen oder individuellen Kompressoren erreicht werden, während individuelle Chorus-Effekte dynamischere Dekorrelationen erzeugen.[83]

Es wurde auch vorgeschlagen, phaseninvertierte Chorus-Effekte individuell auf beiden Kanälen hinzuzufügen, um einen dynamischen Raumklang zu erzeugen.[84] Auf diese Weise wird der ursprüngliche monophone Klang auf entgegengesetzte

[82] Beide Methoden werden z. B. in Cabrera (2011) und Faller (2005) vorgeschlagen.

[83] Siehe z. B. Hamidovic (2012), S. 57 und 67 oder Owsinski (2014), S. 50.

[84] Siehe Cabrera (2011).

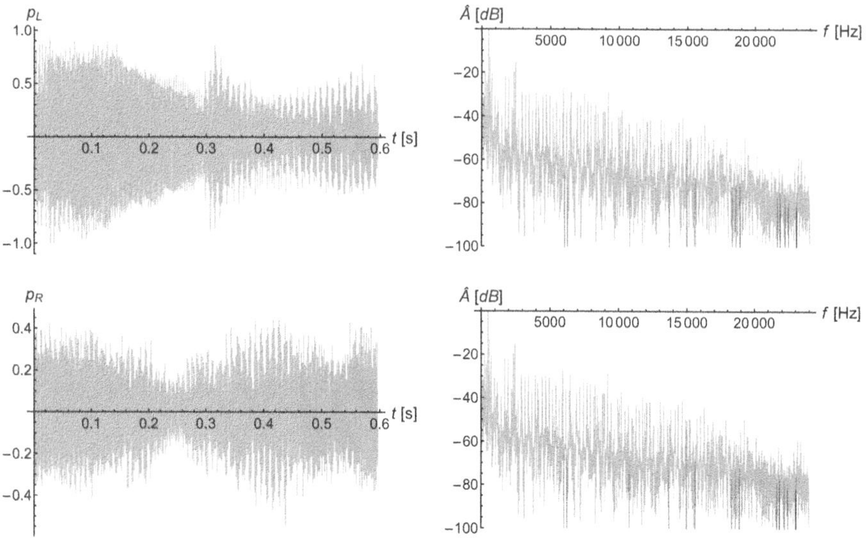

Abb. 2.8 Pseudostereo durch Phasenrandomisierung. Die Originalaufnahme wird auf den linken Kanal geleitet (oben). Die Phasen aller Frequenzkomponenten der Originalaufzeichnung werden randomisiert und auf den rechten Kanal geleitet (unten). Die Amplitudenspektren (rechts) bleiben identisch, aber die Zeitreihen (links) haben sich verändert, z. B. ist der steile Anstieg bei 0,3 s verloren gegangen

Weise verändert, so dass das ursprüngliche monophone Signal durch synchronisierte, aber inkohärente spektrale Veränderungen dynamisch angereichert wird. Dieser Ansatz kommt dem Artificial Double Tracking (ADT) nahe. In analogen Aufnahmestudios wird eine Spur mit einem Tonbandgerät aufgezeichnet. Das Band wird dann durch Wow- und Flattereffekte moduliert, was zu zeitvarianten Zeit-, Phasen- und Frequenzunterschieden im Vergleich zur Originalspur führt. Diese beiden Spuren werden wiederum an einzelne Lautsprecher weitergeleitet. Das Ergebnis ist ein zeitvariabler Kammfiltereffekt.

Eine Reihe von Tipps zum räumlichen Abmischen von Musik gibt Kaiser (2012a). Im Gegensatz zu den anderen Autoren weist er auch auf die Notwendigkeit hin, Instrumente schmal klingen zu lassen, wenn dies gewünscht ist. Manchmal macht man ein sehr enges Panning bei Schlagzeugen, damit sie realistischer klingen, als wenn sie über das gesamte Stereopanorama verteilt werden. Eine Ausnahme bilden die TomToms, die typischerweise von links nach rechts gepannt werden. Er spielt auch gerne mit der Räumlichkeit des Schlagzeugs, indem er z. B. den Hall vor dem Refrain erhöht, um einen räumlich verwaschenen Klang zu erzeugen. Wenn er das Schlagzeug zu Beginn des Refrains plötzlich trockener und räumlich präziser macht, erhält es eine starke Präsenz. Die Veränderung der Breite von Instrumenten, der räumlichen Verteilung von Quellen und der wahrgenommenen Größe von Räumen ist ein wichtiges dramaturgisches Mittel. Seiner Meinung nach beeinflussen Predelays, rhythmische Delay-Effekte sowie der Frequenzbereich oberhalb von 15 kHz die wahrgenommene Tiefe von Instrumenten. Die Schwebungen, die durch

Chorus-Effekte entstehen, machen Klänge breiter. Ein weiterer Trick von ihm besteht darin, den Nachhall an eine andere Stelle als den Direktschall zu pannen, um die Quelle etwas breiter zu machen. Andere Effekte im Aufnahmestudio, wie Split-Harmonizer mit einer Differenz zwischen den Kanälen von ±9 % und einer Verzögerung von 20 ms, erhöhen die Breite und Tiefe von Lead-Gesang. Er pannt Stereoaufnahmen von Konzertflügeln stark nach links und rechts, von Klavieren nur leicht nach links und rechts und pannt E-Pianos leicht zu einer Seite, um ihnen eine angemessene Breite zu geben. Natürlich können die oben erwähnten monauralen Entfernunghinweise durch Equalizer erzeugt werden. Nahe Quellen haben mehr Bassfrequenzen, entfernte Quellen haben abgeschwächte Höhenfrequenzen. Kaiser (2012a) verwendet gerne Autopan und dynamische Verzögerungen, um den Quellen etwas Bewegung zu verleihen und den Klang lebendiger zu machen. Komplementäre Equalizer verbessern die Trennung der Quellen. Er glaubt auch, dass man die vertikale Dimension durch Equalizer und Hall kontrollieren kann.[85] Der Toningenieur Mozart (2015) stimmt zu, dass Tontechniker durch den Einsatz von verschiedenen Reverbs, Delays und Gruppen eine dreidimensionale Mischung erstellen können.[86] Oft bleibt der tiefe Frequenzbereich von Instrumentalklängen mono, während Pseudostereo-Effekte, wie z. B. Stereo-Chorus, auf höhere Frequenzen angewendet werden.[87] Ein Grund dafür, den linken und den rechten Kanal in Phase zu halten, besteht darin, dass Phasenverschiebungen zu weiten Bereichen führen können, in denen die sich überlagernden Wellen im Hörraum destruktive Interferenzen erzeugen. Dies hat zur Folge, dass der Klang hohl ist. Außerdem können sich die Signale beim Aufsummieren der Lautsprechersignale – wie es häufig bei Mono-Mischungen geschieht – gegenseitig auslöschen. Die Kompatibilität zu Mono ist nicht die einzige Einschränkung. In der elektronischen Tanzmusik beispielsweise ist es üblich, nur ein subtiles und statisches Panning zu verwenden, da die Lautsprecher in Diskotheken und anderen Partylocations eine recht breite Verteilung haben können, die nicht einmal annähernd dem standardisierten Stereodreieck entspricht.[88]

Obwohl Pseudostereo-Effekte darauf abzielen, die Breite der Hörquelle zu vergrößern, beeinflussen sie auch andere Klangeigenschaften wie Lautstärke, Rauhigkeit, Klangfarbe und die Schärfe von Transienten. Diese psychologischen Klangeindrücke sind nicht orthogonal, sondern stehen in einem gewissen Zusammenhang. Viele Toningenieure versuchen, eine Mischung in Bezug auf drei Dimensionen auszubalancieren, wie in Abb. 2.9 dargestellt. Das Stereopanning bestimmt weitgehend den horizontalen Winkel der Phantomschallquelle. Lautstärke und Audioeffekte beeinflussen die wahrgenommene Entfernung. Die wahrgenommene Ausdehnung der Schallquelle ist ein natürlicher Bestandteil der Entfernungswahrnehmung. Ein nahes Instrument wird als größer empfunden, als ein weit entferntes Instrument. Ein Klavier mit wenig Nachhall klingt nah. Um aber auch groß zu klingen, muss der Direktschall dekorreliert werden. Genau das tut die natürliche Abstrahlcharakteristik

---

[85] Siehe Kaiser (2012a) für diese und andere Mischtechniken.

[86] Siehe Mozart (2015), S. 175 und S. 178.

[87] Siehe Hamidovic (2012), S. 49.

[88] Vgl. Owsinski (2014), S. 51. Details zur Stereophonie werden in Kap. 2 beschrieben.

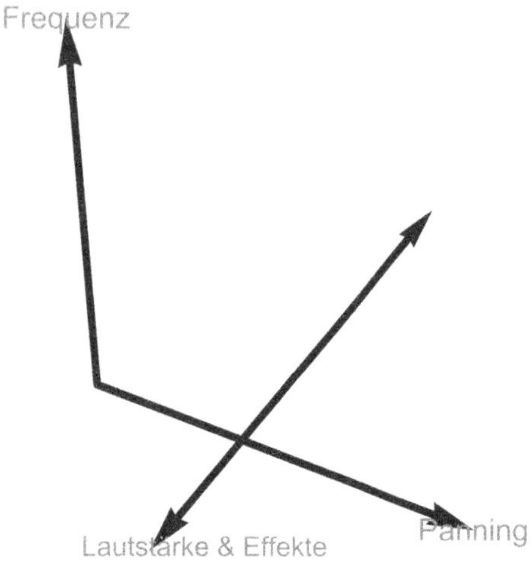

Abb. 2.9 Drei Dimensionen in Musikmischungen und die Audioparameter, die sie steuern. (Nach Edstrom (2011), S. 186)

des Klaviers: Es strahlt in alle Richtungen leicht inkohärente Spektren ab. Die auf den Direktschall angewandten Effekte, sowie die Eigenschaften und die Intensität des Nachhalls, beeinflussen die wahrgenommene Nah-Fern-Dimension, die zur Wahrnehmung der Größe beiträgt. Instrumente mit ausgeprägtem Hochtonanteil scheinen an der Spitze der Mischung zu liegen: nichts steht ihnen im Weg, als ob sie über dem Rest der Instrumente platziert wären. Diese mehrdimensionale Vorstellung ist zwar teilweise metaphorisch, aber sie verweist auch auf die Audioparameter, die hauptsächlich zur Abstimmung der Dimensionalität in einem Musikmix verwendet werden. Die Ähnlichkeit zu den drei Dimensionen in der Musik nach Albert Wellek, Abb. 2.1, ist offensichtlich.

2.4 Raum in der Musiktheorie

Räumliches Denken spielt sowohl bei der Wahrnehmung von Musik als auch im Schaffensprozess eine große Rolle. Diese Erkenntnis spiegelt sich in vielfältigen musiktheoretischen Ansätzen wider. Diese Ansätze beschreiben, analysieren und interpretieren Musik in Bezug auf räumliche Parameter, Beziehungen und Organisation. In „A generative Theory of Tonal Music" des Musikwissenschaftlers Fred Lerdahl und des Philosophen und Linguisten Ray Jackendoff wird festgestellt, dass der musikalische Input psychoakustisch in einer „musikalischen Oberfläche" organisiert ist, die ein „metrisches Raster" oder eine „metrische Struktur" aufweist.[89] Tonale Hierarchien durch geometrische Modelle auszudrücken, um sie mit der intuitiven musikalischen Distanz zu korrelieren, führte zur Erfindung zahlreicher räumlicher Modelle, wie dem *Quintenzirkel*.[90] Lerdahl (2001) unterstreicht den

[89] Übersetzt, aus Lerdahl und Jackendoff (1983) und Lerdahl (2001), S. 3 und S. 8.
[90] Siehe Lerdahl (2001), S. 42.

Ausdruck der tonalen Hierarchie durch geometrische Modelle und räumliche Distanz sowohl in der Musiktheorie, als auch in der Musikpsychologie.[91] Es gibt zweidimensionale Tonraummodelle, wie Leonhard Eulers *Tonnetz* oder Gottfried Webers Ansatz, die eine ähnliche Struktur verwenden, wie in Abb. 2.10 zu sehen ist. Das Tonnetz-Modell und verwandte Modelle werden auch als „two-dimensional lattice“ bezeichnet.[92] Tatsächlich kombiniert Webers Modell den *regional circle* von Johann David Heinichen und den *doppelten Quintenzirkel* von David Kellner, wie in Abb. 2.11 zu sehen ist. Später schlug Moritz Wilhelm Drobisch eine Erweiterung des Quintenzirkels durch eine Oktavdarstellung auf einer vertikalen Achse vor, was zu einer höherdimensionalen Helixstruktur führte. Diese Idee wurde von dem zeitgenössischen Kognitionswissenschaftler Roger Shepard erweitert, der Halbton- und Quintenzirkel kombinierte, was zu einer Doppelhelix-Struktur führte, die als *melodic map* bezeichnet wird und in Abb. 2.12 dargestellt ist. Hier unterteilt die Ebene

$A_{\sharp}$	$E_{\sharp}$	$H_{\sharp}$	$F_{\times}$	$C_{\times}$	$G_{\times}$
$F_{\sharp}$	$C_{\sharp}$	$G_{\sharp}$	$D_{\sharp}$	$A_{\sharp}$	$E_{\sharp}$
D	A	E	H	$F_{\sharp}$	$C_{\sharp}$
B	F	C	G	D	A
G	$D_{\flat}$	$A_{\flat}$	$E_{\flat}$	B	F

$d_{\sharp}$	$F_{\sharp}$	$f_{\sharp}$	A	a	C	c
$g_{\sharp}$	H	h	D	d	F	f
$c_{\sharp}$	E	e	G	g	H	h
$f_{\sharp}$	A	a	C	d	$E_{\flat}$	$e_{\flat}$
h	D	d	F	f	$A_{\flat}$	$a_{\flat}$
e	G	g	B	b	$D_{\flat}$	$d_{\flat}$

Abb. 2.10 Zweidimensionale Modelle der tonalen Hierarchie. Links: Eulers „Tonnetz“ (1739); eine primitive Darstellung der tonalen Hierarchie, die den Grad der tonalen Beziehung durch die Nähe darstellt. Rechts: Ein fortschrittlicheres Modell von Weber (1821–24), das auch parallele Tonarten berücksichtigt. (Nach Lerdahl (2001), S. 43 und 44)

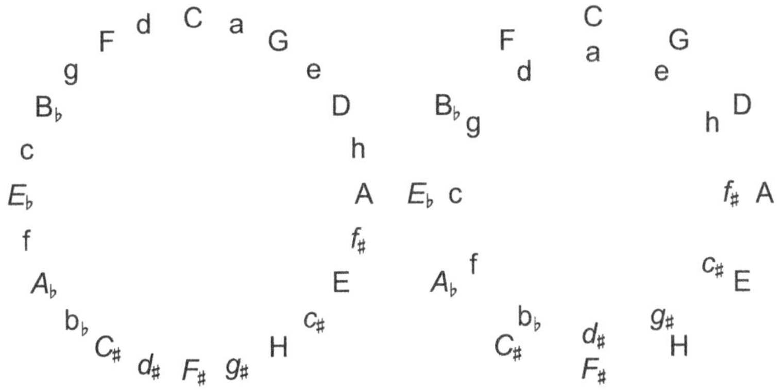

Abb. 2.11 Kreisförmige Modelle der tonalen Hierarchie. Links: „Regionaler Kreis“ von Heinichen (1728), rechts: „Doppelter Quintenzirkel“ von Kellner (1737), mit Anpassung der Abstände zwischen parallelen Tonarten. (Nach Lerdahl (2001), S. 43)

[91] Lerdahl (2001), S. 42.

[92] Siehe z. B. Martins (2011), S. 126.

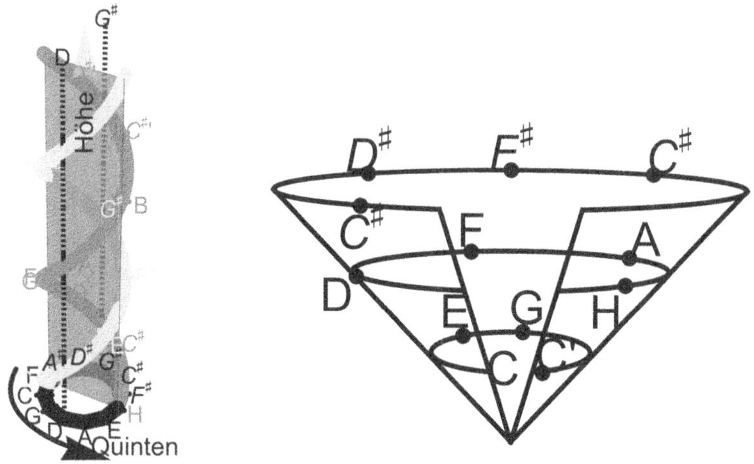

Abb. 2.12 Links: Shepards „melodic map" (1982), die Drobischs Helix-Darstellung (1855) zu einer Doppelhelix erweitert, um Halbtonbeziehungen zu berücksichtigen. Rechts: Modell der kognitiven Nähe von Krumhansl (1983), S. 40. (Nach Lerdahl (2001), S. 44 und 46, Shepard (1982), S. 362 und Krumhansl et al. (1982))

in der Mitte die Töne in eine Gruppe, die zu dieser Tonleiter gehört, und eine, die nicht zu dieser Tonleiter gehört. Die melodic map veranschaulicht eine wichtige Beobachtung, die Roger Shepard bezüglich der Tonhöhenwahrnehmung gemacht hat. Sie hat eine zyklische *Chroma-Dimension*, die sich in jeder Oktave wiederholt, sowie eine geradlinige Höhendimension. So haben beispielsweise die Töne C1 und C2 dasselbe Chroma, aber unterschiedliche Höhen.[93] Shepard geht mit seinem Tonhöhenmodell sogar noch einige Schritte weiter. Er wickelt die Doppelhelix um einen Torus und fügt dann eine neue Höhendimension hinzu, so dass die Doppelhelix um einen spiralförmigen Zylinder gewickelt ist. So entsteht eine fünfdimensionale Karte für die Tonhöhenverhältnisse. Diese Konzepte sind in Shepard (1982) zu finden. Die Psychologin Carol Krumhansl und Kollegen haben ein Modell eingeführt, das auf der kognitiven Nähe von „pitch classes, chords, and regions in a relation to an introduced tonic" beruht.[94] Dieses Modell wurde aus einer nicht-metrischen multidimensionalen Skalierung der Ähnlichkeitsbeurteilung von Tönen zu einer eingeführten Tonika abgeleitet.[95] Das sich daraus ergebende Modell ist ebenfalls in Abb. 2.12 dargestellt. Alle Modelle sind ausführlich erläutert und illustriert in Lerdahl (2001), S. 42 ff.

Die Ideen der Harmonielehre des 19. und 20. Jahrhunderts, die die Idee des Tonnetzes erweitern, um einen Rahmen von tonalen Beziehungen, Transpositionen,

[93] Siehe Shepard (1964), Burns (1981), Ziemer et al. (2018), Leman (1995), S. 23 ff und Abschn. 4.5.4.1 für eine detaillierte Beschreibung der Tonhöhenwahrnehmung und ihrer Komponenten Höhe und Chroma.

[94] Siehe z. B. Lerdahl (2001), S. 45 und Krumhansl et al. (1982).

[95] Siehe z. B. Deutsch (1985), S. 138.

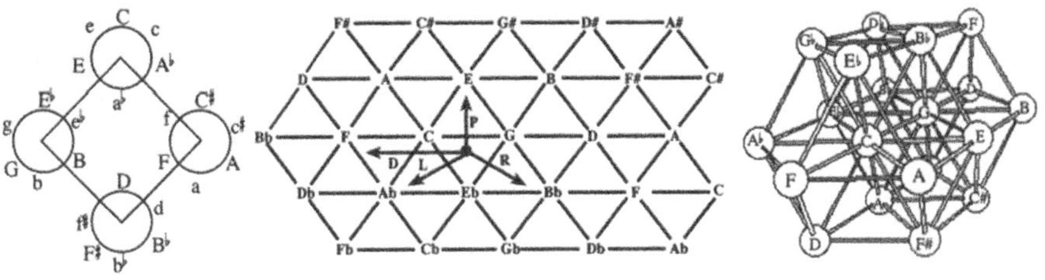

Abb. 2.13 Links: Der hyperhexatonische Raum von Richard Cohn, Mitte: Brian Hayers Tabelle der tonalen Beziehungen oder Tonnetz, rechts: Eine Region innerhalb eines dreidimensionalen Tonnetzes mit verschiedenen Intervallen (4, 7 und 10 Halbtöne) pro Schritt entlang jeder Achse. (Aus Cohn (1998), S. 172 und 175, und aus Gollin (1998), S. 198, mit freundlicher Genehmigung von Richard Cohn und von Edward Gollin)

Stimmführung usw. zu beschreiben, werden unter dem Begriff „Neo-Riemann-Theorie" zusammengefasst.[96] Abb. 2.13 veranschaulicht drei mehrdimensionale Konzepte als Teil der Neo-Riemann-Theorie.

In der aktuellen Musikanalyse zeitgenössischer Kompositionen gibt es immer noch eine beachtliche Anzahl räumlicher Ansätze, wie den „stimmführenden Raum", den „Dreiklangsraum", den „interaktiven Trichordraum", den „Transformationsraum" und viele mehr.[97] Eine logische Fortsetzung dieses geometrischen Denkens in der Musikanalyse ist eine Unzahl von mehrdimensionalen Darstellungen musikalischer Parameter in computergestützter Musikanalyse, die im folgenden Abschnitt beschrieben wird.

2.5 Raum in computergestützter Musikanalyse

Computergestützte Musikanalyse (Music Information Retrieval, MIR) umfasst computergestützte Analysen und Interpretationen von Musik. Zu den Aufgaben in diesem Bereich gehören Beat Tracking, Temposchätzung, Melodieerkennung, automatische Musiktranskription, Genreklassifizierung, Quellentrennung, Texterkennung, computational auditory scene analysis und vieles mehr. Häufig werden solche Aufgaben blind durchgeführt, d. h. ohne vorherige Kenntnis von Parametern wie Interpret, Instrumentierung, Noten und Aufnahmebedingungen. Die Analyse kann content-based sein. Das bedeutet, dass Audiodateien oder Partituren analysiert werden. Andere Ansätze betrachten nicht das Musikstück selbst. Sie können auf benutzergenerierten Tags, Zugriffsmustern oder Kaufverhalten basieren.

[96] Siehe z. B. Cohn (1998) und Nolan (2003), benannt nach dem Musikwissenschaftler Hugo Riemann, nicht nach dem Mathematiker Bernhard Riemann.

[97] Siehe Cohn (2003), Cook (2009), der Werke des zeitgenössischen britischen Komponisten Gavin Bryars analysiert, Lind (2009), die ein Klavierwerk des kanadischen Komponisten des 20. Jahrhunderts Clermont Pépin analysiert, und Roeder (2009), der ein Streichquartett des zeitgenössischen englischen Komponisten Thomas Adès analysiert.

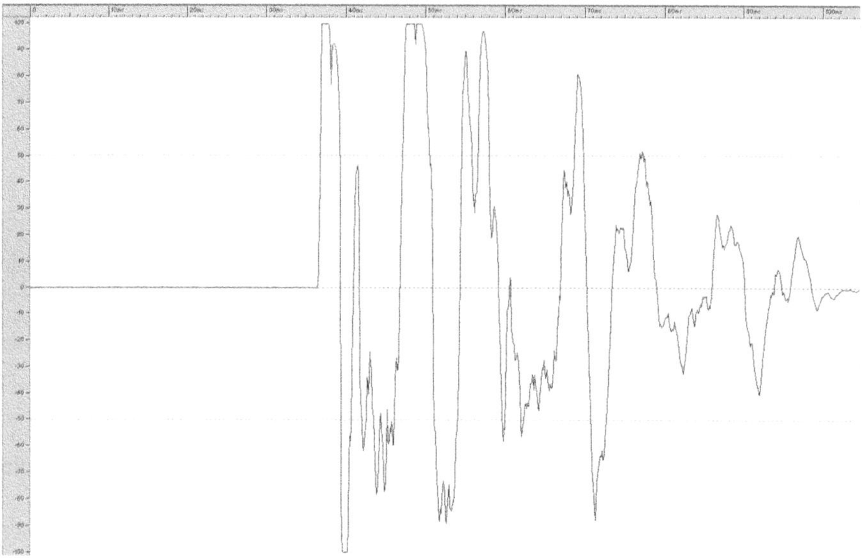

Abb. 2.14 Typische zweidimensionale Darstellung einer PCM-Datei. Die horizontale Dimension stellt die Zeit dar, die vertikale Dimension den relativen Schalldruck

Inhaltsbasierte Analysen beginnen mit der Feature Extraction von Musikstücken. Bei Audiodateien handelt es sich häufig um pulscodemodulierte (PCM-) Dateien, d. h. um Vektoren aus diskreten Zahlen, von denen jede einen relativen Schalldruck zu einem bestimmten Zeitpunkt darstellt. Sie werden als zweidimensionale Räume dargestellt, wie in Abb. 2.14 gezeigt. Es gibt nicht viele Standardwerke über das Gebiet der MIR, daher wird ein Überblick über Arbeiten auf diesem Gebiet gegeben, der auf einigen spezifischen Studien und Überblicksartikeln und Buchkapiteln basiert.[98]

Low-Level-Features können direkt aus Audiodateien extrahiert werden. Wenn man zum Beispiel den zeitlichen Verlauf gegen seine Ableitung aufträgt, erhält man ein Phasenraumdiagramm, aus dem sich die Entropie bestimmen lässt. Je rauschhafter das Signal ist, desto unregelmäßiger ist das Phasenraumdiagramm. Periodische Trajektorien weisen auf periodische Schwingungen hin, wie in Abb. 2.15 gezeigt.

Diese und andere Operationen werden in der Regel nicht auf ein ganzes Musikstück angewendet, sondern auf kürzere, sich überschneidende Zeitfenster $\gamma(t - \tau)$.

$$P(t,\omega) = \mathrm{DFT}p(t)\gamma(t-\tau) \tag{2.1}$$

Dabei ist $P(t, \omega)$ das Spektrum im Zeit-Frequenz-Bereich, transformiert durch die Diskrete Fourier-Transformationen DFT aus den Zeitfenstern des Signals im Zeit-

[98] Vor allem Brandenburg et al. (2009), Wang und Plumbley (2005), Park et al. (2011), Cobos et al. (2011), Gärtner (2011) und Lee et al. (2011).

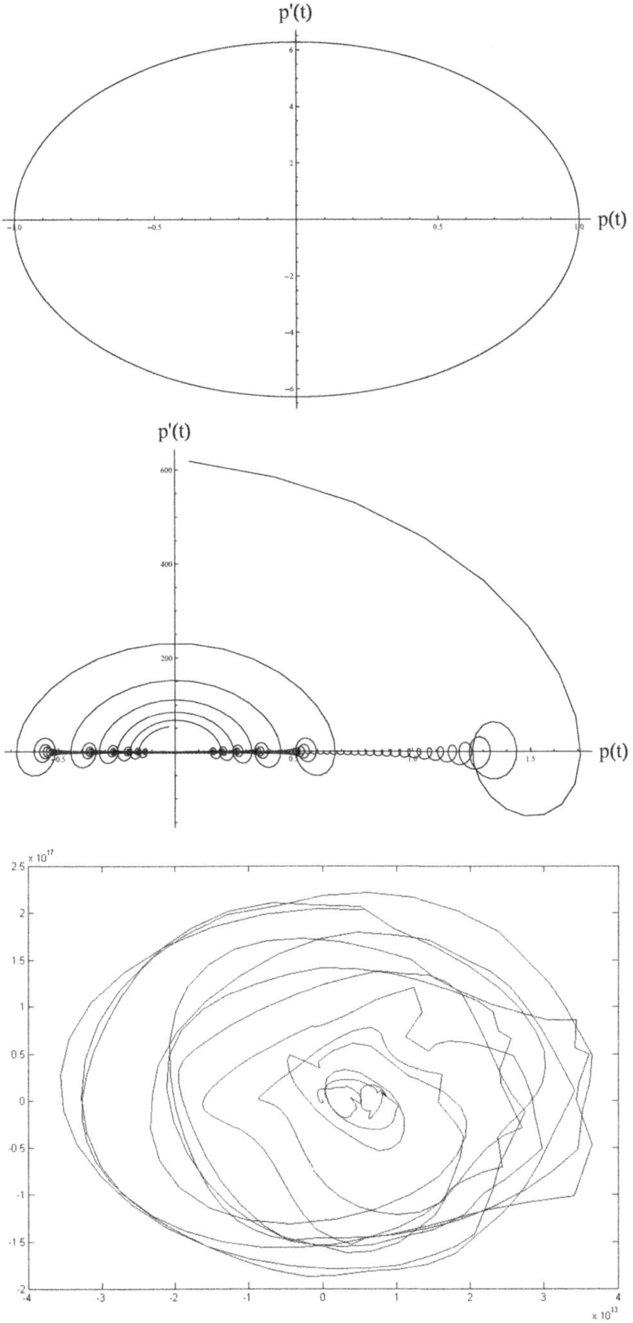

Abb. 2.15 Phasenraumdiagramme eines ungedämpften Sinustons (links), eines gedämpften komplexen Tons (Mitte) und der ersten 20 ms eines atubularen Glockentons (rechts)

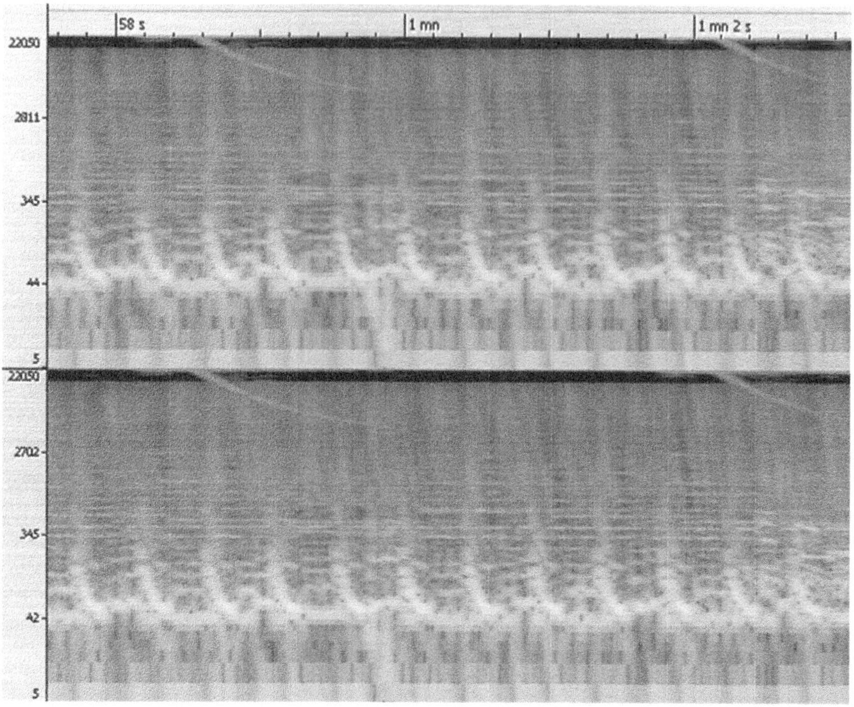

Abb. 2.16 Spektrogramm eines Ausschnitts aus einem Tanzmusikstück. Die Abszisse ist die Zeitdimension, die Ordinate ist eine logarithmische Frequenzskala und die Druckamplitude ist durch die Helligkeit von –96 dB (schwarz) bis 0 dB (weiß) relativ zur höchstmöglichen Amplitude von 2^{16} in einer PCM-Datei mit einer Abtasttiefe von 16 Bit kodiert. Das sich wiederholende Muster stammt vom 4-on-the-floor-beat und der Resonanzfilter im Hochfrequenzbereich sieht aus wie eine Sternschnuppe

bereich $p(t)$.[99] Diese Transformation ergibt ein Spektrogramm. Eine Illustration eines Spektrogramms ist in Abb. 2.16 zu sehen. Nach der Transformation in den Zeit-Frequenzbereich kann ein weiteres Low-Level-Feature extrahiert werden: Der spektrale Zentroid (Audio Spectrum Centrois, ASC) eines beliebigen Zeitfensters. Er ist der Schwerpunkt und kann für das gesamte Spektrum und für kleinere Frequenzbereiche berechnet werden, um das Spektrum eines Audiosignals zu beschreiben:

$$\mathrm{ASC} = \frac{\int_{-\tau}^{\tau} t\, p(t)\,\mathrm{d}t}{\int_{-\tau}^{\tau} p(t)\,\mathrm{d}t} \tag{2.2}$$

[99] Die Fourier-Transformation wird in Abschn. 5.1.3 näher erläutert.

Es wird davon ausgegangen, dass der spektrale Zentroid in engem Zusammenhang mit der auditiven Helligkeitswahrnehmung steht, die ein wichtiger Bestandteil des Timrbes ist.[100] Andere Low-Level-Features sind *Spectral Rolloff*, *Spectral Flatness* und der *SPectral Flux* sowie die *Zero-Crossing Rate*.[101] Diese Merkmale haben keine semantische Bedeutung für den Hörer und stehen bestenfalls in einem gewissen Zusammenhang mit der auditiven Wahrnehmung. Dennoch werden sie häufig als Grundlage für die Genreerkennung und für Musikempfehlungssysteme verwendet.[102]

Einige Ansätze zur Melodie- und Akkorderkennung beginnen mit der Annäherung des Spektrogramms durch nichtnegative Matrixfaktorisierung

$$\mathbf{P} \approx \mathbf{WH}. \tag{2.3}$$

Hier ist **P** die Matrix, die die diskreten Werte des Signals im Zeit-Frequenz-Bereich $P(t,\omega)$ enthält. **W** und **H** sind nichtnegative Matrizen, die so gewählt werden, dass P mit minimalem Rekonstruktionsfehler angenähert wird.

$$\begin{aligned} C_1 &= \min \left\| \mathbf{P} - \mathbf{WH} \right\|_2 \\ C_2 &= \min \sum_{m,n} \left(\mathbf{P}_{m,n} - \left(\mathbf{WH} \right)_{m,n} \right)^2 \end{aligned} \tag{2.4}$$

C_1 ist der euklidische Abstand, C_2 ist die Divergenz zwischen **P** und **WH**. Beides sind alternative Kostenfunktionen der Matrixfaktorisierung. Minimiert man eine von ihnen, erhält man die optimierte Faktorisierung, d. h. den minimalen Rekonstruktionsfehler. Abb. 2.17 veranschaulicht eine solche optimierte Matrixfaktorisierung. Sie kann verwendet werden, um zwei Frequenzen aus dem Spektrogramm zu trennen. Dies kann als ein erster Schritt zur Tonhöhenerkennung dienen. Wenn mehrere Tonhöhen gleichzeitig gefunden werden, kann dies helfen, Akkorde zu erkennen. Das Auffinden mehrerer aufeinander folgender Tonhöhen ist ein erster Schritt zur Melodieerkennung. Die Verfolgung mehrerer Tonhöhen im Zeitverlauf kann für fortgeschrittene Aufgaben wie die Erkennung von Tonart und Tongeschlecht, die Trennung von Quellen und die Erkennung von Melodielinien in mehrstimmigen Stücken verwendet werden. Beachten Sie jedoch, dass das Ergebnis der nichtnegativen Matrixfaktorisierung für solche Aufgaben nicht ausreicht. Es erfordert zusätzliche Audioanalysen oder Metadaten, um Kenntnisse über die Tonleiter oder die Obertonreihe von unharmonischen Instrumenten zu gewinnen. Ohne solche Informationen könnte Musik in der indischen Shruti-Skala fälschlicherweise in die westliche diatonische Tonleiter übertragen werden, wodurch ein Großteil der

[100] Siehe z. B. Ziemer et al. (2016), Donnadieu (2007), Bader (2013), S. 352 f, Troiviainen (1997) und Brandenburg et al. (2009), S. 359.

[101] Diese Merkmale werden in Tzanetakis und Cook (2002) und in Guaus (2009), S. 72 ff. ausführlicher beschrieben.

[102] Siehe z. B. Tzanetakis und Cook (2002), Baniya et al. (2014), Yaslan und Cataltepe (2006), Bogdanov et al. (2010), Guaus (2009), Ziemer et al. (2016).

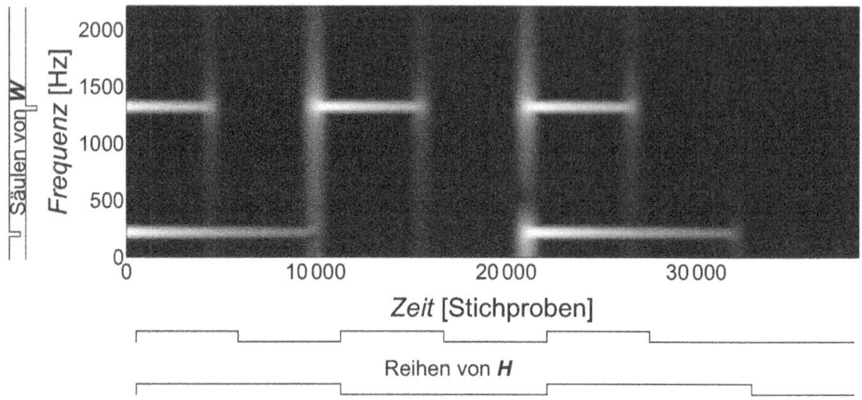

Abb. 2.17 Faktorisierung einer nichtnegativen Matrix eines künstlichen Signals, das zwei Frequenzen trennt. (Nach Wang und Plumbley (2005), S. 2)

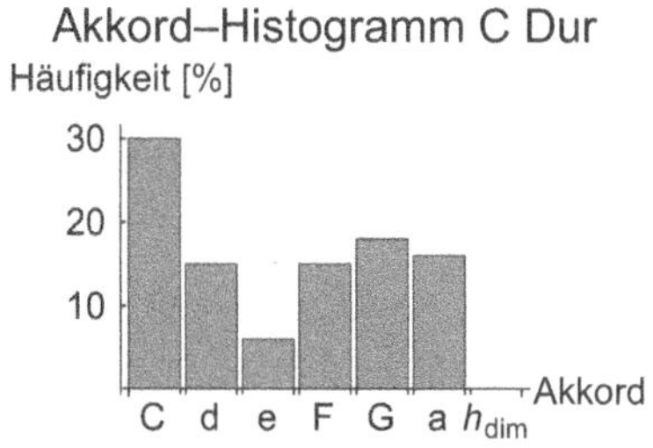

Abb. 2.18 Akkordhistogramme eines Musikstücks in C-Dur

ursprünglichen Information verloren geht. Die inharmonischen Obertonreihen von Glocken könnten fälschlicherweise für mehrere Tonhöhen gehalten werden und Akkorde und Melodien hervorbringen, die stark von den Originalpartituren abweichen.

Daher kann es für mehrere Aufgaben von Vorteil sein, wenn sie musikalisch informiert sind. Einige Mid-Level Features enthalten bereits musikalisches Wissen. Dennoch kann aus den extrahierten Merkmalen keine semantische Bedeutung abgeleitet werden. Ein Beispiel für Mid-Level Features sind chroma-basierte Histogramme wie das Akkordhistogramm in Abb. 2.18. Es nutzt Low-Level-Features, wie Tonhöhenextraktion und Akkorderkennung. Diese werden mit musikalischem Wissen kombiniert, in diesem Beispiel mit der diatonischen Tonleiter. Zusammen kann diese informierte Feature Extraction zur Erkennung von Tonart und -geschlecht dienen. Anhand des Beispiels könnte man annehmen, dass das Stück in C-Dur steht. Es könnte sich jedoch auch um ein Stück im ionischen Modus oder einem enharmonischen Äquivalent wie His-Dur handeln. Es gibt Ansätze zur Nutzung von Mid-Level Features für Aufgaben, wie die Genreerkennung.[103]

[103] Siehe z. B. Rosner und Kostek (2018).

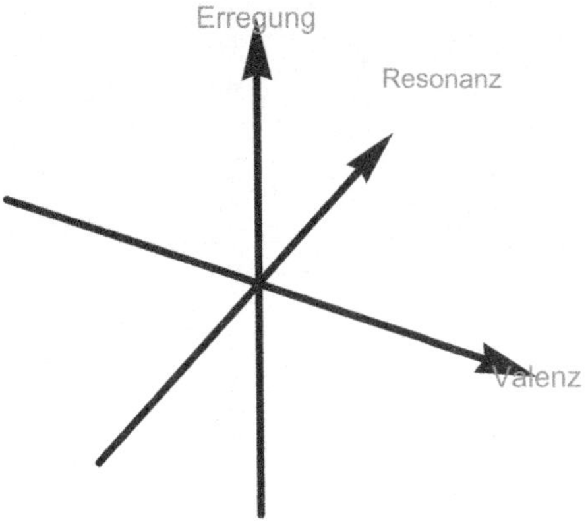

Abb. 2.19 Psychologischer Stimmungsraum, ein Modell zur Anordnung von Emotionen im zweidimensionalen Raum

High-Level Features haben eine direkte semantische Bedeutung, die auf musikalischem Wissen beruht. Da sie eher abstrakt als direkt messbar sind, wird bei MIR-Ansätzen versucht, sie von LowLevel Features abzuleiten. Beispiele für High-Level-Features sind Genre, musikalische Struktur und Instrumentierung. Zu den High-Level Aufgaben gehören die Trennung musikalischer Einzeltracks, die Transkription mehrstimmiger Musik, die Schätzung der Nachhallzeit, die Schätzung des Tempos und die Trennung von Quellen.[104]

Es wurden viele Versuche unternommen, die Stimmung eines Musikstücks in den beiden Dimensionen *Valenz* und *Erregung* aus dem psychologischen Modell der Emotionen zu beschreiben, das in Abb. 2.19 dargestellt ist.[105] Merkmale wie Tempo, Synkopen, Energiedichte oder Entropie – wie sie z. B. aus Spektrogrammen oder einem Phasenraum abgeleitet werden – können als Indikatoren für Erregung gelten. Tongeschlecht und Klangfarbe, wie sie z. B. aus dem Akkordhistogramm und dem *ASC* abgeleitet werden, können auf die Valenz hinweisen. Manchmal wird eine dritte Dimension, *Resonanz* genannt, hinzugefügt, die mit Low-Level Features zusammenhängt.[106]

Eine solche Repräsentation wird „joint semantic embedding space"[107] genannt und nutzt einen niedrigdimensionalen Einbettungsraum, um Musik mit Software über semantische Interpretationen zu annotieren, abzurufen und vorzuschlagen. Es wurde in den *Outa-Space* des kommerziellen *mufin-Musikplayers* und in das *3D-Musikuniversum* von *MP3 deluxe*, beide von der MAGIX Software GmbH,

---

[104] Siehe Wang und Plumbley (2005), Park et al. (2011), Cobos et al. (2011), Gärtner (2011) und Lee et al. (2011).

[105] Vgl. Russell (1980), Myers (2008), S. 570 ff, Frenzel et al. (2009), Nagel et al. (2007), und Deng und Leung (2012) für weitere Details zum Modell und Anwendungen in der Musik- und Emotionsanalyse.

[106] Siehe z. B. Deng und Leung (2012).

[107] Siehe Weston et al. (2011).

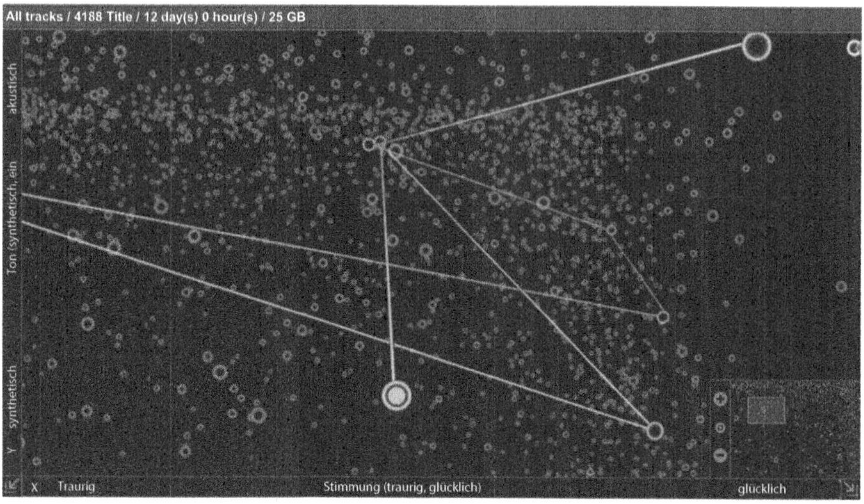

Abb. 2.20 Darstellung der Ähnlichkeit von Musikstücken in einem dreidimensionalen semantischen Raum mit den Dimensionen fröhlich-traurig, akustisch-synthetisch, ruhig-aggressiv integriert in den Musikplayer und -empfehler mufin. (Aus Magix AG (2012), mit der Genehmigung der Magix Software GmbH)

übernommen. Abb. 2.20 ist ein Screenshot der mufin-Software. Viele Versuche wurden unternommen, um Musik zu indizieren und zu durchsuchen, Playlisten zu erstellen und Musikempfehlungen auf der Basis von erfasster Stimmung oder Genre-Ähnlichkeit zu geben.[108] Hier besteht das gemeinsame Problem darin, dass die Low-Level Features kaum etwas mit der menschlichen Klangwahrnehmung, den Prinzipien der Auditory Scene Analysis, oder unseren Konzepten der musikalischen Organisation zu tun haben.

Das Genre ist ein gutes Beispiel für ein High-Level Feature. Es hat eine direkte Bedeutung, die von einem Hörer verstanden werden kann. Leider gibt es keine endgültigen Definitionen von Genres, auf die sich alle einigen könnten. Genre-Definitionen können vom kulturellen und Bildungshintergrund, von Szenen und Subszenen, vom Ort und von persönlichen Erfahrungen abhängen. Außerdem könnten Genres eher als Typologien als als Klassen betrachtet werden. Typologien lassen Überschneidungen zu, während Klassen exklusiv sind. Ein Lied kann nur zu einer Genreklasse, aber zu mehreren Genretypen gehören. Das Fehlen einer Grundwahrheit ist der Kern des Problems. Viele Forscher auf dem Gebiet der MIR haben ihre eigene Grundwahrheit definiert und ihre Algorithmen so abgestimmt, dass sie diese nachbilden. Zum Beispiel weisen sie einem Datensatz von 1000 Liedern eines von 10 Genre-Labels zu. Dann versuchen sie, diese zugewiesenen Genres mit

[108] Siehe z. B. Rauber et al. (2002), Gartner et al. (2007), Logan (2002) u. v. a. für Musikindexierung, -exploration und -browsing sowie für Playlist-Generierung, und Deng und Leung (2012), Shao et al. (2009), Bogdanov et al. (2010), Logan (2004) etc. für inhaltsbasierte Musikempfehlungen. Eine Übersicht findet sich in Òscar Celma (2010).

Hilfe von Audioanalyse und maschinellem Lernen zu reproduzieren. Sie verwenden z. B. 500 Songs als Trainingsdaten und validieren ihren Ansatz an den anderen 500 Songs. Es ist jedoch zweifelhaft, dass die daraus resultierende Methode mit anderen Daten als dem verwendeten Datensatz erfolgreich sein wird. Eine solche Methode wird als „Pferd" bezeichnet, das nicht das Problem der Genreerkennung löst, sondern einfach eine gewünschte Ausgabe aus einer gegebenen Eingabe erzeugt.[109] Ein solches Pferd findet statistisch signifikante Beziehungen innerhalb des gegebenen Datensatzes, d. h. zwischen extrahierten Merkmalsgrößen und dem Genre-Label. Wenn sie jedoch nicht kausaler Natur sind, werden diese Beziehungen in anderen Datensätzen wahrscheinlich nicht gefunden. Sie sind für die gegebene Aufgabe irrelevant. Es konnte gezeigt werden, dass viele MIR-Algorithmen bei ihren eigenen Trainingsdaten versagten, da die Daten auf praktisch unhörbare Weise transformiert wurden.

Eine Lösung könnte darin bestehen, sich auf aussagekräftigere Merkmale zu konzentrieren. Es gibt eine Reihe von psychoakustischen Modellen, die die Wanderwelle in der Cochlea, die kritische Bandbreite und das daraus resultierende neuronale Erregungsmuster nachahmen. Auf diese Weise können Klangmerkmale wie *Lautheit*, *Rauhigkeit*, *Klangschärfe* und *Tonigkeit* zumindest für künstliche Testsignale abgerufen werden.[110] Bislang gibt es nur wenige Studien, die auditorische Modelle nutzen, um intersubjektive Musikurteile aus psychoakustischen Klangmerkmalen zu erklären.[111]

Aufgrund des diskreten Charakters digitaler Daten und der üblichen Verwendung von Vektordarstellungen von Musik in PCM-Dateien ist es sinnvoll, eine räumliche Darstellung der Daten vorzunehmen. Darüber hinaus sind Ziele der MIR, wie blinde Quellentrennung und computergestützte Auditory Scene Analysis, räumliche Informationen aus Audiodateien zu gewinnen. Andere Parameter zur Gewinnung physikalischer und semantischer Informationen sind nicht per se räumlich, eignen sich aber aufgrund ihrer mehrdimensionalen Natur und der verschiedenen Grade von Beziehungen für eine räumliche Darstellung, z. B. die Verwendung räumlicher Darstellungen zur Aufdeckung von Beziehungen zwischen Klängen, Musikstücken, Genres usw. Musik und Raum sind nicht nur aus konzeptioneller Sicht eng miteinander verbunden, wie in diesem Kapitel ausführlich erörtert wurde. Der Ursprung des Gehörs und seine Physiologie lassen bereits eine enge Verbindung zwischen Klang und Raum erkennen, wie im nächsten Kapitel erörtert wird.

---

[109] Siehe Sturm (2014).

[110] Siehe z. B. Zwicker (1958), Aures (1985b), Daniel und Weber (1997), Leman (2000), von Bismarck (1974), Aures (1985a), Aures (1985c). Eine umfangreiche Übersicht über psychoakustische Modelle findet sich in Zwicker und Fastl (1999).

[111] Siehe z. B. Leman et al. (2005), Rauber et al. (2002), Ziemer et al. (2016) und Panagakis (2009). Einige weitere Studien werden in Richard et al. (2013) zusammengefasst und diskutiert.

Literatur

Albersheim G (1939) Zur Psychologie der Ton- und Klangeigenschaften (unter Berücksichtigung der 'Zweikomponententheorie' und der Vokalsystematik). Heitz & Co., Leipzig

Ando Y (2010) Auditory and visual sensation. Springer, New York. https://doi.org/10.1007/b13253

Aures W (1985a) Der sensorische Wohlklang als Funktion psychoakustischer Empfindungsgrößen (the sensory euphony as a function of auditory sensations). Acta Acust United Acust 58(5): 282–290. https://www.ingentaconnect.com/content/dav/aaua/1985/00000058/00000005/art00006. Zugegriffen am 28.03.2023

Aures W (1985b) Ein Berechnungsverfahren der Rauhigkeit (a procedure for calculating auditory roughness). Acta Acust United Acust 58(5):268–281. https://www.ingentaconnect.com/content/dav/aaua/1985/00000058/00000005/art00005. Zugegriffen am 28.03.2023

Aures W (1985c) Berechnungsverfahren für den sensorischen Wohlklang beliebiger Schallsignale (a model for calculating the sensory euphony of various sounds). Acust 59(2):130–141. https://www.ingentaconnect.com/content/dav/aaua/1985/00000059/00000002/art00008. Zugegriffen am 28.03.2023

Baalman M (2008) On Wave Field Synthesis and electro-acoustic music, with a particular focus on the reproduction of arbitrarily shaped sound sources. VDM, Saarbrücken

Bader R (2013) Nonlinearities and synchronization in musical acoustics and music psychology. Springer, Berlin. https://doi.org/10.1007/978-3-642-36098-5

Bader R (2014) Microphone array. In: Rossing TD (Hrsg) Springer handbook of acoustics. Springer, Berlin, S 1179–1207. https://doi.org/10.1007/978-1-4939-0755-7_29

Baniya BJ, Ghimire D, Lee J (2014) Automatic music genre classification using timbral texture and rhythmic content features. ICACT Trans Adv Commun Technol 3(3):434–443

Barthelmes B (1986) Musik und Raum – ein Konzept der Avantgarde. In: Bräm T (Hrsg) Musik und Raum. Eine Sammlung von Beiträgen aus historischer und künstlerischer Sicht zur Bedeutung des Begriffes<Raum> als Klangträger für die Musik. GS, Basel, S 75–89

von Bismarck G (1974) Sharpness as an attribute of the timbre of steady sounds. Acust 30:159–172. https://www.ingentaconnect.com/contentone/dav/aaua/1974/00000030/00000003/art00006

Blauert J (1974) Räumliches Hören. Hirzel, Stuttgart

Blauert J (1997) Spatial hearing. The pychophysics of human sound source localization, revised Aufl. MIT Press, Cambridge

Blumlein AD (1933) Improvements in and relating to sound-transmission, sound-recording and sound-reproducing systems. https://worldwide.espacenet.com/publicationDetails/biblio?II=10&ND=3&adjacent=true&locale=en_EP&FT=D&date=19330614&CC=GB&NR=394325A&KC=A. Zugegriffen am 28.03.2023

Bockhoff M (2007) Soundscapes in der abendländischen Malerei. In: Fortschritte der Akustik – DAGA 2007. Stuttgart, S 857–858

Bogdanov D, Haro M, Fuhrmann F, Gómez E, Herrera P (2010) Content-based music recommendation based on user preference example. In: WOMRAD 2010 workshop on music recommendation and discovery, colocated with ACM RecSys.

Boulez P, Gerzso A (1988) Computer als Orchesterinstrumente. In: Winkler K (Hrsg) Die Physik der Musikinstrumente. Spektrum der Wissenschaft, Heidelberg, S 178–184

Bräm T (1986) Der Raum als Klangträger. Gedanken zur Entstehung und zum Inhalt dieses Buches. In: Bräm T (Hrsg) Musik und Raum. Eine Sammlung von Beiträgen aus historischer und künstlerischer Sicht zur Bedeutung des Begriffes<Raum> als Klangträger für die Musik. GS, Basel, S 6–14

Brandenburg K, Dittmar C, Gruhne M, Abeßer J, Lukashevich H, Dunker P, Gärtner D, Wolter K, Grossmann H (2009) Music search and recommendation. In: Furht B (Hrsg) Handbook of multimedia for digital entertainment and arts, chap 16. Springer, New York, S 349–384. https://doi.org/10.1007/978-0-387-89024-1_16

Burns EM (1981) Circularity in relative pitch judgements for inharmonic complex tones: the shepard demonstration revisited, again. Percept Psychophys 30(5):467–472. https://doi.org/10.3758/bf03204843

Cabrera A (2011) Pseudo-stereo techniques. C sound implementations. Csound J 14. http://csoundjournal.com/. Zugegriffen am 28.03.2023

Celma Ò (2010) Music recommendation and discovery. Springer, Berlin. https://doi.org/10.1007/978-3-642-13287-2

Cobos M, Vera-Candeas P, Carabias-Orti JJ, Ruiz-Reyes N, López JJ (2011) Blind estimation of reverberation time from monophonic instrument recording based on non-negative matrix factorization. In: Audio Engineering Society Conference: 42nd International Conference: Semantic Audio, S 69–78, Jul 2011

Cohn R (1998) Introduction to neo-riemannian theory. A survey and a historical perspective. J Music Theory 42(2):167–180. https://doi.org/10.2307/843871

Cohn R (2003) A tetrahedral graph of tetrachordal voice-leading space. Music Theory Online 9(4). http://www.mtosmt.org/issues/mto.03.9.4/mto.03.9.4.cohn.pdf

Cook SA (2009) Moving through triadic space. An examination of bryars's seemingly haphazard chord progressions. Music Theory Online 14(1). http://www.mtosmt.org/issues/mto.09.15.1/mto.09.15.1.cook.html

Daniel P, Weber R (1997) Psychoacoustical roughness: implementation of an optimized model. Acta Acust United Acust 83(1):113–123. https://www.ingentaconnect.com/contentone/dav/aaua/1997/00000083/00000001/art00020. Zugegriffen am 28.03.2023

De Man B, Reiss JD (2017) The mix evaluation data set. In: Proceedings of the 20th International Conference on Digital Audio Effects, Edinburgh, September 2017, S 436–442

Deng JJ, Leung C (2012) Emotion-based music recommendation using audio features and user playlist. In: 2012 6th International Conference on New Trends in Information Science and Service Science and Data Mining (ISSDM), S 796–801, Oct 2012

Deutsch D (1985) Verarbeitung und Repräsentation von Tonkombinationen. In: Bruhn H, Oerter R, Rösing H (Hrsg) Musikpsychologie. Ein Handbuch in Schlüsselbegriffen. Urban & Schwarzenberg, Munich, S 133–140

Donnadieu S (1997) Représentation mental du timbres des sons complexes et effects de contexte. PhD thesis, Université Paris V, Unpublished

Donnadieu S (2007) Mental representation of the timbre of complex sounds. In: Beauchamp JW (Hrsg) Analysis, synthesis, and perception, chap 8. Springer, New York, S 271–319. https://doi.org/10.1007/978-0-387-32576-7_8

Edstrom B (2011) Recording on a budget. How to make great audio recordings without breaking the bank. Oxford University Press, Oxford/New York

von Ehrenfels C (1890) Über Gestaltqualitäten. In: Vierteljahrsschrift für wissenschaftliche Philosophie, Bd 14, S 249–292. https://doi.org/10.1515/9783035601602.106

Fähndrich W, Meyer T, Lichtenhahn E (2010) Music for spaces. http://www.musicforspaces.ch/en/F2.html. Zugegriffen am 14.03.2013

Faller C (2005) Pseudostereophony revisited. In: Audio engineering society convention 118. Barcelona, S 5

Forsyth M (1985) Buildings for music. The architect, the musician, and the listener from the seventeenth century to the prenent day. MIT Press, Cambridge. https://doi.org/10.2307/3105495

Fouad H (2004) Spatialization with stereo loudspeakers: understanding balance, panning, and distance attenuation. In: Greenbaum K, Barzel R (Hrsg) Audio anecdotes, Bd II. A K Peters, Natick, S 143–158

Frenzel AC, Götz T, Pekrun R (2009) Emotionen. In: Wild E, Möller J (Hrsg) Pädagogische Psychologie. Springer, Berlin, S 205–231. https://doi.org/10.1007/978-3-540-88573-3_9

Friedrich HJ (2008) Tontechnik für Mediengestalter. Töne hören – Technik verstehen – Medien gestalten. Springer, Berlin

Garner RW (1974) The processing of information and structure. Lawrence Erlbaum, New York

Gärtner D (2011) Tempo estimation from urban music using non-negative matrix factorization. In: Audio Engineering Society Conference: 42nd International Conference: Semantic Audio, Jul 2011, S 208–215

Gartner D, Kraft F, Schaaf T (2007) An adaptive distance measure for similarity based playlist generation. In: 2007 IEEE International Conference on Acoustics, Speech and Signal Processing, Bd 1, April 2007, S I–229–I–232. https://doi.org/10.1109/ICASSP.2007.366658

Genuit K (2003) SoundScape – Eine Gefahr für Missverständnisse! In: Fortschritte der Akustik – DAGA 2003. Aachen, S 378–379

Godøy R-I (1997) Knowledge in music theory by shapes of musical objects and sound-producing actions. In: Leman M (Hrsg) Music, gestalt, and computing. Springer, Berlin, S 89–102. https://doi.org/10.1007/bfb0034109

Gollin E (1998) Some aspects of three-dimensional 'tonnetze'. J Music Theory 42(2):195–206. https://doi.org/10.2307/843873

Griebsch I (2000) Raum-Zeit-Aspekte beim Zustandekommen vermittelnder Dimensionen. In: Böhme T, Mehner K (Hrsg) Zeit und Raum in Musik und Bildender Kunst. Böhlau, Cologne, S 139–150

Guaus E (2009) Audio content processing for automatic music genre classification: descriptors, databases, and classifiers. PhD thesis

Gutierrez-Parera P, López JJ (2016) Influence of the quality of consumer headphones in the perception of spatial audio 6:4. https://doi.org/10.3390/app6040117

Hagens W (2018) Expo 1958 Philips pavilion. https://en.wikipedia.org/wiki/Philips_Pavilion#/media/File:Expo58_building_Philips.jpg. Zugegriffen am 28.03.2023

Hamidovic E (2012) The systematic mixing guide. Systematic Productions, Melbourne

Kaiser C (2012a) 1001 mixing tipps. MITP, Heidelberg

Kaiser C (2012b) 1001 recording tipps. MITP, Heidelberg

Kaiser C (2013) 1001 mastering tipps. MITP, Heidelberg

Kirchmeyer H, Schmidt HW (1970) Aufbruch der jungen Musik. Von Webern bis Stockhausen. Gerig, Cologne

Krumhansl CL (1983) Perceptual structures for tonal music. Music Percept Interdiscip J 1(1):28–62

Krumhansl CL, Bharucha JJ, Kessler EJ (1982) Perceived harmonic structure of chords in three related musical keys. J Exp Psychol Hum Percept Perform 8(1):24–36. https://doi.org/10.1037/0096-1523.8.1.24

Kurth E (1990) Musikpsychologie. G. Olms, Hildesheim, 2. nachdruck der ausgabe Berlin 1931 edition. https://doi.org/10.2307/932010

Lakatos S (2000) A common perceptual space for harmonic and percussive timbres. Percept Psychophys 62(7):1426–1439. https://doi.org/10.3758/bf03212144

Lee S, Park SH, Sung K-M (2011) A musical source separation system using a source-filter model and beta-divergence non-negative matrix factorization. In: Audio Engineering Society Conference: 42nd International Conference: Semantic Audio, Jul 2011, S 216–220

Leman M (1995) Music and schema theory. Cognitive foundations of systematic musicology. Springer, Berlin

Leman M (2000) Visualization and calculation of the roughness of acoustical musical signals using the synchronization index model (SIM). In: Proceedings of the COST G-6 Conference on Digital Audio Effects (DAFx-00), Verona, December 2000.

Leman M, Vermeulen V, De Voogdt L, Moelants D, Lesaffre M (2005) Prediction of musical affect using a combination of acoustic structural cues. J New Music Res 34(1):39–67. https://doi.org/10.1080/09298210500123978

Lerdahl F (2001) Tonal pitch space. Oxford University Press, Oxford. https://doi.org/10.1093/acprof:oso/9780195178296.001.0001

Lerdahl F, Jackendoff R (1983) A generative theory of tonal music. MIT Press, Cambridge

Levinit DJ (2004a) Instrument (and vocal) recording tips and tricks. In: Greenbaum K, Barzel R (Hrsg) Audio anecdotes, Bd I. A K Peters, Natick, S 147–158

Levinit DJ (2004b) How recordings are made I: analog and digital tape-based recording. In: Greenbaum K, Barzel R (Hrsg) Audio anecdotes, Bd II. A K Peters, Natick, S 3–14

Lewald J (2006) Auditives Orientieren im Raum uns seine Störung. In: Karnath H-O, Thier P (Hrsg) Neuropsychologie, 2., akt. u. erw. Aufl. Springer, S 185–196. https://doi.org/10.1007/3-540-28449-4_18

Lind S (2009) An interactive trichord space based on measures 18–23 of clermont pépin's toccate no. 3. Music Theory Online 15(1). http://www.mtosmt.org/issues/mto.09.15.1/mto.09.15.1.lind.html

Logan B (2002) Content-based playlist generation: exploratory experiments. In: Proceedings of the 2nd International Conference on Music Information Retrieval, Paris, S 10

Logan B (2004) Music recommendation from song sets. In: Proceedings of the 5th International Conference on Music Information Retrieval, Barcelona, S 10

Maempel H-J (2008) Medien und Klangästhetik. In: Bruhn H, Kopiez R, Lehmann AC (Hrsg) Musikpsychologie. Das neue Handbuch. Rowohlt, Reinbek bei Hamburg, S 231–252

Magix AG (2012) Mufin vision in mufin player. Your 3d music collection. http://www.mufin.com/us/3d-music/. Zugegriffen am 17.05.2013

Martins JO (2011) Interval cycles, affinity spaces, and transpositional networks. In: Agon C, Andreatta M, Assayag G, Amiot E, Bresson J, Mandereau J (Hrsg) Mathematics and computation in music. Third International Conference, MCM 2011 Paris, France, 15–17 June 2011, Proceedings. Berlin/Heidelberg. https://doi.org/10.1007/978-3-642-21590-2_10

Mazolla G (1990) Geometrie der Töne. Elemente der mathematischen Musiktheorie. Birkhäuser, Basel

Meyer J (1986) Gedanken zu den originalen Konzertsälen Joseph Haydens. In: Bräm T (Hrsg) Musik und Raum. Eine Sammlung von Beiträgen aus historischer und künstlerischer Sicht zur Bedeutung des Begriffes<Raum> als Klangträger für die Musik. GS, Basel, S 26–38

Meyer J (2003) Wechselbeziehungen zwischen Orgel und Raumakustik. In: Fortschritte der Akustik – DAGA 2003. Aachen, S 518–519

Mores R (2018) Music studio technology. Springer, Berlin, S 221–258. https://doi.org/10.1007/978-3-662-55004-5_12

de la Motte-Haber H (2000) Raum-Zeit als musikalische Dimension. In: Böhme T, Mehner K (Hrsg) Zeit und Raum in Musik und Bildender Kunst. Böhlau, Cologne, S 31–37

Mozart M (2015) Your mix sucks. The complete mix methodology from DAW preparation to delivery. Mozart & Friends Limited, Gießen

Myers DG (2008) Psychologie, 2., erw. u. akt. Aufl. Springer, Berlin. https://doi.org/10.1007/978-3-642-40782-6

Nagel F, Kopiez R, Grewe O, Altenmüller E (2007) EMuJoy: software for continuous measurement of perceived emotions in music. Behav Res Methods 39(2):283–290. https://doi.org/10.3758/BF03193159

Nauck G (1997) Musik im Raum – Raum in der Musik. Ein Beitrag zur Geschichte der seriellen Musik. Franz Steiner Steiner, Stuttgart. https://doi.org/10.2307/3686862

Nolan C (2003) Combinatorial space in nineteenth- and early twentieth-century music theory. Music Theory Spectr 25(2). https://doi.org/10.1525/mts.2003.25.2.205

Otondo F (2008) Contemporary trends in the use of space in electroacoustic music. Organ Sound 13(1):77–81. https://doi.org/10.1017/s1355771808000095

Owsinski B (2014) The mixing engineer's handbook, 3. Aufl. Corse Technology PTR, Boston

Panagakis Y (2009) Constantine Kotropoulos, and Gonzalo R. Arce. Music genre classification via sparse representations of auditory temporal modulations. In: Proceedings of the 17th European Signal Processing Conference, Glasgow, Aug 2009

Park SH, Lee S, Sung K-M (2011) Polyphonic music transcription using weighted cqt and non-negative matrix factorization. In: Audio Engineering Society Conference: 42nd International Conference: Semantic Audio, S 39–43, Jul 2011

Pulkki V (2004) Spatialization with multiple speakers. In: Greenbaum K, Barzel R (Hrsg) Audio anecdotes, Bd II. A K Peters, Natick, S 159–171

Rauber A, Pampalk E, Merkl D (2002) Using psycho-acoustic models and self-organizing maps to create a hierarchical structuring of music by sound similarity. In: Proceedings of the 3rd International Symposium on Music Information Retrieval, Paris

Révész G (1937) Gibt es einen Hörraum? Theoretisches und Experimentelles zur Frage eines autochthonen Schallraumes nebst einer theorie der Lokalisation. Acta Psychol (Amst) 3:137–192

Richard G, Sundaram S, Narayanan S (2013) An overview on perceptually motivated audio indexing and classification. Proc IEEE 101(9):1939–1954. https://doi.org/10.1109/JPROC.2013.2251591

Roeder J (2009) A transformational space structuring the counterpoint in adès's ‚auf dem wasser zu singen'. Music Theory Online 15(1). http://www.mtosmt.org/issues/mto.09.15.1/mto.09.15.1.roeder_space.html. Zugegriffen am 28.03.2023

Rogers SE (2004) The art and craft of song mixing. In: Greenbaum K, Barzel R (Hrsg) Audio anecdotes, Bd II. A K Peters, Natick, S 29–38

Rosner A, Kostek B (2018) Automatic music genre classification based on musical instrument track separation. J Intell Inf Syst 50(2):363–384. https://doi.org/10.1007/s10844-017-0464-5

Russell JA (1980) A circumplex model of affect. J Pers Soc Psychol 39(6):1161–1178

Schäfer S (2000) TopoPhonien ein künstlerisches Entwicklungsvorhaben von Sabine Schäfer und Sukandar Kartadinata. In: Anders B, Stange-Elbe J (Hrsg) Musik im virtuellen Raum. Rasch, Osnabrück, S 247–256

Schneider A (1989) On concepts of 'tonal space' and the dimensions of sound. In: Sprintge R, Droh R (Hrsg) MusicMedicine. International Society for Music in Medicine IV, International Musicmedicine Symposium 25–29 Oct 1989. California

Shao B, Wang D, Li T, Ogihara M (2009) Music recommendation based on acoustic features and user access patterns. IEEE Trans Audio Speech Lang Process 17(8):1602–1611. https://doi.org/10.1109/tasl.2009.2020893

Shepard RN (1964) Circularity in judgments of relative pitch. J Acoust Soc Am 36(12):2346–2353. https://doi.org/10.1121/1.1919362

Shepard RN (1982) Structural representations of musical pitch. In: Deutsch D (Hrsg) The psychology of music. Elsevier, S 343–390. https://doi.org/10.1016/b978-0-12-213562-0.50015-2

Stevenson MH (1968) Acoustical features of a new television studio. In: International Acoustics Symposium. Australian Acoustical Society, Sydney, S K1–K8, Sep 1968

Stoianova I (1989) Textur/Klangfarbe und Raum. Zum Problem der Formbildung in der Musik des 20. Jahrhunderts. In: Morawska-Büngeler M (Hrsg) Musik und Raum. Vier Kongressbeiträge und ein Seminarbericht. Mainz, S 40–59

Sturm BL (2014) A simple method to determine if a music information retrieval system is a 'horse'. IEEE Trans Multimed 16(6):1636–1644. https://doi.org/10.1109/TMM.2014.2330697

Thom R (1983) Paraboles et catastrophe. Flammarion, Paris

Troiviainen P (1997) Optimizing self-organizing timbre maps. two approaches. In: Leman M (Hrsg) Music, gestalt, and computing. Springer, Berlin, S 337–350. https://doi.org/10.1007/bfb0034124

Tzanetakis G, Cook P (2002) Musical genre classification of audio signals. IEEE Trans Speech Audio Process 10(5):293–302. https://doi.org/10.1109/TSA.2002.800560

Wang B, Plumbley MD (2005) Musical audio stream separation by non-negative matrix factorization. In: DMRN Summer Conference, Glasgow, S 7

Weinzierl S (2008) Virtuelle Akustik und Klangkunst. In: Fortschritte der Akustik – DAGA 2008. Dresden, S 37–38, Mar 2008. http://pub.dega-akustik.de/DAGA_1999-2008/data/articles/003709.pdf. Zugegriffen am 28.03.2023

Weston J, Samy B, Hamel P (2011) Multi-tasking with joint semantic spaces for large-scale music annotation and retrieval. J New Music Res 40(4):337–348. https://doi.org/10.1080/09298215.2011.603834

Wilson A, Fazenda B (2015) 101 mixes: a statistical analysis of mix-variation in a dataset of multi-track music mixes. In: Audio engineering society convention 139, Paper no 9398, Oct 2015. http://www.aes.org/e-lib/browse.cfm?elib=17955. Zugegriffen am 28.03.2023

Wilson A, Fazenda BM (2016) Perception of audio quality in productions of popular music. J Audio Eng Soc 64(1/2):23–34. http://www.aes.org/e-lib/browse.cfm?elib=18102. Zugegriffen am 28.03.2023

Yaslan Y, Cataltepe Z (2006) Audio music genre classification using different classifiers and feature selection methods. In: 18th International Conference on Pattern Recognition (ICPR'06), Bd 2. Hong Kong, S 573–576, Aug 2006. https://doi.org/10.1109/ICPR.2006.282

Zagorski-Thomas S (2014) The musicology of record production. Cambridge University Press, Cambridge. https://doi.org/10.1017/cbo9781139871846

Zbikowski LM (2002) Conceptual music. Cognitive structure, theory, and analysis. Oxford University Press, New York

Ziemer T (2017) Source width in music production. methods in stereo, ambisonics, and wave field synthesis. In: Schneider A (Hrsg) Studies in musical acoustics and psychoacoustics, current research in systematic musicology, chap 10, Bd 4. Springer, Cham, S 299–340. https://doi.org/10.1007/978-3-319-47292-8_10

Ziemer T, Yu Y, Tang S (2016) Using psychoacoustic models for sound analysis in music. In: Majumder P, Mitra M, Sankhavara J, Mehta P (Hrsg) Proceedings of the 8th Annual Meeting of the Forum on Information Retrieval Evaluation, FIRE'16. ACM, New York, S 1–7, December 2016. https://doi.org/10.1145/3015157.3015158

Ziemer T, Schultheis H, Black D, Kikinis R (2018) Psychoacoustical interactive sonification for short range navigation. Acta Acust United Acust 104(6):1075–1093. https://doi.org/10.3813/AAA.919273

Zwicker E (1958) Über psychologische und methodische Grundlagen der Lautheit. Acust 8(4):237–258. https://www.ingentaconnect.com/contentone/dav/aaua/1958/00000008/a00104s1/art00002. Zugegriffen am 28.03.2023

Zwicker E, Fastl H (1999) Psychoacoustics. Facts and models, 2. Aufl. Springer, Berlin. https://doi.org/10.1007/978-3-662-09562-1

Kapitel 3
Biologie des Gehörs

3.1 Funktionelle Entwicklung des Gehörs

Vor über 520 Mio. Jahren entstanden die ersten Chordatiere in den Ozeanen. Innerhalb von hundert Millionen Jahren entstanden bei diesen Chordatiere die ersten Sinneshaarzellen. Aus ihnen entwickelte sich vor etwa 370 Mio. Jahren das Gehör der Wirbeltiere. Sie waren die letzten paarigen Sinnesrezeptoren, die entstanden.[1] Es ist umstritten, ob sich das Gehör aus dem Seitenlinienorgan entwickelt hat oder nicht.[2] Zweifellos ist das Gehör eng mit dem mechanosensorischen Seitenlinienorgan[3] verwandt, von dem bekannt ist, dass es bei den frühesten Wirbeltieren vorhanden war, und von dem man annimmt, dass es der evolutionäre Vorläufer ist.[4] Bei Fischen und Amphibien überschneiden sich Hör- und Seitenlinienorgan multimodal und bilden das *Octavolateralis-System*.[5] Es gibt funktionelle Ähnlichkeiten zwischen den Haarzellen beider Sinnesorgane, sowie mechanische Verbindungen zwischen Ohr und Seitenlinienorgan.[6] Das Seitenlinienorgan der Fische wird als

[1] Siehe z. B. Fritzsch et al. (2010), Mallatt (2009), S. 1201, Manley und Clack (2004), S. 8 und Clack (1993), S. 392.

[2] Für eine Diskussion über die „Octavolateralis-Hypothese" und die „Acousticolateralis-Hypothese" siehe z. B. Popper et al. (1992), Coombs et al. (1992), Popper und Platt (1993), Ryugo (2011), S. 8, Will und Fritsch (1988), S. 160, Kalmijn (1989), S. 201 f., Jørgensen (1989), S. 115 und S. 132 ff., Manley und Clack (2004), S. 7 und Webb et al. (2008), S. 145.

[3] Siehe Kalmijn (1989), S. 187, Braun und Grande (2008), sowie Manley und Clack (2004), S. 15.

[4] Siehe z. B. Coombs et al. (1992), S. 267 und Gans (1992), S. 7.

[5] Siehe z. B. Webb et al. (2008), S. 161 ff. und Braun und Grande (2008).

[6] Siehe Webb et al. (2008), S. 145 und S. 161 ff.

T. Ziemer, *Psychoakustische Schallfeldsynthese für Musik*,
https://doi.org/10.1007/978-3-031-26863-2_3

nächstes besprochen,[7] gefolgt von einer Beschreibung des Gehörs der Fische und schließlich des Menschen.[8]

3.1.1 Das Seitenlinienorgan

Das Seitenlinienorgan findet sich in Kopf, Rumpf und Schwanz von Fischen und Amphibien. Das Endorgan des Seitenlinienorgans ist der Neuromast. Dabei handelt es sich um ein Zellfeld mit Haarzellenbündeln in der Mitte. Diese Haarzellen erfassen Auslenkungen, die aufgrund der Bewegung von Wasserteilchen relativ zum Körper scheren und die Geschwindigkeit der hydrodynamischen Strömung erfassen. Die sensorischen Haarzellen sind von nicht-sensorischen Stützzellen umgeben. Stereozilien „polarisieren" diese Bündel anatomisch, was bedeutet, dass sie entlang einer Achse eine maximale Reaktion zeigen.[9] Abb. 3.1 zeigt zwei Regionen von Haarzellenbündeln mit unterschiedlicher Polarisation. Neuromasten finden sich in den posösen Seitenlinienkanälen und auf der Hautoberfläche, wo sie

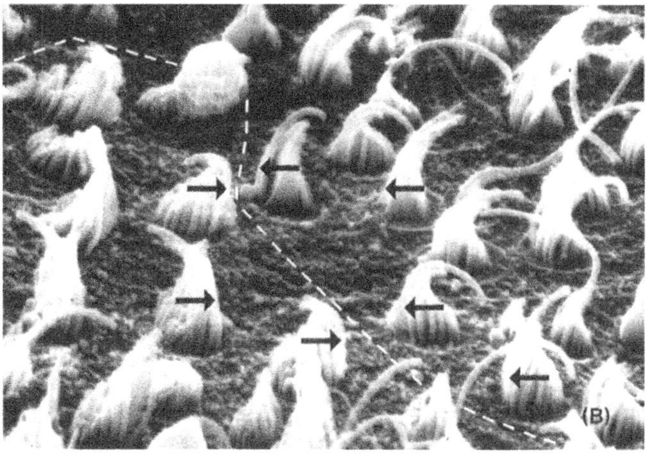

Abb. 3.1 Rasterelektronenmikroskopische Aufnahme von Haarzellen auf dem Neuromast eines Zebrafisches. Die gestrichelte weiße Linie trennt zwei Regionen mit unterschiedlichen Ausrichtungen der Haarzellen. Die schwarzen Pfeile zeigen die Achse der maximalen Reaktion an. (Aus Popper und Platt (1993), S. 102)

[7] Hauptsächlich basierend auf der von Richard Fay und Kollegen, Sheryl Coombs und David H. Evans herausgegebenen Literatur, insbesondere Fay et al. (2008), Coombs et al. (1992), Popper und Schilt (2008), Webb et al. (2008) sowie Braun und Grande (2008), Kalmijn (1989) und Popper und Platt (1993).

[8] Hauptsächlich basierend auf Gelfand (1990), Zwicker und Fastl (1999), Young (2007) und Dallos (1978).

[9] Siehe Coombs et al. (1992), S. 268 und Popper und Platt (1993), S. 101 ff.

Beschleunigungen und Geschwindigkeiten der Wasserströmung wahrnehmen, die durch andere Tiere oder Hindernisse erzeugt oder reflektiert werden. Da Fische in etwa die gleiche Dichte wie das sie umgebende Wasser haben, werden sie selbst beschleunigt, wenn Wasserverschiebungen auftreten. Es ist der Beschleunigungsgradient entlang ihres Körpers, aus dem sie die Quelle der Teilchenauslenkung ableiten, die sich als Wellen durch das Wasser ausbreitet. Abb. 3.2 zeigt die Verteilung von Kanälen in einem Fischkopf.

Das Strömungsfeld von schwimmenden Fischen kann als dipolartig beschrieben werden;[10] vor dem sich vorwärts bewegenden Fisch sammelt sich Wasser an, während im hinteren Bereich, wo der Körper vor der Vorwärtsbewegung Wasser verdrängt hat, ein Unterdruckgebiet entsteht. Dieser Druckgradient beschleunigt die Wasserteilchen und erzeugt eine hydrodynamische Strömung und große Teilchenbewegungen im Nahfeld. Diese Nahfeldeffekte dominieren die Strömungsfelder, die sich als Wellen im Fernfeld ausbreiten. Je größer die Wellenlänge ist, desto größer ist das Nahfeld, und je höher die Ordnung eines Pols ist, desto stärker dominieren die Nahfeldeffekte im Vergleich zur Fernfeldausbreitung.[11] Je niedriger die Frequenz, desto größer ist also die lokale Strömung im Vergleich zu den sich ausbreitenden Teilchenauslenkung. Einzelheiten zu den akustischen Eigenschaften wie Teilchenauslenkung, Teilchenbeschleunigung, Nah- und Fernfeld werden in Abschn. 5.1 beschrieben.

Die Schwimmbewegungen von Fischen erzeugen hydrodynamische Beschleunigungen in einem Frequenzbereich von fast 0–45 Hz, wobei beim gleichmäßigen Schwimmen Frequenzen unter 20 Hz dominieren. Ihr Schwanzschlag erzeugt Frequenzen bis zu 1 kHz.[12] Das Seitenlinienorgan nimmt Beschleunigungen in einem Frequenzbereich von fast 0–100 Hz am besten wahr und reagiert kaum auf Frequenzen über 200 Hz, wie in Abb. 3.3 dargestellt. Sie ist daher in der Lage, nur die Frequenzkomponenten wahrzunehmen, die im Nahfeld der Fische bleiben. Da

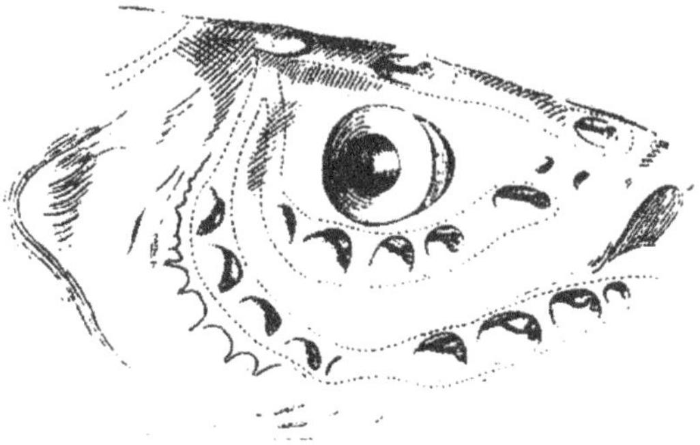

Abb. 3.2 Zeichnung des Kopfes eines Fisches mit entfernter Haut. Die Kanäle, die die Neuromasten enthalten, sind entlang der Seitenlinien verteilt, die natürlich von der Haut bedeckt sind. (Entnommen aus Dijkgraaf (1989), S. 8)

[10] Siehe z. B. Kalmijn (1989), S. 202.

[11] Siehe z. B. Sand und Bleckmann (2008), S. 138 f.

[12] Ausführliche Informationen über den Druck von schwimmenden Fischen finden Sie in Webb et al. (2008), S. 155, Kalmijn (1989), S. 204 und Schellart und Popper (1992), S. 302.

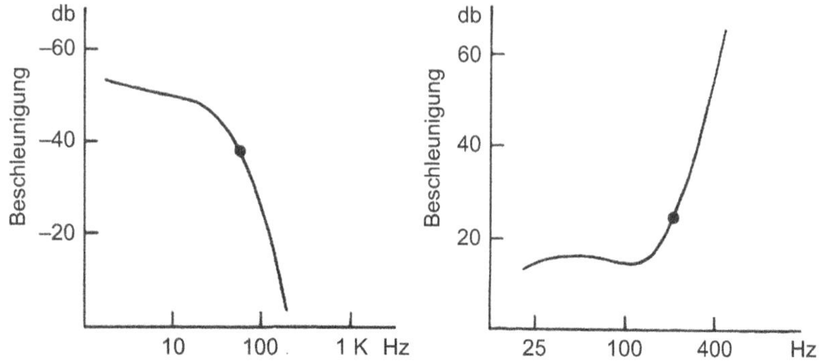

Abb. 3.3 Frequenzgang von Sinneshaarzellen im Seitenlinienorgan (links) und im Gehör (rechts) von Fischen. (Abbildung entnommen aus Kalmijn (1989), S. 199)

das Seitenlinienorgan bilateral verteilt ist und die Empfindlichkeit seiner Haarzellen richtungsabhängig ist, bietet dieses sensorische System den Fischen eine Lokalisierungsmöglichkeit von Quellen, Reflektoren und Deflektoren lokaler Strömungsfelder. Somit liefert es eine mentale Repräsentation der nahen Umgebung im Bereich mehrerer Körperlängen.[13]

„Die primäre Funktion eines jeden komplexen sensorischen Systems ist es, die Struktur der Außenwelt zu repräsentieren."[14] Da die somatosensorische, d. h. haptische Wahrnehmung nur über Größen in unmittelbarer Nähe informiert, erweitert das Seitenlinienorgan den wahrgenommenen Teil der Außenwelt. In der Literatur wird sie als „Fernberührung", „hydrodynamische Abbildung" oder „Zwischenstufe zwischen Berührung und Hören" bezeichnet.[15] Der Begriff „Svenning"[16] wird zur Beschreibung der Wahrnehmung des Seitenlinienorgans verwendet, als Gegenstück zum Begriff *Hearing* für die Wahrnehmung von Druckveränderungen durch das Gehör. Svenning dient der Raubtier- und Beuteerkennung, dem gemeinsamen Schwimmen in Fischschulen, der Partnerwahl, dem Ausweichen von Hindernissen und der allgemeinen Wahrnehmung der Umwelt. Außerdem unterstützt es die Chemorezeption und das Sehvermögen bei der Beuteerfassung, insbesondere in trübem Wasser oder bei Dunkelheit.[17] Es wurden viele Versuche unternommen, das Seitenlinienorgan mit technischen Mitteln zu imitieren, z. B. mit Hydrophon-Arrays in Schiffen.[18] Passive Sonarsysteme ahmen das Gehör nach, indem sie den Schalldruck aus der Umgebung aufzeichnen und ihre Herkunft abschätzen. Be-

[13] Siehe Sand und Bleckmann (2008), S. 184 und Popper und Platt (1993), S. 100.

[14] Übersetzt aus Braun und Grande (2008), S. 105.

[15] Übersetzt aus Popper und Platt (1993), S. 117, Coombs et al. (1992), S. 280, Webb et al. (2008), S. 156 und Coombs et al. (1992), S. 280.

[16] Siehe z. B. Popper und Schilt (2008), S. 18, Popper und Platt (1993), S. 117.

[17] Alle Funktionen stammen aus Popper und Platt (1993), S. 100 und S. 117 f. sowie Popper und Schilt (2008), S. 18.

[18] Beispiele für Seitenliniensensoren finden sich in Ziemer (2014), Ziemer (2015b), Xu und Mohseni (2017), Ziemer (2015a), Santos et al. (2010).

sonders in dicht besiedelten und flachen Gewässern erschweren die große Anzahl von Schallquellen und der starke Nachhall die Ortung der Quellen durch Schalldruckaufzeichnungen. Hier wird der Nahfeldeffekt von schwimmenden Objekten ausgenutzt: Teilchenbeschleunigungen entlang schwimmender Objekte sind zwar stark, aber vor allem tiefe Frequenzen strahlen nicht als Schallwelle in das Fernfeld ab. Vielmehr verbleiben sie im Nahfeld und erzeugen wenig Nachhall. Technisch imitierte Seitenlinienorgane erfassen solche Partikelbeschleunigungen mit Hilfe einer Hydrophonanordnung und Nahfeldmethoden.

3.1.2 Gehör der Fische

Die Auditory Scene Analysis wird als die Hauptfunktion des Hörens angesehen.[19] Eine ausführliche Erläuterung der Auditory Scene Analysis findet sich in Abschn. 4.5. Im Wesentlichen geht es dabei um die Identifizierung und Unterscheidung verschiedener Objekte und Ereignisse in der Außenwelt, die Gruppierung von Schall aus einer Quelle und deren Lokalisierung, was zu einem „räumlichen Modell der lokalen Welt" führt.[20] Folglich ist das Aufspüren von Räubern und Beutetieren, und nicht die Kommunikation, die Hauptfunktion des Gehörs bei Fischen. Es hat sich entwickelt, um Fischen und anderen Tieren einen Mechanismus zu bieten, mit dem sie einen Teil ihrer Umgebung in größerer Entfernung wahrnehmen können. Der Tastsinn erkennt nur direkte Berührungen, das Seitenlinienorgan funktioniert nur bei Nahfeldeffekten, visuelle Hinweise gibt es nur im Blickfeld bei genügend Licht und chemische Signale breiten sich langsam und mit wenig Richtungsinformation aus, und legen keine großen Entfernungen zurück.[21]

Wie in Abb. 3.3 zu sehen ist, ist das Gehör der Fische empfindlich für die Frequenzen der Schwimmbewegungen, die sich als Wellen weit ausbreiten. Raubfische erkennen ihre Beute zunächst über das Gehör, das sie zur Beute führt. Dann gibt das Seitenlinienorgan präzise Hinweise für das Zubeißen des Räubers oder das schnelle Ausweichmanöver der Beute.[22] Heute haben viele Fische einen Hörbereich von 50 bis 1500 Hz und nutzen das Gehör auch zur Kommunikation und zur Paarung.[23] „Die Vermutung liegt nahe, dass sich die Verbesserung des Gehörs und die Verfeinerung der Vokalisation gemeinsam entwickelt haben."[24] Die Schwimmblase von Fischen schwingt bei Druckschwankungen mit und gilt als Ursprung des Mittelohrs, das eine ähnliche Funktion hat, nämlich die Verstärkung des Schalls aus der

[19] Siehe z. B. Braun und Grande (2008), S. 105 oder Popper und Schilt (2008), S. 19.

[20] Übersetzt aus Fay (1992), S. 229.

[21] Siehe Popper und Schilt (2008), S. 18–19, Gans (1992), S. 7, Popper und Platt (1993), S. 123 ff.

[22] Siehe Kalmijn (1989), S. 210 und Popper und Platt (1993), S. 117.

[23] Siehe Popper und Schilt (2008), S. 19 über den Hörbereich und Popper und Platt (1993), S. 116 über die akustische Kommunikation von Fischen.

[24] Siehe Schellart und Popper (1992), S. 302.

Außenwelt für das Innenohr.[25] Die Erkennung von Druckschwankungen hat sich jedoch Dutzende Male entwickelt, so dass es schwierig ist, die Entwicklung vom Gehör der Fische bis zu dem des Menschen nachzuverfolgen.[26] Dieses wird im folgenden Abschnitt beschrieben.

3.2 Das menschliche Gehör

Das menschliche Gehör ist sehr empfindlich. Unter Idealbedingungen nimmt es Druckschwankungen mit nicht mehr als 10^{-6} kJ Energie wahr und hat einen Frequenzbereich von 16 Hz bis 20 kHz, was etwa 10 Oktaven entspricht. Im Gegensatz dazu benötigt das Auge die hundertfache Energiemenge und hat einen Bereich von nur einer Oktave.[27] Das Gehör kann in das Ohr und die Hörbahn unterteilt werden. Die Grundlagen dieser beiden werden in diesem Abschnitt nacheinander besprochen.[28]

3.2.1 Das menschliche Ohr

Das Ohr kann in das Außenohr, das Mittelohr und das Innenohr unterteilt werden, wie in Abb. 3.4 dargestellt. Danach folgen der „Hörnerv"[29] und die zentralen Hörbahnen, die später besprochen werden.

Das Außenohr

Die Ohrmuschel ist der sichtbare Teil des Außenohrs. Sie besteht hauptsächlich aus Knorpel, der mit einfachen Muskeln und Haut bedeckt ist. Sie fungiert als eine Art Trichter, sowie als Filter und erfasst Frequenzen mit leicht unterschiedlicher Intensität für jeden Einfallswinkel. So erzeugen die Ohrmuscheln beispielsweise einen Schallschatten für hohe Frequenzen von hinten, nicht aber von vorne. Der leicht S-förmige Gehörgang ist etwa 3 cm lang und wirkt ebenfalls als Filter, das um 4 kHz herum eine breite Resonanz erzeugt. Winzige Härchen schützen das Ohr vor Keimen und Parasiten, Ohrenschmalz und Öl schmieren das Ohr und halten

[25] Siehe z. B. Fay et al. (2008), S. 8.

[26] Siehe Braun und Grande (2008), S. 99, Coombs et al. (1992), S. 269, Gans (1992), S. 9 und S. 39, Sterbing-d'Angelo (2009), S. 1286.

[27] Siehe de la Motte-Haber (1972), S. 26.

[28] Die folgenden Beschreibungen und einen noch viel tieferen Einblick in Biologie, Mechanik, Neurologie und Psychologie des auditorischen Systems finden Sie z. B. in Zwicker und Fastl (1999), Ando (2010), Warren (1982), Hall und Barker (2012), Roederer (2008) und Zatorre und Zarate (2012).

[29] Auch als „Nervus cochlearis" oder „achter Hirnnerv" bezeichnet, siehe z. B. Gelfand (1990), S. 33 und Schneider (2018), S. 615. Streng genommen ist der Hörnerv der Hörzweig des achten Hirnnervs, zu dem auch der Nervus vestibularis gehört, siehe z. B. Herman (2007), S. 592.

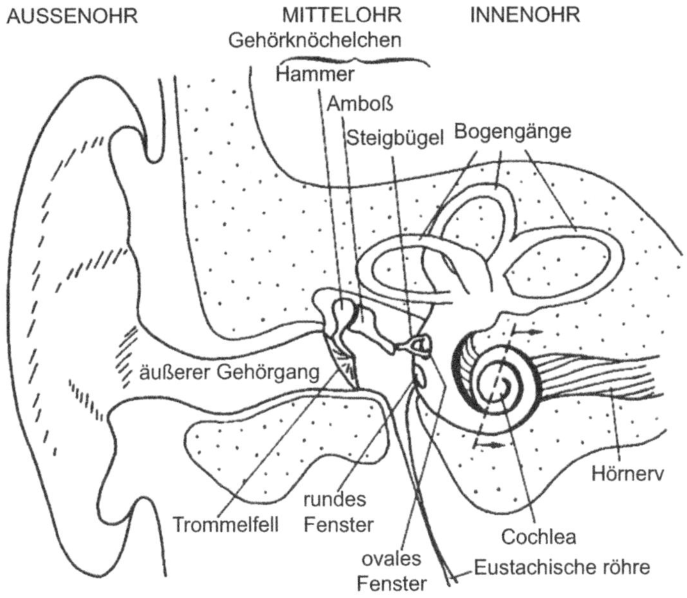

Abb. 3.4 Schematische Darstellung des menschlichen Ohrs. (Aus Zwicker und Fastl (1999), S. 24)

Ablagerungen draußen. Das Trommelfell trennt das Außenohr vom Mittelohr und wird durch die eintreffenden Schalldruckschwankungen ausgelenkt.

Das Mittelohr

Das Trommelfell ist etwa 0,074 mm dünn, nach außen konkav und elliptisch, mit einem Durchmesser von 0,8–1 cm. An der Spitze ist der Musculus tensor tympani mit dem ersten Knochen der Gehörknöchelchenkette, dem Malleus (Hammer), verbunden. Zusammen mit dem Amboss und dem Steigbügel überträgt er die Auslenkung des Trommelfells auf das ovale Fenster, den Eingang des Innenohrs, und wirkt als Impedanzwandler zwischen der Umgebungsluft und der mit Perilymphe gefüllten Scala vestibuli. Die Eustachische Röhre verbindet das Mittelohr mit dem oberen Rachenraum. Sie ermöglicht einen Druckausgleich zwischen Mittelohr- und Umgebungsdruck. In manchen Situationen, z. B. in Flugzeugen und beim Tauchen in größeren Tiefen, macht sich der Druckunterschied bemerkbar und veranlasst den Menschen dazu, den Druck bewusst auszugleichen, z. B. durch absichtliche Muskelkontraktion oder allgemeine Kaubewegungen. Außen- und Mittelohr zusammen verstärken das Signal durch Resonanz- und Impedanzumwandlung um einen Faktor von etwa 30.

Das Innenohr

Über das ovale Fenster nimmt die Cochlea Auslenkungen der Steigbügelfußplatte auf. Die Cochlea ist eine 35 mm lange, schneckenförmige Spirale mit $2\frac{3}{4}$ Windungen, die sich von 9 mm an der Basis auf 5 mm am Apex verschmälert. Sie hat drei

Kammern oder *Scalae*: Die Scala vestibuli beginnt hinter dem ovalen Fenster und enthält Perilymphe. An der Spitze ist sie mit der Scala tympani durch die Helicotrema-Öffnung verbunden. An ihrem Ende gleicht die Membran des runden Fensters die Auslenkung des ovalen Fensters aus, was notwendig ist, da die Flüssigkeiten in der Cochlea und im umgebenden Knochen inkompressibel sind. Die Scala media liegt zwischen den beiden Scalae. Sie ist mit Endolymphe gefüllt und wird von der Scala vestibuli durch die Reissner-Membran getrennt, die so dünn ist, dass sie keinen nennenswerten mechanischen Einfluss hat, sondern die Flüssigkeiten trennt, die sehr unterschiedliche ionische Eigenschaften haben. Von der Scala tympani wird sie durch die Basilarmembran getrennt. In der Scala media herrschen konstante positive Potentiale, in und nahe der Basilarmembran dagegen konstante negative Potentiale.[30] Abb. 3.5 zeigt eine abgewickelte Cochlea mit den Scalae und Membranen.

Das Endorgan des Gehörs, das Corti-Organ, liegt auf der Basilarmembran. Es wandelt mechanische Bewegungen in elektrochemische Aktivität über den achten Hirnnerv um und verbindet die Sinneshaarzellen mit dem Nervensystem. Es enthält eine Reihe von etwa 3500 inneren Haarzellen und 12.000 äußeren Haarzellen, die in drei Reihen angeordnet und von verschiedenen Stützzellen umgeben sind. Auf jeder äußeren Haarzelle liegen etwa 100–150 Sinneshaare, *Stereozilien*, die teilweise an der faserigen Tektorialmembran befestigt sind, die sie von der Scala media trennt. Auf jeder inneren Haarzelle befinden sich 40–70 dickere Stereozilien. Winzige Linien verbinden die Sinneshaare.

Die Bewegungen des ovalen Fensters induzieren eine Wanderwelle in der Cochlea. Diese Welle breitet sich nach innen aus, baut sich langsam auf und bricht nach Erreichen des Höhepunkts, d. h. ihrer *Amplitude* oder *Spitze*, plötzlich zusammen. Aufgrund komplizierter biomechanischer Effekte – vor allem der unterschiedlichen

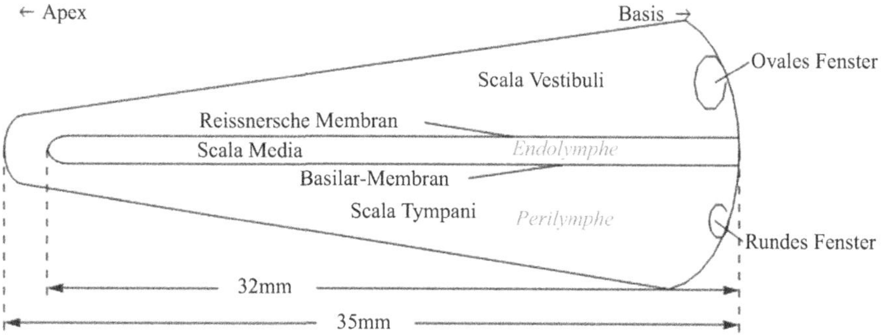

Abb. 3.5 Schematische Darstellung einer abgerollten Cochlea. Scala vestibuli und Tympanie verbinden das ovale und das runde Fenster und sind mit Perilymphe gefüllt. Die Scala media trennt diese beiden und ist mit Endolymphe gefüllt

[30] Siehe Thurlow (1971), S. 230.

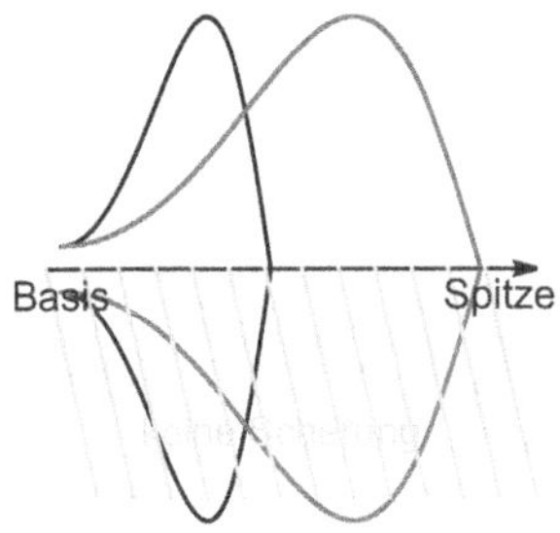

Abb. 3.6 Einhüllende einer hochfrequenten (schwarz) und einer niederfrequenten (grau) Wanderwelle in der Cochlea. Die Hüllkurven sind linksschief, d. h. die hochfrequente Basisregion wird stärker angeregt als die niederfrequente Apexregion

Spannung und Breite der Basilarmembran – hängt der Ort des Scheitelpunkts der Wanderwelle von der Frequenz ab. Die Frequenz-Ort-Transformation ist als „Ortsprinzip" bekannt und bedeutet, dass jede Frequenz einen entsprechenden Bereich auf der Tektorialmembran hat, d. h. die Frequenz ist in der Cochlea räumlich kodiert.[31] Dieses Prinzip ist in Abb. 3.6 für eine hohe und eine tiefe Frequenz dargestellt. Die Abbildung zeigt die Einhüllende von zwei Wanderwellen in der Cochlea. Positive Auslenkung bewirken eine Scherung der Haarzellen, wodurch die Neuronen feuern können. Beide Frequenzen regen neben dem Spitzenbereich auch den höherfrequenten Bereich an der Basis an. Den niederfrequenten Bereich zum Apex hin regen sie jedoch kaum an. Dies ist der Hauptgrund dafür, dass hohe Frequenzen niedrige Frequenzen kaum überdecken.[32]

Auch wenn die Frequenz meist als zeitliche Größe mit der Einheit 1/s betrachtet wird, kodiert das Innenohr sie bereits mit räumlichen Mitteln. Diese Umwandlung unterstreicht die Bedeutung des Raums für das Hören. Mit dieser Kodierungstechnik führt das Innenohr eine Art Frequenzanalyse durch – ähnlich einer Fourier-Transformation, die in Abschn. 5.1.3 besprochen wird – die oft als „cochlear filter" oder „Ohm's auditory law" bezeichnet wird.[33] Die Verschiebung der Tektorialmembran relativ zur Basilarmembran bewirkt eine Scherung der inneren Haarzellen, die proportional zur positiven Auslenkung ist. Dadurch öffnen und schließen sich Transduktionskanäle, die Ionenbewegungen und damit ein neurales Feuern am Hörnerv ermöglichen. Außerdem zeigen die Haarzellen eine „mikrofonische" Reaktion.[34] Die inneren Haarzellen sind in erster Linie Rezeptoren von Auslenkung, die Größenordnungen von fast einem Atom wahrnehmen. Die 3500 inneren Haarzellen sind mit etwa 30.000 Neuronen des Hörnervs verbunden. Diese Verbindung ist der Eingang zur Hörbahn. Neuronen, die auf dem Scheitelpunkt der Wanderwellenhüllkurve einer Frequenz liegen, sind in der Regel auf genau diese Frequenz

[31] Siehe z. B. Zwicker und Fastl (1999), S. 29.

[32] Einzelheiten zur Maskierung finden Sie in Kap. 4.

[33] Siehe z. B. Ando (2010), S. xv und Gelfand (1990), S. 140.

[34] Siehe Thurlow (1971), S. 230.

abgestimmt. Das bedeutet, dass das Neuron auf Erregungen in dieser Frequenz am empfindlichsten reagiert und auch bei niedrigen Amplituden anspricht. Die Empfindlichkeit pro Frequenz wird als *tuning curve* bezeichnet, und die Frequenz mit der höchsten Empfindlichkeit wird als *best Berstfrequent* bezeichnet.

Das Vestibularorgan
Neben der Hörschnecke besteht das Innenohr aus dem Gleichgewichtsorgan, dem Vestibularorgan. Es enthält die beiden Gleichgewichtsorgane Utriculus und Sacculus. In diesen halbkreisförmigen Kanälen befinden sich Rezeptoren für die Drehbeschleunigung und zum Halten des Gleichgewichts. Die enge Beziehung zwischen den Rezeptoren für Wechseldruck und Beschleunigungen im menschlichen Körper ist eine interessante Parallele zu der engen Beziehung zwischen dem Ohr und dem Seitenlinienorgan der Fische. Das Gleichgewichtsorgan spielt zusammen mit dem Seh- und Tastsinn eine wichtige Rolle für die Propriozeption. Die Propriozeption ermöglicht uns die Wahrnehmung von Position, Bewegung und Kräften von Körperteilen im Verhältnis zueinander und zur Außenwelt. Dies ist natürlich ein wichtiger Aspekt der räumlichen Wahrnehmung und Orientierung, und notwendig, um unseren Körper durch die physische Welt zu navigieren. Obwohl sie im Allgemeinen nicht als Teil der Propriozeption betrachtet wird, gibt der auditive Input sicherlich hilfreiches Feedback. Es wird angenommen, dass Mikrobewegungen des Kopfes unbewusst ausgeführt werden, wenn Hörer versuchen, Quellen zu lokalisieren, die sich nicht in ihrem Sichtfeld befinden.

3.2.2 Die Hörbahn des Menschen

Wie bereits in diesem Kapitel erwähnt, besteht die Hauptfunktion des Gehörs in der Auditory Scene Analysis. Die Hörbahn führt die wichtigsten Vorverarbeitungsschritte durch, um dies zu erreichen. Ein vereinfachtes Schema der Hörbahn ist in Abb. 3.7 dargestellt. Sie enthält etwa 6 Stationen in hierarchischer Reihenfolge. Je höher die Stufe, desto weniger automatisch und desto zentraler gesteuert ist die Verarbeitung, d. h. desto mehr wird die Verarbeitung durch Motivation, Entscheidung, Wissen oder Bewusstsein beeinflusst. Aufgrund der Hierarchie haben die Verarbeitungsschritte eine bestimmte Reihenfolge. Grob kann man sagen: Je weiter hinten eine Verarbeitung in dieser Reihenfolge liegt, desto länger dauert sie. Die sequentielle, aufsteigende Verarbeitung wird als *Feedforward-Mechanismus* bezeichnet. Nach dem Innenohr besteht die Hörbahn hauptsächlich aus dem Nucleus cochlearis, dem oberen Olivenkernkomplex, den Kernen des Lemniscus lateralis, dem Colliculi inferioris, dem Thalamus und dem auditorischen Kortex. In der Tat haben wir in jeder Hemisphäre eine Hörbahn. Diese haben viele Verbindungen untereinander.[35]

[35] Die Abbildung und die Beschreibung stützen sich weitgehend auf die Abbildungen und Erläuterungen in Ryugo (2011), S. 4, Schofield (2011), S. 263, Zwicker und Fastl (1999), S. 60, Ando (2010) S. 43, Cariani und Micheyl (2012), S. 370, Hong et al. (2012), S. 3, und Schneider (2018), S. 615 ff.

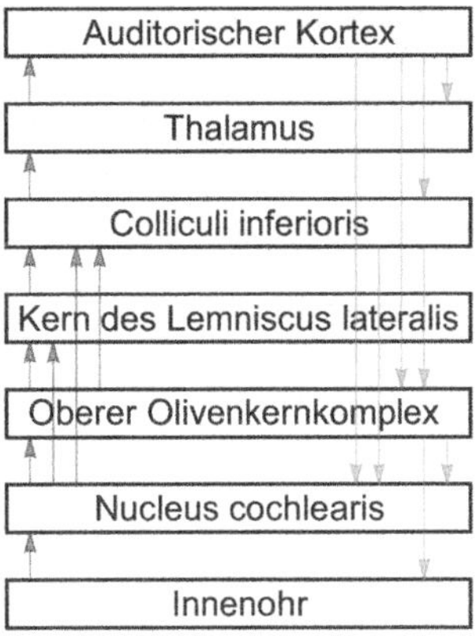

Abb. 3.7 Vereinfachtes Schema der Hörbahn mit den 6 Stationen und einigen aufsteigenden (links) und absteigenden (rechts) Verbindungen. (Nach Ryugo (2011), S. 4)

Die meisten Stationen der Hörbahn sind Kerne. Diese sind räumlich im Gehirn verteilt und enthalten Populationen von Neuronen. Neuronen sind die Verarbeitungseinheiten im Gehirn. Sie sind entlang der Hörbahn verteilt und über neuronale Verbindungen oder *Synapsen* miteinander verbunden. Einige Synapsen sind ipsilateral, d. h. sie verbinden Neuronen innerhalb einer Hemisphäre. Ein Beispiel für eine ipsilaterale Verbindung ist der Hörnerv. Andere neuronale Verbindungen sind kontralateral. So weisen beispielsweise die Nucleus cochleares beider Hemisphären eine kontralaterale Verbindung auf. Die Nucleus cochleares stellen zusätzliche Verbindungen zu Neuronen in den oberen Olivenkernkomplexen beider Hemisphären her, was ein Beispiel für bilaterale Synapsen ist. Alle drei Beispiele für neuronale Verbindungen führen entweder zu höheren Stationen entlang der Hörbahn oder dieselbe Station beider Hemisphären ist miteinander verbunden, bevor die weitere Verarbeitung in höheren Stationen erfolgt. Solche Verbindungen werden als *afferent*, *aufsteigend* oder *von bottom-up* bezeichnet. Sie verbinden untere Stufen mit höheren Stufen. In der anderen Richtung sind die Synapsen *efferent*, *absteigend* oder *top-down*. Die unterste mögliche Stufe in der Hierarchie ist die *Peripherie*. Im Falle des Gehörs ist dies typischerweise das Ohr. Die Verbindungen sind entlang des zentralen Nervensystems über den Hirnstamm und das Mittelhirn zu den Stufen des Kortex auf höhere Stufen gerichtet. Einige afferente und efferente Verbindungen sind in Abb. 3.7 dargestellt. Neuronen empfangen, verarbeiten und senden Daten. Das Empfangen und Senden von Daten wird auch als *Projektion* bezeichnet. Bei den projizierten Daten handelt es sich um elektrische Potenziale, die auch als *neuronales Feuern* oder *Spikes* bezeichnet werden. Neuronen feuern binär. Zu jedem Zeitpunkt feuern sie entweder, oder sie tun es nicht. Sie können nicht mit unterschiedlicher Intensität feuern. Nach jedem Spike muss sich die Nervenzelle wieder aufladen, was einige Zeit in Anspruch nimmt. Die maximale Feuerrate eines Neurons liegt bei etwa 1 kHz. Neuronen sind am empfindlichsten für Erregungen mit einer bestimmten Frequenz, d. h. ihrer Best-Frequenz. Sie neigen dazu, überhaupt nur auf einen recht engen Frequenzbereich um ihre Best-Frequenz herum zu reagieren. Ein Beispiel für die Best-Frequenz einer Hörnervenfaser ist in

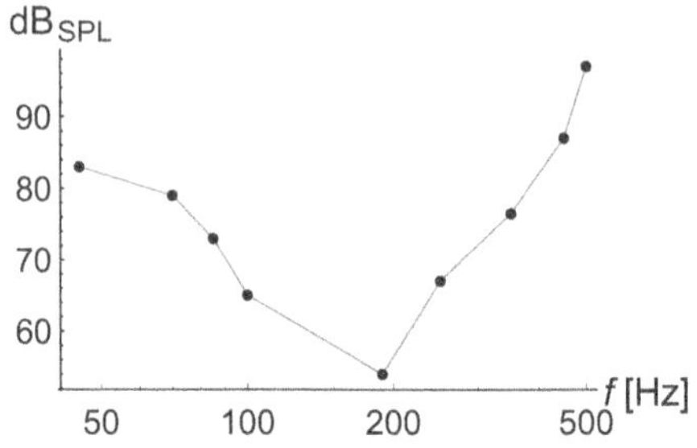

Abb. 3.8 Beispielhafte Frequenz-Schwellenwertkurve für eine Hörnervenfaser. Bei der Best-Frequenz reicht ein niedriger Schalldruckpegel am Trommelfell aus, um das neuronale Feuern zu aktivieren

Abb. 3.8 dargestellt. Aufgrund der begrenzten Bandbreite der Neuronen werden unterschiedliche Frequenzen nicht durch dieselben Neuronen und Synapsen verarbeitet und übertragen, sondern nebeneinander, was als *tonotopisches* Prinzip bezeichnet wird. Das tonotopische Prinzip setzt in der Cochlea an. Hier ist die Best-Frequenz jeder Hörnervenfaser auf die Frequenz abgestimmt, die an diesem Ort ihren Peak in der Wanderwelle hat. Eine Ausnahme, die bei Katzen entdeckt wurden, bilden die Hörnervenfasern im Spitzenbereich von Frequenzen über 3 kHz.[36] Das tonotopische Prinzip wird in praktisch allen Stationen der Hörbahn bis zumauditorischen Kortex beibehalten. In Anbetracht der geringen Bandbreite der Neuronen wird klar, warum der cochleare Filter den eingehenden Schall in seine Frequenzkomponenten zerlegt. Einzelne Neuronen im Hörnerv können keine Breitbandsignale verarbeiten, so dass die Cochlea die ankommenden Breitbandsignale in Schmalbandanteile aufteilen, diese getrennt verarbeiten und auf höheren Stufen integrieren muss.

Auch wenn heute viel über das Gehör bekannt ist, sind die Einzelheiten der auditorischen Verarbeitung immer noch umstritten. Je höher die Stufe, desto weniger weiß man über ihre genauen Funktionen. Viele Erkenntnisse wurden durch invasive Tierversuche gewonnen. Es ist nicht sicher, ob das menschliche Gehör die gleiche neuronale Verarbeitung aufweist. Die menschliche Hörbahn wird weitgehend mit nichtinvasiven bildgebenden Verfahren untersucht, die in der Regel eine hohe räumliche Auflösung, aber auch eine recht lange Integrationszeit haben. Andere Techniken, wie die Elektroenzephalographie, haben eine hohe zeitliche, aber eine geringe räumliche Auflösung.[37] In der Literatur besteht ein breiter Konsens über die aufsteigende Hörbahn, die im Folgenden beschrieben wird. Darüber hinaus gibt es eine absteigende Bahn, die den aufsteigenden Input moduliert. Diese Modulationen steuern die sensorischen Informationen, verbessern die Unterscheidung von Signalen und Rauschen und ermöglichen die Umschaltung der Aufmerksamkeit.[38] Über die absteigende Hörbahn ist vergleichsweise wenig bekannt. Es besteht jedoch kein Zweifel daran, dass das Hören eher ein aktiver, als ein passiver Prozess ist. Im Ver-

[36] Siehe z. B. Nedzelnitsky (1974), S. 51 f.

[37] Eine umfangreiche Übersicht über die Methoden der Neurowissenschaften im Kontext der Neuromusikologie findet sich in Neuhaus (2017).

[38] Siehe z. B. Ryugo (2011), S. 4.

gleich zu einem passiven Mikrofonpaar ist unser Ohrenpaar aktiv. Das Zusammenspiel von Afferenzen und Efferenzen ist für die aktive Verarbeitung des Schalls verantwortlich und liefert uns alle auditiven Informationen, die wir schließlich wahrnehmen. Nach der Abhandlung der Afferenzen werden also die Grundlagen der efferenten Verarbeitung dargestellt.

3.2.2.1 Die afferente Hörbahn

Ein Schema für die Kodierung einer Frequenz mit ihrer spezifischen Amplitude und Phase ist in Abb. 3.9 dargestellt. Die inneren Haarzellen sind empfindlich für Auslenkungen in eine Richtung. Dies wirkt, wie ein Halbwellengleichrichter: Die inneren Haarzellen scheren nur proportional zu einer ankommenden Halbwelle aus. Dies ist in den oberen Diagrammen von (a) und (b) für eine Frequenz mit zwei verschiedenen Amplituden dargestellt. Jede innere Haarzelle ist mit mehreren Neuronen des Hörnervs verbunden. Die Scherung löst neuronales Feuern aus, typischerweise in Phase mit der ankommenden Halbwelle, was als „Synchronisation", „Phase locking" oder „Entrainment" bezeichnet wird.[39] Nach der cochleären Filterung kodieren Spike Trains den eingehenden Schmalbandanteil des Signals. Dieses Prinzip wird als *Volley-Prinzip* bezeichnet.[40] Nicht alle Neuronen feuern unbedingt perfekt in Phase mit jeder ankommenden Halbwelle. Einige feuern vielleicht etwas früher oder später, lassen eine Periode aus oder feuern sogar spontan dazwischen. Dies wird als *Jitter* bezeichnet. Summiert man jedoch die neuronale Aktivität, kann das Diagramm wie in den unteren Diagrammen von (a) aussehen. Die neuronale Aktivität erreicht ihren Höhepunkt in Phase mit der ankommenden Halbwelle, so dass die Phaseninformation erhalten bleibt. Außerdem kodiert die Peak-to-Peak-Periode die Frequenz. Wenn nun die Amplitude zunimmt, wie in (b)

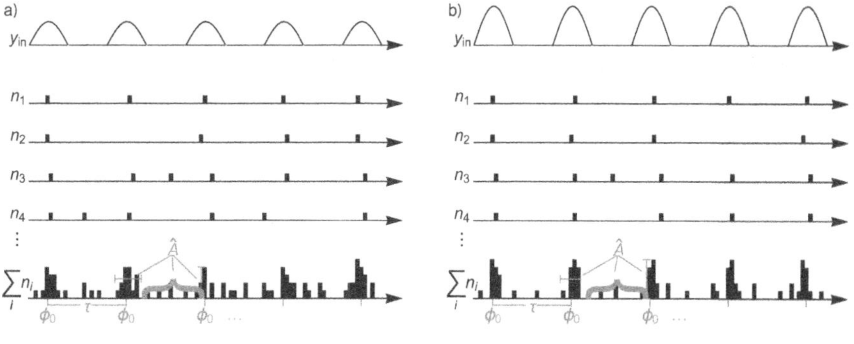

Abb. 3.9 Kodierungsschema von Frequenz ($1/\tau$), Amplitude ($\hat{A}$) und Phase (ϕ) im Hörnerv

[39] Siehe Thurlow (1971), S. 230, Ando (2010), S. xiv oder Bader (2015), S. 1054.

[40] Siehe z. B. van Opstal (2016), S. 152 f.

zu sehen, ändert sich die Darstellung in dreierlei Hinsicht. Erstens wird das Grundrauschen geringer, da die Neuronen weniger spontane Aktivität zeigen. Zweitens werden die Spitzen höher, weil mehr Neuronen in Phase mit der ankommenden Halbwelle feuern. Und drittens werden die Spitzen schmaler, weil das phasengleiche Feuern präziser wird. Die Amplitudencodierung ist also dreifach: Peakhöhe, Peakbreite und der Grad des spontanen Feuerns geben die Amplitude an. Alle drei Beobachtungen ergeben sich aus der Tatsache, dass das Phase-Locking bei hohen Amplituden stärker ist. Man beachte, dass nur Frequenzen unter etwa 1 kHz durch dieses Prinzip dargestellt werden können. Bei höheren Frequenzen lassen alle Neuronen mindestens eine Periode aus, um sich wieder aufzuladen, so dass die Phasendarstellung etwas unscharf werden kann. Außerdem ist das Phase-Locking bei dieser hohen Wiederholungsrate schwächer. Bei etwa 4 kHz ist das Phase-Locking so schwach und es werden so viele Perioden ausgelassen, dass weder die Frequenz noch die Phase gut dargestellt werden. Es ist hauptsächlich die Amplitude, die durch diesen zeitlichen Kodierungsmechanismus kodiert wird. Aufgrund des tonotopischen Prinzips und der Best-Frequenzen der Neuronen ist jedoch weiterhin eine vage Frequenzdarstellung gegeben. Wenn Neuronen an einer bestimmten räumlichen Stelle im Hörnerv feuern, enthält die ankommende Welle mit Sicherheit die entsprechende Frequenz. Dies ist also ein Indikator dafür, dass eine Frequenz in der ankommenden Welle enthalten ist. Diese Information ist jedoch anfällig für Fehler. Wie bereits in diesem Kapitel erwähnt, wandern tiefe Frequenzen entlang der Basilarmembran, so dass sie auch den Hochfrequenzbereich stimulieren. Hier kommt die Best-Frequenzen ins Spiel. Neuronen reagieren kaum, wenn sie nicht mit einer Frequenz in der Nähe ihrer besten Frequenz angesprochen werden. Dank dieser Redundanz ist das Gehör in der Lage, zwischen niedrigen Frequenzen und Breitbandsignalen zu unterscheiden, auch wenn die niedrige Wanderwelle einer niedrigen Frequenz die gesamte Cochlea durchläuft.

Für einen breiten Frequenzbereich werden also Amplitude, Frequenz und Phase bereits auf dem Weg zur ersten Station der aufsteigenden Hörbahn kodiert. Das neuronale Feuern kann als Oszillation betrachtet werden, die mit der physikalischen Schallwelle in Verbindung steht. Sie werden ipsilateral zu den Nucleus cochleares übertragen. Hier bleiben die eingehende Frequenz, Amplitude und Information weitgehend erhalten. Darüber hinaus scheinen einige Neuronen empfindlich auf das Einsetzen einzelner Frequenzen zu reagieren. Die Cochlea-Kerne beider Hemisphären sind über den Trapezkörper miteinander verbunden. Aufgrund dieser Verbindung kann eine Art interaurale Pegeldifferenzberechnung durchgeführt werden. Die neuronale Aktivität im linken Hörnerv und Nucleus cochlearis ist stärker als im rechten, wenn der Pegel der eintreffenden Welle im linken Ohr höher ist als im rechten.[41] Interaurale Pegelunterschiede sind für die horizontale Quellenlokalisierung von Bedeutung. Dies wird im Detail in Abschn. 4.4. Noch wichtiger für das räumliche Hören ist die Verarbeitung, die im oberen Olivenkernkomplex stattfindet. Hier scheinen sich die interauralen Zeitunterschiede in den neuronalen

[41] Siehe Ando (2010), S. 43.

Prozessen widerzuspiegeln.[42] Außerdem feuern die Neuronen proportional zum interauralen Kreuzkorrelationskoeffizienten und zur Breite des Korrelationspeaks. Diese binaurale Verarbeitung ist wichtig für die Quellenlokalisierung und die Wahrnehmung der Quellenbreite, wie in den Abschn. 4.4 und 6.2 im Detail gezeigt wird. Die ersten Stationen der Hörbahn sind also stark miteinander verbunden, um uns mit Informationen für das räumliche Hören zu versorgen. Interessanterweise geschieht dies bereits im Hirnstamm. Der Schall wird bereits lokalisiert, bevor er den Kortex erreicht, d. h. bevor wir den Schall bewusst identifizieren und seine Merkmale wahrnehmen. Das *Wo* kommt vor dem *Was*.

Die Kerne des Lemniscus lateralis sind für die Weiterleitung von Daten zur weiteren Verarbeitung zuständig. Die ventralen und mittleren dorsalen Kerne des Lemniscus lateralis sind hauptsächlich an der monauralen Verarbeitung beteiligt und haben ipsilaterale synaptische Verbindungen zum Colliculus inferioris. Die dorsalen Kerne des Lemniscus lateralis weisen bilaterale Verbindungen zum Colliculus inferioris beider Hemisphären auf und unterstützen die binaurale Verarbeitung. Der Colliculus inferioris ist das Zentrum des Mittelhirns. Er empfängt Projektionen aus allen früheren Stationen sowie aus einigen anderen Modalitäten, wie dem Sehen und dem Gleichgewicht. Auch hier ist es erstaunlich zu sehen, dass die erste multimodale Verarbeitung eingeleitet wird, lange bevor der Schall den Thalamus passiert und den Kortex erreicht, so dass er bewusst wahrgenommen, interpretiert oder mit Emotionen, Erinnerungen und Erfahrungen in Verbindung gebracht werden kann. Im Colliculus inferior wurden neuronale Korrelate zur Autokorrelation des Signals gefunden. Die Autokorrelation ist wichtig für die Wahrnehmung von Tonhöhen, Harmonizität von Klängen und der Konsonanz von Intervallen. Harmonische Klänge weisen eine regelmäßige Autokorrelation auf, deren Peak-to-Peak-Periode die Tonhöhe angibt. Beim Chinchilla wurde festgestellt, dass einzelne Neuronen auf verstimmte komplexe Töne reagieren.[43] Modulationen unter 50 Hz sind wichtig für die Melodieerkennung und die Silbenstruktur in der Sprache. Schnellere Modulationen tragen zur Wahrnehmung von Tonhöhe und Rauhigkeit bei und können auf Inharmonizität oder Dissonanz hinweisen. In neuronalen Reaktionsmessungen wurden nichtlineare Verzerrungsprodukte gefunden, was darauf hindeutet, dass der Colliculi inferioris Dissonanzen nicht nur auffängt, sondern sogar noch verstärkt.[44] Der Colliculus inferior ist also eine Station, die nicht nur Informationen aus den eingehenden Signalen extrahiert, sondern auch mit deren Integration beginnt.

Der Colliculus inferior projiziert Informationen hauptsächlich ipsilateral zum Thalamus über sein so genanntes *Brachium*. Der Thalamus leitet sensorische Informationen aus allen Modalitäten außer dem Geruch weiter. Er kann als eine Art Tor betrachtet werden. Er filtert unwichtige Informationen heraus und leitet wichtige Informationen an den Kortex weiter. Der mediale Kniehöcker ist der wichtigste auditorische Kern des Thalamus. Die medialen Kniehöcker beider Hemisphären

---

[42] Es wird spekuliert, dass ITDs durch die Reaktionslatenz im superioren olivären Komplex und vielleicht sogar in früheren Stadien neuronal kodiert werden, siehe Ando (2010), S. 44.

[43] Siehe Sinex et al. (2002).

[44] Siehe Lee et al. (2015).

sind nicht miteinander verbunden, so dass die meisten kontra- und bilateralen Interaktionen bereits auf niedrigeren Stufen stattfinden.[45] Informationen, die den Thalamus passieren, werden an den primären auditorischen Kortex und einige andere kortikale auditorische Areale projiziert. Dies ist eine Voraussetzung für die bewusste Wahrnehmung. Generell kann man sagen, dass auf dem Weg zu höheren Stufen das Phase-Locking abnimmt und die Verarbeitung sich verlangsamt, während die Zahl der beteiligten Neuronen zunimmt.

Der Gyrus temporalis superior in der primären Hörrinde scheint die letzte Station innerhalb der Hörbahn zu sein, die eine tonotopische Karte aufweist. Im primären auditorischen Kortex können Frequenzen teilweise integriert werden. Es ist wahrscheinlich, dass die Auditory Scene Analysis im Sinne von Integration und Segregation in diesem Stadium Gestalt annimmt.[46] Der rechte Gyrus temporalis superior scheint im Falle des Residualtonhörens an der Tonhöhenwahrnehmung beteiligt zu sein, und eine Läsion des rechten Gyrus temporalis superior verringert die Tonhöhenauflösung. Es wird angenommen, dass die Tonhöhenwahrnehmung auf die Erkennung des Onsets folgt und länger dauert. Wie bereits in Abschn. 2.4 erwähnt, ist die Wahrnehmung der Tonhöhe zweigeteilt und besteht aus einer geradlinigen Höhen- und einer zyklischen Chroma-Dimension. Die Höhe scheint im posterioren auditorischen Kortex verarbeitet zu werden, während die Chroma-Dimension in eher anterioren Regionen verarbeitet wird. In den nicht primären Hörrindenfeldern sind die Neuronen tendenziell breiter gestimmt, und einige reagieren eher auf bestimmte Intervalle komplexer Töne, auf Rauschen oder Klickgeräusche, als auf sinusförmige Komponenten. Einige Neuronen scheinen spektrale Bandbreite, Noten- oder Tonhöhen-Onsets anzuzeigen. Es ist zu beobachten, dass die Synchronisation mit eingehenden Wellen und Modulationen entlang der aufsteigenden Bahn allmählich abnimmt. Auf der Stufe des auditorischen Kortex ist die zeitliche Kodierung weitgehend verschwunden, die zeitliche Integration scheint stattzufinden, und die neuronale Kodierung wird komplexer, wobei sowohl serielle als auch parallele Verarbeitung stattfindet.[47] Im sekundären und tertiären Gebiet des auditorischen Kortex in der rechten Hemisphäre sowie in Bereichen entlang des rechten Gyrus temporalis superior scheint die Melodieverarbeitung stattzufinden. Es wird angenommen, dass die Verarbeitung im Sulcus frontalis superior für die räumliche Verarbeitung wichtig ist. Der auditorische Kortex erstreckt sich über eine große Region innerhalb des ventralen Teils des lateralen Sulcus und des Gyrus temporalis superior. Natürlich ist der auditorische Kortex mit anderen kortikalen Regionen verbunden. So ist er beispielsweise mit dem frontalen Kortex verbunden, der an der Integration von Sinneseindrücken sowie an Antizipation, Planung und Erwartung, Arbeitsgedächtnis und Lernen beteiligt ist. Das Wernicke-Areal ist ein Teil des inferioren Frontallappens und einer der wichtigsten Bereiche, die am Sprach-

---

[45] Siehe Schofield (2011), S. 264 und Warren (1982), S. 14.

[46] Ein Versuch, Aspekte der auditiven Szenenanalyse mit kortikalen Strukturen in Verbindung zu bringen, findet sich in Griffiths et al. (2012).

[47] Siehe Hall und Barker (2012), S. 180, Griffiths et al. (2012), S. 214 und Hong et al. (2012), S. 6 und 10–12.

verständnis beteiligt sind. Dies betrifft sowohl gehörte als auch gelesene Wörter. Projektionen zwischen dem auditorischen Areal und dem Broca-Areal im prämotorischen Kortex sind wichtig für die Analyse und Erstellung von Lautfolgen, was ein weiterer wichtiger Aspekt der Sprache ist. Der auditorische Kortex hat auch synaptische Verbindungen zu nicht-auditiven kortikalen Hirnstrukturen. Die Formatio reticularis ist an der Erregung beteiligt und die Amygdala an der Wachsamkeit und den Emotionen. Dicht unter der Großhirnrinde befindet sich der Hippocampus. Er gehört zum limbischen System und spielt eine wichtige Rolle bei den Funktionen des Arbeitsgedächtnisses, sowie bei der Konsolidierung vom Kurzzeitgedächtnis zum Langzeitgedächtnis und zum räumlichen Gedächtnis. Er ist wichtig für die Orientierung und Navigation. Die Basalganglien sind an der Steuerung und Umwidmung der Aufmerksamkeit beteiligt und stehen in Verbindung mit dem Dopamin- Belohnungs-Vorhersage-System.

Ein Großteil der auditorischen Analyse und Vorverarbeitung findet bereits in den frühen Stationen der Hörbahn statt und ist subkortikal. Sie müssen nicht bewusst wahrgenommen werden. Viele Verarbeitungsschritte werden jedoch durch absteigende Verbindungen moduliert, die ihren Ursprung z. B. im oberen Olivenkernkomplex, im Colliculi inferioris, oder sogar im auditorischen Kortex haben. Auf diese Efferenzen wird im folgenden Abschnitt eingegangen.

3.2.2.2 Die efferente Hörbahn

Die Entdeckung der Efferenzen im Gehör ist relativ neu und geht auf die 1950er Jahre zurück.[48] Bis dahin ging man allgemein davon aus, dass das Gehör ein Empfänger- und Verstärkersystem ohne zentrale Steuerung ist. Otoakustische Emissionen sind ein Beweis für Efferenzen: die Reaktion des Ohrs auf einen Schalleintrag enthält mehr Energie als durch eine rein passive Reaktion erklärt werden kann. Außerdem wurden spontane otoakustische Emissionen bei vielen Menschen beobachtet. Dies bedeutet, dass das Ohr sowohl neuronales Feuern als auch Bewegung zeigen kann, ohne dass ein Schalleingang erforderlich ist.

Efferenzen wurden meist den bekannten autonomen Funktionen wie Pupillenspannung oder Herzfrequenz und anderen autonomen oder willkürlichen Reaktionen wie Muskelkontraktion zugeschrieben. Heute werden Efferenzen in der Regel in die Beobachtungen und Erklärungen der Funktionsweise des Gehörs einbezogen. Efferenzen modulieren den sensorischen Input an mehreren synaptischen Stationen entlang der Hörbahn, um die Unterscheidung von Signalen aus dem Rauschen zu verbessern, die Empfindlichkeit auszugleichen, um den Dynamikbereich zu vergrößern, Informationen zu verstärken oder zu unterdrücken oder die Aufmerksamkeit zwischen verschiedenen Aspekten des Klangs zu wechseln. Sensorische Efferenzen können Informationen von den höchsten Stationen projizieren. Einige Eingangsmodulationen erfolgen automatisch, andere werden durch Vorwissen, Erwartung, Aufmerksamkeit, Motivation oder bewusste Entscheidung gesteuert. Es

---

[48] Siehe Rasmussen (1953).

gibt Hinweise darauf, dass sie entweder als parallele *regionale Schaltkreise* oder *Rückkopplungsschleifen* organisiert sind, oder sie bilden eine *absteigende Kette* oder *Verzweigungen*, die auf mehrere niedrigere Ziele innerhalb der absteigenden Hörbahn projizieren. In diesem Abschnitt werden einige Beispiele für vermutete efferente Projektionen und aktive Funktionen im auditorischen System gegeben. Einen viel umfassenderen Überblick und tiefere Einblicke sind in der Literatur zu finden.[49]

Es gibt mehrere Beispiele für gut beobachtbare efferente Einflüsse auf die Signalverarbeitung im auditorischen System. So wird beispielsweise angenommen, dass der Dynamikbereich der inneren Haarzellen nur zwischen 40 und 60 dB liegt. Das Gehör ist jedoch in der Lage, Töne mit einem Dynamikbereich von mehr als 100 dB zu verarbeiten. Efferenzen spielen dabei eine entscheidende Rolle. Das mediale und das laterale olivocochleare System verfügen über Efferenzen, die das biomechanische Verhalten der Cochlea verändern.[50] Wie der Name bereits andeutet, können sich die St3ereozilien an den äußeren Haarzellen in der Cochlea zusammenziehen. Sie verändern ihre Länge um bis zu 5 %. Diese Kontraktion verändert das Verhalten der sich ausbreitenden Welle in der Cochlea. Es ist wahrscheinlich, dass bei einem bestimmten Schalldruckpegel eine Sättigung der Bewegung der inneren Haarzellen erreicht wird. Die Kontraktion der Stereozilien verringert die Auslenkung der Balisarmembran. Auf diese Weise sind höhere Schalldruckpegel erforderlich, um die Haarzellen auszulenken. Die Sättigung tritt bei höheren Amplituden ein. Der gegenteilige Effekt ist ebenfalls sehr wahrscheinlich. Die äußeren Haarzellen verstärken Töne mit geringer Intensität und schärfen die Frequenzabstimmungskurven des Hörnervs über efferente Rückkopplungen.[51] Diese Rückkopplungsschleifen könnten für weitere 40 dB an Dynamik sorgen.

Sowohl der evolutionäre Hintergrund als auch die primäre Funktion des Gehörs belegen die direkte Verbindung zwischen Hören und Raum. Diese mentale Repräsentation der Außenwelt könnte eine biologische Erklärung für die Assoziation von Musik und Raum in der Musiktheorie, der Musikwahrnehmung und der Komposition sein, wie in Kap. 2 erörtert. Psychoakustische Prinzipien beschreiben die Beziehung zwischen physikalischer Schallwelle und auditiver Klangempfindung, die weitgehend auf biomechanischen Überlegungen und der Modellierung der frühesten Stadien des Ohrs und der efferenten Hörbahn beruhen. Ein Überblick über die psychoakustischen Aspekte, die mit dem räumlichen Hören und der psychoakustischen Schallfeldsynthese zusammenhängen, wird im folgenden Kapitel erörtert.

[49] Insbesondere in den Kapiteln von Ryugo et al. (2011).

[50] Für einen tieferen Einblick siehe Guinan (2011).

[51] Siehe z. B. Coffin et al. (2004), S. 72.

Literatur

Ando Y (2010) Auditory and visual sensation. Springer, New York/Dordrecht/Heidelberg/London. https://doi.org/10.1007/b13253

Bader R (2015) Phase synchronization in the cochlea at transition from mechanical waves to electrical spikes. Chaos Interdiscip J Nonlinear Sci 25(10):103124. https://doi.org/10.1063/1.4932513

Braun CB, Grande T (2008) Evolution of peripheral mechanisms for the enhancement of sound reception. In: Webb JF, Fay RR, Popper AN (Hrsg) Fish bioacoustics, chap 4. Springer, New York, S 99–144. https://doi.org/10.1007/978-0-387-73029-5_4

Cariani P, Micheyl C (2012) Toward a theory of information processing in auditory cortex. In: Poeppel D, Overath T, Popper A, Fay R (Hrsg) The human auditory cortex. Springer Handbook of Auditory Research, chap 13, Bd 43. Springer, New York, S 351–390. https://doi.org/10.1007/978-1-4614-2314-0_13

Clack JA (1993) Homologies in the fossil record. The middle ear as a test case. Acta Biotheor 41(4):391–409. https://doi.org/10.1007/bf00709373

Coffin A, Kelley M, Manley GA, Popper AN (2004) Evolution of sensory hair cells. In: Manley GA, Fay RR, Popper AN (Hrsg) Evolution of the vertebrate auditory system. Springer, New York, S 55–94. https://doi.org/10.1007/978-1-4419-8957-4_3

Coombs S, Janssen J, Montgomery J (1992) Functional and evolutionary implications of peripheral diversity in lateral line systems. In: Webster DB, Popper AN, Fay RR (Hrsg) The evolutionary biology of hearing, chap. 15. Springer, New York, S 267–294. https://doi.org/10.1007/978-1-4612-2784-7_19

Dallos P (1978) Biophysics of the cochlea. In: Carterette EC, Friedman MP (Hrsg) Handbook of perception, Hearing, Bd IV. Academic Press, New York, S 125–162. https://doi.org/10.1016/b978-0-12-161904-6.50011-7

Dijkgraaf S (1989) A short personal review of the history of lateral line research. In: Coombs S, Görner P, Münz H (Hrsg) The mechanosensory lateral line. Neurobiology and evolution. Springer, New York, S 7–14. https://doi.org/10.1007/978-1-4612-3560-6_2

Fay RR (1992) Structure and function in sound discrimination among vertebrates. In: Webster DB, Fay RR, Popper AN (Hrsg) The evolutionary biology of hearing, chap 14. Springer, New York, S 229–263. https://doi.org/10.1007/978-1-4612-2784-7_18

Fay RR, Popper AN, Webb JF (2008) Introduction to fish bioacoustics. In: Webb JF, Fay RR, Popper AN (Hrsg) Fish bioacoustics, chap 1. Springer, New York, S 1–15. https://doi.org/10.1007/978-0-387-73029-5_1

Fritzsch B, Eberl D, Beisel K (2010) The role of bHLH genes in ear development and evolution. Revisiting a 10-year-old hypothesis. Cell Mol Life Sci 67:3089–3099. https://doi.org/10.1007/s00018-010-0403-x

Gans C (1992) An overview of the evolutionary biology of hearing. In: The evolutionary biology of hearing, chap 1. Springer, New York, S 3–13. https://doi.org/10.1007/978-1-4612-2784-7_1

Gelfand SA (1990) Hearing: an introduction to psychological and physiological acoustics, 2. Aufl. CRC Press, New York/Basel

Griffiths TD, Micheyl C, Overath T (2012) Auditory object analysis. In: Poeppel D, Overath T, Popper AN, Fay RR (Hrsg) The human auditory cortex. Springer Handbook of Auditory Research, chap 8, Bd 43. Springer, New York, S 199–223. https://doi.org/10.1007/978-1-4614-2314-0_8

Guinan JG (2011) Physiology of the medial and lateral olivpcochlear system. Audit Vestib Efferents. https://doi.org/10.1007/978-1-4419-7070-1_3

Hall D, Barker D (2012) Coding of basic acoustical and perceptual components of sound in human auditory cortex. In: Poeppel D, Overath T, Popper AN, Fay RR (Hrsg) The human auditory cortex. Springer Handbook of Auditory Research, chap 7, Bd 43. Springer, New York, S 165–197. https://doi.org/10.1007/978-1-4614-2314-0_7

Herman IP (2007) Sound, speech, and hearing. Springer, Heidelberg, S 555–628. https://doi.org/10.1007/978-3-540-29604-1_10
Hong SM, Lee SY, Yeo SG (2012) The anatomy, physiology and disorders of the auditory cortex. In: Elhilali M (Hrsg) Auditory cortex: anatomy. functions, and disorders, physiology – laboratory and clinical research, chap I. Nova Science, New York, S 1–26
Jørgensen JM (1989) Evolution of octavolateralis sensory cells. In: Coombs S, Görner P, Münz H (Hrsg) The mechanosensory lateral line. Neurobiology and evolution, chap 6. Springer, New York, S 115–145. https://doi.org/10.1007/978-1-4612-3560-6_6
Kalmijn AJ (1989) Functional evolution of lateral line and inner ear sensory systems. In: Coombs S, Görner P, Münz H (Hrsg) The mechanosensory lateral line. Neurobiology and evolution, chap 9. Springer, New York, S 187–215. https://doi.org/10.1007/978-1-4612-3560-6_9
Lee KM, Skoe E, Kraus N, Ashley R (2015) Neural transformation of dissonant intervals in the auditory brainstem. Music Percept Interdiscip J 32(5):445–459. https://doi.org/10.1525/mp.2015.32.5.445
Mallatt J (2009) Evolution and phylogeny of chordates. In: Binder MD, Hirokawa N, Windhorst U (Hrsg) Encyclopedia of neuroscience. Springer, Heidelberg, S 1201–1208. https://doi.org/10.1007/978-3-540-29678-2_3116
Manley GA, Clack JA (2004) An outline of the evolution of vertebrate hearing organs. In: Manley GA, Popper AN, Fay RR (Hrsg) Evolution of the vertebrate auditory system. Springer, New York, S 1–26. https://doi.org/10.1007/978-1-4419-8957-4_1
de la Motte-Haber H (1972) Musikpsychologie. Hans Gerig, Cologne
Nedzelnitsky V (1974) Measurements of sound pressure in the cochlea of anesthetized cats. In: Zwicker E, Terhardt E (Hrsg) Facts and models in hearing. Springer, Berlin, S 45–55. https://doi.org/10.1007/978-3-642-65902-7
Neuhaus C (2017) Methods in neuromusicology: principles, trends, examples and the pros and cons. In: Schneider A (Hrsg) Studies in musical acoustics and psychoacoustics. Current research in systematic musicoogy, chap 11, Bd 4. Springer, Cham, S 341–374. https://doi.org/10.1007/978-3-319-47292-8_11
van Opstal J (2016) The auditory nerve. In: The auditory system and human sound-localization behavior. Academic Press, San Diego, S 147–169. https://doi.org/10.1016/B978-0-12-801529-2.00006-4
Popper AN, Platt C (1993) Inner ear and lateral line. In: Evans DH (Hrsg) The physiology of fishes, chap 4. Springer, Boca Raton, S 99–136
Popper AN, Schilt CR (2008) Hearing and acoustic behaviour. Basic and applied considerations. In: Webb JF, Fay RR, Popper AN (Hrsg) Fish bioacoustics, chap 2. Springer, New York, S 17–48. https://doi.org/10.1007/978-0-387-73029-5_2
Popper AN, Platt C, Edds PL (1992) Evolution of the vertebrate inner ear. An overview of ideas. In: Webster DB, Fay RR, Popper AN (Hrsg) The evolutionary biology of hearing, chap 4. Springer, New York, S 49–57. https://doi.org/10.1007/978-1-4612-2784-7_4
Rasmussen GL (1953) Further observations of the efferent cochlear bundle. J Comp Neurol 99:61–74. https://doi.org/10.1002/cne.900990105
Roederer JG (2008) The physics and psychophysics of music, 4. Aufl. New York. https://doi.org/10.1007/978-0-387-09474-8
Ryugo DK (2011) Introduction to efferent systems. In: Ryugo DK, Fay RR, Popper AN (Hrsg) Auditory and vestibular efferents. Springer Handbook of Auditory Research. Springer, New York/Dordrecht/Heidelberg/London, S 1–15. https://doi.org/10.1007/978-1-4419-7070-1_1
Ryugo DK, Fay RR, Popper AN (Hrsg) (2011) Auditory and vestibular efferents. Springer, New York. https://doi.org/10.1007/978-1-4419-7070-1
Sand O, Bleckmann H (2008) Orientation to auditory and lateral line stimuli. In: Webb JF, Fay RR, Popper AN (Hrsg) Fish bioacoustics, chap 6. Springer, New York, S 183–231. https://doi.org/10.1007/978-0-387-73029-5_6
Santos P, Felisberto P, Jesus SM (2010) Vector sensor arrays in underwater acoustic applications. In: Camarinha-Matos LM, Pereira P, Ribeiro L (Hrsg) Emerging trends in technological innovation. Springer, Heidelberg, S 316–323. https://doi.org/10.1007/978-3-642-11628-5_34

Schellart NAM, Popper AN (1992) Functional aspects of the evolution of the auditory system of actinopterygian fish. In: Webster DB, Fay RR, Popper AN (Hrsg) The evolutionary biology of hearing. Springer, New York, S 295–322. https://doi.org/10.1007/978-1-4612-2784-7_20
Schneider A (2018) Pitch and pitch perception. Springer, Heidelberg, S 605–685. https://doi.org/10.1007/978-3-662-55004-5_31
Schofield BR (2011) Central descending auditory pathways. In: Ryugo DK, Fay RR, Popper AN (Hrsg) Auditory and vestibular efferents. Springer Handbook of Auditory Research, chap 9. Springer, New York/Dordrecht/Heidelberg/London, S 261–290. https://doi.org/10.1007/978-1-4419-7070-1
Sinex DG, Sabes JH, Li H (2002) Responses of inferior colliculus neurons to harmonic and mistuned complex tones. Hearing Res 168(1–2):150–162. https://doi.org/10.1016/S0378-5955(02)00366-0. A collection of papers presented at the symposium on the inferior colliculus: from past to future
Sterbing-d'Angelo SJ (2009) Evolution of the auditory system. In: Binder MD, Hirokawa N, Windhorst U (Hrsg) Encyclopedia of neuroscience. Springer, Heidelberg, S 1286–1288. https://doi.org/10.1007/978-3-540-29678-2_3144
Thurlow WR (1971) Audition. In: Kling JW, Riggs LA (Hrsg) Woodworth & Schlosberg's experimental psychology, 3rd American edn. Holt, Rinehart and Winston, London, S 223–271
Warren RM (1982) Auditory perception: a new synthesis, Pergamon general psychology series. Pergamon Press, New York/Oxford/Toronto/Sydney/Paris/Frankfurt
Webb JF, Montgomery JC, Mogdans J (2008) Bioacoustics and the lateral line system of fishes. In: Webb JF, Fay RR, Popper AN (Hrsg) Fish bioacoustics, chap 5. Springer, New York, S 145–182. https://doi.org/10.1007/978-0-387-73029-5_5
Will U, Fritsch B (1988) The eighth nerve of amphibians. Peripheral and central distribution. In: Fritsch B, Ryan MJ, Wilczynski W, Hetherington TE, Walkowiak W (Hrsg) The evolution of the amphibian auditory system. Springer, New York, S 159–183
Xu Y, Mohseni K (2017) A pressure sensory system inspired by the fish lateral line: hydrodynamic force estimation and wall detection. IEEE J Ocean Eng 42(3):532–543. https://doi.org/10.1109/JOE.2016.2613440
Young ED (2007) Physiological acoustics. In: Rossing TD (Hrsg) Springer handbook of acoustics. Springer, New York, S 429–457. https://doi.org/10.1007/978-0-387-30425-0_12
Zatorre RJ, Zarate JM (2012) Cortical processing of music. In: Poeppel D, Overath T, Popper AN, Fay RR (Hrsg) The human auditory cortex. Springer Handbook of Auditory Research, chap 10, Bd 43. Springer, New York, S 261–294. https://doi.org/10.1007/978-1-4614-2314-0_10
Ziemer T (2014) Towards a lateral line sensor to supplement sonar in shallow water. In: American Society of Mechanical Engineering (ASME) (Hrsg) ASME 2014 33rd International Conference on Ocean, Offshore and Arctic Engineering, Ocean Space Utilization; Professor Emeritus J. Randolph Paulling Honoring symposium on ocean technology, OMAE2014–23624, Bd 7, San Francisco, CA, June 2014. https://doi.org/10.1115/OMAE2014-23624
Ziemer T (2015a) Localizing swimming objects in noisy environments by applying nearfield acoustic holography and minimum energy method. In: American Society of Mechanical Engineering (ASME) (Hrsg) ASME 2014 34th international conference on ocean, offshore and arctic engineering (OMAE), Ocean space utilization, Bd 6 OMAE2015–41733, St. John's, June 2015. https://doi.org/10.1115/OMAE2015-41733
Ziemer T (2015b) Simulating the lateral line with low-frequency nearfield acoustic holography based on a vector hydrophone array for short-range navigation in littoral waters. J Acoust Soc Am 138(3):2015b. https://doi.org/10.1121/1.4933959
Zwicker E, Fastl H (1999) Psychoacoustics. Facts and models, 2nd updated edn. Springer, Heidelberg. https://doi.org/10.1007/978-3-662-09562-1

Kapitel 4
Psychoakustik

Die Hauptfunktion des Gehörs ist die Auditory Scene Analysis. Diese psychologische Darstellung der physischen Welt beruht auf mehreren psychoakustischen Mechanismen, die in diesem Kapitel beschrieben werden. Die Psychoakustik ist die Übersetzung des physikalischen Schalleingangs in die auditive Wahrnehmung. Die Wahrnehmung lässt sich jedoch nur schwer verallgemeinern, da sie nicht nur von den Klangeigenschaften, sondern auch vom situativen Kontext und vom Individuum abhängt. Daher beschränken sich die meisten psychoakustischen Überlegungen auf die Übersetzung von Schalleigenschaften in *Sinneseindrücke*. Es wird davon ausgegangen, dass der *Höreindruck* intersubjektiv ist und kaum von der Situation, der individuellen Erfahrung, den Vorlieben und der Gemütsverfassung abhängt. Gleichzeitig ist sie die Grundlage der auditiven Wahrnehmung. Die Wahrnehmung ist das Ergebnis der Filterung, Analyse, Trennung und Integration von physikalischen Eingangssignalen in den Sinnesorganen. Bestimmte absolute und relative Schwellenwerte begrenzen den Bereich des Schalls, der psychologisch verarbeitet wird. Signale, die diese Schwellenwerte nicht überschreiten, werden bei der auditiven Verarbeitung und Wahrnehmung vernachlässigt. Daher werden diese Schwellenwerte im Folgenden erörtert.[1] Viele der Filterungsprozesse beruhen auf der räumlichen Darstellung des Schalls in der Cochlea, den kritischen Bändern, die im Folgenden erläutert werden, gefolgt von einem damit verbundenen psychoakustischen Phänomen, der Maskierung. Die Lokalisierung von Schallquellen und andere Aspekte des räumlichen Hörens werden ebenfalls für jede Frequenzgruppe getrennt durchgeführt. Die Auditory Scene Analysis erklärt, wie die nicht herausgefilterten Klänge gruppiert und mental dargestellt werden.

---

[1] Hauptsächlich basierend auf Zwicker und Fastl (1999).

T. Ziemer, *Psychoakustische Schallfeldsynthese für Musik*,
https://doi.org/10.1007/978-3-031-26863-2_4

4.1 Schwellenwerte und eben wahrnehmbare Unterschiede

Wie bereits im vorigen Kapitel erwähnt, ist das menschliche Gehör empfindlich gegenüber Druckschwankungen mit einer Frequenz von etwa 16 Hz bis 20 kHz. Dies gilt, wenn diese Schwankungen mindestens die von der Frequenz abhängige Ruhe- oder *Hörschwelle* überschreiten. Sie beträgt $p_{ref} = 2 \times 10^{-5}$ Pa bei einer Frequenz von 1 kHz, etwas weniger bei Frequenzen um 3 kHz und bis zu 2×10^{-2} Pa an den Grenzen des hörbaren Frequenzbereichs. Die Ruhehörschwelle kann näherungsweise berechnet werden[2] durch

$$p_{\min}(f) = 3.64\left(\frac{f}{\text{kHz}}\right)^{-0.8} - 6.5e^{-0.6\left(\frac{f}{\text{kHz}}-3.3\right)^2} + 10^{-3}\left(\frac{f}{\text{kHz}}\right)^4 \text{dB}. \tag{4.1}$$

Die *Schmerzgrenze* beginnt bei $p_{\max} = 20$ Pa. Diese Schwellenwerte sind die Grenzen des *Hörbereichs*. Musik umfasst einen großen Teil dieses Bereichs. Da der Bereich der hörbaren Druckamplituden 10^6 ist, werden die Amplituden des Schalldrucks in der Regel nicht absolut und linear, sondern, angepasst an die auditive Wahrnehmung, relativ und logarithmisch beschrieben. Über

$$\text{dB} \equiv 20 \lg \frac{p}{p_0} \tag{4.2}$$

lässt sich aus dem dekadischen Logarithmus lg, dem Schalldruck p und einem Bezugsschalldruckwert p_0 der logarithmische, relative Schalldruckpegel (Sound Pressure Level, SPL) in dB ableiten. Er kann auf einen absoluten, linearen Wert zurückgerechnet werden durch

$$p = p_0 10^{\frac{\text{dB}}{20}}. \tag{4.3}$$

Wenn der Basiswert p_0 nicht bekannt ist, kann ein relativer, linearer Wert berechnet werden. In dieser logarithmischen Skala beträgt der Bereich der hörbaren Schalldruckpegel

$$20 \lg \frac{p_{\max}}{p_{\min}} = 20 \lg \frac{20}{10^{-5}} = 120 \text{dB}. \tag{4.4}$$

In dieser Arbeit beziehen sich die Einheiten in dB, sofern nicht ausdrücklich anders angegeben, auf den Schalldruckpegel, d. h. „1 dB“ bedeutet „ 1dB_{SPL} “.

Der Hörbereich ist in Abb. 4.1 dargestellt. Die durchgezogene Linie ist die Ruhehörschwelle. Sie ist im empfindlichsten Frequenzbereich um 3 kHz am niedrigsten

[2] Diese Formel findet sich z. B. in Terhardt et al. (1982), S. 682, Lin und Abdulla (2015), S. 24 und Kostek (2005), S. 10.

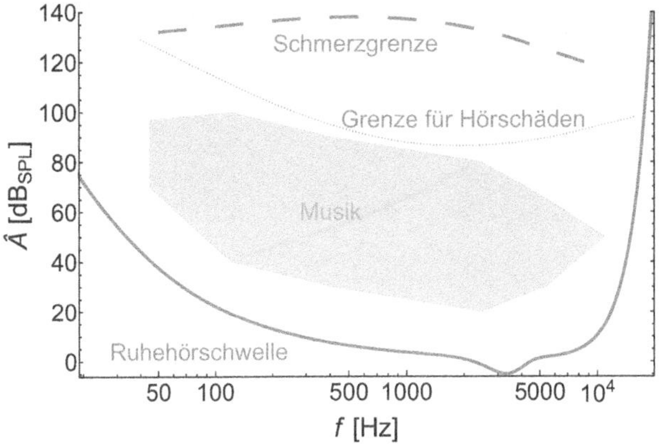

Abb. 4.1 Hörschwelle und Schmerzgrenze. (Nach Zwicker und Fastl (1999), S. 17)

und nimmt zu den tiefsten und höchsten hörbaren Oktaven, d. h. unter 40 Hz und über 10 kHz, stark zu. Der eigentliche Hörbereich ist recht individuell. Es wurde berichtet, dass Versuchspersonen in der Lage waren, Frequenzen bis zu mindestens 28 kHz zu hören.[3] Bei Personen, die häufig laut Musik hören, steigt die Hörschwelle in der Stille im empfindlichen Frequenzbereich zwischen 3 und 9 kHz drastisch an. Der eingezeichnete Bereich der Musik enthält keine Extremfälle, wie impulsive Klänge, die einen viel größeren Frequenzbereich und noch höhere Schalldruckpegel abdecken können.

Eben wahrnehmbare Unterschiede (Just Noticeable Differences, JNDs) sind Schwellenwerte für die Veränderung bestimmter physikalischer Parameter. Die JND bei der Änderung des Schalldrucks liegt ungefähr bei 0,8 dB und ist bei hohen Schalldruckpegeln um 1 kHz am niedrigsten.[4] Die JND in SPL von aufeinanderfolgenden Tönen ist im Allgemeinen niedriger. Sie liegt je nach Frequenz und absolutem Schalldruckpegel zwischen 0,3 und 1,4 dB, wie in Abb. 4.2 zu sehen ist. Diese Werte gelten für Dauern der dargebotenen Töne von 200 ms und mehr. Für kürzere Tonbursts kann die JND bis zu viermal größer sein, wie in Abb. 4.3 gezeigt wird. Die JND sowohl von kontinuierlichen als auch von aufeinanderfolgenden Tönen ist bei weißem Rauschen bei den meisten Schalldruckpegeln größer. Die JND bei Schalldruckmodulation für einen 1-kHz-Ton und weißes Rauschen sind in Abb. 4.4 dargestellt.

Diese 200 ms sind eine *Integrationszeit* des Gehörs, die sich nicht nur auf die Wahrnehmung von Amplitudenunterschieden auswirkt, sondern auch auf Maskierungsschwellen und die Erkennung von Quellenbewegungen, die in den folgenden Abschnitten erörtert werden.[5] Eine andere zeitliche Schwelle des Gehörs

[3] Siehe Ashihara (2007) für einen Überblick über Experimente.

[4] Siehe Bruhn (2002a), S. 667 ff. und Zwicker und Fastl (1999), S. 175 ff.

[5] Siehe auch Zwicker und Fastl (1999), S. 83 f., Middlebrooks und Green (1991), S. 150 f. und Grantham (1986), sowie Abschn. 4.3.

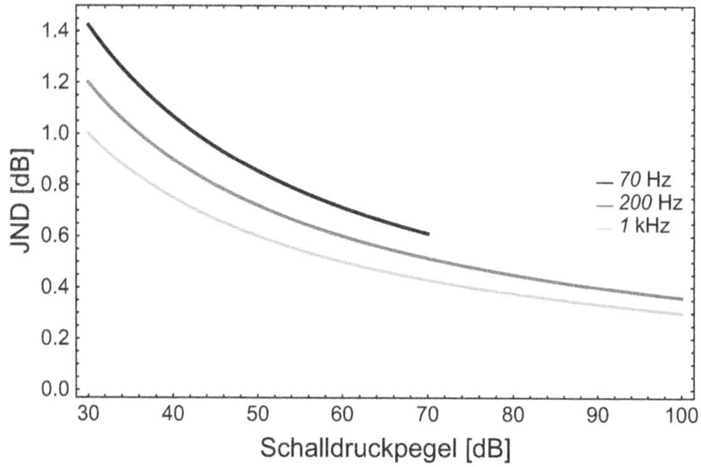

Abb. 4.2 Eben wahrnehmbarer Unterschied (Just Noticeable Difference, JND) des Schalldruckpegels für drei verschiedene Frequenzen. (Nach Backus (1969), S. 86)

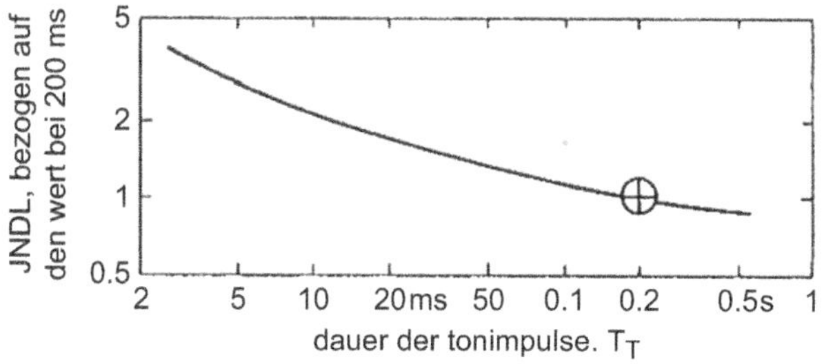

Abb. 4.3 Eben wahrnehmbarer Unterschied (Just Noticeable Difference, JND) im Schalldruckpegel aufeinanderfolgender Tonbursts über die Signaldauer relativ zu einer Dauer von 200 ms eines 1-kHz-Tons für verschiedene Modulationsfrequenzen und verschiedene Schalldruckpegel. (Aus Zwicker und Fastl (1999), S. 181)

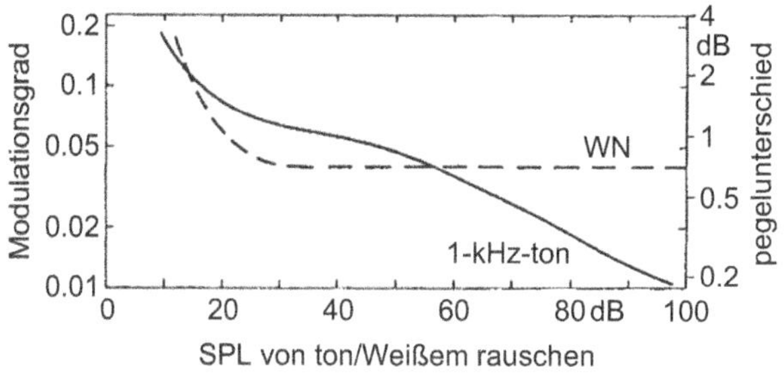

Abb. 4.4 Eben wahrnehmbarer Unterschiede (Just Noticeable Difference, JND) des Schalldruckpegels für verschiedene Pegel von weißem Rauschen (White Noise, WN) und einem 1-kHz-Ton. (Aus Zwicker und Fastl (1999), S. 176)

liegt bei etwa $T = 50$ ms, die mit zunehmender Frequenz kleiner wird.[6] Aufeinanderfolgende akustische Ereignisse, die schneller ablaufen, werden nicht unterschieden, sondern als ein einziger Ton oder ein einziges Geräusch wahrgenommen. Dies erklärt die niedrigste hörbare Frequenz von etwa $\frac{1}{T} = 20$ Hz. 50 ms ist die Zeit, die für den Aufbau der Tonhöhenwahrnehmung benötigt wird.[7] In einem Experiment wurde jedoch festgestellt, dass die Dauer, die erforderlich ist, um abwechselnde von gleichzeitigen komplexen Tönen zu unterscheiden, unter dieser Schwelle liegt. Dies wurde von Ziemer et al. (2007) mit zwei komplexen Tönen mit dreieckiger Wellenform im Intervall von einer Quinte in drei Frequenzbereichen getestet.[8] Die komplexen Töne werden an ihren Spitzen oder Nulldurchgängen angehängt, um sicherzustellen, dass zwischen ihnen weder ein Impuls, noch Stille auftritt. Die Versuchspersonen wurden gebeten zu beurteilen, ob die dargebotenen Töne als eindeutig gleichzeitig (1), eher gleichzeitig oder abwechselnd (2 und 3) oder eindeutig abwechselnd (4) wahrgenommen wurden. Die arithmetischen Mittelwerte sind in Abb. 4.5 aufgetragen. Da wir jedoch eine ordinale Messskala verwenden, werden die Medianwerte knapp über und unter 2,5 als Schwellenwert zwischen wahr-

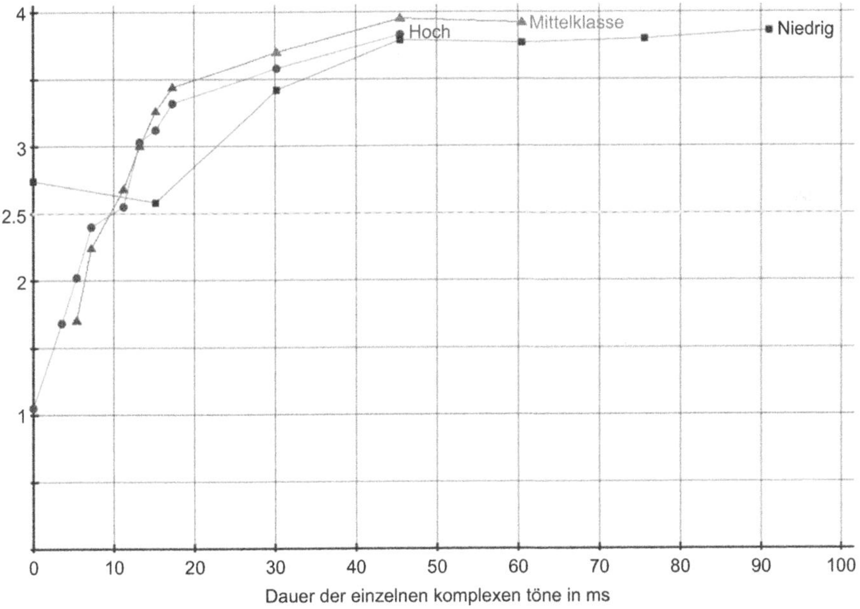

Abb. 4.5 Deutliche Unterschiede in der zeitlichen Abfolge von tiefen (33 und 49,5 Hz), mittleren (1056 und 1584 Hz) und hohen (5280 und 7920 Hz) Tönen mit dreieckiger Wellenform. (Aus Ziemer et al. (2007), S. 23)

[6] Siehe z. B. Bruhn (2002a), S. 669.

[7] Siehe z. B. Bader (2013), S. 325.

[8] Das Experiment ist in Ziemer et al. (2007) ausführlich beschrieben.

genommener Gleichzeitigkeit und Abwechslung betrachtet. Bei Grundfrequenzen von etwa 1 und 1,5 kHz, d. h. im empfindlichsten Frequenzbereich, reicht eine Dauer zwischen 7 und 11,2 ms für jeden Ton aus, um zu erkennen, dass sie nacheinander und nicht gleichzeitig dargeboten werden. Bei höheren Frequenzen ist eine Dauer von 11,2 bis 13,2 ms erforderlich. Bei sehr niedrigen Frequenzen wurden sogar gleichzeitige Töne als abwechselnd wahrgenommen, allerdings mit einer großen Streuung. Dies ist nicht verwunderlich, da beide Grundtöne in dieselbe Frequenzgruppe fallen und daher kaum als Einzeltöne wahrgenommen werden, wie im folgenden Abschnitt ausführlich erläutert wird. Erst bei einer Dauer von 30 ms und mehr identifizierten die Probanden die alternierenden Töne so deutlich wie bei den anderen Frequenzbereichen mit einer kleinen Abweichung. Die Schwelle liegt hier zwischen 15,2 und 30,3 ms. Der Test wurde mit 33 Musikwissenschaftsstudent*innen durchgeführt, von denen die meisten ausgebildete Musiker*innen sind, die möglicherweise niedrigere Schwellenwerte als eine Durchschnittsperson haben. Die monaurale zeitliche Auflösung des Gehörs beträgt etwa 2 ms.[9] Hörereignisse brauchen eine Dauer von mehr als 2 bis 5 ms, um mit eine Timbre wahrgenommen zu werden, und nicht nur als ein einfaches „Klicken".[10] Die zeitliche binaurale Auflösung ist sogar um mehrere Größenordnungen besser. Interaurale Ankunftszeitunterschiede von mehreren μ s reichen für die Lokalisierung von Schallquellen aus, wie weiter unten im Abschnitt erörtert wird. Abschn. 4.4.

Die JND der Phase ist schwer zu quantifizieren. Zwicker und Fastl (1999) beschäftigen sich mit diesem Thema und machen im Wesentlichen folgende quantitative und qualitative Aussagen:[11] Phasenänderungen führen zu unmittelbaren Frequenzänderungen und zu einer Änderung der Hüllkurve. Es wurden Experimente mit komplexen Tönen durchgeführt, die aus drei Frequenzen mit gleichen Amplituden bestehen. Dabei hat sich herausgestellt, dass der gerade noch wahrnehmbare Unterschied in der Phasenänderung eines Tons relativ zu den anderen unter besten Bedingungen bei 10°, unter schlechteren Laborbedingungen bei 20° und in Alltagsumgebungen wie dem Wohnzimmer sogar bei 60° liegt. Sie ist offenbar aufgrund der Änderung der Hüllkurve hörbar. Wie in Abschn. 3.2.2.1 gezeigt, wird die Phase im Hörnerv bis zu einer Frequenz von etwa 1 kHz kodiert. Die Phasenbeziehungen von Frequenzen innerhalb einer Frequenzgruppe spielen eine wichtige Rolle bei der Wahrnehmung von Schwebungen und Rauhigkeit. Frequenzen, die weiter auseinander liegen, werden parallel verarbeitet, bis sie auf höheren Stufen der Hörbahn integriert werden. Je höher diese Stufe ist, desto wahrscheinlicher ist es, dass die Phaseninformation auf dem Weg dorthin verloren gegangen ist. Aus diesem Grund sind Phasenbeziehungen bei manchen Klängen gut hörbar, z. B. bei impulsiven Einschwingvorgängen, aber unhörbar bei harmonischen, stationären Klängen.

---

[9] Vgl. Zwicker und Fastl (1999), S. 293.

[10] Siehe Bader (2013), S. 324.

[11] Diese Daten finden sich in Zwicker und Fastl (1999), S. 188–191.

Schwellen der Frequenzdiskriminierung, der Maskierung und der Position der Schallquelle existieren ebenfalls und werden in den folgenden Abschnitten beschrieben.

4.2 Kritische Bandbreiten

Der Mensch nimmt seine Umwelt über seine Sinnesorgane wahr. Die Informationen werden als mentale Karte dargestellt, die nicht unbedingt den physischen Verhältnissen entspricht. Durch einen Selektionsprozess wird die Menge der wahrgenommenen physikalischen Reize reduziert und schließlich in die mentale Karte eingeordnet. Filterung, wie absolute Schwellenwerte in Amplitude und Frequenz, Maskierung und eben wahrnehmbare Tonhöhenunterschiede, entstehen als Folge physikalischer Beschränkungen unseres Hörsystems oder selektiver Prozesse im Gehirn.

Der Schalldruck wird vom Gehör im Zeit-Frequenz-Bereich verarbeitet, wie bereits in Abschn. 2.5 vorweggenommen und in Abschn. 3.2 ausführlicher beschrieben. Darüber hinaus werden Frequenzen, die keinen entsprechenden Resonanzbereich in der Cochlea haben, durch diesen cochleären Filtermechanismus herausgefiltert. Dies ist bei Frequenzen unter 16 Hz und über 20 kHz der Fall. Die Resonanz einer Wanderwelle erregt viele Haarzellen. Die Daten über die Hüllkurve einer solchen Wanderwelle reichen von einer Abnahme von 6 bis 12 – 15 dB pro Oktave im unteren Frequenzbereich und 20 bis 70 – 95 dB pro Oktave im oberen Frequenzbereich.[12] Ein zusätzlicher Filtermechanismus engt den erregten Bereich ein, indem er die höchste Feuerrate stark verstärkt, was als „cochleärer Verstärker" bezeichnet wird.[13] Auch im Nucleus cochlearis, der direkt mit dem Hörnerv verbunden ist, und auf höheren Ebenen der Hörbahn wurde eine Empfindlichkeit für schmale Frequenzbänder beobachtet.[14] Wie genau diese Filterung durch das auditorische System erfolgt, ist unbekannt. Als Erklärung für die extrem feine Frequenzselektivität des Gehörs wurden Hypothesen über die Beweglichkeit der Haarzellen sowie über efferente Kontrollmechanismen diskutiert.[15] Der Mindestschalldruck, der notwendig ist, um eine Cochlea-Verstärkung zu aktivieren, ist die absolute Schwelle. Je höher die Frequenz, desto näher liegt die Spitze der Wanderwelle am ovalen Fenster an der Basis. Folglich passiert die Wanderwelle einer niedrigen Frequenz den Bereich höherer Frequenzen und ruft eine Cochlea-Aktivität hervor. Sie resoniert in einem bestimmten Bereich, der durch einen Cochlea-Verstärker eingegrenzt wird. Hinter dem Resonanzbereich bricht die Wanderwelle zusammen. Die Wanderwelle einer Frequenz muss die Hüllkurve zeitgleicher Wanderwellen überschreiten, um hervor-

---

[12] Siehe Klinke (1970) S. 318.

[13] Siehe z. B. Luce (1993), S. 74, und Schneider (2018), S. 618. Der Effekt ist in Abb. 4.6 dargestellt.

[14] Wie in Thurlow (1971), S. 230, und in Abschn. 3.2.2.

[15] Siehe Hellbrück (1993), S. 101 ff.

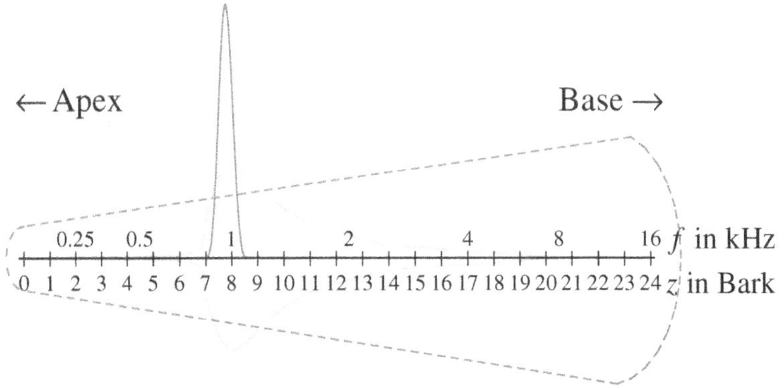

Abb. 4.6 Schematische Darstellung einer ausgerollten Cochlea (gestrichelte Kontur) mit der Einhüllenden einer Wanderwelle, die durch eine Frequenz von 1 kHz (hellgrau) ausgelöst wird. An ihrem Scheitelpunkt wird das neuronale Feuern durch einen cochleären Mechanismus verstärkt (dunkelgraue Kurve). Die Abszisse veranschaulicht die lineare Ausrichtung der Frequenzen in Bark im Gegensatz zur logarithmischen Verteilung in Hertz

zustechen und somit hörbar zu sein. Abb. 4.6 zeigt schematisch die Einhüllende einer Wanderwelle und die cochleäre Verstärkung.

Der Bereich, der vom Cochlea-Verstärker beeinflusst wird, ist die so genannte *kritische Bande*. Die Breite eines kritischen Bandes beträgt etwa 1,3 mm und umfasst ungefähr 160 Haarzellen. Innerhalb einer Frequenzgruppe können etwa 25 JNDs in der Tonhöhe unterschieden werden. Frequenzen, die gleichzeitig in dieselbe Frequenzgruppe fallen, können nicht einzeln identifiziert werden. Sie erzeugen einen gemeinsamen Klangeindruck. Je nach ihrem Intervall handelt es sich um den Eindruck eines einzelnen Tons, von Schwebungen oder von Rauhigkeit. Nur Frequenzen aus verschiedenen Frequenzbändern können als unterschiedliche Töne mit einem bestimmten Intervall gehört werden. Die Bark-Skala unterteilt die Cochlea in 25 feste, gleich große Bereiche z, die kritische Bänder darstellen, wie in Abb. 4.6 zu sehen ist. Jede Frequenz kann in die entsprechende Position auf der Cochlea übertragen werden, durch

$$z[\text{Bark}] = 13 \arctan\left(0.76\frac{f}{\text{kHz}}\right) + 3.5 \arctan\left(\frac{f}{7.5\,\text{kHz}}\right)^2 . \tag{4.5}$$

Die Breite von einem Bark, die kritische Bandbreite $\Delta f_{\text{critical}}$, kann wie folgt berechnet werden

$$\Delta f_{\text{critical}} = 25 + 75\left(1 + 1.4\left(\frac{f}{\text{kHz}}\right)^2\right)^{0.69} . \tag{4.6}$$

In Tab. 4.1 sind die Bark-Skala und die entsprechenden unteren und oberen Grenzfrequenzen f_l und f_u, die mittlere Frequenz f_{mean} und die Breite der kritischen

Tab. 4.1 Bark Skala und entsprechende Frequenzen

z [Bark]	f_l [Hz]	f_u [Hz]	$\Delta f_{\text{critical}}$ [Hz]	f_{mean} [Hz]
0	0	100	100	50
1	100	200	100	150
2	200	300	100	250
3	300	400	100	350
4	400	510	110	450
5	510	630	120	570
6	630	770	140	700
7	770	920	150	840
8	920	1080	160	1000
9	1080	1270	190	1170
10	1270	1480	210	1370
11	1480	1720	240	1600
12	1720	2000	280	1850
13	2000	2320	320	2150
14	2320	2700	380	2500
15	2700	3150	450	2900
16	3150	3700	550	3400
17	3700	4400	700	4000
18	4400	5300	900	4800
19	5300	6400	1100	5800
20	6400	7700	1300	7000
21	7700	9500	1800	8500
22	9500	12000	2500	1050
23	12000	15500	3500	13500
24	15500			

Bandbreite aufgeführt.[16] Die mittlere Frequenz stellt nicht das arithmetische Mittel aus unterer und oberer Frequenz dar, sondern anatomisch die mittlere Position innerhalb einer kritischen Bande auf der Basilarmembran.

Bis zu einer Mittenfrequenz von 500 Hz beträgt die kritische Bandbreite etwa 100 Hz, wie in Abb. 4.7 zu sehen ist. Von dort an beträgt sie etwa 20 % der Frequenz. Natürlich beschreibt die Bark-Skala nicht die gesamte komplexe Natur der Frequenzgruppen. Tatsächlich haben die Frequenzgruppen keine festen Positionen, sondern sind Bereiche um eine Mittenfrequenz. Sie sind dynamisch und passen sich an das eingehende Signal an.

Wie in Abschn. 3.2 erläutert, verarbeitet das Gehör den Schall nicht als Ganzes, sondern in Frequenzbändern.[17] Auf höheren Stufen der Hörbahn zeichnen sie eine sinnvolle mentale Karte von Klangobjekten und ihren Beziehungen. Dies wird in den folgenden Abschnitten am Beispiel der Maskierung, des räumlichen Hörens und der Auditory Scene Analysis gezeigt.

[16] Vgl. Zwicker und Fastl (1999), S. 159.

[17] Siehe auch Blauert (1974), S. 173, Allen (2008), S. 28 ff. und Kostek (2005), S. 9.

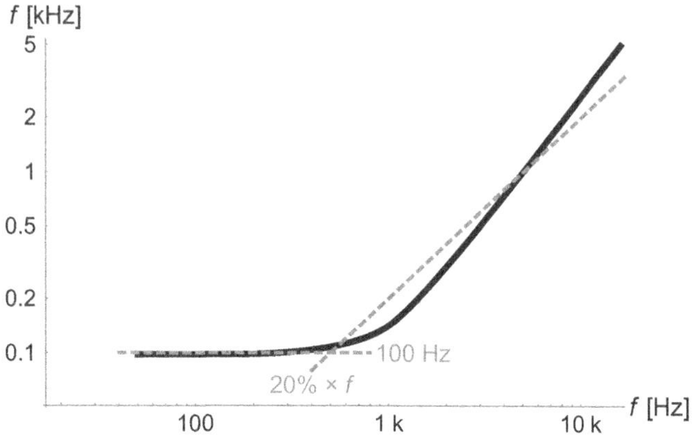

Abb. 4.7 Diagramm der kritischen Bandbreite über die Frequenz. (Nach Zwicker und Fastl (1999), S. 158)

4.3 Maskierung

Maskierung ist ein Phänomen des täglichen Lebens. Stellen Sie sich vor, Sie sind zu Hause, setzen Ihre Kopfhörer auf und wählen eine angenehme Lautstärke für Ihre Musik. Wenn Sie Ihre Wohnung verlassen, wird die Musik plötzlich undeutlicher, als Sie die Türen öffnen. Wenn Sie sich der nächsten belebten Straße nähern, wird die Musik immer weniger hörbar. Die Musik wird mehr und mehr vom Verkehrslärm übertönt. Sie müssen entweder die Lautstärke erhöhen, oder in Ihre Wohnung zurückkehren, um die Musik weiter hören zu können. In der Psychoakustik ist die Musik das Maskierungs-, Test- oder *Prüfsignal*, der Straßenlärm das *Maskierungssignal*.[18] Der Intensitätspegel, bei dem die Musik durch den Verkehrslärm unhörbar wird, wird als *Maskierungsschwelle*, oder *Maskierungsmuster bezeichnet*.[19] Ein Signal muss diese Schwelle überschreiten, um hörbar zu werden.

Im Folgenden werden die grundlegenden Maskierungsphänomene anhand der Ergebnisse von Hörtests mit stationären Maskierungsgeräuschen, die auf das gleiche Ohr wie das Testsignal treffen (monaurale/ipsilaterale Maskierung), erläutert. Anschließend wird das Zusammenwirken mehrerer gleichzeitiger Maskierer beleuchtet, sowie zeitliche Effekte beim Auftreten eines Maskierers (Phänomen) und der Zeitraum unmittelbar vor und nach dem Ein- und Ausschalten eines Maskierers (Pre- und Post-Masking). Die Betrachtung der Interaktion aufeinanderfolgender Maskierer (temporale Maskierungsmuster) schließt das monaurale Unterkapitel ab. Dementsprechend werden simultane und temporale Maskierung für den bilateralen/kontralateralen Fall (zentrale Maskierung) beschrieben, gefolgt von einer kurzen Rekapitulation der Ergebnisse.

[18] Siehe Gelfand (1990), S. 353.

[19] Nach Gelfand (1990) bzw. Fastl (1977), S. 317.

4.3.1 *Monaurale Maskierung*

Bei der Untersuchung der monauralen Maskierung werden Maskierer und Maskierter über Kopfhörer demselben Ohr zugeführt. Diese Methode stellt sicher, dass die Signale nicht durch Schallausbreitung, Ablenkung oder Reflexion auf das andere Ohr gelangen. In natürlichen Hörsituationen ist dies jedoch kaum der Fall. Daher ist es unzureichend, die Ergebnisse von monauralen Hörtests einfach auf den Alltag zu übertragen. Zu diesem Zweck muss auch die binaurale Maskierung berücksichtigt werden. Darüber hinaus spielen dynamische Signale, die Interaktion mit der Umgebung, die individuelle Hörerfahrung und die Fähigkeit des Gehörs, sich an Situationen anzupassen, eine entscheidende Rolle bei der auditiven Wahrnehmung insgesamt und bei der Maskierung im Besonderen. Monaurale Maskierungsexperimente mit passiven Zuhörern und künstlichen, quasistationären Signalen haben zu Ergebnissen geführt, die relativ genau und zuverlässig sind. Obwohl die Ergebnisse nicht universell für dynamische, binaurale Signale, wie sie beim Musikhören vorkommen, anwendbar sind, dienten sie als Grundlage für die maskierungsbasierte Kompression von Musik, Sprache und anderen Audiosignalen.

4.3.1.1 Gleichzeitige Maskierung

Wie in Abschn. 4.2 beschrieben, führt die Biomechanik des Innenohrs zu Wanderwellen, die in einem bestimmten frequenzabhängigen Bereich ihren Höhepunkt erreichen. Diese Wanderwelle regt die Haarzellen entlang der Basilarmembran zu neuronalem Feuer an. Amplituden von Frequenzen, die nicht aus der Hüllkurve der gleichzeitigen Wanderwellen herausragen, erfahren keine cochleäre Verstärkung. Sie werden maskiert. Somit erhöht ein Geräusch die absolute Schwelle auf eine maskierte Schwelle. Die Amplituden gleichzeitiger Töne müssen diese maskierte Schwelle überschreiten, um hörbar zu sein.

Die Schallwellen treten am ovalen Fenster, d. h. an der Basis, in die Cochlea ein. Hier werden die Wanderwellen angeregt. Sie bauen sich auf, bis sie ihren Spitzenbereich erreichen. Hinter der Spitze bricht die Welle schnell zusammen. Die Spitze der hohen Frequenzen liegt in der Nähe der Basis. Die Spitze der niedrigen Frequenzen liegt näher am Scheitelpunkt. Daher passieren Wanderwellen mit niedrigen Frequenzen den Spitzenbereich höherer Frequenzen, aber nicht umgekehrt. Folglich regen tiefe Frequenzen die gesamte Bandbreite an, d. h. die Haarzellen entlang der gesamten Basilarmembran feuern. Um sicherzustellen, dass eine tiefe Frequenz wie ein tiefer Ton und nicht wie ein breitbandiger Ton klingt, erkennt das Gehör den Spitzenbereich und verstärkt das neuronale Feuern an den entsprechenden Haarzellen. Gleichzeitig bleibt die neuronale Aktivität an den anderen Haarzellen aus drei Gründen vergleichsweise gering: Erstens ist die Dehnung viel geringer als in der Spitzenregion, so dass die Haarzellen weniger abgelenkt werden, was eine geringere neuronale Aktivität bewirkt. Zweitens stimmt die Frequenz der Wanderwelle nicht mit der besten Frequenz dieser Neuronen überein, so dass ihre Reaktion relativ schwach ist. Drittens scheint die Erregung aufgrund der Diskrepanz zwischen der Frequenz der Wanderwelle und der besten Frequenz vom Hörsystem aktiv unterdrückt zu werden. Nur wenn eine Spitze aus der Hüllkurve dieses tieffrequenten Tons herausragt, wird sie auch verstärkt. Ansonsten wird er maskiert. Dieses Verhalten spiegelt sich in den unterschiedlichen Schwellenwerten pro Maskierungsfrequenz und Amplitude wider, wie in Abb. 4.8 dargestellt.

4.3.1.2 Gleichzeitige Maskierer

Mehrere gleichzeitige Maskierer können eine gemeinsame maskierte Schwelle erzeugen, wie in Abb. 4.9 dargestellt. Die Wirkung von Maskierern innerhalb derselben Frequenzgruppe addiert sich und die maskierte Schwelle steigt an. Maskierer in anderen Frequenzbereichen erzeugen ihre eigene Maskierungsschwelle. Die

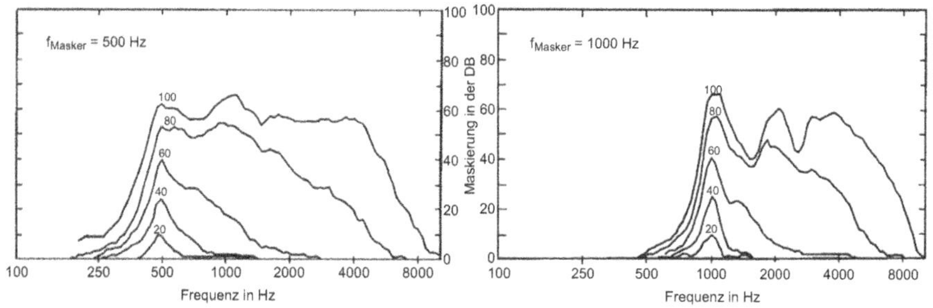

Abb. 4.8 Muster für einen 500-Hz-Masker und einen 1-kHz-Masker mit fünf verschiedenen Amplituden (angegeben durch die Zahlen neben den Linien). Eine zweite Frequenz muss diese Schwelle überschreiten, um für einen Hörer wahrnehmbar zu sein. (Wiedergegeben aus Ehmer (1959, S. 1117), mit Genehmigung der Acoustical Society of America)

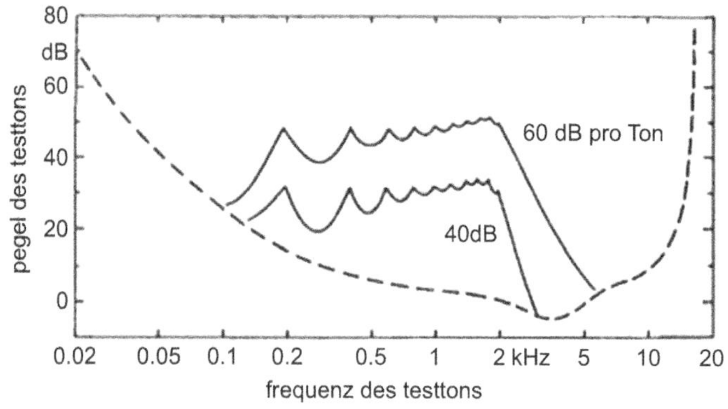

Abb. 4.9 Gemeinsames Maskierungsmuster eines 200-Hz-Tons mit den ersten neun Obertönen mit zufälliger Phase und gleichen Amplituden von 40 und 60 dB. Die gestrichelte Linie zeigt die absolute Schwelle. (Aus Zwicker und Fastl (1999), S. 71)

gemeinsame Maskierungsschwelle von Frequenzen verschiedener Frequenzbänder ist nicht die Summe aller beitragenden Maskierungsmuster. Auch ist die Maskierungsschwelle nicht gleich dem Maskierungsmuster des nächstgelegenen oder stärksten Maskierers. Es wurden nichtlineare Effekte beobachtet, und das Vorhandensein eines zweiten Maskierers hat das Potenzial, die maskierende Wirkung des ersten zu verstärken oder sogar zu unterdrücken.

Zwei gleichzeitige Töne mit ähnlichen Frequenzen *f1* und *f2* und Amplituden erzeugen den Eindruck eines Tones mit langsam modulierter Amplitude (Schwebung), nämlich ihrer mittleren Frequenz $\frac{(f1+f2)}{2}$ mit einer Rate ihres Frequenzabstandes $|f1-f2|$. Der Grund dafür ist, dass sich die Bereiche auf der Basilarmembran, die von den ähnlichen Frequenzen erregt werden, stark überlappen. Das bedeutet, dass sie das Feuern derselben Neuronen mit einer zu ihrer Hüllkurve proportionalen Feuerungsrate hervorrufen.[20] Schlagfrequenzen zwischen 15 und 300 Hz führen zu dem Eindruck von Rauheit, der zusammen mit Kombinationstönen auftritt und durch nicht vollständig verstandene Nichtlinearitäten im System verursacht wird.[21] Größere Frequenzunterschiede werden als zwei verschiedene Töne wahrgenommen.

Wechselwirkungen zwischen Tönen, wie Schwebungen, Rauheit, Kombinationstöne oder Verschmelzung können die Maskierung beeinflussen. Zum Beispiel können Schwebungen zwischen zwei Tönen gehört werden, selbst wenn die Amplitude eines der Töne unter der absoluten Schwelle liegt; dann wird der Ton indirekt hörbar. Das Gleiche gilt für die Kombination von Tönen eines Maskierers und eines Maskierten. Darüber hinaus wurde in einigen Hörtests festgestellt, dass komplexe Töne kein gemeinsames Maskierungsmuster erzeugen, sondern dass ein Maskierer zu einer Verbesserung oder Abschwächung der Maskierungswirkung eines anderen Maskierers führt. Dieses Phänomen wird als *Suppression* bezeichnet. Seine Erscheinung und sein Ausmaß unterscheiden sich stark zwischen verschiedenen Untersuchungen und scheinen recht vage und subjektiv zu sein. Um diese Effekte zu vermeiden, wird für die Untersuchung von Maskierungseffekten schmalbandiges Rauschen verwendet. Ihre Amplituden werden als Spektrumpegel (SL)[22] angegeben:

$$\mathrm{dB}_{\mathrm{SL}} = \mathrm{dB}_{\mathrm{overall}} - 10\lg(\mathrm{Bandwidth}). \tag{4.7}$$

In natürlichen Hörsituationen treten diese Effekte jedoch auf und können die Maskierung abschwächen.

[20] Siehe Gelfand (1990), S. 406 f.

[21] Siehe z. B. Zwicker und Fastl (1999), S. 33. Eine Untersuchung der Nichtlinearitäten im auditorischen System und der Rauhigkeit findet sich z. B. in Zwicker und Fastl (1999), S. 50 ff. und 257 ff.

[22] Siehe Gelfand (1990), S. 356.

4.3.1.3 Überschwinger-Phänomen

Beim Einsetzen eines Maskierers liegt dessen Maskierungswirkung deutlich höher als im stationären Zustand. Die erhöhte maskierte Schwelle sinkt innerhalb von 50 ms auf die Größe der maskierten Schwelle im stationären Zustand. Dieses Phänomen wird als *Overshoot-Phänomen bezeichnet* und führt zu einem Anstieg der maskierten Schwelle von bis zu 26 dB bei Breitbandsignalen und zwischen 3 und 8 dB bei einem sinusförmigen Maskierer. Bei Schmalbandrauschen wird dies jedoch nicht beobachtet. Abhängig vom Verhältnis zwischen Maskierer und Maskiertem oder von der spektralen Verteilung des Maskierers variiert der Überschwinger in einem Bereich von bis zu 10 dB. Was die Unterdrückungserscheinung betrifft, so variiert sie stark von Fall zu Fall und in einigen Untersuchungen konnte überhaupt kein Überschwingen erzeugt werden.

4.3.1.4 Vor-Maskierung

Der Begriff Pre-Masking oder Backwards-Masking beschreibt den Maskierungseffekt unmittelbar vor dem Einsetzen eines Maskers. Dieser Effekt wird durch die unterschiedlichen Verarbeitungszeiten für Töne mit unterschiedlichen Lautstärken im auditorischen System verursacht. Die Verarbeitung von leisen Tönen nimmt mehr Zeit in Anspruch als die von lauten. Daher überschneiden sich die Verarbeitungszeiten eines leisen Tons, gefolgt von einem leicht verzögerten lauten Ton, weitgehend und werden daher gleichzeitig wahrgenommen. Ein möglicher Grund dafür ist, dass laute Geräusche in der Natur auf Gefahr hinweisen können und daher eine höhere Priorität haben. Die Vormaskierung ist für eine Dauer von etwa 20 ms vor dem Einsetzen des Maskers wirksam.[23] Die zeitliche Hüllkurve der maskierten Schwelle ist nur geringfügig von der absoluten Amplitude abhängig. Die Dauer des Maskierers hat jedoch einen recht großen Einfluss. Längere Signale bewirken eine Abflachung und Verlängerung der maskierten Schwelle bis zu einer Länge von 10 ms bei breitbandigem Rauschen, 20 ms bei kritisch-bandbreitem Rauschen und 50 ms bei einem Sinuston.[24] Die Ergebnisse der Hörtests zeigen eine größere Varianz für die Vormaskierung als für die gleichzeitige Maskierung.[25]

4.3.1.5 Post-Maskierung

Nach dem Offset eines Maskierers bleibt die maskierte Schwelle etwa 5 ms lang konstant, bevor sie sich der absoluten Schwelle nähert. Der Grund für diesen 5 ms-Sustain ist die Trägheit des Gehörs; die Oszillation der erregten Haarzellen

[23] Siehe Zwicker, S. 82. Nach Gelfand (1990) wurden Pre-Masking-Effekte bis zu 100 ms beobachtet, siehe Gelfand (1990), S. 374.

[24] Nach Brandter (2007), S. 126.

[25] Siehe Brandter (2007), S. 125.

schwächt sich ab. Außerdem beträgt die Zeit der Filtermechanismen des Gehörs 2,5 ms. Bei etwa 5 ms „verschmieren“ die Töne von Maskierer und Maskiertem.[26] Wie beim Pre-Masking hängt die maskierende Wirkung des Post-Masking eher von der Dauer des Maskierers als von seiner absoluten Amplitude ab. Er ist schwächer als bei der Vormaskierung, hält aber bis zu 200 ms an. Abb. 4.10 veranschaulicht die maskierte Schwelle für verschiedene Maskierungsdauern. Es ist zu erwähnen, dass, wie bei der Vormaskierung, verschiedene Hörtests zu unterschiedlichen Ergebnissen führten.[27] Abb. 4.11 zeigt schematisch die gesamte Maskierungsschwelle von monauraler Prä-, Simultan- und Post-Maskierung.

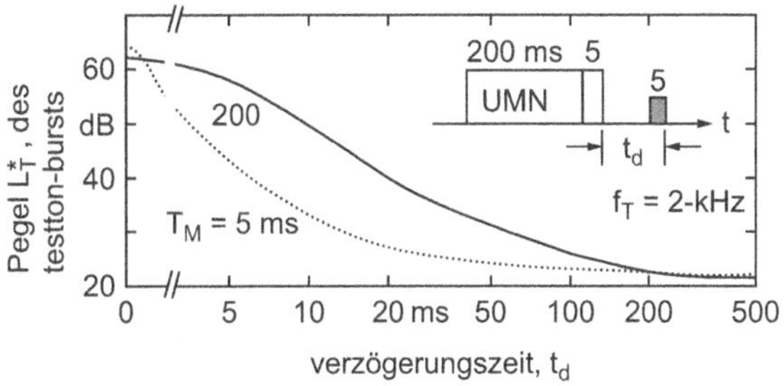

Abb. 4.10 Zeitliche Entwicklung der maskierten Schwelle für einen 2-kHz-Masker mit unterschiedlichen Dauern (durchgezogene Linie =200 ms, gestrichelte Linie =5 ms). Für Maskerdauern bis zu 200 ms gilt: Je kürzer das Signal, desto steiler ist der zeitliche Abfall der Maskierungsschwelle. (Aus Zwicker und Fastl (1999), S. 84)

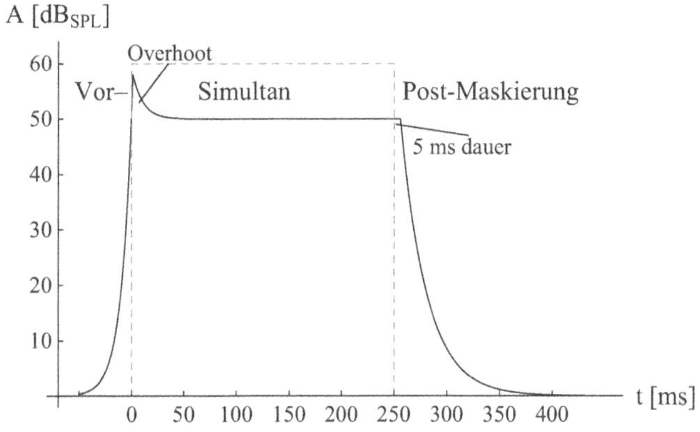

Abb. 4.11 Schematische Darstellung eines zeitlichen Maskierungsmusters mit Pre-Masking, Overshoot-Phänomen, simultaner Maskierung, einem 5 ms-Sustain und Post-Masking für einen Masker von 60 dB_{SPL}

[26] Vgl. Brandter (2007), S. 120.

[27] Vgl. Brandter (2007), S. 120.

4.3.1.6 Zeitliche Maskierung von Mustern

So wie komplexe Klänge ein gemeinsames spektrales Maskierungsmuster erzeugen, erzeugen aufeinanderfolgende maskierende Klänge ein gemeinsames zeitliches Maskierungsmuster. Zwischen aufeinanderfolgenden maskierenden Klängen liegt sie manchmal höher als die Summe der sich überlappenden Vor- und Nachmaskierungen. Auch die Schwelle für die gleichzeitige Maskierung ist erhöht. Diese Beobachtungen sind in Abb. 4.12 dargestellt.[28] Manchmal ist das gemeinsame Maskierungsmuster jedoch der Summe aus Vor- und Nachmaskierung recht ähnlich. Es ist zu erwarten, dass für die Erkennung einzelner Elemente aus spektral und zeitlich komplexen Klängen nichtlineare Gesetzmäßigkeiten gelten, die zu interindividuell unterschiedlichen Maskierungsmustern führen. Dies würde die hohe Varianz der Leistungsdaten im Vergleich zu nichtsequenziellen Maskierungsexperimenten erklären.

4.3.2 *Binaurale Maskierung*

Binaurale Maskierung oder *zentrale Maskierung* beschreibt den Maskierungseffekt, der auftritt, wenn Maskierer und Maskierter einander gegenüberliegender Ohren präsentiert werden. Wie der Begriff schon sagt, entsteht der Maskierungseffekt bei zentraler Maskierung vermutlich im zentralen Nervensystem. Die maskierte Schwelle liegt in der Regel 1–2 dB über der absoluten Schwelle und ist nahezu unabhängig von der Amplitude des Maskierers. Sie wird deutlich höher, wenn beide

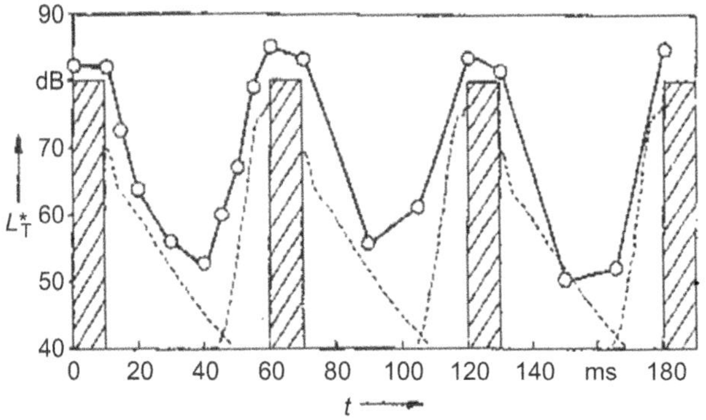

Abb. 4.12 Zeitliches Maskierungsmuster einer Folge von Geräuschen mit kritischer Bandbreite. Die schraffierten Balken geben die Dauer der 70 dB lauten Maskierer an, die durchgezogene Linie verbindet die untersuchten Maskierungsschwellen, die als Kreise dargestellt sind. Die gestrichelten Linien stellen die Schwellenwerte vor und nach der Maskierung dar, wie sie aus den Forschungsergebnissen mit einem einzelnen kritischen bandbreiten Rauschen erwartet werden. (Wiedergegeben aus Fastl (1977, S. 329), mit Genehmigung des Deutschen Apotheker Verlags)

[28] Ausführlich erörtert in Fastl (1977), Fastl (1979) und Gelfand (1990), S. 375.

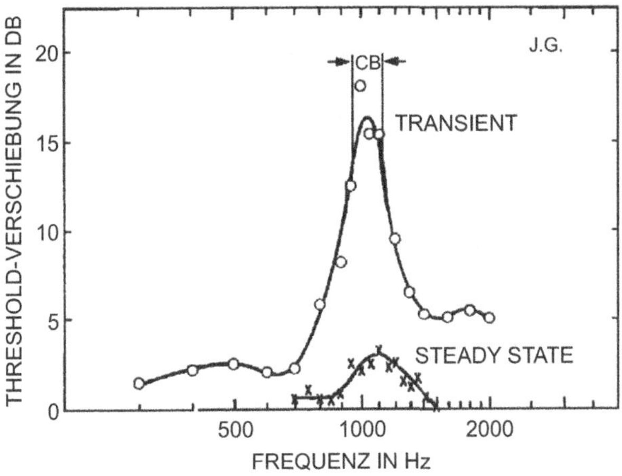

Abb. 4.13 Zentrales Maskierungsmuster für einen 1-kHz-Ton-Burst-Masker mit einer Dauer von 250 ms und Masken verschiedener Frequenzen und einer Dauer von 10 ms. Die Maskierungsschwelle ist in der Nähe des Maskierungsbeginns (TRANSIENT) viel höher als in der Nähe des Maskierungsbeginns (STEADY STATE). In beiden Fällen liegt die Schwelle weit unter der monauralen Maskierung. (Wiedergegeben aus Zwislocki et al. (1968, S. 1268), mit Genehmigung der Acoustical Society of America)

Töne gleichzeitig ein- und ausgeschaltet sind. In diesem Fall ist es wahrscheinlich, dass beide Geräusche in denselben Hörstrom integriert werden, wie in Abschn. 4.5 näher beschrieben wird. Im Grunde bedeutet dies, dass sie als zusammengehörig wahrgenommen und daher als eins verarbeitet werden. Abb. 4.13 vergleicht die Maskierungsmuster der beiden Fälle. Da die binaurale Maskierung auf höheren Stufen der Hörbahn stattfindet, ist der Maskierungseffekt viel schwächer.

4.3.2.1 Zeitliche Maskierung

Das Phänomen tritt auch bei zentraler Maskierung auf und dauert bis zu 200 ms.[29] Die zentrale Pre-Maskierung ist schwächer als die monaurale Pre-Maskierung. Der Unterschied ist jedoch geringer als bei Simultan- und Post-Masking. Abb. 4.14 zeigt einen Vergleich von Pre- und Post-Masking für monotische und dichotische Leistungen.

4.4 Räumliches Gehör

Die Fähigkeit des Menschen, Schallquellen zu lokalisieren, ist ein gut erforschtes Thema in der Psychoakustik. Die Literatur von Blauert[30] gilt als Standardwerk, das den Stand der Forschung in den siebziger Jahren – mit dem Postskriptum Mitte der

[29] Siehe Gelfand (1990), S. 369 f.

[30] Siehe Blauert (1974) und Blauert (1985), übersetzt in Blauert (1997).

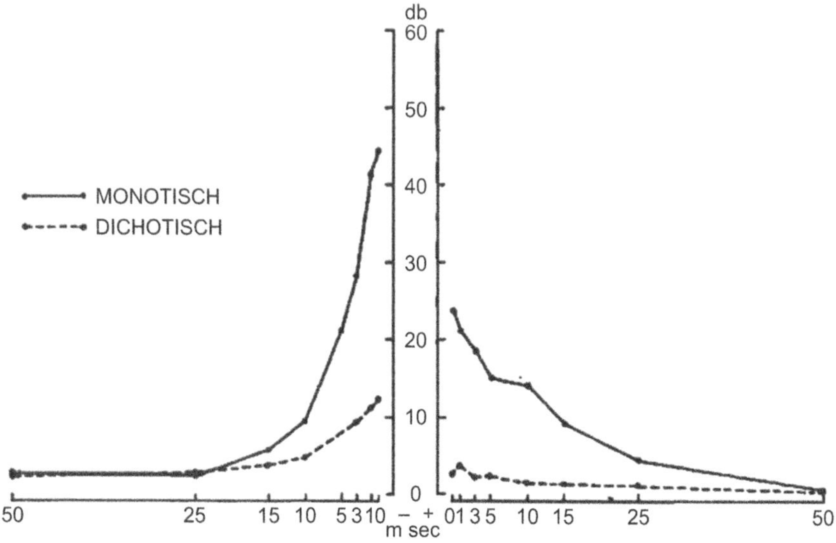

Abb. 4.14 Vergleich der zeitlichen Muster vor und nach der Maskierung für monaurale (durchgezogene Linien) und binaurale Signale (gestrichelte Linien). Der Maskierer ist ein 50 ms langes Breitbandrauschen auf 70 dB_{SL}, die Testsignale sind 10 ms lange 1-kHz-Tonbursts. (Wiedergegeben aus Elliott (1962, S. 1112), mit Genehmigung der Acoustical Society of America)

achtziger Jahre – zusammenfasst, insbesondere abgeleitet aus Hörtests. Ergänzt durch Blauert und Braasch (2008), Dickreiter (1987), Webers (2003) und Strube (1985) werden im folgenden Unterkapitel die wichtigsten Ergebnisse dargelegt.

Nach der Darstellung der allgemeinen Testbedingungen und einer kurzen Begriffsklärung werden die Ergebnisse, gegliedert in vier verschiedene Bereiche, dargestellt:

1. Lokalisierung in der horizontalen Ebene
2. Lokalisierung in der Medianebene
3. Hören auf Distanz
4. Lokalisierung im Falle verschiedener Schallquellen.

4.4.1 Forschungsbedingungen und Definition von Begriffen

Das Gehör nutzt für das räumliche Hören eine Vielzahl von Analyseverfahren der auf das Trommelfell treffenden akustischen Signale. Diese laufen in der Regel vorbewusst ab: Wahrnehmungen werden in einem Bottom-up-Verfahren einer Richtung und Entfernung zugeordnet.[31] Bei Vertrautheit mit dem Signal oder der akusti-

[31] Siehe Blauert (1997), S. 409.

schen Umgebung unterstützen Top-down-Prozesse die Lokalisation.[32] Als Parameter für die Lokalisation werden die *interaurale Zeitdifferenz* (ITD) und die *interauralen Pegeldifferenzen* (ILDs) sowie eine individuelle Filterung des Signals in Abhängigkeit vom Einfallswinkel erhoben. Die (HRTF) quantifiziert die Veränderungen, die ein Schall von seinem Ursprung bis zum Trommelfell des Hörers erfährt, als Ergebnis von Schallausbreitung und Filterung, verursacht durch Reflexionen an der Ohrmuschel, Beugungen um und akustische Schatten hinter Kopf, Rumpf, Schultern usw. Die Schallwiedergabe über Kopfhörer führt oft zu einer Lokalisierung im Kopf. Daher spricht man in diesem Fall auch nur von *Lateralisation.* Die Lokalisationsparameter und -genauigkeit unterscheiden sich immens zwischen den räumlichen Ebenen, daher werden sie einzeln beleuchtet.

Menschen neigen dazu, für die Lokalisierung von Schallquellen neben dem Gehör auch visuelle Hinweise heranzuziehen, wie in Abschn. 4.5. näher erläutert wird. Bei den Hörtests wird dies durch Verbinden der Augen vermieden. Außerdem wird die Knochenleitung vernachlässigt, da ihre Hörschwelle mehr als 40 dB höher liegt als die des Trommelfells.

Die folgenden Versuche finden ausschließlich in Freifeldräumen statt, wie der in Abb. 4.15 dargestellte Raum. Die Probanden sitzen in der Mitte einer halbkugelförmigen Lautsprecheranordnung mit fixierten Köpfen oder in einem abgedunkelten Freifeldraum und beurteilen die vermutete Herkunftsrichtung eines Schalls verbal oder durch Zeigen.

Abb. 4.15 Freifeldraum der Universität Göttingen während einer Versuchsanordnung mit 65 Lautsprechern. (Wiedergegeben aus Meyer et al. (1965, S. 340), mit Genehmigung des Deutschen Apotheker Verlags)

[32] Siehe Bruhn (2002b), S. 444, Definitionen von Bottom-up- und Top-down-Processing siehe z. B. Myers (2008), S. 214.

Typische Teststimuli sind reine Töne, Schmalband- und Breitbandrauschen und gelegentlich Sprache. Außerdem werden Gauß-Impulse verwendet. Dabei handelt es sich um reine Töne, die mit einer Gaußfunktion multipliziert werden, wodurch die Dauertöne die Einhüllende der Gaußschen Glockenkurvenfunktion erhalten, was zu einer geringen spektralen Verbreiterung und unpräzisen Tonein- und -ausgängen führt. Wenn nichts anderes angedeutet wird, handelt es sich um ein Signal nach dem anderen. Die Entfernung der Quelle ist so groß, dass die Wellenfronten, die den Hörer erreichen, als eben betrachtet werden können. Probanden sind Menschen ohne Hörverlust.

Für die Schallquellenlokalisierung ist es sinnvoll, ein kopfbezogenes sphärisches Koordinatensystem mit dem Kopf als Ursprung zu verwenden. Die Horizontal- und Medianebene sind in Abb. 4.16 zu sehen. Die vertikale Ebene kann als eine Kombination der anderen Ebenen betrachtet werden. Der Bereich unterhalb der Kopfhöhe wird vernachlässigt, da er vergleichsweise klein ist und eine vollständige Umzingelung eines Probanden mit Lautsprechern nur schwer zu bewerkstelligen ist.

Die tatsächliche Richtung/Entfernung wird als *Richtung/Entfernung des Hörereignisses* bezeichnet. Das *Hörereignis* ist die vom Probanden angenommene Position des Geräusches. Die *Lokalisationsunschärfe* ist die Größe, bei der 50 % der Versuchspersonen eine Änderung der Position des Schallereignisses erkennen. Es wird angenommen, dass die Unschärfe von einer etwas vagen auditiven Lokalisierungsfähigkeit herrührt. Manchmal wird sie mit der Wahrnehmung der Quellenbreite in Verbindung gebracht.

4.4.2 *Horizontale Ebene*

Menschen können Schallquellen genauer und zuverlässiger lokalisieren als in der Medianebene. Audiosignale mit bestimmten Eigenschaften sind ideal für die Lokalisierung. Andere Signale können zu Verwirrung oder systematischen Lokalisierungsfehlern führen.

Fähigkeit zur Lokalisierung:

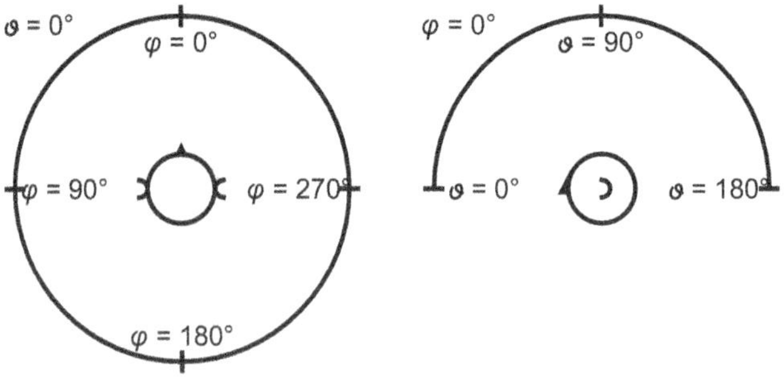

Abb. 4.16 Die horizontale (links) und die mediane Hörebene (rechts). (Nach Angaben in Blauert (1974))

Die Mechanismen zur Lokalisierung von Schallquellen sind in der horizontalen Ebene besser als in der Medianebene. Die horizontale Lokalisierung basiert insbesondere auf binauralen Signalvergleichen. Die Lokalisierungsfähigkeit ist am besten im frontalen Bereich mit einer durchschnittlichen Genauigkeit von 1° und einer Lokalisierungsunschärfe von etwa ±3.6°. Diese Lokalisierungsunschärfe kann als die JND in Position betrachtet werden.[33] Die Lokalisierungsunschärfe ist signalabhängig. Sie ist am größten in einem Frequenzbereich zwischen etwa 1 oder 1,5 kHz und 3 – 4 kHz. Interessanterweise ist dies genau der Frequenzbereich, in dem wir die niedrigste Schwelle in Ruhe und den größten Dynamikbereich aufweisen. Es ist auch ein Formantbereich vieler Vokale.

Zu den Seiten hin nehmen die Abweichungen und die Lokalisierungsunschärfe deutlich zu. Ganz seitliche Signale werden typischerweise zu frontal eingeschätzt. Hier liegt die JND in der Lage zwischen 12 und 18°.[34] Besonders bei unbekannten und schmalbandigen Signalen sollte die Hörereignisrichtung axialsymmetrisch zur tatsächlichen Schallereignisrichtung sein. Dieser Effekt wird als *Lokalisationsinversion* bezeichnet und ist in Abb. 4.17 dargestellt. Ein typischer Fehler bei der Lokalisation ist eine „Vorne-Hinten-Umkehr", auch „Vorne-Hinten-Verwechslung" genannt, insbesondere bei tiefen Frequenzen. In der Abbildung wird ein von vorne rechts kommender Schall als von hinten rechts kommend gehört und ein von hinten links einfallender Schall als von vorne links kommend. Bei höheren Frequenzen führt die HRTF – hauptsächlich aufgrund des Wellenschattens hinter der Ohrmuschel – zu hörbaren spektralen Unterschieden zwischen Quellen von vorne und von hinten, die den Probanden über die Position der Quelle informieren, wenn sie mit dem Klang vertraut sind.[35]

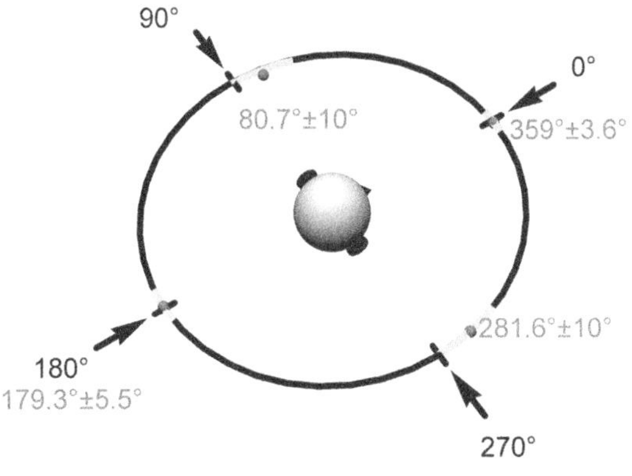

Abb. 4.17 Hörereignisrichtungen (Kugeln) und Lokalisationsunschärfen (graue Kurven) bei festen Schallereignissen (Pfeile) in der horizontalen Ebene. Nach Blauert (1997), S. 41, mit Daten aus Haustein und Schirmer (1970) und Preibisch-Effenberger (1966)

---

[33] Siehe z. B. Webers (2003), S. 120.

[34] Siehe Webers (2003), S. 120.

[35] Siehe Kling und Riggs (1971), S. 351 und Blauert (1997), S. 360.

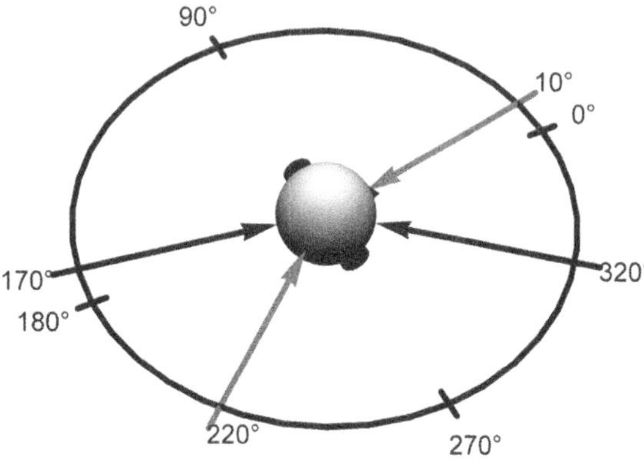

Abb. 4.18 Beispiele für Lokalisationsinversionen in der horizontalen Ebene ($\Delta\hat{A}$ in dB). (Nach Blauert (1974), S. 35)

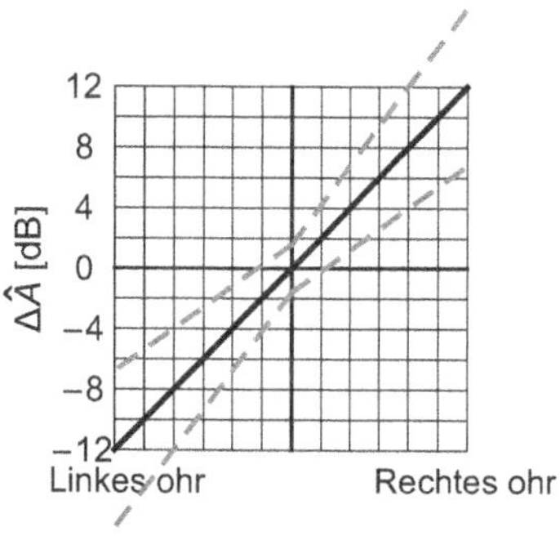

Abb. 4.19 Lateralisation (schwarze Linie) und Lateralisationsunschärfe (Bereich zwischen den gestrichelten Linien) pro interauralem Pegelunterschied ($\Delta\hat{A}$ in dB). (Nach Blauert (1997), S. 158)

Die Kohärenz zwischen ILD und Lateralisation von Klängen über dichotische Kopfhörer ist fast linear, aber mit einer ziemlichen Lokalisationsunschärfe, insbesondere außerhalb der Mitte, wie in Abb. 4.18 zu sehen ist.

Der Hörereigniswinkel pro ILD ist jedoch frequenzabhängig. Bei breitbandigen Signalen führt eine Pegeldifferenz über 11 dB zu einem vollständig lateralen Eindruck, schmalbandige Signale benötigen größere Differenzen. Der Zusammenhang zwischen interauraler Phasendifferenz und Lateralisation ist ebenfalls relativ linear im Bereich von 0 bis 80 % eines vollständig lateralen Winkels bis etwa 640 μ s Ankunftszeitdifferenz. Dies ist in Abb. 4.19 zu sehen.

über 640 μ s führen kaum zu einer Vergrößerung des Hörereigniswinkels, wahrscheinlich weil eine tatsächlich auf 90° platzierte Quelle bei einem Kopfradius von 8,5 cm zu einer ITD von etwa 640 μs führt. Es ist zu berücksichtigen, dass völlig laterale Signale 10° zu frontal lokalisiert sind, wie oben diskutiert und in Abb. 4.20 gezeigt. Nach Myers (2008) liegt die JND in der ITD bei ca. 27 μ s, während (Zwicker und Fastl 1999) sie bei ca. 50 μ s ansiedeln, wobei sie erwähnen, dass einzelne Werte zwischen 30 und 200 μ s gemessen wurden. Kling und Riggs (1971) geben sogar an, dass Werte bis zu 300 μ s möglich sind.[36] Kling und Riggs (1971) quanti-

[36] Siehe Myers (2008), S. 240, Zwicker und Fastl (1999), S. 293 f. und Kling und Riggs (1971), S. 355.

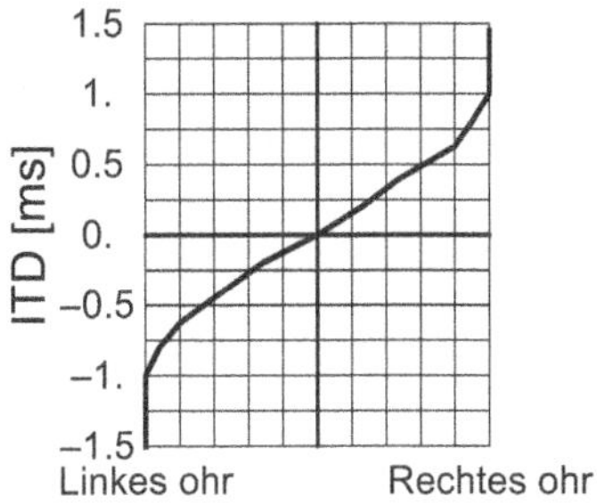

Abb. 4.20 Lateralisierung pro ITD nach Daten von Blauert (1997), S. 144

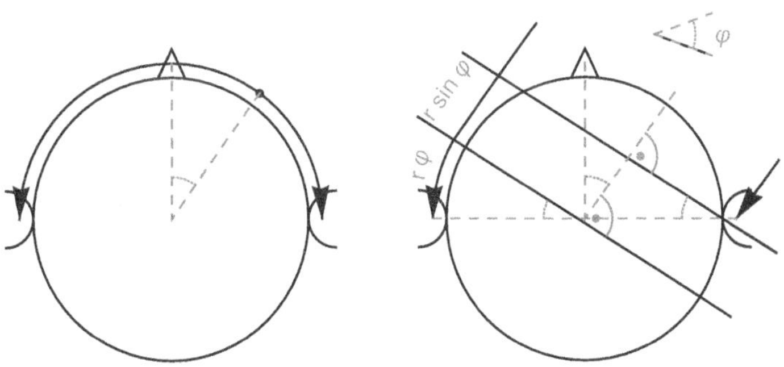

Abb. 4.21 Binauraler Abstandsunterschied für eine Quelle im Nah- und Fernfeld. (Nach Kling und Riggs (1971), S. 351)

fizierten die Beziehung zwischen dem Einfallswinkel einer Quelle und der Länge des Weges ihrer sich ausbreitenden Welle zu den beiden Ohren für einen Kopf im Nahfeld und im Fernfeld der Quelle unter Berücksichtigung der Beugung einer Welle an einer Kugel, die den Kopf des Hörers darstellt.[37] Diese Formulierung ist in Abb. 4.21 dargestellt. Dividiert man diese Wegdifferenz durch die Schallgeschwindigkeit, so erhält man die Beziehung zwischen Quellenwinkel und ITD:[38]

$$\begin{aligned} ITD_{\mathrm{NF}} &= \frac{2r\varphi}{c} \\ ITD_{\mathrm{FF}} &= \frac{r(\sin\varphi + \varphi)}{c} \end{aligned} \tag{4.8}$$

Dabei bezeichnen die Indizes NF und FF das Nahfeld und das Fernfeld, *r* ist der Radius der Kugel, *c* ist die Schallgeschwindigkeit und *φ* ist der Azimutwinkel der

[37] Siehe Kling und Riggs (1971), S. 351.

[38] Siehe Kling und Riggs (1971), S. 352.

Quelle in einem kopfbezogenen Koordinatensystem, wobei $-\frac{\pi}{2} \leq \varphi \leq \frac{\pi}{2}$. Für eine Quelle im Fernfeld kann diese Formulierung auf Quellen jenseits der horizontalen Ebene[39] erweitert werden:

$$ITD_{\mathrm{FF}} = \frac{r\left(\arcsin\left(\cos\varphi \sin\vartheta\right) + \sin\varphi \cos\vartheta\right)}{c} \tag{4.9}$$

$-\frac{\pi}{2} \leq \vartheta \leq \frac{\pi}{2}$ ist der Elevationswinkel.

Widersprüchliche interaurale Attribute können sich durch *Handel* kompensieren, oder das Signal wird als zwei Signale aus verschiedenen Richtungen wahrgenommen, wobei tiefe Frequenzen aus der Richtung zu kommen scheinen, die durch die Phasendifferenz nahegelegt wird, während hohe Frequenzen aus der Richtung zu kommen scheinen, die von der ILD abgeleitet wird.

Anforderungen an das Signal:

Bei sehr tiefen Frequenzen gibt es aufgrund eines vernachlässigbaren Wellenschattens hinter dem Kopf kaum auswertbare Pegelunterschiede. Auch die ITD liefert keine erkennbaren Phasenunterschiede. Es sind diese kleinen Hinweise, die es dem Gehör schwer machen, tiefe Frequenzen zu lokalisieren. Hier spielt die ITD – insbesondere bei Onsets, transienten Tönen, kurzen Signalen und der Einhüllenden des Schalls – eine zentrale Rolle.[40] Niedrige bis mittlere Frequenzen können aufgrund der ITD eine auswertbare Phasendifferenz aufweisen, die zu einem dominanten Lokalisationsmerkmal in diesem Frequenzbereich wird. Im Bereich von etwa 1,5 kHz bis 3 kHz ist die Lokalisationsfähigkeit trotz der hohen Lautstärkeempfindlichkeit in diesem Bereich schlecht. Zum einen sind hier die Frequenzen zu hoch für eindeutige Phasenbeziehungen. Außerdem sind die Hörneuronen nicht in der Lage, schnell genug zu feuern, um die Phasendifferenz bei höheren Frequenzen anzuzeigen.[41] Andererseits sind die Wellenlängen zu groß, um durch akustische Wellenschatten merkliche Pegelunterschiede zu erzeugen. Bei höheren Frequenzen führt die Filterung durch Kopf, Haare, Ohrmuschel und Schultern zu ILD und macht sie zum dominierenden Aspekt, was zu einer korrekten Lokalisierung auch bei stationären Geräuschen führt. Darüber hinaus ist das menschliche Gehör in der Lage, ITD der Hüllkurve hoher Frequenzen zu erkennen, aber es ist unbekannt, ob diese Hüllkurvenverzögerungen zuverlässige Lokalisierungshinweise liefern.[42] Das aus der individuellen HRTF resultierende Spektrum zeigt markante Spitzen und Kerben zwischen 3 und 14 kHz, die die Lokalisierung unterstützen. Dennoch ist die Lokalisierung von Hochpassgeräuschen oberhalb von 16 kHz ungenau, da ILD die einzigen auswertbaren Anhaltspunkte sind.[43] Eine gute Lokalisierung erfordert daher eine große Bandbreite, Transienten und ausgeprägte

[39] Siehe Larcher und Jot (1999).

[40] Siehe z. B. Kling und Riggs (1971), S. 350 ff. und Morikawa und Hirashara (2010), S. 419.

[41] Wie in Abschn. 3.2.2, siehe auch Hall (2008), S. 343, Davis (2007), S. 750 und Ross et al. (2007).

[42] Siehe z. B. Middlebrooks und Green (1991), S. 142 f.

[43] Siehe Morikawa und Hirashara (2010), S. 419.

Klanghüllkurven. Die Bandbreite vieler Musikinstrumente ist jedoch so groß, dass beide Aspekte, ITD und ILD, in Kombination auftreten.[44] Für die Vorder-/Rückseitenlokalisierung liefert die richtungsabhängige Filterung, HRTF, die einzigen wertvollen auditiven Anhaltspunkte. Die HRTF ist sehr individuell und hängt von der Größe und Form von Kopf, Rumpf, Ohrmuschel und Torso ab.

4.4.3 Medianebene

In der Medianebene gehen wir von nur geringen interauralen Unterschieden aus. Die Quellen in den Experimenten haben eher omnidirektionale Strahlungseigenschaften, so dass die Signale, die beide Ohren erreichen, ungefähr gleich sein sollten. Folglich dominieren monaurale Hinweise die Lokalisierung in der Medianebene.

Fähigkeit zur Lokalisierung:

Die Lokalisierungsfähigkeit des Menschen ist in der Medianebene deutlich schlechter als in der horizontalen Ebene. Da der Kopf des Menschen relativ symmetrisch ist, sind die Signale einer Quelle in dieser Ebene, die beide Trommelfelle erreichen, recht ähnlich; es dominieren einohrige Signalmerkmale. Die Ergebnisse eines Lokalisierungstests mit sind in Abb. 4.22 dargestellt.

Die Lokalisierungsfähigkeit ist im frontalen Bereich am besten. Das frontale Signal in Höhe des Kopfes wird korrekt lokalisiert. Die Divergenz von 6° für den Elevationswinkel von 36° ist im Vergleich zu Signalen von oben und hinten relativ gering. Die Lokalisationsunschärfe auch im frontalen Bereich ist ±10°. Wie in der horizontalen Ebene werden auch die Schallereignisse von 90° zu frontal eingeschätzt. Auch bei der vertikalen Achse tritt eine Lokalisationsinversion auf. Die minimale

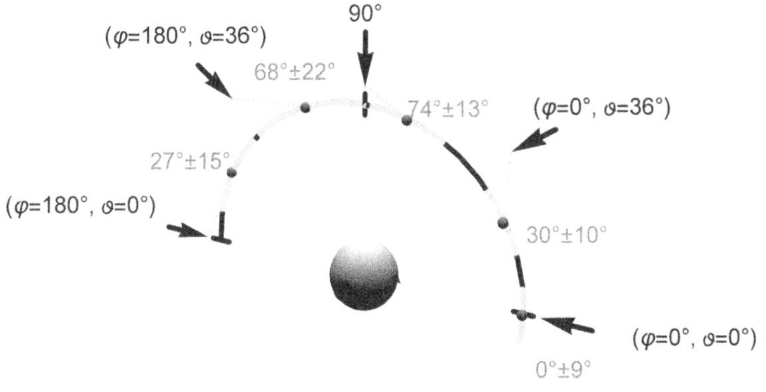

Abb. 4.22 Lokalisation (Kugeln) und Lokalisationsunschärfe (graue Kurven) in der Medianebene für Sprache eines bekannten Sprechers. Die gestrichelten grauen Linien verbinden das zugehörige Schallereignis mit dem Hörereignis. (Nach Blauert (1997), S. 44)

[44] Die sogenannte „Duplex-Theorie", siehe z. B. Bruhn und Michel (2002), S. 651.

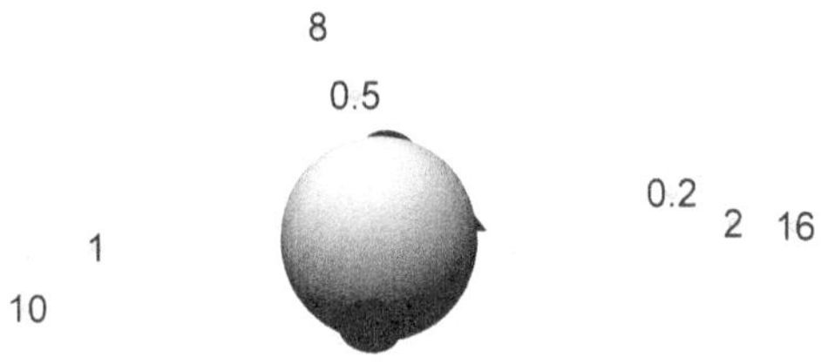

Abb. 4.23 Schematischer Weg der Hörereignisrichtung für schmalbandiges Rauschen variabler Mittenfrequenzen aus beliebigen Richtungen in der Medianebene. (Nach Blauert (1974), S. 36)

Lokalisationsunschärfe für unbekannte Sprache ist doppelt so hoch wie für bekannte Sprache. Für weißes Rauschen beträgt die minimale Lokalisationsunschärfe im frontalen Bereich nur 2°. Bei schmalbandigen Signalen ist der Hörereigniswinkel frequenzabhängig und nahezu unabhängig von der tatsächlichen Quellenposition. Abb. 4.23 zeigt schematisch den Hörereignisverlauf pro Mittenfrequenz von Schmalbandrauschen mit einer Breite von ein bis zwei Dritteln. Der Verlauf gilt auch für komplexe Signale, wenn der jeweilige Frequenzbereich dominant ist. Man beachte, dass dieser Weg sehr grob ist. In der Tat ist er weder so glatt noch so kontinuierlich wie in dieser Abbildung dargestellt. Außerdem beschreibt er eine allgemeine Beobachtung, die nicht interindividuell zutreffend ist.

Anforderungen an das Signal:

In der Medianebene spielt der Frequenzbereich eine wichtige Rolle für die Lokalisierung von Schmalbandgeräuschen. Dies kann bei reinen Tönen, aber auch bei Tönen und breitbandigen Geräuschen angepasst werden, wenn ein schmaler Frequenzbereich herausragt. Impulshaltige, kurze Signale werden oft im hinteren Bereich lokalisiert. Für bekannte Schallsignale liefert die HRTF einen auswertbaren Richtungshinweis. Aus Hörversuchen und Datenanalysen mittels Hauptkomponentenanalyse – einer Methode zur Reduktion einer Anzahl von Variablen aus einer großen Menge von Variablen – (Martens 1987) wurde abgeleitet, dass Probanden die Höhe einer Quelle mit Hilfe von fünf Komponenten schätzen, während für die horizontale Lokalisation eine oder – nach Sodnik et al. (2006) – zwei Komponenten, nämlich ILD und ITD, ausreichen.[45] So wurde beispielsweise berichtet, dass Kerben, Bandabweiser-, Bandpass- und Hochpassfiltereigenschaften mit Erhebungen in der Medianebene korrelieren.[46]

Die Anforderungen an das Signal für eine gute Erkennung der Elevation ist ein breites Spektrum mit Frequenzen über 7 kHz. Eine korrekte Vorder-Rücken-Lokalisierung ist gegeben, wenn das Signal eine untere Grenzfrequenz zwischen 2 und 8 kHz enthält. In der Medianebene sind Lerneffekte erkennbar.

Eine Trägheit des Gehörs bewirkt, dass Menschen sich schnell bewegende Quellen diffus lokalisieren. Die Bestimmung einer Richtung wird als integral über ein Zeitintervall von etwa 172 ms in der horizontalen Ebene und 233 ms in der Medianebene wahrgenommen. Widersprüchliche Richtungshinweise durch ILD, ITD und

[45] Siehe Martens (1987) und Sodnik et al. (2006).

[46] Siehe Middlebrooks und Green (1991), S. 145.

monaurale Filterung führen zu einer durch ITD bestimmten Lokalisation, solange tiefe Frequenzen im Signal enthalten sind.[47]

4.4.4 *Entfernungshören*

Experimente zum Entfernungshören konzentrieren sich meist auf den vorderen Bereich. Folglich werden keine interauralen Hinweise berücksichtigt. In einer schalltoten Umgebung ist die Entfernungslokalisierung eher grob, insbesondere bei unbekannten Geräuschen.

Fähigkeit zur Lokalisierung:

Da bei den Versuchen zum Entfernungshören einige Quellen sehr nahe an der Versuchsperson platziert werden, können die Fronten, die die Ohren erreichen, nicht als eben betrachtet werden. Für die Entfernungsabschätzung ist die Vertrautheit mit dem Signal von großer Bedeutung. Wie in Abb. 4.24 dargestellt, wird nur gewöhnliche Sprache korrekt lokalisiert.

Die Entfernung von frontalen Geräuschen wird bei Entfernungen über 5 m unterschätzt. Die Lokalisierungsunschärfe beträgt etwa 0,5 m, außer in unmittelbarer Kopfnähe, wo sie geringer ist (Abb. 4.25).

Bei nahen, unbekannten Signalen liegt das Hörereignis zu nah an einer Lokalisation im Kopf oder dem Eindruck einer Quelle direkt hinter dem Kopf. Das wahrgenommene Spektrum bekannter Geräusche hilft bei der Lokalisierung von Entfernungen zwischen 0,25 und 15 m, da der Druckpegel gleichmäßig abfällt, die wahrgenommene Lautstärke jedoch nicht, da sich Konturen gleicher Lautstärke über die Gesamtamplitude verändern.[48] In einer natürlichen Umgebung gibt das

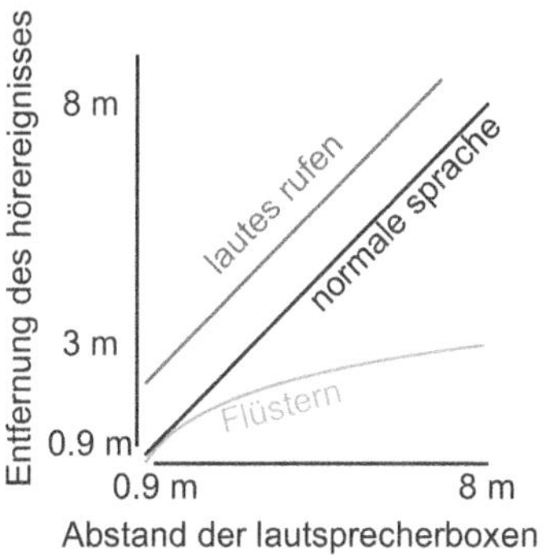

Abb. 4.24 Hörereignisabstand für verschiedene Arten von Sprache, die über einen Lautsprecher vor einem Zuhörer präsentiert werden. (Nach Blauert (1997), S. 46)

[47] Siehe Verheijen (1997), S. 8.

[48] Ausführliche Informationen zum *inversen Abstandsgesetz*, das den Schalldruckabfall beschreibt, finden sich in Abschn. 5.1.6. Details zu Konturen gleicher Lautheit finden sich z. B. in Zwicker und

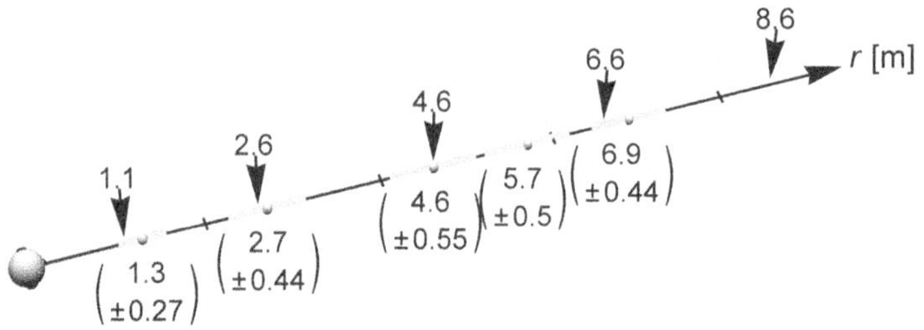

Abb. 4.25 Abstand von Schallquelle und Hörereignis bei Knallgeräuschen mit etwa 70 Phon. Die gestrichelten grauen Linien verbinden das zugehörige Schallereignis und das Hörereignis. (Nach Blauert (1997), S. 47)

Druckpegelverhältnis zwischen Direktschall und ersten Reflexionen die Entfernung an. Bei Entfernungen von mehr als 15 m werden hohe Frequenzen stärker gedämpft als tiefe, weil die Abstände zwischen Über- und Unterdruckbereichen bei kleinen Wellenlängen kleiner sind. Dadurch wird mehr Schallenergie in Wärmeaustausch umgesetzt. Daher klingen Signale aus der Ferne dumpfer.

Anforderungen an das Signal:

Wenn ein Hörer mit dem Signal vertraut ist, sind Lautstärke und Spektrum wichtige Hinweise auf die Entfernung. Die Entfernung eines völlig unbekannten Geräuschs kann unter Laborbedingungen nicht lokalisiert werden. Auch bei bekannteren Geräuschen ist das Entfernungshören ungenau. Schreien wird zu weit weg lokalisiert, Flüstern zu nah. Die beste Lokalisierungsgenauigkeit lässt sich bei Entfernungen zwischen 1 und 5 m beobachten. Die Lokalisierungsfähigkeit verbessert sich deutlich, wenn der Schall in einer natürlichen, bekannten Umgebung mit ihrer spezifischen Raumakustik gehört wird. Ankunftszeit- und Lautstärkeunterschiede zwischen Direktschall und frühen Reflexionen geben dann brauchbare Entfernungsangaben.

4.4.5 Lokalisierung von verschiedenen Schallquellen

Befindet sich eine Schallquelle in der Medianebene, so erreicht ihr Schall beide Ohren gleichzeitig. Die Amplituden der enthaltenen Frequenzen sind an beiden Ohren ähnlich. Lediglich die Abstrahlcharakteristik der Quelle und möglicherweise eine leichte anatomische Ungleichheit führen zu geringen interauralen Pegeln und Unterschieden. An jedem anderen Ort erreicht der Schall die Ohren zu unterschiedlichen Zeitpunkten, und insbesondere hohe Frequenzen kommen aufgrund des inversen Abstandsgesetzes und eines Wellenschattens mit unterschiedlichen Amplituden an. Das Gehör nutzt diese interauralen Hinweise zur Lokalisierung von Schallquellen. Wenn mehrere Schallquellen vorhanden sind, muss das Gehör erkennen, welche Teile des Schalls zusammengehören, und den Standort aller oder

Fastl (1999), S. 203 ff.

zumindest eines oder einiger wichtiger Geräusche finden. Diese Organisation von Geräuschen – d. h. die Integration zusammengehöriger Geräusche und ihre Abgrenzung voneinander – wird als *auditive Szenenanalyse* bezeichnet und im folgenden Abschnitt, Abschn. 4.5. Wenn das Gehör die Ohrsignale korrekt als Ergebnis unterschiedlicher Übertragungswege von einer Quelle zu den beiden Ohren interpretiert, sind die oben genannten Lokalisierungsmechanismen gültig und ziemlich robust. Diese Interpretation durch das Gehör ist jedoch fehleranfällig. Das Gehör kann Signale, die von verschiedenen Quellen stammen, als zu ein und derselben Quelle gehörend interpretieren, obwohl es nur einen Quellenort gibt. Nach der Idee der „Summenlokalisation" ist diese wahrgenommene Position genau die Position, an der sich eine Schallquelle befinden müsste, um ähnliche ITD und ILD zu erzeugen.[49] Diese Position muss nicht unbedingt mit einer der tatsächlichen Quellenpositionen übereinstimmen. Wenn eine solche Position gefunden wird, ist die Lokalisierung eindeutig. Wenn nicht, wird eine breite oder diffuse Schallquelle wahrgenommen. Viele stereophone Tonsysteme nutzen dieses Prinzip, um *Schallfelder* zu erzeugen oder zu *streuen*, wie in Kap. 7 erläutert wird. Zwei Lautsprechersignale, die bis auf einen geringen Pegelunterschied identisch sind, können den Eindruck erwecken, dass sich die Quelle irgendwo zwischen den beiden Lautsprechern befindet. Ähnliche, aber etwas inkohärente Signale können den Eindruck eines breiten oder diffusen Schallfeldes erwecken. Theile (1980) kritisierte die Theorie der Summenlokalisation als Ergebnis eines einfachen Vergleichs zwischen den Lokalisationshinweisen eines überlagerten Schallfeldes und denen einer einzelnen Quelle. In seinem „Assoziationsmodell" erweitert er die Idee der summierenden Lokalisation um auditive Mechanismen, die später Teil der Prinzipien der auditiven Szenenanalyse wurden, wie sie von Bregman (1990) formuliert und ausführlich diskutiert wurden, um die allgemeine psychologische Behandlung von Schall zu erklären.[50] Wenn jedoch mehrere Quellen vorhanden sind, kann ein weiterer Lokalisierungseffekt auftreten. Das auditorische System kann bis zu einem gewissen Grad Direktschall von Reflexionen unterscheiden. Der „Vorrangeffekt", „Haas-Effekt" oder „Gesetz der ersten Wellenfront"[51] besagt, dass Schallereignisse ausschließlich in Richtung der ersten am Ohr ankommenden Wellenfront lokalisiert werden, auch wenn ähnliche, aber später eintreffende Töne viel lauter sind. Selbst wenn ein Schall, der mit einer Verzögerung von 5–30 ms eintrifft, 10 dB lauter ist als die zuerst eintreffende Wellenfront, hat dies keinen Einfluss auf die Lokalisierung.[52] Der Effekt tritt vor allem, aber nicht ausschließlich, bei transienten Signalen auf, insbesondere bei Onsets. Ein frontaler Schall wird korrekt lokalisiert, auch wenn seitliche Reflexionen die Ohren erreichen, da die erste Wellenfront bereits entscheidend für die Lokalisierung war. Voraussetzung ist, dass das erste und das zweite eintreffende Signal verschmelzen, d. h. dass sie zu einem einzigen Hörstrom

[49] Siehe z. B. Strube (1985), S. 69.

[50] Siehe Theile (1980) und Bregman (1990).

[51] Siehe David jr. (1988), S. 159, Friedrich (2008), S. 39, Hall (2008), S. 469 und Blauert (1997), S. 411.

[52] Siehe z. B. Dickreiter (1978), S. 77 und Friesecke (2007), S. 139.

integriert werden, wie im nächsten Abschnitt erläutert wird. Ab einer Zeitverzögerung von etwa 50 ms werden Hörereignis und Echo einzeln wahrgenommen, da dies eine typische Schwelle des Gehörs ist.[53] Der Prioritätseffekt kann Sekunden und länger andauern.[54] Zurek und Saberi (2003) fanden Belege dafür, dass der Vorrangeffekt andere Lokalisierungshinweise, die auf den Beginn folgen, nicht vollständig unterdrückt. Vielmehr kann eine interaurale Kreuzkorrelation nach dem Onset die Position des Hörereignisses stabilisieren oder anpassen.[55]

Wie in Abschn. 4.3 beschrieben. beschrieben, kann der Schall einer Quelle den Schall einer anderen Quelle ganz oder teilweise verdecken. Die Verdeckungsschwelle am Standort des Zuhörers ist unabhängig von der räumlichen Verteilung der Quellen. Was zählt, sind die Schalldruckpegel an den Ohren. Da der Mensch zwei Ohren hat, kann der Maskierungseffekt verringert werden, wenn der Schall nur an einem Ohr maskiert wird.

4.5 Auditive Szenenanalyse

Bregman (1990) veröffentlichte eine umfangreiche Ausarbeitung über die Wahrnehmungsorganisation von Geräuschen, die er „auditive Szenenanalyse" nennt. Er demonstriert sie auf der Grundlage von Laborexperimenten mit künstlichen Klängen, wie Sinustönen oder Rauschen, sowie von Hörerfahrungen und Experimenten mit Musik. Dieser Abschnitt fasst das Wesentliche seiner Arbeit zusammen.[56]

Was wir hören, ist unser wahrgenommener Teil der akustischen Außenwelt: die Hörszene. Einzelne Einheiten der Hörszene werden als *Hörströme* bezeichnet, ein Gegenstück zum *visuellen Objekt*. In natürlichen Hörsituationen überlagern sich Geräusche aus verschiedenen akustischen Quellen zeitlich und spektral, und die Schalldrücke, die die Ohren erreichen, sind immer die Summe aller sich ausbreitenden Geräusche und ihrer Reflexionen. Die Aufgabe des Gehörs besteht darin, diese komplexen Geräusche zu analysieren, um zu erkennen, welche Teile zusammengehören (*Integration*), und um zwischen verschiedenen Schallströmen zu unterscheiden (*Segregation*). Diese *Gruppierung* ist der Versuch des Gehörs, eine mentale Repräsentation der Welt zu schaffen, in der jeder Strom von derselben Umwelteinheit oder demselben *physikalischen Ereignis* abgeleitet ist. Eine solche kategorische Wahrnehmung ist entscheidend für das richtige Verständnis der Außenwelt und die Orientierung in ihr. Die Hörszenenanalyse ist keine Erklärung dafür, wie genau das auditorische System dies mittels biologischer, biochemischer, physiologischer oder neurologischer Funktionalität bewerkstelligt. Vielmehr beschreibt sie Organisationsmuster, die bei der Wahrnehmung der akustischen Umwelt zu beobachten sind, von denen die meisten primitive, angeborene, prä-aufmerksame

[53] Siehe z. B. Blauert (1974), S. 180 oder Strube (1985), S. 68.

[54] Nach Blauert (1974), S. 224.

[55] Siehe Zurek und Saberi (2003).

[56] Insbesondere auf der Grundlage von Bregman (1990).

Bottom-up-Gruppierungsprozesse sind, während höhere Gruppierungsebenen schemabasierte, aufmerksamkeitslenkende Top-down-Prozesse sind, entsprechend unserem Wissen über Eigenschaften und Verhalten vertrauter Klänge.[57]

Wenn die Komponenten aus demselben physikalischen Ereignis entstanden sind, haben sie natürlich viel mehr Gemeinsamkeiten, als sich durch Zufall erklären ließe, z. B. das Timing, die Frequenz und die unterschiedliche Wirkung auf unsere beiden Ohren. Es gibt nicht den einen exklusiven Parameter, der die Hörszene bestimmt, da es kein Naturgesetz gibt, aus dem wir ein Konzept für eine angemessene Hörszenenanalyse ableiten könnten. Vielmehr wird für diese Aufgabe ein komplexes System von bestimmten Prinzipien verwendet, von denen viele aus der Gestaltpsychologie bekannt sind. Die Notwendigkeit dieser Redundanz lässt sich leicht erklären. Man könnte meinen, dass der Ort einer Schallquelle ein geeigneter Parameter ist, um verschiedene physikalische Vorgänge zu unterscheiden, da sich immer nur eine Sache an einer Position befinden kann. Aber erstens ist unsere Lokalisierungsfähigkeit recht schwach, z. B. im seitlichen Bereich und vor allem in der vertikalen Dimension, wie bereits in diesem Kapitel erwähnt. Zweitens ist es entscheidend, ein Echo als Reflexion eines Direktschalls zu verstehen und es demselben physikalischen Ereignis zuzuordnen, auch wenn die Orte unterschiedlich sind. Drittens erfordert eine korrekte Lokalisierung aus einer Mischung von Geräuschen aus verschiedenen Quellen bereits eine korrekte Gruppierung. Und schließlich wären wir nicht in der Lage, mehrere Geräusche von einer monophonen Darbietung zu unterscheiden, wenn der Ort der einzige berücksichtigte Parameter wäre. Dieser Mangel gilt für jeden einzelnen Parameter, wie z. B. Ähnlichkeit in der Tonhöhe, der Klangfarbe oder der zeitlichen Veränderung, oder Nähe im Beginn oder im Spektrum. Auf den genannten Parametern basieren u. a. Organisationsprinzipien, die im Folgenden ausführlicher beschrieben werden und in drei Kategorien unterteilt sind, nämlich

1. Eigenschaften von Strömen und ihren Elementen
2. Primitive Gruppierungsprinzipien
3. Schemabasierte Gruppierungsprinzipien.

4.5.1 Eigenschaften von Strömen und ihren Elementen

Mehrere Grundsätze betreffen die Eigenschaften von Hörströmen und ihren Elementen. Diese sind vorherrschend und können als Rahmen für die Analyse auditiver Szenen betrachtet werden. Die angeführten Beispiele beziehen sich auf Gruppierungsprinzipien, die später in diesem Unterabschnitt im Detail erläutert werden.

Entstehen:

in Ströme dauert eine gewisse Zeit, die variieren kann. Dennoch gibt es kein Entstehen oder Vergehen von Strömen. Die Gruppierung erfolgt spontan, auch wenn sie

[57] Siehe Bregman (1990), S. 38 f., 137, 204, 395 und 451.

Abb. 4.26 Demonstration der Emergenz. Man kann die rechts stehende Person erkennen, obwohl ihr die Beine fehlen. Das Originalfoto wird in Abschn. 6.2.1 vorgestellt

durch die Aufmerksamkeit des Zuhörers gesteuert wird. Dieses Prinzip wird in Abb. 4.26 veranschaulicht. Die Person auf der rechten Seite nimmt nicht Stück für Stück Gestalt an. Ihre Körperteile werden erst erkennbar, wenn die Person als Ganzes wahrgenommen wird. Obwohl der erhobene Arm und die Beine kaum zu erkennen sind, stellen wir ihn uns als Person vor und nicht als eine Verteilung von Körperteilen. Ein Mensch ist mehr als nur die Summe seiner Körperteile. Auf Deutsch nennt man dieses Prinzip „Übersummenhaftigkeit".

Gleichzeitige und aufeinanderfolgende Gruppierung:

Alle Geräusche, die von einer Quelle erzeugt werden, dauern eine gewisse Zeit an und unterliegen gewissen Veränderungen. Daher müssen Geräusche, die gleichzeitig beim Hörer ankommen (*simultane/vertikale Gruppierung*), und Geräusche, die zu unterschiedlichen Zeitpunkten ankommen (*sequentielle/horizontale Gruppierung*), gruppiert werden. Während die gleichzeitige Gruppierung notwendig ist, um verschiedene Hörströme von der Summe der eintreffenden Geräusche zu unterscheiden, ist die sequentielle Gruppierung erforderlich, um den Überblick über die Ströme zu behalten und um kontinuierliche oder aufeinanderfolgende Geräusche auf dasselbe physikalische Ereignis zurückführen zu können. Gleichzeitige und sequentielle Gruppierung sind nicht unabhängig voneinander. Die Prinzipien können beide beeinflussen, und die Hörströme bestehen typischerweise aus beiden.[58]

Einheiten:

[58] Dieser Abschnitt gibt einen Überblick über die Grundsätze der Gruppierung. Ein umfassenderer Überblick über die Faktoren, die das sequentielle Streaming beeinflussen, findet sich in Moore und Gockel (2002).

Hörströme sind Einheiten, die in größere Ströme eingebettet sein können und eine „Einheit höherer Ordnung“ bilden.[59] Als ein Objekt wahrgenommen zu werden, bedeutet nicht, dass wir nicht zwischen einzelnen Teilen des Objekts differenzieren können. Wir können uns nicht nur eine Person auf der rechten Seite in Abb. 4.26 vorstellen, sondern wir können auch ihren Kopf, ihre Beine usw. lokalisieren. Stellen Sie sich eine Person vor, die durch einen Raum wandert. Obwohl wir wissen, dass die Person einen Kopf, Arme und Beine hat, werden diese einzelnen Körperteile nicht gesondert betrachtet, da eine Person nicht weggehen und den Kopf dort lassen kann, wo sie begonnen hat. Eine Note, die auf dem Klavier gespielt wird, wird sicherlich in einen Strom integriert werden. Dennoch ist es, zumindest mit etwas Übung, möglich, einzelne Frequenzen aus seinem Spektrum herauszuhören.

Die Alt-plus-Neu-Heuristik:

Wenn ein Teil des aktuellen Tons als Fortsetzung des vorherigen Tons interpretiert werden kann, wird er integriert und dann wird der verbleibende Teil zur Gruppierung analysiert. Dies wird auch als Heuristik bezeichnet, bei der der gesamte Müll in einem Bündel zusammengefasst wird.[60] Unbeaufsichtigte Elemente können immer noch innerhalb eines Streams gruppiert werden. Es macht es sogar einfacher, sie als Gruppe abzulehnen.

Das Prinzip der Zugehörigkeit:

Das Prinzip der Zugehörigkeit erzwingt die *ausschließliche Zuweisung* von Klangparametern. Das bedeutet, dass jeder Aspekt des Klangs immer ausschließlich Teil eines Stroms ist. Es dauert bis zu vier Sekunden, um einen Strom zu etablieren, und dieser Strom hält so lange an, bis es Anzeichen für eine neue, authentischere Gruppierung gibt, und zwar für mehrere Sekunden. „Dieser Konservatismus verhindert, dass das System in einer komplexen Umgebung zwischen den Wahrnehmungen einer unterschiedlichen Anzahl von Strömen hin und her schwankt.[61] Plötzliche Ereignisse, Ablenkungen oder Veränderungen der Aufmerksamkeit oder Konzentration können die Analyse der Szene zurücksetzen. Beim Sehen lässt sich das Prinzip der Zugehörigkeit leicht am Beispiel von Abb. 4.27 erkennen“. Hier können die Konturen entweder als drei Geigen oder als zwei Büsten gesehen werden; sie können nicht als zu beiden Objekten gleichzeitig gehörig betrachtet werden. Zusätzliche Anhaltspunkte können eine bestimmte Gruppierung erzwingen und eine andere beeinträchtigen.

Obwohl ein Teil des Klangs zu einem Strom gehört, muss er nicht als völlig verschieden von einem anderen Strom betrachtet werden. „Es gibt Ebenen der Wahrnehmungszugehörigkeit, die zwischen ‚demselben Ding‘ und ‚nicht verwandten Dingen‘ liegen.“[62] Da Einheiten Einheiten höherer Ordnung bilden können, können sie Beziehungen aufzeigen.

Rückwirkende Auswirkungen:

---

[59] Siehe Bregman (1990), S. 72.

[60] Bregman (1990), S. 450.

[61] Bregman (1990), S. 130.

[62] Siehe Bregman (1990), S. 204.

Abb. 4.27 Veranschaulichung des Prinzips der Zugehörigkeit. Im oberen Bild sind entweder mehrere Geigen oder zwei Personen, die Schulter an Schulter stehen, gleichzeitig zu sehen. Zusätzliche Hinweise können eine bestimmte Gruppierung erzwingen (unten), wie die kompletten Geigen (links) oder zusätzliche Gesichtszüge

Bei der Trennung der Hörströme kann es zu rückwirkenden Effekten kommen. Zwei Töne, die zur gleichen Zeit beginnen, können verschmelzen, d. h. sie werden in den gleichen Strom integriert. Wenn aber einer der Töne früher aufhört, werden die beiden wieder als unterschiedliche Töne betrachtet.

4.5.2 Prinzipien der primitiven Gruppierung

Primitive Gruppierungsprinzipien setzen keine Aufmerksamkeit, Wissen oder Erfahrung in Bezug auf Schallquellen voraus. Sie suggerieren typischerweise Gruppierungsmuster, die auf der Nähe oder Ähnlichkeit von zeitlichen oder spektralen Aspekten des Klangs basieren. Die folgenden Gruppierungsprinzipien fassen auftretende Phänomene zusammen:

1. Oberschwingungen
2. Klangfarbe
3. Annäherung
4. Das Schicksal
5. Synchronie
6. Kontinuität

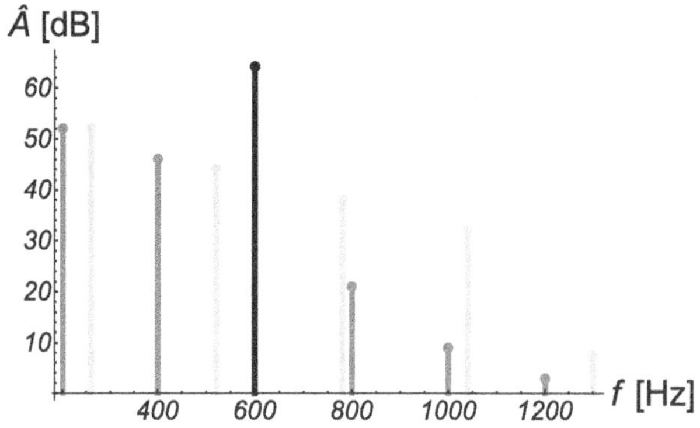

Abb. 4.28 Veranschaulichung des Prinzips der Harmonizität. Zwei harmonische Reihen sind mit unterschiedlichen Graustufen kodiert. Die schwarz eingezeichnete Frequenz ragt aufgrund ihrer hohen Amplitude aus der Reihe heraus. Sie kann daher als dritter Hörstrom wahrgenommen werden, insbesondere wenn ihr zeitliches Verhalten nicht mit dem Rest der Obertonreihe übereinstimmt

7. Flugbahnen
8. Schließung
9. Räumlicher Standort
10. Vergleich mit anderen Sinnen

Oberflächlichkeit:

Wenn Töne Obertöne eines gemeinsamen Grundtons sind, verschmelzen sie, was bedeutet, dass sie wahrscheinlich in einen Strom integriert werden. Bei einer unharmonischen Reihe nimmt das Gehör eine „Best-Fit"-Annahme[63] vor, was zu einer weniger starken Integration führt. Allerdings können sehr laute harmonische und unharmonische Spektralkomponenten aus einem Dampf herausragen und sich absetzen. Ein Beispiel ist in Abb. 4.28 dargestellt.

Klangfarbe:

Eine gemeinsame Harmonizität gruppiert auch aufeinanderfolgende Klänge in denselben Strom. Ähnliche Klangfarbe, spektrale Ausgewogenheit oder auditive Helligkeit und Einfachheit des Verhaltens der Obertöne und des Anschlags unterstützen diese Integration, selbst wenn sich die Frequenzverhältnisse der Töne in aufeinanderfolgenden Klängen ändern. Beachten Sie, dass die Klangfarbe bereits eine Eigenschaft eines Stroms ist. Sie ist das Ergebnis der spektralen Gruppierung. Daher ist die Trennung von Streams auf der Grundlage der Klangfarbe vor allem eine Frage der zeitlichen Gruppierung.

Nähe einer Folge von Frequenzen:

Ähnlich klingende Geräusche werden gruppiert. Besonders in schnellen Sequenzen werden kurze Frequenzverschiebungen für eine Gruppierung bevorzugt.[64] Bregman (1990) zeigt dies in einem Hörtest, in dem drei hohe Töne 4, 5 und 6 mit drei tiefen Tönen 1, 2 und 3 ineinandergreifen. Obwohl die tatsächliche Sequenz 1-4-2-5-3-6 ist,

[63] Bregman (1990), S. 236.

[64] Bezeichnet als „Körte's law", siehe Bregman (1990), S. 22.

besteht die „scheinbare Bewegung“[65] aus einer 1-2-3- und einer 4-5-6-Sequenz. Die tatsächliche Sequenz, die zwischen hohen und tiefen Tönen hin und her springt, ist in zwei Ströme aufgeteilt, einen mit hohen und einen mit tiefen Tönen. Schnellere Sequenzen und größere Frequenzabstände zwischen den hohen und tiefen Tönen erhöhen die Gruppierungsstärke. Genaue Urteile über die Reihenfolge der Noten in schnellen Sequenzen sind nur für Noten innerhalb eines Stroms möglich. Dieses Experiment funktioniert auch bei fehlenden Grundtönen und wenn jeder Ton nur einem Ohr zufällig dargeboten wird, solange das andere gleichzeitig z. B. durch Rauschen stimuliert wird. Spektrale Kanten, spektrale Ausgewogenheit und Frequenznähe spielen bei dieser Gruppierung eine zentrale Rolle.[66] Auch ein reiner Ton kann sich mit komplexen Tönen integrieren, wenn er einem Oberton ähnlich ist.

Gemeinsames Schicksal:

Wenn sich verschiedene Teile des Klangs auf die gleiche Weise, mit einem Verhältnis, verändern, werden sie in den gleichen Strom integriert, insbesondere bei Frequenz- und Amplitudenmodulationen. Dies gilt sogar für Mikromodulationen und die Periodizität von Schlägen. Ändert man hingegen die Frequenz, die Amplitude oder nur einen Teilton, so wird dieser aus dem Strom herausgelöst. Auch die Echounterdrückung lässt sich durch ein gemeinsames Schicksal erklären. Echos sind eine leicht veränderte Wiederholung des Direktschalls und integrieren sich daher in denselben Strom, sofern ihr zeitlicher Abstand nicht zu groß ist. Sie haben also durchaus eine verstärkende Wirkung und können die wahrgenommene Quellbreite verändern. Erst wenn die Integrationszeit des Gehörs von 50 ms überschritten wird, handelt es sich um ein Echo des Direktschalls. In diesem Fall kann das Echo die Klarheit und Verständlichkeit des Direktschalls verringern.

Synchronität:

Die Synchronität von Tönen, insbesondere das synchrone Einsetzen, führt zu einer Verschmelzung, insbesondere dann, wenn An- und Abschwellen höherer Obertöne und der entsprechende Grad an spektralen Schwankungen zusammenfallen. Diese Verschmelzung findet bei harmonischen und unharmonischen Tönen statt. Synchrone Änderungen der Frequenz, der Amplitude oder der räumlichen Richtung erzwingen eine Integration. Ein Beispiel für synchrone Onsets ist in Abb. 4.29 dargestellt. Die Abbildung zeigt eigentlich die Zeitreihe von Abb. 4.28.

Kontinuität:

Eine kontinuierliche, sanfte Änderung führt zu einer besseren Gruppierung als plötzliche Änderungen. Ein Ton, dessen Tonhöhe sich im Laufe der Zeit ändert (gleitend), wird wahrscheinlich in einen Strom integriert, während eine plötzliche Tonhöhenänderung als zwei aufeinander folgende Töne wahrgenommen wird, was eine Trennung unterstützen kann. Beim Sehen wird dies als gute Kontinuität bezeichnet, was in Abb. 4.30 gezeigt wird. In Version 1 wird die unregelmäßige Figur als einheitliche Form wahrgenommen, und zwar aufgrund der gleichmäßigen Fortsetzung und unseres Vorwissens über ein gebündeltes Paar von Achtelnoten. Die Wahrnehmung erfolgt trotz der Tatsache, dass die Noten durch eine Linie getrennt sind, die zum wei-

---

[65] Bregman (1990), S. 21.

[66] Siehe Bregman (1990), S. 76, 90 und 93.

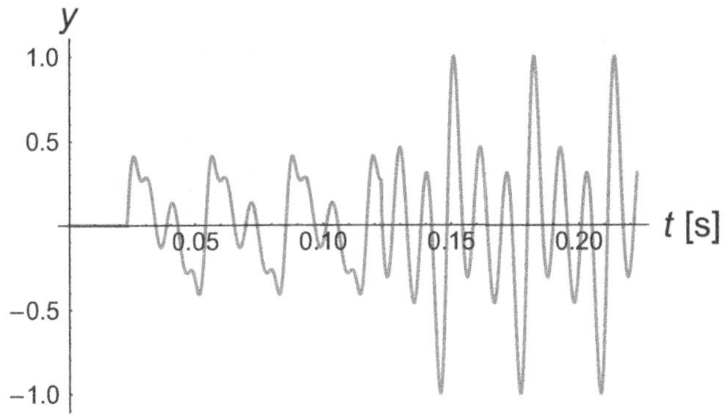

Abb. 4.29 Veranschaulichung des Prinzips der Synchronität. Fünf Frequenzen beginnen gleichzeitig und erzeugen einen harmonischen Klang. Nach etwa drei Perioden setzt ein weiterer Teilton mit viel höherer Amplitude ein und ragt optisch und akustisch hervor

Abb. 4.30 Veranschaulichung des Prinzips der guten Fortführung durch drei leicht veränderte Versionen von gebündelten Achtelnoten

ßen Rechteck zu gehören scheint. In Version 2 sind die Noten immer noch erkennbar, erscheinen aber durch eine Verschiebung des Teils auf der rechten Seite der vertikalen Linie unstetig. In Version 3 ist neben der vertikalen Verschiebung auch die Neigung des rechten Teils der Form unterschiedlich. Dadurch werden die beiden Hälften weiter voneinander getrennt. Natürlich kann auch das Wissen über die Punktzahlen zum Eindruck einer richtigen und zwei falschen Versionen beitragen. Auf Wissen basierende Gruppierungsprinzipien werden als *schemabasierte* Gruppierungsprinzipien bezeichnet, die später in diesem Abschnitt behandelt werden.

Flugbahnen:

Sich kreuzende Linien werden beim Sehen nicht als gleiche Winkel wahrgenommen, die einander tangieren. Bei der auditiven Wahrnehmung ist das Gegenteil der Fall. Sequenzen, die sich in der Tonhöhe kreuzen, werden als Sequenzen wahrgenommen, die konvergieren, sich treffen und wieder divergieren. „Wenn eine fallende Tonfolge eine steigende Tonfolge kreuzte, waren die Hörer tendenziell nicht in der Lage, einer der beiden Tonfolgen über den Kreuzungspunkt hinweg zu folgen.“[67]

Schließung:

[67] Siehe Bregman (1990), S. 447.

Abb. 4.31 Veranschaulichung des Schließungsprinzips beim Sehen und Hören. Ein systematisch in der Tonhöhe gleitender Ton, der von Stille unterbrochen wird, wird durch eine unterbrochene Zickzacklinie dargestellt. Wenn die Stille mit Geräuschen (Balken) aufgefüllt wird, scheint der in der Tonhöhe gleitende Ton kontinuierlich zu sein, ebenso wie die Zickzacklinie. (Nach Bregman (1990), S. 28)

Klänge scheinen fortzubestehen, auch wenn sie physisch nicht vorhanden sind. Eine wiederholte Note mit kurzer Stille zwischen den Tönen wird als eine Sequenz gehört. Wenn jedoch die Lücken zwischen den Noten mit einem maskierenden Ton gefüllt werden, wird die wiederholte Note als ein kontinuierlicher Ton wahrgenommen, der durch das maskierende Signal unterbrochen wird. Wir folgen einem Strom auch dann, wenn er maskiert oder überlagert ist. Abb. 4.31 veranschaulicht dieses Prinzip beim Sehen und Hören. Die periodisch ansteigenden und abfallenden Linien, die durch Lücken unterbrochen sind, werden als unterschiedliche Winkel wahrgenommen, obwohl man sie als zusammenhängend betrachten kann. Füllt man die Lücken mit Streifen auf, so entsteht der Eindruck einer durchgehenden Zickzacklinie, die teilweise von den Streifen verdeckt wird. Das Gleiche gilt für den Klang. Töne mit periodisch auf- und absteigenden Tonhöhengleitern, unterbrochen von Stille, werden als einzelne, wenn auch zusammenhängende Ereignisse wahrgenommen. Werden die stummen Abschnitte mit maskierendem Rauschen aufgefüllt, führt dies zur Wahrnehmung eines kontinuierlichen Tons, der gelegentlich durch das Rauschen verdeckt wird.

Räumliche Lage:

Geräusche, die als vom selben Ort stammend wahrgenommen werden, werden in der Regel in einem Hörstrom zusammengefasst. Jedes Frequenzband wird separat behandelt, daher müssen Geräusche aus jedem Band gemäß den in Abschn. 4.4 beschriebenen Lokalisierungsmechanismen lokalisiert werden. Das bedeutet jedoch nicht, dass wir nicht zwischen mehreren Geräuschen unterscheiden können, nur weil sie vom selben Ort stammen. Wäre dies der Fall, wäre es sehr schwierig, tomophone Musik zu hören. Natürlich können wir die melodische Linie eines einzelnen Instruments in einem Musikensemble verfolgen, auch bei monophoner Wiedergabe. Aber die Trennung der Quellen wird einfacher, wenn die Instrumente nicht an einem gemeinsamen Ort stehen. Vor allem, wenn die Instrumente eine ähnliche Klangfarbe haben und gut gestimmt und getaktet sind, neigen sie dazu, in einen Strom integriert zu werden, da viele Prinzipien der Szenenanalyse eine solche Integration nahelegen. Eine unterschiedliche räumliche Position kann jedoch eine Trennung der Streams erleichtern. Aus diesem Grund neigen Tontechniker dazu, Instrumente an verschiedene Orte zu schwenken, wenn sie als einzelne Instrumente und nicht als Ensemble wahrgenommen werden sollen. Um die Trennung zu verstärken, werden sie leicht verstimmt oder verzögert. Dieses Verfahren wurde bereits in Abschn. 2.3 erörtert. Die Motivation hinter diesem Verfahren ist offensichtlich, mehrere Trennungshinweise für das auditorische System zu schaffen.

Umgekehrt können Geräusche, die bereits in einen Hörstrom integriert sind – sei es aufgrund einer ähnlichen Klangfarbe, Tonhöhe, Synchronität, eines ähnlichen Schicksals usw. –, an derselben Position lokalisiert werden. Diese Position kann durch den Prioritätseffekt, d. h. die Position der zuerst eintreffenden Wellenfront, dominiert werden, wie in Abschn. 4.4.5 beschrieben. Oder es handelt sich um den Bereich, in dem die meisten Teiltöne lokalisiert werden, außer bei sehr hohen und sehr niedrigen Frequenzen und im Bereich zwischen 1,5 und 3 kHz, wo die Lokalisierung nicht eindeutig ist. Es wird angenommen, dass das auditorische System eine Art Handel durchführt, wenn verschiedene Aspekte des Klangs eine widersprüchliche Gruppierung anzeigen. Je früher eine Gruppierungsinformation entlang der Hörbahn extrahiert wird, desto stärker wird diese Information für die endgültige Gruppierungsentscheidung gewichtet. Wenn z. B. ILDs auf einen anderen Quellort als ITDs hinweisen, ist der wahrgenommene Quellort ein Kompromiss zwischen beiden Orten. In diesem Fall können ILDs etwas stärker gewichtet werden, da diese Information in einem früheren Stadium der Hörbahn extrahiert wird. Weitere Informationen, wie die Analyse von Obertonreihen oder Gruppenmodulationen, werden in den Handelsprozess einbezogen. Dies könnte entweder die Integration von Schallströmen fördern, so dass ein Geräusch als von der erkannten Quelle stammend wahrgenommen wird. Oder diese zusätzlichen Informationen fördern eine Trennung der Ströme. In diesem Fall sind möglicherweise zwei Quellen zu hören. Dies ist wahrscheinlich, wenn diese Informationen mit der abgeleiteten ILD und den Informationen übereinstimmen. Wenn z. B. Frequenzen, deren ILDs auf einen bestimmten Ort zeigen, auch eine Obertonreihe sind, ist es noch wahrscheinlicher, dass sie in einen Hörstrom integriert werden. Wenn die Frequenzen, deren ITDs auf eine andere Stelle zeigen, nicht zu dieser harmonischen Reihe beitragen, aber synchrone Amplituden- oder Frequenzmodulationen aufweisen, werden sie wahrscheinlich in einen anderen Hörstrom integriert. Diese beiden Ströme werden dann voneinander getrennt. Sie werden als zwei Quellen an zwei verschiedenen Orten gehört. Im Widerspruch zu der stärkeren Gewichtung früherer abgeleiteter Aspekte der auditorischen Wahrnehmung steht die Beobachtung, dass die harmonische Struktur und die gemeinsame Anfangszeit die Integration der Hörströme gegenüber dem gemeinsamen Ort, der Dauer oder der Lautstärke dominieren.[68]

Andere Sinne:

Der Vergleich mit anderen Sinnen, wie dem Sehen, dem Gleichgewicht oder dem Tastsinn, kann die Gruppierung beeinflussen. Wir glauben, dass ein Geräusch von der Quelle kommt, die durch die visuelle Wahrnehmung suggeriert wird, z. B. durch ähnliche zeitliche Muster, insbesondere eine Änderung der Intensität der Bewegung oder eine entsprechende Änderung der vertikalen Position und der Tonhöhe. Dieses

[68] Siehe z. B. Cariani und Micheyl (2012), S. 360.

Prinzip ist als „Bauchrednereffekt“ bekannt.[69] In der Regel ist das Sehen sogar leicht dominanter als das Hören. Auch der Tastsinn kann die Gruppeneinteilung beeinflussen. Wind von hinten, zusammen mit dem klappernden Geräusch einer Holzwand, deutet darauf hin, dass im hinteren Bereich ein physisches Ereignis stattgefunden hat.

4.5.3 Schemabasierte Gruppierungsprinzipien

Bereits Säuglinge zwischen 1,5 und 3,5 Monaten zeigen Anzeichen von Hörstromtrennung.[70] Ein sechs Monate altes Kind kann jedoch Schallquellen nur mit einer Genauigkeit von etwa 15° lokalisieren, obwohl die physiologische Entwicklung der spektralen Auflösung abgeschlossen ist. Außerdem benötigen sie deutlichere Hinweise.[71] Daher kann man davon ausgehen, dass weitere Verbesserungen auf Erfahrung beruhen, was auch für andere Organisationshinweise der Fall sein könnte.

Gelernte Muster, wie diatonische Sequenzen, können zu einer Segregation des Hörstroms führen. Z. B. „springt“ eine nicht-diatonische Note in einer diatonischen Sequenz heraus, d. h. segregiert, da sie nicht in ein erlerntes Muster passt.[72] Die Intention eines Hörers kann eine gewünschte Art der Gruppierung innerhalb bestimmter Grenzen bevorzugen. So kann beispielsweise das Hören einer Tonfolge als ein oder als zwei getrennte Ströme willentlich gewählt werden, solange das Tempo nicht zu schnell ist und die Intervalle nicht zu klein für eine Segregation oder zu groß für eine Integration sind. Ein ähnliches Phänomen ist die Fähigkeit, sich auf bestimmte Aspekte des Klangs zu konzentrieren, z. B. einen bestimmten Ton oder ein bestimmtes Instrument herauszuhören, und daher die Hörszene bei Bedarf neu zu organisieren. Es ist leichter, einen Teil einer Sequenz gegen die von den primitiven Prinzipien erzwungene Gruppierung abzutrennen, als etwas zu integrieren, das durch die primitive Gruppierung abgetrennt würde.

4.5.4 Organisation auf der Grundlage der Prinzipien der auditiven Szenenanalyse

Je mehr Prinzipien die gleiche Art der Gruppierung vorschlagen, desto stärker wird die Gruppierung. In einigen Fällen führen die verschiedenen Prinzipien zu einer bestimmten Szenenanalyse mit deutlichen Integrationen in einzelne Hörströme und einer klaren Trennung zwischen ihnen. Nach dem Psychologen Garner (1974) „[...] ist die Güte der Muster mit der Redundanz der Muster korreliert.“[73] In vielen Fällen steht jedoch die Gruppierung, die sich aus einem oder mehreren Prinzipien ergibt,

[69] Siehe z. B. Bregman (1990), S. 183 oder Schmidhuber et al. (2011).

[70] Siehe z. B. Bregman (1990), S. 405.

[71] Vgl. Werner (2012), S. 4 ff.

[72] Siehe Bregman (1990), S. 136.

[73] Siehe Garner (1974), S. 10.

im Widerspruch zu der Gruppierung, die sich aus anderen ergibt. In diesen Fällen können Prinzipien andere dominieren und ihre eigene Organisationspräferenz erzwingen, wie bereits im Vasengesicht in Abb. 4.27 dargestellt. Manchmal führt dies zu einer Verunsicherung über die Gruppierung. Im schlimmsten Fall können widersprüchliche Prinzipien sogar zu einer totalen Verwirrung führen. Bregman (1990) spricht von einem „Wettbewerb zwischen alternativen Organisationen“.[74]

Obwohl die Gruppierungsprinzipien auf bestimmten Parametern des Klangs beruhen, kann ein Hörstrom einen Gruppenwert für einen bestimmten Parameter haben, der sich von den Werten der einzelnen Komponenten der Gruppe unterscheidet. Wenn Klänge von verschiedenen Orten aufgrund der Dominanz anderer Prinzipien – wie Harmonizität, Klangfarbe, Schicksal, Synchronität usw. – in einen Strom integriert werden, werden sie wahrscheinlich einen gemeinsamen Gruppenort erhalten. „Das Gehör scheint alle Teile eines Klangs als vom selben Ort stammend wahrnehmen zu wollen, und wenn andere Hinweise die Verschmelzung von Komponenten begünstigen, werden diskrepante Orte für diese Komponenten möglicherweise ignoriert. Es ist, als wolle das Gehör eine schöne, konsistente Geschichte über den Klang erzählen“.[75]

Ein Hörstrom kann Eigenschaften erhalten, die die einzelnen Elemente innerhalb des Stroms nicht haben. Nach von Ehrenfels (1890) kann das Ganze mehr sein als die Summe.[76] Außerdem sind die Beziehungen zwischen Elementen innerhalb eines Stroms klarer als zwischen denen zweier verschiedener Ströme, z. B. sind Intervalle zwischen Noten eines Akkords leichter zu erkennen als zwischen Instrumenten mit unterschiedlichen Klangfarben und Standorten. Auch Dissonanzen zwischen Frequenzen desselben Stroms werden viel stärker wahrgenommen als zwischen Frequenzen verschiedener Ströme. Es ist schwieriger, mit einem Metronom mitzuklopfen oder mitzuzählen, wenn die Klicks in verschiedene Strömungen fallen, z. B. weil sich die Position des Klickgeräuschs ändert oder die einzelnen Klicks sich im Spektrum stark unterscheiden. Oftmals wird eine zeitliche Überlappung zwischen Elementen verschiedener Streams wahrgenommen, die bis zu 50 ms Stille dazwischen haben. Dies zeigt die Unsicherheit bei einem Vergleich zwischen Elementen aus verschiedenen Streams. Es ist schwer, eine Melodie aus einem Musikstück herauszuhören, wenn die einzelnen Töne Elemente verschiedener Ströme sind oder wenn sie zusammen mit ablenkenden anderen Tönen in einen Strom integriert sind. Obwohl alle Noten der Melodie physisch gehört werden, ist es in diesem Fall fast unmöglich, sie zu erkennen. Bregman (1990) nennt dieses Phänomen „sequentielle Ausblendung“ oder „recognition masking“.[77]

Andererseits können Klänge, die in einen Strom integriert sind, „[...] etwas von ihrer ursprünglichen Bedeutung verlieren, wenn sie in eine größere Einheit inte-

---

[74] Siehe Bregman (1990), S. 165.

[75] Siehe Bregman (1990), S. 305 f.

[76] Diese gestalterische Qualität wird als „Übersummenhaftigkeit“ bezeichnet, siehe von Ehrenfels (1890), S. 249 ff.

[77] Siehe Bregman (1990), S. 172.

griert werden.“[78] Es ist zum Beispiel nicht einfach, alle Teiltöne eines komplexen Klangs oder alle Noten eines 4- oder 5-stimmigen Akkords zu unterscheiden. Bei einer schnellen Sequenz von vier Tönen, die in einen Strom integriert wurden, waren die Versuchspersonen nicht in der Lage, die Reihenfolge des zweiten und dritten Tons zu erkennen. „[...] [D]ie Phrasierung einer Tonfolge macht einige ihrer Tonhöhen weniger deutlich.“[79] Die Lokalisierung einer Quelle basiert auf der Gruppierung derjenigen Komponenten komplexer, sich überlagernder Klänge, die mit demselben Hörereignis in Verbindung gebracht werden können.[80] Folglich kann eine subjektiv gesicherte Quelle die Wahrnehmung der Klangfarbe unterdrücken, was die Unhörbarkeit des Kammfiltereffekts bei der Stereowiedergabe erklärt.[81] Trotz dieses Detailverlustes ermöglicht die Bildung getrennter Ströme einen Vergleich der globalen Eigenschaften.

Da Gruppierungsprinzipien miteinander in Konflikt geraten können, gibt es auch Fälle, in denen Prinzipien, die die Eigenschaften von Hörströmen betreffen, verletzt werden. Wenn z. B. die Prim und die Quinte eines Dreiklangs dem einen Ohr dargeboten werden, während die Terz dem anderen Ohr dargeboten wird, nehmen viele Hörer auf dem einen Ohr einen vollständigen Akkord und auf dem anderen Ohr die einzelne Note wahr.[82] Ein Paradoxon bei der Gruppierung ist, dass die Klangfarbe ein wichtiger Parameter für die sequenzielle Gruppierung ist, obwohl die Klangfarbe bereits ein Ergebnis der spektralen Gruppierung ist.

Wenn ein Teil des Schalls nicht in einen Strom integriert werden kann, wird er wahrscheinlich für die weitere Wahrnehmung vernachlässigt; er wird überhört werden. Diese natürliche Auslese ist notwendig, um die Masse an Informationen aus der Umwelt auf eine Menge zu reduzieren, die wir verarbeiten können, um eine Reizüberflutung zu vermeiden. Diese Reduktion der Informationen kann als Mangel missverstanden werden. Es ist aber die auditive Szenenanalyse, die uns zuverlässige Informationen über die akustische Außenwelt liefert. Sie ist die Grundlage unseres Verständnisses der auditiven Welt, wie sie aus allen überlagerten akustischen Signalen, mit denen wir konfrontiert werden, interpretiert wird. Die computergestützte Hörszenenanalyse ist aus der Idee entstanden, diese beeindruckende Fähigkeit durch Nachahmung von Mechanismen des Hörsystems zu berechnen. Dieser Ansatz könnte das Potenzial haben, Klanganteile ihrem physikalischen Geschehen zuzuordnen und so Musikinstrumente aus einer Orchesteraufnahme zu identifizieren oder Sprache in einer lauten Umgebung zu erkennen.[83]

[78] Siehe Bregman (1990), S. 140.

[79] Siehe Bregman (1990), S. 475.

[80] Siehe Theile (1980), insbesondere S. 24.

[81] Siehe Ono et al. (2002), S. 2 und Theile (1980), S. 12. Einzelheiten zum Kammfiltereffekt bei der Stereowiedergabe finden sich in Abschn. 7.2.2.

[82] Siehe Bregman (1990), S. 693.

[83] Konzepte, Algorithmen und der Stand der Forschung werden in Rosenthal und Okuno (1998) sowie Wang und Brown (2006) ausführlich beleuchtet.

4.5.4.1 Auditive Illusionen

Wenn Parameter abweichende Gruppierungen suggerieren, erschwert dies die Szenenanalyse und kann zu einer Unschärfe und sogar zu auditiven Täuschungen führen.

Eine solche Täuschung kann durch einen Konflikt zwischen visueller und auditiver Information entstehen. Bregman (1990) machte die Erfahrung, dass ein „baba“-Laut auf einem „gaga“-sprechenden Gesicht ähnlich klingt wie „baba“, aber mit offenem Mund, selbst für ihn, der den „Trick“ bewusst kannte. Die Aussprache kann aufgrund eines widersprüchlichen Einflusses des *Sehens*, der zu stark ist, um ihn zu ignorieren, anders *klingen*.[84] Dieser Effekt wurde bereits von McGurk und McDonald (1976) beschrieben, die Probanden ein Video eines „ga“-sprechenden Sprechers zeigten, während sie einen „ba“-Laut abspielten.[85] Sie berichteten, dass sie einen „da“-Laut hörten, eine Silbe, die ihrer Meinung nach zwischen diesen beiden liegt. Daher wird dieser Effekt manchmal auch als „McGurk-Effekt“ bezeichnet.[86] Donnadieu (2007) fasst die Ergebnisse mehrerer Hörtests zusammen, die einen Einfluss visueller Hinweise auf die Hörwahrnehmung belegen.[87] So wurde beispielsweise festgestellt, dass visuelle Informationen die Lautheitswahrnehmung beeinflussen. Außerdem beeinflussten sie in einem Hörtest mit hybriden Klängen, die zwischen gestrichen und gezupft lagen, in hohem Maße die Beurteilung, wie „gestrichen“ oder „gezupft“ ein Instrument klang. Videos, die einen Instrumentalisten beim Zupfen einer Saite zeigten, hatten einen signifikanten Einfluss, der bei der gleichen Versuchsanordnung mit einem Video, das lediglich das Wort „gezupft“ zeigte, nicht beobachtet werden konnte. Dieses Ergebnis deutet darauf hin, dass das Wissen – und sogar der Glaube an das Wissen – über die Entstehung eines Klangs dessen wahrgenommene Qualität beeinflusst. Diese ökologische Wahrnehmungsweise könnte die Ursache für die freie Gruppierung ähnlicher Klänge durch die Versuchspersonen auf der Grundlage des Erzeugungsmechanismus und des Resonanzkörpertyps von Instrumenten in Klangfarbenstudien sein, wie in Abschn. 2.1 beschrieben. Eine weitere Täuschung, die auf der Nichtübereinstimmung von visuellen und auditiven Informationen beruht, ist der Bauchrednereffekt, der bereits in diesem Kapitel beschrieben wurde.

Bregman (1990) beschreibt außerdem, wie ein Oboenton mit zwei Lautsprechern wiedergegeben wurde. Ein Lautsprecher spielte die geraden Teiltöne, einer die ungeraden, beide mit den gleichen Mikromodulationen in der Frequenz. Der wahrgenommene Klang war ein Oboenton mit der ursprünglichen Tonhöhe, die irgendwo zwischen den beiden Lautsprechern lag. Als die Frequenzschwankungen unabhängig voneinander auf jedem Lautsprecher verändert wurden, teilte sich der wahrgenommene Klang in zwei Ströme auf; die ungeraden und geraden Teiltöne wurden als unterschiedliche Klänge identifiziert, die von zwei verschiedenen Orten

---

[84] Siehe Bregman (1990), S. 183 f.

[85] Siehe McGurk und McDonald (1976).

[86] Siehe z. B. Donnadieu (2007), S. 305.

[87] Siehe Donnadieu (2007), S. 305 f.

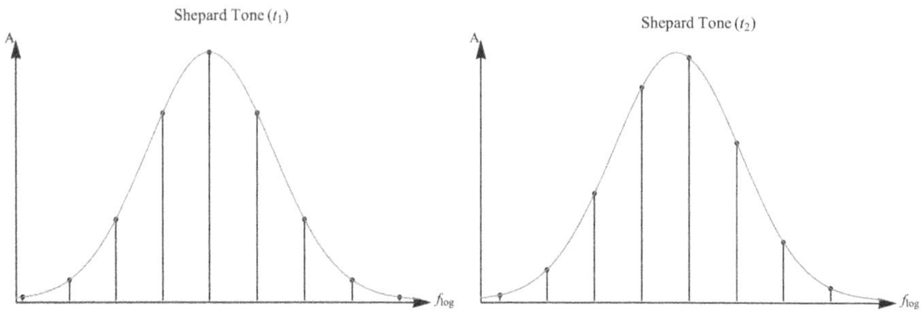

Abb. 4.32 Spektren eines Shepard-Tons zu zwei verschiedenen Zeitpunkten. Obwohl alle Teiltöne in der Frequenz zunehmen, bleibt der Spektralschwerpunkt nahezu unverändert. Wenn ein Teilton die Hüllkurve am oberen Frequenzende verlässt, tritt ein neuer Teilton am unteren Frequenzende ein. Dadurch entsteht der Eindruck einer unendlich ansteigenden Tonhöhe

ausgingen. Die Klänge hatten sogar eine unterschiedliche Tonhöhe, da die ungeraden Obertöne Vielfache des ersten und die geraden Obertöne Vielfache des zweiten Teils des ursprünglichen Oboenklangs sind. In diesem Beispiel bestimmte die Gruppierung die wahrgenommene Tonhöhe und den Ort.[88]

Die „Shepard-Täuschung" ist ebenfalls eine Hör-Täuschung, die auf szenenanalytische Prinzipien zurückgeht:[89] Bei einem komplexen Ton haben alle benachbarten Teiltöne das gleiche Basisintervall, z. B. ein Frequenzverhältnis von 1:2. Eine symmetrische spektrale Hüllkurve steigt von den tiefen Frequenzen zur Mittenfrequenz hin an und fällt zu höheren Frequenzen hin ab, wobei sie an den Grenzen des hörbaren Frequenzbereichs gegen 0 konvergiert. Typischerweise wird eine Gaußsche Glockenkurve als Hüllkurve gewählt, aber auch Dreiecke und andere achsensymmetrische Kurven erfüllen den Zweck. Wenn nun alle Teiltöne dieses Klangs bei gleichbleibendem Intervall langsam ansteigen, wird die höchste Frequenz ausgeblendet, während eine neue tiefste Frequenz eingeblendet wird. Sobald alle Frequenzen um das Basisintervall angestiegen sind, entspricht der Ton wieder genau seinem Ausgangszustand. Während dieses Zyklus ändert sich der Spektralschwerpunkt kaum. Dieser *Shepard-Ton* ist in Abb. 4.32 dargestellt. Tatsächlich handelt es sich um einen komplexen Ton und nicht um einen Sinuston. Beim Hören eines solchen Tons entsteht trotz der zyklischen Wiederholung der Eindruck einer unendlich ansteigenden Tonhöhe. Genauer gesagt weist der Ton eine unendlich taktweise zyklische Veränderung des Chromas auf, während er ziemlich konstant bleibt.[90]

---

[88] Siehe Bregman (1990), S. 256 ff.

[89] Siehe Shepard (1964), Burns (1981) und Leman (1995), S. 23 ff. für Details zur Tonhöhenwahrnehmung und der Shepard-Illusion.

[90] Ziemer und Schultheis (2018a), Ziemer et al. (2018) und Ziemer und Schultheis (2018b) erklären, wie der Shepard-Ton entsteht und wie er von passiven Hörern und in einer interaktiven Aufgabe wahrgenommen wird.

4.5.5 Auditive Szenenanalyse in der Komposition

Eigenschaften wie Rhythmus oder Harmonie sind mehr als die Summe von aufeinanderfolgenden oder gleichzeitigen Klängen. Es ist die Analyse der Hörszene, die diese Eigenschaften hervorbringt, die wichtige Qualitäten der Musik sind. Gleichzeitige Gruppierung erzeugt Klangfarben und Akkorde, sequenzielle Gruppierung erzeugt Melodie. Bei Kadenzen wird die Stromtrennung zugunsten der Integration reduziert.

Komponisten arbeiten viel mit Gruppierungen, bewusst oder unbewusst. Ensembles sollen durch die Integration einen globalen Klang haben. Kontrapunkte in der Barockmusik sind ein gutes Beispiel für getrennte Ströme. Zwei gleichzeitige melodische Linien werden deutlich wahrgenommen, weil sie Gruppierungsprinzipien folgen. Diese führen zu einer starken Integration der beiden Linien durch ähnliche Tonhöhenbereiche, Klangfarbe, Lage und ein schnelles Tempo. Gleichzeitig gibt es eine deutliche Trennung zwischen ihnen. Die Melodien bestehen aus kleinen Schritten, um sie zusammenzuhalten. Sie haben unterschiedliche Orte, Klangfarben, Tonhöhenbereiche und Rhythmen und keine sich kreuzenden Bahnen. Es werden keine parallelen Bewegungen in Oktaven oder Quinten durchgeführt, wahrscheinlich weil sie die Integration erzwingen würden. Wenn sich eine Linie nach oben bewegt, neigt die andere dazu, sich nach unten zu bewegen, um ihrem Schicksal zu entgehen. Zusammengesetzte melodische Linien, die auch aus der Barockmusik bekannt sind, verwenden rasche Wechsel von hohen und tiefen Tönen auf demselben Instrument, um interessante Melodien zu schaffen, die „zwischen einem und zwei Strömen zweideutig" sind, ähnlich der virtuellen Polyphonie.[91] Wie Bregman (1990) feststellt, „[...] versucht die Musik oft, das auditorische System zu täuschen, indem sie fiktive Ströme hört".[92] In der klassischen Musik wurde die Flöte verwendet, um das Spektrum der Violine zu bereichern, ohne als eigenständiges Instrument wahrgenommen zu werden, indem sie eine Oktave höher als die Violine spielte und daher in denselben Strom integriert wurde. Soloinstrumente werden durch leichte Verstimmung, Vibrato, Rubato, durch leichtes Schärfen oder eine andere räumliche Lage vom Orchesterklang abgegrenzt. Darüber hinaus werden Instrumentengruppen als eine Instrumentengruppe mit erhöhter Lautstärke, Klangfülle und vergrößertem Quellbereich wahrgenommen.

4.6 Nutzbarkeit von psychoakustischem Wissen für Audiosysteme

Die physikalische Beschaffenheit des Schalls in unserer Umwelt ist hochkomplex. Das auditorische System verfügt über zahlreiche Mechanismen, um die physikalischen Signale adäquat in psychologisch interpretierbare Repräsentationen zu über-

---

[91] Siehe Bregman (1990), S. 496 ff., 677 f, 457 f. und S. 464.

[92] Siehe Bregman (1990), S. 457.

tragen. Nicht alle Aspekte der physikalischen Schallreize tragen tatsächlich zu dieser mentalen Repräsentation bei. Manche Größen liegen unterhalb von Schwellenwerten, manche Veränderungen unterhalb von gerade noch wahrnehmbaren Unterschieden. So bestimmen absolute Schwellenwerte und Maskierungsschwellen den hörbaren Frequenz- und Pegelbereich, der von einem Audiosystem wiedergegeben werden soll. Gerade noch wahrnehmbare Unterschiede sowie Integrationszeiten geben Auskunft über die notwendige räumliche und zeitliche Präzision bei der Wiedergabe von Amplitude, Amplitudenänderung, Phasenänderung, Quellrichtung usw.

Daher kann psychoakustisches Wissen genutzt werden, um die Menge der aufzuzeichnenden, zu verarbeitenden und wiederzugebenden Daten ohne hörbare Auswirkungen zu reduzieren. Dies wird in der Praxis häufig angewandt. So neigen Mikrofone für Musikaufnahmen beispielsweise dazu, nur den hörbaren Frequenzbereich aufzuzeichnen. Alle digitalen Verfahren nutzen das zeitliche und dynamische Auflösungsvermögen der Ohren, indem sie kontinuierlichen Schall in zeitdiskrete Werte mit einer angemessenen Auflösung in Zeit und Dynamik abtasten. Die audio-cd reduziert kontinuierliche Schalldruckänderungen auf 44100 diskrete Schalldruckzustände pro Sekunde und kodiert den Dynamikbereich mit 16 Bit, was 2^{16} mögliche Werte zulässt.

Bader (2013) erörtert den Ansatz zur effizienten Kodierung von Geräuschen durch die Verwendung von Gammatönen, die die Nervenzellleistung des Gehörs imitieren.[93] kann als Schwellenwerterhöhung betrachtet werden, die durch einen lauten Ton verursacht wird. Experimente zur gleichzeitigen Maskierung führten zu recht genauen und gültigen Ergebnissen, was die Beziehung zwischen Maskierungsfrequenz und -amplitude und dem resultierenden Maskierungsmuster betrifft. Die zeitliche Maskierung zeigt eine größere Varianz und weniger Zuverlässigkeit. Darüber hinaus wurde eine Interaktion zwischen Maskierern in verschiedenen Frequenzbereichen sowie zwischen Maskierer und Maskiertem beobachtet, aber nicht vollständig verstanden. Die Existenz der binauralen Maskierung ist ein Beweis dafür, dass es neben der prozessbedingten Maskierung noch einen weiteren Maskierungsmechanismus gibt. Ein Geräusch, das ausschließlich ein Ohr erreicht, kann immer noch ein Geräusch maskieren, das ausschließlich das andere Ohr erreicht. Hier verursachen Prozesse auf höheren Stufen der Hörbahn den Maskierungseffekt. Hier könnten Efferenzen eine entscheidende Rolle spielen. Reine Töne, Rauschen mit kritischen Bandbreiten, weißes Rauschen und Gaußsche Schallbursts sind natürlich nicht die Art von Geräuschen, mit denen man typischerweise in einer natürlichen Hörsituation, in der Kommunikation oder bei musikalischen Darbietungen konfrontiert wird. Das Gleiche gilt für rein monotische oder dichotische Darbietungen. Die Maskierungseffekte, die in natürlichen Hörsituationen auftreten, könnten eine Art Mischung aus monauraler und binauraler Maskierung sein. Dennoch führten Untersuchungen der Maskierung zu einem Verständnis des Phänomens in zeitlicher und spektraler Hinsicht, was zu psychoakustischen Audiokompressionsmethoden führte, die in technischen Anwendungen wie AAC, AC-3

[93] Siehe Bader (2013), S. 632 ff.

und MP3 quantifiziert wurden.[94] Es eignet sich auch für eine Implementierung in ein System zur räumlichen Analyse und Synthese von Musikinstrumenten, wie in Kap. 9 erläutert wird.

Herkömmliche Audiosysteme basieren hauptsächlich auf psychoakustischen Methoden, um einen natürlichen Höreindruck zu erzeugen, und nicht auf der Nachbildung aller physikalischen Größen. Die räumliche Lokalisierung von Schallquellen kann vom Gehör mit hoher Präzision durchgeführt werden, insbesondere was den horizontalen Winkel in den frontalen Richtungen betrifft. Aus diesem Grund konzentrierten sich frühe stereophone Audiosysteme auf die Tonwiedergabe in diesem Bereich. Spätere Entwicklungen fügten Klänge aus den hinteren Richtungen hinzu, bezogen aber selten den seitlichen Klang, die Entfernung oder die dritte Dimension mit ein, da das Fernhören und die Lokalisierungsfähigkeit an den Seiten und in der Medianebene schwach sind. Die Hörströme erhalten einen Gruppenwert für Ort und Quellbreite. Daher kann es ausreichen, nur einige der akustischen Eigenschaften zu reproduzieren, um die ursprüngliche Hörszene zu erhalten. Die Theorie der Summenlokalisation wird in Stereosystemen verwendet, um den Eindruck einer Schallquelle an einer beliebigen Position zwischen zwei Lautsprechern zu erzeugen, indem systematisch manipulierte Signale über zwei Lautsprecher abgespielt werden. Geschichte, Entwicklung und Funktionsweise herkömmlicher stereophoner Audiosysteme werden in Kap. 7 behandelt.

Die Theorie der Schallfeldsynthese wird in Kap. 8 behandelt. Sie zielt darauf ab, alle in Kap. 5 behandelten Klangeigenschaften in einem großen Hörbereich physikalisch nachzubilden. Auf den ersten Blick scheint die Schallfeldsynthese die Anwendung psychoakustischer Methoden überflüssig zu machen. Wenn es jedoch um die tatsächliche Umsetzung geht, sind psychoakustische Überlegungen unerlässlich, wie in Abschn. 8.3 deutlich wird. Viele Forscher sagen voraus, dass die Zukunft von Audiosystemen in der Psychoakustik liegt.[95]

Literatur

Allen JB (2008) Nonlinear cochlear signal processing and masking in speech perception. In: Benesty J, Mohan Sondhi M, Huang Y (Hrsg) Springer handbook of speech processing, chapter 03. Springer, Berlin, S 27–60. https://doi.org/10.1007/978-3-540-49127-9_3

Ashihara K (2007) Hearing thresholds for pure tones above 16 kHz. J Acoust Soc Am 122(3):EL52–EL57. https://doi.org/10.1121/1.2761883

Backus J (1969) The acoustical foundations of music. W. W. Norton & Co, New York. https://doi.org/10.2307/843219

Bader R (2013) Nonlinearities and synchronization in musical acoustics and music psychology. Springer, Berlin. https://doi.org/10.1007/978-3-642-36098-5

Blauert J (1974) Räumliches Hören. Hirzel, Stuttgart

[94] Siehe z. B. Lerch (2008), S. 872 ff. Eine ausführliche Diskussion über MP3 findet sich in Ruckert (2005).

[95] Siehe z. B. Blauert (2008), Fastl (2010) und Spors et al. (2013).

Blauert J (1985) Räumliches Hören. Nachschrift-Neue Ergebnisse und Trends seit 1972. Hirzel, Stuttgart
Blauert J (1997) Spatial hearing. The pychophysics of human sound source localization, Revised. Aufl. MIT Press, Cambridge
Blauert J (2008) 3-d-Lautsprecher-Wiedergabemethoden. In: Fortschritte der Akustik – DAGA 2008. Dresden, Mar 2008, S 25–26
Blauert J, Braasch J (2008) Räumliches Hören. In: Weinzierl S (Hrsg) Handbuch der Audiotechnik, chapter 3. Springer, Berlin, S 87–122. https://doi.org/10.1007/978-3-540-34301-1_3
Brandter C (2007) Ein systematischer Ansatz zur Evaluation von Lautheitsmodellen. Uni-Edition, Berlin
Bregman SA (1990) Auditory scene analysis. MIT Press, Cambridge
Bruhn H (2002a) Verarbeitung einzelner Schallereignisse. In: Bruhn H, Oerter R, Rösing H (Hrsg) Musikpsychologie. Ein Handbuch, 4. Aufl. Rowohlt, Reinbek bei Hamburg, S 666–670
Bruhn H (2002b) Tonpsychologie – Gehörpsychologie – Musikpsychologie. In: Bruhn H, Oerter R, Rösing H (Hrsg) Musikpsychologie. Ein Handbuch, 4. Aufl. Rowohlt, Reinbek bei Hamburg, S 439–451
Bruhn H, Michel D (2002) Hören im Raum. In: Bruhn H, Oerter R, Rösing H (Hrsg) Musikpsychologie. Ein Handbuch, 4. Aufl. Rowohlt, Reinbek bei Hamburg, S 650–655
Burns EM (1981) Circularity in relative pitch judgements for inharmonic complex tones: the shepard demonstration revisited, again. Percept Psychophys 30(5):467–472. https://doi.org/10.3758/bf03204843
Cariani P, Micheyl C (2012) Toward a theory of information processing in auditory cortex. In: Poeppel D, Overath T, Popper AN, Fay RR (Hrsg) The human auditory cortex, Springer handbook of auditory research, vol 43, chapter 13. Springer, New York, S 351–390. https://doi.org/10.1007/978-1-4614-2314-0_13
David EE Jr (1988) Aufzeichnung und Wiedergabe von Klängen. In: Winkler K (Hrsg) Die Physik der Musikinstrumente. Spektrum der Wissenschaft, Heidelberg, S 150–160
Davis MF (2007) Audio and electroacoustics. In: Rossing TD (Hrsg) Springer handbook of acoustics, chapter 18. Springer, New York, S 743–781. https://doi.org/10.1007/978-0-387-30425-0_18
Dickreiter M (1978) Handbuch der Tonstudiotechnik, Bd 1, 2. Aufl. De Gruyter, München
Dickreiter M (1987) Handbuch der Tonstudiotechnik, Bd 1, 5., völl. neu bearb. u. ergänz. Aufl. De Gruyter, München
Donnadieu S (2007) Mental representation of the timbre of complex sounds. In: Beauchamp JW (Hrsg) Analysis, synthesis, and perception, chapter 8. Springer, New York, S 271–319. https://doi.org/10.1007/978-0-387-32576-7_8
Ehmer RH (1959) Masking patterns of tones. J Acoust Soc Am 31(8):1115–1120. https://doi.org/10.1121/1.1907836
von Ehrenfels C (1890) Über Gestaltqualitäten. Vierteljahrsschrift für wissenschaftliche Philosophie 14:249–292. https://doi.org/10.1515/9783035601602.106
Elliott LL (1962) Backward masking: monotic and dichotic conditions. J Acoust Soc Am 34(8):1108–1115. https://doi.org/10.1121/1.1918253
Fastl H (1977) Temporal masking effects: II. critical band noise masker. Acustica 36:317–331. https://www.ingentaconnect.com/contentone/dav/aaua/1977/00000036/00000005/art00003. Zugegriffen am 17.04.2020
Fastl H (1979) Temporal masking effects: III. pure tone masker. Acustica 43:282–294. https://www.ingentaconnect.com/contentone/dav/aaua/1979/00000043/00000005/art00004. Zugegriffen am 17.04.2020
Fastl H (2010) Praktische Anwendungen der Psychoakustik. In: Fortschritte der Akustik – DAGA 2010. Berlin, S 5–10
Friedrich H (2008) Tontechnik für Mediengestalter. Töne hören – Technik verstehen – Medien gestalten. Springer, Berlin
Friesecke A (2007) Die Audio-Enzyklopädie. Ein Nachschlagewerk für Tontechniker. K G Saur, Munich
Garner WR (1974) The processing of information and structure. Lawrence Erlbaum, New York

Gelfand SA (1990) Hearing. An introduction to psychological and physiological acoustics, 2. Aufl. Informa, New York/Basel

Grantham DW (1986) Detection and discrimination of simulated motion of auditory targets in the horizontal plane. J Acoust Soc Am 79(6):1939–1949. https://doi.org/10.1121/1.393201

Hall DE (2008) Musikalische Akustik. Ein Handbuch. Schott, Mainz

Haustein BG, Schirmer W (1970) Messeinrichtung zur Untersuchung des Richtungslokalisationsvermögens. Hochfrequenztech Elektroakust 79:96–101

Hellbrück J (1993) Hören. Physiologie, Psychologie und Pathologie. Hogrefe, Göttingen

Kling JW, Riggs LA (Hrsg) (1971) Woodworth & Schlossberg's experimental psychology, 3. Aufl. Holt/Rinehart and Winston, New York

Klinke R (1970) Neurophysiological basis of hearing. Mechanisms of the inner ear. In: Grüsser O-J, Klinke R (Hrsg) Pattern recognition in biological and technical systems. Proceedings of the 4th congress of the Deutsche Gesellschaft für Kybernetik held at Berlin, 6–9 Apr 1970. https://doi.org/10.1007/978-3-642-65175-5_29

Kostek B (2005) Perception-based data processing in acoustics. Springer, Berlin. https://doi.org/10.1007/b135397

Larcher V, Jot J-M (1999) Techniques d'interpolation de filtres audio-numériques. application á la reproduction spatiale des sons sur écouteurs. In: Congrès Français d'Acoustique, Marseille

Leman M (1995) Music and Schema theory. Cognitive foundations of systematic musicology. Springer, Berlin

Lerch A (2008) Bitdatenreduktion. In: Weinzierl S (Hrsg) Handbuch der Audiotechnik, chapter 16. Springer, Berlin, S 849–884. https://doi.org/10.1007/978-3-540-34301-1_16

Lin Y, Abdulla WH (2015) Audio watermark. Springer, Cham. https://doi.org/10.1007/978-3-319-07974-5

Luce RD (1993) Sound and hearing. A conceptual introduction. Lawrence Erlbaum, Hillsdale. https://doi.org/10.4324/9781315799520

Martens WL (1987) Principal components analysis and resynthesis of spectral cues to perceived directions. In: Proceedings of the international computer music conference. San Francisco, S 274–281

McGurk H, McDonald J (1976) Hearing lips and seing voices. Nature 264:746–748. https://doi.org/10.1038/264746a0

Meyer E, Burgtorf W, Damaske P (1965) Eine Apparatur zur elektroakustischen Nachbildung von Schallfeldern. Subjektive Hörwirkungen beim Übergang Kohärenz–Inkohärenz. Acustica 15:339–344. https://www.ingentaconnect.com/contentone/dav/aaua/1965/00000015/a00101s1/art00005. Zugegriffen am 17.04.2020

Middlebrooks JC, Green DM (1991) Sound localization by human listener. Annu Rev Psychol 42:135–159. https://doi.org/10.1146/annurev.ps.42.020191.001031

Moore BCJ, Gockel H (2002) Factors influencing sequential stream segregation. Acta Acust United Ac 88:320–332. https://www.ingentaconnect.com/contentone/dav/aaua/2002/00000088/00000003/art00004. Zugegriffen am 17.04.2020

Morikawa D, Hirashara T (2010) Signal frequency necessary for horizontal sound localization. Acoust Sci Tech 31(6):417–419

Myers DG (2008) Psychologie, 2. erweiterte und aktualisierte edition. Springer, Berlin. https://doi.org/10.1007/978-3-642-40782-6

Ono K, Pulkki V, Karjalainen M (2002) Binaural modeling of multiple sound source perception. coloration of wideband sound. In: Audio engineering society convention 112, Munich, May 2002

Preibisch-Effenberger R (1966) Die Schallokalisationsfähigkeit des Menschen und ihre Audioetaudiom Verwendung zur klinischen Diagnostik. PhD thesis, Technical University of Dresden, Dresden

Rosenthal DF, Okuno HG (1998) Computational auditory scene analysis. Lawrence Erlbaum, Mahwah

Ross B, Tremblay KL, Picton TW (2007) Physiological detection of interaural phase differences. J Acoust Soc Am 121(2):1017–1027. https://doi.org/10.1121/1.2404915

Ruckert M (2005) Understanding MP3. Syntax, semantics, mathematics and algorithms. GWV, Wiesbaden
Schmidhuber M, Völk F, Fastl H (2011) Psychoakustische Experimente zum Einfluss des Ventriloquismuseffekts auf Richtungsunterschiedsschwellen (minimum audible angles) in der Horizontalebene. In: Fortschritte der Akustik – DAGA 2011. Düsseldorf, S 577–578
Schneider A (2018) Pitch and pitch perception. Springer, Berlin, S 605–685. https://doi.org/10.1007/978-3-662-55004-5_31
Shepard RN (1964) Circularity in judgments of relative pitch. J Acoust Soc Am 36(12):2346–2353. https://doi.org/10.1121/1.1919362
Sodnik J, Susnik R, Tomazic S (2006) Principal components of non-individualized head related transfer functions significant for azimuth perception. Acta Acust United Acust 92:312–319. https://www.ingentaconnect.com/contentone/dav/aaua/2006/00000092/00000002/art00013. Zugegriffen am 17.04.2020
Spors S, Wierstorf H, Raake A, Melchior F, Frank M, Zotter F (2013) Spatial sound with loudspeakers and its perception: a review of the current state. Proc IEEE 101(9):1920–1938. https://doi.org/10.1109/JPROC.2013.2264784
Strube G (1985) Lokalisation von Schallereignissen. In: Bruhn H, Oerter R, Rösing H (Hrsg) Musikpsychologie. Ein Handbuch in Schlüsselbegriffen. Urban & Schwarzenberg, Munich, S 65–69
Terhardt E, Stoll G, Seewann M (1982) Algorithm for extraction of pitch and pitch salience from complex tonal signals. J Acoust Soc Am 71(3). https://doi.org/10.1121/1.387544
Theile G (1980) Über die Lokalisation im überlagerten Schallfeld. PhD thesis, University of Technology Berlin
Thurlow WR (1971) Audition. In: Kling JW, Riggs LA (Hrsg) Woodworth & Schlosberg's experimental psychology. Third American Edition, London, S 223–271
Verheijen, E (1997) Sound reproduction by wave field synthesis. PhD thesis, Delft University of Technology, Delft
Wang D, Brown GJ (2006) Computational auditory scene analysis. IEEE Press, Hoboken. https://doi.org/10.1109/9780470043387
Webers J (2003) Handbuch der Tonstudiotechnik. Analoges und Digitales Audio Recording bei Fernsehen, Film und Rundfunk, 8., neu bearb. Aufl. Franzis, Poing
Werner LA (2012) Overview and issues in human auditory development. In: Werner LA, Fay RR, Popper AN (Hrsg) Springer handbook of auditory research, chapter 01. Springer, New York, S 1–18. https://doi.org/10.1007/978-1-4614-1421-6_1
Ziemer T, Schultheis H (2018a) Psychoacoustic auditory display for navigation: an auditory assistance system for spatial orientation tasks. J Multimodal User Interfaces. https://doi.org/10.1007/s12193-018-0282-2 (Special Issue: Interactive Sonification)
Ziemer T, Schultheis H (2018b) A psychoacoustic auditory display for navigation. In: 24th international conference on auditory displays (ICAD2018), Houghton, June 2018. https://doi.org/10.21785/icad2018.007
Ziemer T, Below M, Krautwald P, Schade J, Obermöller H (2007) Ein Technical Report zum thema der ‚just noticeable differences' (JNDs) zeitlicher unterschiede in musikalischen Signalen. http://www.systmuwi.de/Pdf/Technical%20Reports/Technical%20Report-JND,%20Below,%20Ziemer,%20etc.pdf. Zugegriffen am 11.02.2013
Ziemer T, Schultheis H, Black D, Kikinis R (2018) Psychoacoustical interactive sonification for short range navigation. Acta Acust United Acust 104(6):1075–1093. https://doi.org/10.3813/AAA.919273
Zurek PM, Saberi K (2003) Lateralization of two-transient stimuli. Percept Psychophys 65(1):95–106. https://doi.org/10.3758/bf03194786
Zwicker E, Fastl H (1999) Psychoacoustics. Facts and models, 2. Aufl. Springer, Berlin. https://doi.org/10.1007/978-3-662-09562-1
Zwislocki JJ, Buining E, Glantz J (1968) Frequency distribution of central masking. J Acoust Soc Am 43(6):1267–1271. https://doi.org/10.1121/1.1910978

Kapitel 5
Räumlicher Klang von Musikinstrumenten

5.1 Wellengleichung und Lösungen

In diesem Abschnitt werden die physikalischen Grundlagen des Schalls in Luft beleuchtet.[1] Sie bilden die Grundlage der Akustik im freien Feld und beschreiben die Schallausbreitung z. B. von Musikinstrumenten und Lautsprechern.

5.1.1 Homogene Wellengleichung

Die Eulersche Bewegungsgleichung

$$\rho_0 \frac{\partial \mathbf{\upsilon}(\mathbf{x},t)}{\partial t} = -\nabla p(\mathbf{x},t) \tag{5.1}$$

ist die erste Grundgleichung des Wellenfeldes. Sie erklärt die Strömung reibungsfreier Fluide mit Hilfe der Zeit t, des Richtungsvektors $\mathbf{x}$, des Teilchengeschwindigkeitsvektors $\mathbf{\upsilon}$, des Drucks p, der Umgebungsdichte ρ_0 und des Nabla-Operators ∇. In kartesischen Koordinaten gilt das Folgende:

$$\boldsymbol{x} = \begin{bmatrix} x \\ y \\ z \end{bmatrix}$$

[1] Wie in Ziemer (2011, 2018) beschrieben, hauptsächlich basierend auf Pierce (2007), Williams (1999), Morse und Ingard (1986), Rabenstein et al. (2006) und Ahrens (2012).

T. Ziemer, *Psychoakustische Schallfeldsynthese für Musik*,
https://doi.org/10.1007/978-3-031-26863-2_5

$$\upsilon = \begin{bmatrix} u(x) \\ v(y) \\ w(z) \end{bmatrix}$$

$$\nabla \equiv \frac{\partial}{\partial x} = \frac{\partial}{\partial x} + \frac{\partial}{\partial y} + \frac{\partial}{\partial z} \tag{5.2}$$

Die zweite Grundgleichung des Wellenfeldes ist die Kontinuitätsgleichung (Erhaltung der Masse)

$$c^2 \rho_0 \nabla \upsilon(\mathbf{x},t) + \frac{\partial p(\mathbf{x},t)}{\partial t} = 0. \tag{5.3}$$

mit der Ausbreitungsgeschwindigkeit c. Differenziert man Gl. 5.3 nach der Zeit und ersetzt den Geschwindigkeitsterm durch die rechte Seite der Bewegungsgleichung, Gl. 5.1, so erhält man die homogene Wellengleichung für Druck

$$\nabla^2 p(\mathbf{x},t) - \frac{1}{c^2} \frac{\partial^2 p(\mathbf{x},t)}{\partial t^2} = 0. \tag{5.4}$$

Differenziert man die Kontinuitätsgleichung nach $\mathbf{x}$ und die Bewegungsgleichung nach t, so erhält man die homogene Wellengleichung für die Geschwindigkeit

$$\nabla^2 \upsilon(\mathbf{x},t) - \frac{1}{c^2} \frac{\partial^2 \upsilon(\mathbf{x},t)}{\partial t^2} = 0. \tag{5.5}$$

5.1.2 Schallfeld

Die Schallfeldgrößen Schalldruck p und Schallgeschwindigkeit $\boldsymbol{\upsilon}$ sind Störungen des Gleichgewichtszustandes, die sich als Wellen ausbreiten. c ist die Schallausbreitungsgeschwindigkeit und ∇^2 ist der Laplace-Operator

$$\nabla^2 \equiv \frac{\partial^2}{\partial^2 \mathbf{x}} = \frac{\partial^2}{\partial x^2} + \frac{\partial^2}{\partial y^2} + \frac{\partial^2}{\partial z^2}. \tag{5.6}$$

Die Lösungen der Wellengleichung, Gl. 5.4 und 5.5, werden als *Schallfeld* oder *Wellenfeld* bezeichnet. Beachten Sie, dass diese beiden Gleichungen zwar sehr ähnlich aussehen, die abhängigen Variablen p und $\boldsymbol{\upsilon}$ aber nicht gleich sind. Ihre Beziehung wird durch die Bewegungsgleichung, Gl. 5.1, beschrieben. Die Gleichungen gehen von den folgenden Bedingungen aus:[2]

1. Das Ausbreitungsmedium ist homogen
2. Das Medium ist ruhend und wirbelfrei
3. Zustandsänderungen sind adiabatisch, d. h. kein Wärmeaustausch zwischen Bereichen mit niedrigem Druck und Bereichen mit hohem Druck aufgrund der schnellen Bewegung der Teilchen
4. Druck- und Dichtestörungen sind gering im Vergleich zu statischem Druck und statischer Dichte
5. Für die Beziehungen im Medium gelten lineare Differentialgleichungen
6. Das Medium weist keine Viskosität auf
7. Das Medium ist quellenfrei

In einigen Fällen können diese Bedingungen die tatsächliche Physik des beobachteten Systems zu sehr vereinfachen. In der Luft beispielsweise klingen hohe Frequenzen aufgrund der Wärmeübertragung von Regionen mit hohem Druck zu Regionen mit niedrigem Druck stärker ab als niedrige Frequenzen. Diese Dämpfung der hohen Frequenzen wird bei langen Übertragungswegen erst ab etwa 50 m hörbar. Im Inneren des Rohrs von Blechblasinstrumenten sind die Druckschwankungen im Vergleich zum statischen Druck nicht gering, so dass eine nichtlineare Wellenausbreitung zu beobachten ist.[3]

5.1.3 Homogene Helmholtz-Gleichung

Der Druckterm ist durch Fourier-Transformation überführbar,

$$P(\mathbf{x},\omega) = \int_{t=-\infty}^{\infty} p(\mathbf{x},t) e^{\imath\omega t} \mathrm{d}t \tag{5.7}$$

vom Zeitbereich in den Frequenzbereich und zurück mittels inverser Fourier-Transformation

$$p(\mathbf{x},t) = \frac{1}{2\pi} \int_{\omega=-\infty}^{\infty} P(\mathbf{x},\omega) e^{-\imath\omega t} \mathrm{d}\omega. \tag{5.8}$$

e ist die Eulersche Zahl ($e \approx 2.718\ldots$), $\imath = \sqrt{-1}$ ist die imaginäre Einheit, $\omega = 2\pi f$ ist die Winkelfrequenz und f die Frequenz. Die Wellengleichung im Frequenzbereich lautet

[2] Siehe Mechel (2008), S. 5 f., Teutsch (2007), Wöhe (1984), Pierce (2007), S. 36 und Baalman (2008), S. 23.

[3] Siehe z. B. Hirschberg et al. (1996), die Stoßwellen in Blechblasinstrumenten beschreiben.

$$\nabla^2 P(\mathbf{x},\omega) + k^2 P(\mathbf{x},\omega) = 0 \tag{5.9}$$

mit der *Wellenzahl* oder *Raumfrequenz* $k = \frac{\omega}{c} = \frac{2\pi}{\lambda}$ und der Wellenlänge λ und wird *Helmholtz-Gleichung* genannt. Da die Fourier-Transformation ein Integral über die Zeit ist, gilt die Helmholtz-Gleichung nur für stationäre Signale, d. h. für periodische Schwingungen, nicht aber für Transienten.[4]

5.1.4 Ebene Wellen

Eine allgemeine Lösung der Wellengleichung ist die d'Alembertsche Lösung:

$$p(\mathbf{x},t) = f(\mathbf{x} - ct) + \tilde{f}(\mathbf{x} + ct) \tag{5.10}$$

Der erste Term beschreibt die Ausbreitung eines Druckzustandes in **x** Richtung, der zweite eine Ausbreitung in die entgegengesetzte Richtung. Für Wellen gilt das Überlagerungsprinzip, d. h. sie interferieren, ohne sich gegenseitig zu beeinflussen. Nimmt man an, dass der zweite Term 0 ist, bleibt nur eine Welle in **x** Richtung übrig. Andere Richtungen können einfach addiert werden. Eine mögliche Lösungsfunktion $f(\mathbf{x} - ct)$ ist die Funktion einer ebenen Welle:

$$p(x,t) = A(\omega) e^{-1(kx - \omega t)}, \text{beziehungsweise}$$

$$P(x,\omega) = A(\omega) e^{1kx} p(x,t) = A(\omega) e^{-1(kx-\omega t)}, \text{ or, respectively}$$

$$P(x,\omega) = A(\omega) e^{1kx} \tag{5.11}$$

Dabei ist $A(\omega)$ eine beliebige komplexe Amplitude in der Form $\hat{A}e^{1\phi}$, deren Absolutwert die Amplitude $\hat{A}$ und deren Argument die Phase ϕ einer im Signal enthaltenen Frequenz ist. $k^2 = k_x^2 + k_y^2 + k_z^2$ ist die quadrierte Wellenzahl in Richtung **x**, $\lambda^2 = \lambda_x^2 + \lambda_y^2 + \lambda_z^2$ die quadrierte Wellenlänge in **x**-Richtung. Eine ebene Welle breitet sich in Richtung **x** aus, wobei sich die Phase über den Ort ändert. k_x k_y und k_z werden als „Spurenwellenzahlen" bezeichnet,[5] λ_x, λ_y und λ_z sind *Spurenwellenlängen*. Sie sind Projektionen auf die Raumachsen. Die „Wellenfronten"[6] sind unendliche Ebenen mit gleichem Druck senkrecht zum Vektor **x**. Obwohl sie von einer Gleichung abgeleitet sind, die ein quellenfreies Medium voraussetzt, sind ebene Wellen eine gute Annäherung an sehr weit entfernte Quellen. Hier sind die Krümmung der Front und der Abklingvorgang im Vergleich zu einer nahen Quelle gering.

[4] Siehe z. B. Meyer et al. (2001), S. 2.

[5] Siehe z. B. Williams (1999), S. 21.

[6] Siehe Williams (1999), S. 22.

Für eine Welle mit nicht-negativem k weisen zwei Formulierungen für k_y auf zwei verschiedene Arten von Wellen hin:[7]

$$k_y = \begin{cases} \pm\sqrt{k^2 - k_x^2 - k_z^2}, & k^2 \geq k_x^2 + k_z^2 \\ \pm 1\sqrt{-k^2 + k_x^2 + k_z^2}, & k^2 \leq k_x^2 + k_z^2 \end{cases} \tag{5.12}$$

Im ersten Fall sind alle Komponenten real, was auf eine sich ausbreitende ebene Welle hinweist. Im zweiten Fall ist k_y imaginär, was zu einer *evaneszenten Welle* führt. Setzt man den zweiten Fall in Gl. 5.11 ein, so ergibt sich:

$$P(\mathbf{x},\omega) = A(\omega)e^{\pm\sqrt{-k^2+k_x^2+k_z^2}\,y}e^{\imath(k_x x + k_z z)} \tag{5.13}$$

In diesem Fall ist der erste Exponentialterm real, was auf einen exponentiellen Abfall in *y-Richtung* hinweist.[8] Beide Arten von Wellen sind in Abb. 5.1 dargestellt. Man beachte, dass in diesem Beispiel die Ausbreitungsrichtung der sich ausbreitenden Welle und der abklingenden Welle dieselbe ist.

Für periodische Funktionen ergibt sich die Bewegungsgleichung, Gl. 5.1:

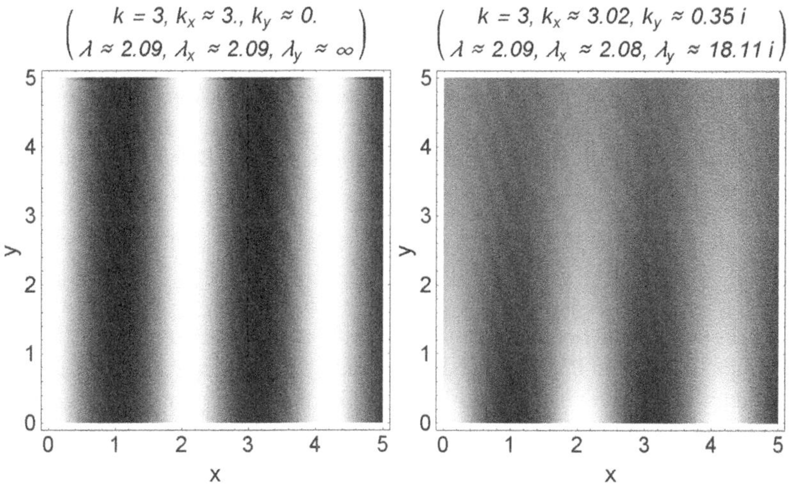

Abb. 5.1 Zweidimensionale Darstellung einer sich ausbreitenden ebenen Welle (links) und einer sich entlang der *x-Achse* ausbreitenden evaneszenten Welle (rechts) Nach Ziemer (2018), S. 332. Ein Video ist auf https://tinyurl.com/yaeqpn8nzu finden

[7] Siehe Ahrens (2012), S. 23.

[8] Oder ein exponentieller Anstieg, der ignoriert wird, da er nicht physikalisch ist, siehe Ahrens (2012), S. 23.

$$\nabla p(\mathbf{x},t) = -\imath\omega\rho_0\upsilon(\mathbf{x},t) \tag{5.14}$$

und im Frequenzbereich

$$\nabla P(\mathbf{x},\omega) = -\imath k\rho_0 c\mathbf{V}(\mathbf{x},\omega), \tag{5.15}$$

wobei **V** die Schallgeschwindigkeit im Frequenzbereich ist.

5.1.5 Inhomogene Wellengleichung

Die homogene Wellengleichung geht von einem quellenfreien Medium aus. Jedes Schallfeld hat jedoch mindestens eine Quelle, die dem Medium akustische Energie zuführt, die sich gemäß der Wellengleichung als Welle ausbreitet. Um dies zu berücksichtigen, wird die in Abschn. 5.1.2 aufgeführte siebte Bedingung fallen gelassen und ein Quellterm zur homogenen Wellengleichung hinzugefügt. Dann wird eine Lösung $p(\mathbf{x},t)$ gesucht, die das zeitliche und räumliche Verhalten des Quellensignals im System beschreibt.

$$\nabla^2 p(\mathbf{x},t) - \frac{1}{c^2}\frac{\partial^2 p(\mathbf{x},t)}{\partial t^2} = -4\pi\delta(\mathbf{x}-\mathbf{x_0},t-t_0) \tag{5.16}$$

Diese Wellengleichung wird als *inhomogene Wellengleichung* bezeichnet. $\delta(\mathbf{x},t)$ ist die Dirac-Delta-Funktion, ein Impuls. Sie ist definiert als ∞ am Punkt $\mathbf{x}_0$ zum Zeitpunkt t_0, andernfalls ist sie 0. Eine Transformation der Dirac-Delta-Funktion in den Spektralbereich

$$\delta(\omega) = \int_{t=-\infty}^{\infty} \delta(t-t_0)e^{\imath\omega t}\mathrm{d}t = 1 \tag{5.17}$$

zeigt, dass sie für jede Frequenz gleich 1 ist, d. h. alle Frequenzen haben die gleiche Amplitude und sind in Phase. Das bedeutet, dass jede beliebige Funktion $p(t)$ durch gewichtete und verzögerte Dirac-Delta-Funktionen $\delta(\mathbf{x},t)$ ausgedrückt werden kann. Die Spektralkomponenten $P(\omega)$ von Schallsignalen können beliebig sein, so dass sie als Multiplikation der Spektren der Dirac-Delta-Funktion mit frequenzabhängigen Komplexen Amplituden $A(\omega)$ ausgedrückt werden können. Dies entspricht einer Faltung eines Schallsignals mit der Dirac-Delta-Funktion im Zeitbereich.

5.1.6 *Punktquellen*

Eine Lösung für die inhomogene Wellengleichung ist die Punktquelle. Eine Punktquelle ist eine Schallquelle, die kein Volumen hat. Im einfachsten Fall ist ihre Schallabstrahlung in jeder Richtung gleich. Dies wird als *Monopolquelle* oder *Strahler nullter Ordnung* bezeichnet. Amplitude und Phase sind von der Frequenz und der Entfernung abhängig, aber unabhängig von der Richtung. Daher ist eine Formulierung in Kugelkoordinaten sinnvoll. Für sphärische Koordinaten gilt Folgendes:

$$\boldsymbol{r} = \begin{bmatrix} r \\ \varphi \\ \vartheta \end{bmatrix}$$

$$r = \sqrt{x^2 + y^2 + z^2}$$

$$\varphi = \arctan\left(\frac{y}{x}\right)$$

$$\vartheta = \arccos\left(\frac{z}{r}\right)$$

$$\nabla_{\text{spherical}} \equiv \frac{\partial}{\partial r} + \frac{1}{r}\frac{\partial}{\partial \vartheta} + \frac{1}{r \sin \vartheta}\frac{\partial}{\partial \varphi}$$

$$\boldsymbol{x} = \begin{bmatrix} x \\ y \\ z \end{bmatrix}$$

$$x = r \cos \varphi \ \cos \vartheta$$

$$y = r \sin \varphi \ \cos \vartheta$$

$$z = r \sin \vartheta$$

$$\nabla_{\text{Cartesian}} \equiv \frac{\partial}{\partial x} + \frac{\partial}{\partial y} + \frac{\partial}{\partial z} \tag{5.18}$$

Mit Radius r, Azimutwinkel φ und Polarwinkel ϑ. Entsprechend wird der Positionsvektor **x** zu **r** umdefiniert. Dieses Kugelkoordinatensystem ist im Prinzip konsistent mit den kopfbezogenen Kugelkoordinaten, die in Abschn. 4.4 zur Beschreibung des Richtungshörens verwendet werden. In diesem Fall ist der Koordinatenursprung

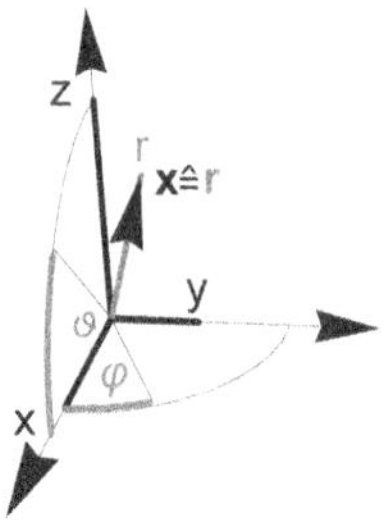

Abb. 5.2 Darstellung des Positionsvektors **x** bzw. **r** über kartesische und sphärische Koordinaten Nach Ziemer (2018), S. 333

jedoch nicht der Kopf des Hörers, sondern die Position der Schallquelle. Abb. 5.2 veranschaulicht die Beziehungen zwischen kartesischen und sphärischen Koordinatensystemen.

Die inhomogene Wellengleichung (5.16) hat also die Form

$$\frac{1}{r}\frac{\partial\left(r^2\frac{\partial p}{\partial r}\right)}{\partial r}+\frac{1}{r^2\sin\vartheta}\frac{\partial\left(\sin\vartheta\frac{\partial p}{\partial\vartheta}\right)}{\partial\vartheta}+\frac{1}{r^2\sin^2\vartheta}\frac{\partial^2 p}{\partial\varphi^2}-\frac{1}{c^2}\frac{\partial^2 p}{\partial t^2}=-4\pi\delta\left(\mathbf{x}-\mathbf{x_0},t-t_0\right). \quad (5.19)$$

Da die Strahlung eines Monopols unabhängig von φ und ϑ ist, vereinfacht sich die Wellengleichung zu

$$\frac{\partial^2 p(r,t)}{\partial r^2}+\frac{2}{r}\frac{\partial p(r,t)}{\partial r}-\frac{1}{c^2}\frac{\partial^2 p(r,t)}{\partial t^2}=-4\pi\delta\left(r-r_0,t-t_0\right), \quad (5.20)$$

und die Helmholtz-Gleichung entsprechend zu

$$\frac{\partial^2 P(r,t)}{\partial r^2}+\frac{2}{r}\frac{\partial P(r,t)}{\partial r}-k^2P(r,t)=-4\pi\delta\left(r-r_0,\omega\right). \quad (5.21)$$

Die Punktquellenlösung für diesen Fall lautet

$$\begin{aligned} p(r,t)&=g(r,t)+\tilde{g}(r,t)\\ &=A(t)\frac{e^{-\imath(kr-\omega t)}}{r}+\tilde{g}(r,t), \text{ beziehungsweise}\\ P(r,\omega)&=G(r,\omega)+\tilde{G}(r,\omega)\\ &=A(\omega)\frac{e^{-\imath kr}}{r}+\tilde{G}(r,\omega). \end{aligned} \quad (5.22)$$

Es handelt sich um eine *Greensche Funktion*, die sich aus einer Linearkombination einer speziellen Lösung – $g(r,t)$ bzw. $G(r,\omega)$ – und einer allgemeinen Lösung – $\tilde{g}(r,t)$ bzw. $\tilde{G}(r,\omega)$ – zusammensetzt, die beliebige Lösungen der homogenen Wellengleichung, Gl. 5.4, und der Helmholtz-Gleichung, Gl. 5.9, sind. Sie wird auch „Impulsantwort“ im Zeitbereich und „komplexe Übertragungsfunktion“ im Frequenzbereich genannt.[9] Da der erste Term der Impulsantwort bereits eine vollständige Lösung der inhomogenen Helmholtz-Gleichung ist, kann der zweite Term als Null angenommen werden. Dieser Fall wird als *Greensche Funktion des freien Feldes bezeichnet* und beschreibt die Abstrahlung einer Monopolschallquelle. Der Exponentialterm beschreibt die Verschiebung der sich ausbreitenden Welle pro Entfernung von der Quelle. Der Bruch stellt das Abklingen pro Entfernung dar, das sogenannte *reziproke Abstandsgesetz* oder *1/r-Abstandsgesetz*,[10] das der Tatsache geschuldet ist, dass die Oberfläche der Wellenfront mit zunehmendem Kugelradius zunimmt, so dass sich der Druck auf eine wachsende Fläche verteilt.

Die Oberfläche einer Kugel S ist gegeben als

$$S = 4\pi r^2 \tag{5.23}$$

sodass sich die Schallintensität I_0 im Ursprung der Punktquelle bei $r = 0$ gemäß $I(r) = I_0 \frac{1}{4\pi r^2}$ auf die Oberfläche aufteilt und ist somit direkt proportional zu $\frac{1}{r^2}$. Da I proportional zu p^2 ist, ist $p(r)$ direkt proportional zu $\frac{1}{r}$:[11]

$$\begin{aligned} I(r) &\propto \frac{1}{r^2} \\ p(r) &\propto \frac{1}{r} \end{aligned} \tag{5.24}$$

Die Front einer sich ausbreitenden ebenen Welle wird dagegen als unendlich angenommen und klingt daher nicht ab. Im Fernfeld – d. h. unter Vernachlässigung von Nahfeldeffekten, die in der Nähe der Quelle ein kompliziertes Verhalten zeigen – lässt sich jede stationäre Schallquelle vereinfacht als Punktquelle betrachten.[12] Diese Punktquellen müssen jedoch nicht unbedingt Monopole sein. Eine Richtungsabhängigkeit $\Psi(\omega, \varphi, \vartheta)$ kann im Nachhinein eingeführt werden, indem $A(\omega)$ als $A(\varphi, \vartheta, t)$ bzw. $\Psi(\omega, \varphi, \vartheta)A(\omega)$ für das Fernfeld umgedeutet wird:

---

[9] Siehe z. B. Müller (2008), S. 65.

[10] Siehe z. B. Vorländer (2008).

[11] Siehe z. B. Roederer (2008), S. 89 f.

[12] Siehe Ahrens (2012), S. 42.

$$\begin{aligned}p(\varphi,\vartheta,r,t) &= g(\varphi,\vartheta,r,t)+\tilde{g}(\varphi,\vartheta,r,t)\\ &= \Psi(\omega,\varphi,\vartheta)A(,t)\frac{e^{-\imath(kr-\omega t)}}{r}+\tilde{g}(r,t), \text{ beziehungsweise}\\ P(\varphi,\vartheta,r,\omega) &= G(\varphi,\vartheta,r,\omega)+\tilde{G}(\varphi,\vartheta,r,\omega)\\ &= \Psi(\omega,\varphi,\vartheta)A(\omega)\frac{e^{-\imath kr}}{r}+\tilde{G}(r,\omega).\end{aligned} \tag{5.25}$$

Aufgrund des komplexen Faktors $\Psi(\omega,\varphi,\vartheta)$ wird die Amplitude $A(\omega)$ für jede Richtung modifiziert. Man beachte, dass die Greensche Funktion mit einem richtungsabhängigen Strahlungsfaktor keine Lösung der inhomogenen Helmholtz-Funktion als solche ist.[13] Sie besteht vielmehr aus den sphärischen Harmonischen, die eine Lösung für die Winkelabhängigkeit der Helmholtz-Gleichung in Kugelkoordinaten über einer Kugel und nicht über einem Punkt darstellen. Die Abstrahlcharakteristik von Punktquellen kann eine beliebige Funktion der Winkel φ und ϑ sein, die sich aus einer Linearkombination von Mono- und Multipolen zusammensetzen kann, wie in Abschn. 5.3.1.1 näher erläutert wird. In der Literatur werden Punktquellen mit einem richtungsabhängigen Strahlungsfaktor als „Multipol-Punktquellen", „Higher-Mode-Strahler" oder „Punktmultipole" bezeichnet, die Richtwirkung wird als „Fernfeld-Signaturfunktion" bezeichnet.[14]

5.2 Der räumliche Klang von Musikinstrumenten

Der Klang von Musikinstrumenten enthält eine Vielzahl von spektralen, zeitlichen und räumlichen Merkmalen;

„[…] zu den wichtigsten akustischen Merkmalen von Musikinstrumenten gehören:

- musikalische Skala,
- Dynamik,
- Klangfarbe,
- die zeitliche Einhüllende des Klangs,
- Abstrahlcharakteristik".[15]

Die ersten vier Merkmale lassen sich leicht über ein Mikrofon aufnehmen und können von jedem Hi-Fi-Lautsprecher in guter Annäherung wiedergegeben werden. Dennoch ist ein Hörer oft in der Lage, den einfach aufgenommenen und wieder-

[13] Vgl. z. B. Ahrens (2012), S. 66.

[14] Übersetzungen, z. B. Mechel (2013), S. 2, Magalhães und Tenenbaum (2004), S. 204, Ahrens (2012), S. 42.

[15] Übersetzt aus Kostek (2005), S. 24.

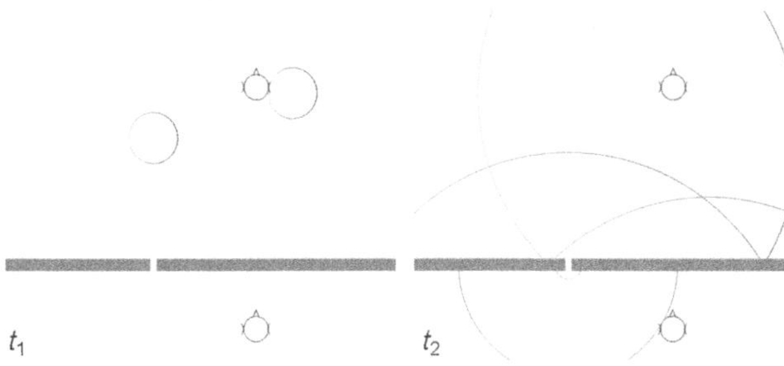

Abb. 5.3 Illustration des Mauerlocheffekts. Wellenfronten erreichen einen kleinen Spalt aus allen möglichen Richtungen innerhalb eines Raumes. Hinter dem Spalt breiten sich diese Wellenfronten wie ein Monopol aus, der seinen Ursprung an der Spaltstelle hat Ein Video ist auf https://tinyurl.com/y8ttnhf8 zu finden

gegebenen Klang vom Originalklang zu unterscheiden. „Die meisten Hörer beklagen sich über die Art und Weise, wie Lautsprecher klingen, wenn sie die Signale von Instrumenten wiedergeben oder verstärken sollen."[16] Der Grund dafür ist der sogenannte „Mauerlocheffekt".[17] Er bewirkt, dass eine Wiedergabe wie eine Einzelspaltbeugung klingt, also so, als würde man ein Konzert durch ein Schlüsselloch hören.[18] Unabhängig vom Einfallswinkel des Schalls ist die weitere Schallabstrahlung für alle Wellenlängen, die größer sind als der Spalt, gleich: Ab dem Spalt fehlt, genau wie bei Monopolquellen, das Merkmal „Schallabstrahlcharakteristik" und die meisten Informationen über den Ort der Quelle gehen verloren. Dies wird in Abb. 5.3 durch zwei Schnappschüsse einer Szene illustriert. Der Hörer oben befindet sich in einem Raum mit zwei Schallquellen, der andere Hörer ist durch eine Wand mit einem kleinen Schlitz von diesem Raum getrennt. Die Wellenfronten sind durch Kreise dargestellt. Die Schattierung der Kreise stellt leicht unterschiedliche Spektren an allen Positionen auf der Front dar. Das heißt, die Schallquellen sind keine Monopole, sondern haben einen richtungsabhängigen Abstrahlfaktor. Die Fronten erreichen den Hörer im Raum aus unterschiedlichen Winkeln. Beide Ohren werden mit leicht unterschiedlichen Spektren beschallt. Es kommt zu Reflexionen an der Wand, die ebenfalls aus unterschiedlichen Winkeln auf den Hörer treffen und an beiden Ohren leicht unterschiedliche Spektren aufweisen. Im Gegensatz dazu wird der Hörer außerhalb des Raumes die beiden Wellen als vom Spalt kommend wahrnehmen. Sie werden das gleiche Spektrum haben, das den Spalt erreicht hat, so dass die Spektren, die seine beiden Ohren erreichen, gleich sind. Informationen zu Abstrahlcharakteristiken, Quellwinkel und Entfernung gehen verloren, und nur Reflexionen von anderen Wänden als der Trennwand erreichen diesen Hörer. Diese kommen wiederum genau von der Stelle des Spaltes.

Die komplizierten Abstrahlcharakteristiken von Musikinstrumenten, insbesondere bei höheren Frequenzen, führen zu leicht unterschiedlichen Ankunfts-

[16] Übersetzt aus Warusfel et al. (1997), S. 1.

[17] Siehe Schanz (1966), S. 2.

[18] Vgl. Rossing (1990), S. 48.

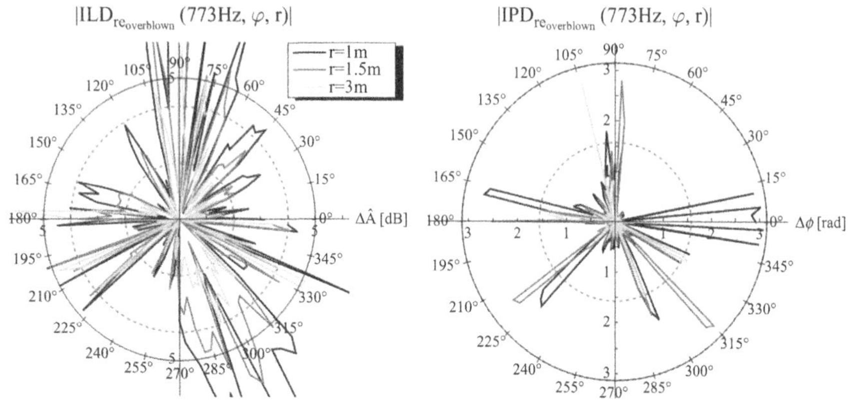

Abb. 5.4 Interaurale Pegelunterschiede (links) und interaurale Phasenunterschiede (rechts) eines Shakuhachi-Teiltones für Hörer in verschiedenen Hörwinkeln und Abständen
Aus Ziemer (2014), S. 553

zeiten und relativen Amplituden- und Phasenunterschieden zwischen beiden Ohren, was für den Hörer den Eindruck einer natürlichen, breiten, räumlichen Quelle entstehen lässt. Dies ist ein wichtiges Merkmal des Instrumentalklangs, das manchmal auch als „gerichtete Klangfarbe" bezeichnet wird.[19] Selbst kleine Instrumente mit einfacher Geometrie – wie das Shakuhachi – erzeugen für den Hörer interaurale Klangunterschiede, die mit zunehmender Entfernung abnehmen. Interaurale Pegel- und Phasenunterschiede eines Teiltons des Shakuhachiklangs sind in Abb. 5.4 für verschiedene Hörpositionen dargestellt.[20]

Ohne die Nachbildung dieses räumlichen Aspekts kann der Hörer nicht zwischen dem ursprünglichen Instrumentalklang und der Wiedergabe über einen Lautsprecher unterscheiden. „Aber nur wenige Systeme berücksichtigen die Richtcharakteristik natürlicher Quellen."[21] Wie diese Abstrahlcharakteristik zustande kommt und wie sie vom Hörer wahrgenommen wird, wird im Folgenden beschrieben.

Ein Körper, der mit seiner gesamten Oberfläche in Phase schwingt, wie eine sogenannte *atmende Kugel*, strahlt als Monopol. Dies gilt ungefähr für alle Wellenlängen, die größer sind als der abstrahlende Körper. Bei Musikinstrumenten ist dies etwa für Frequenzen bis 500 Hz der Fall. Kleine Schallquellen im Vergleich zu den abgestrahlten Wellenlängen können als *Punktquellen* betrachtet werden, deren Front eine konzentrisch um die Quelle wachsende Kugel ist.

Die Abstrahlung an dieser Wellenfront kann richtungsabhängig sein. Diese Richtungsabhängigkeit variiert mit der Frequenz und wird durch störende Schallabstrahlung aus verschiedenen Bereichen des Korpus (Moden), Emissionen aus

[19] Übersetzt aus Fletcher und Rossing (2008), S. 308.

[20] Eine Untersuchung des Zusammenhangs zwischen Direktschallmerkmalen und Quellenausdehnung findet sich z. B. in Ziemer (2014) und wird im Kontext der Akustik in Abschn. 6.2 näher erläutert.

[21] Übersetzt aus Albrecht et al. (2005), S. 1.

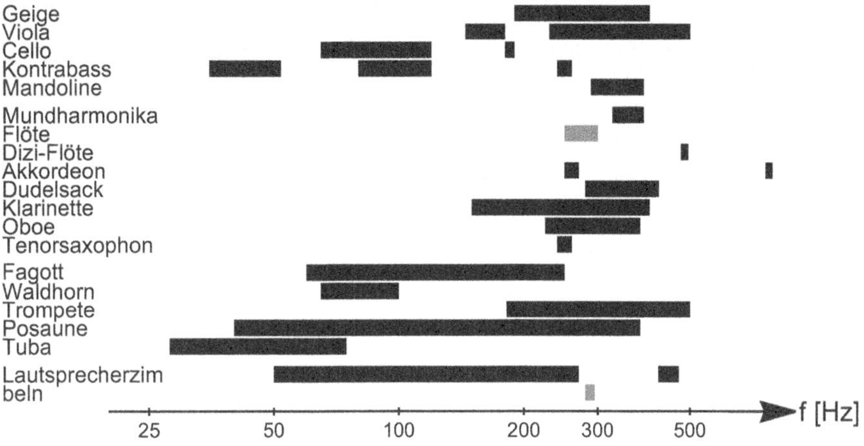

Abb. 5.5 Frequenzbereiche mit annähernd monopolförmiger Schallabstrahlung (schwarz) oder Dipolabstrahlung (grau) von Orchesterinstrumenten Daten aus Meyer (2009), S. 130, ergänzt durch Messungen an der Universität Hamburg

verschiedenen Öffnungen (z. B. Grifflöcher oder F-Löcher),[22] gerichtete Abstrahlung, z. B. vom Schalltrichter einer Trompete, oder durch Beugung und akustischen Schatten hinter Instrument und Instrumentalist verursacht.[23] Die Richtcharakteristik einer Frequenz ist in der Regel unabhängig von der Dynamik, manchmal aber abhängig vom gespielten Grundton, insbesondere bei Streich- und Holzblasinstrumenten.[24]

Einen Überblick über die Schallabstrahlung von Musikinstrumenten geben z. B. Jürgen Meyers Arbeiten, Pätynen und Lokki (2010) und Hohl (2009).[25]

Abb. 5.5 zeigt Frequenzbereiche, in denen Orchester eine omnidirektionale Abstrahlcharakteristik aufweisen. Andere Frequenzbereiche liefern je nach Richtung unterschiedliche Spektren. Dies bedeutet, dass der Höreindruck von der Position der Zuhörer und von den Bewegungen der Instrumentalisten abhängig ist. Dies ist insbesondere in unmittelbarer Nähe zur Quelle der Fall. So erfährt nicht nur das Publikum, sondern vor allem der Pianist spektrale Veränderungen, wenn er sich relativ zum Instrument bewegt. Ein Pianist zum Beispiel ist komplizierten Interferenzen ausgesetzt, die bei Kopfbewegungen stark variieren können. Dies ist eine natürliche Erfahrung, die bei E-Pianos in der Regel nicht reproduziert wird. Dieser Mangel an räumlichen Interferenzen kann sie statisch und langweilig klingen lassen.

---

[22] Bezeichnet als „Körper- und Luftschall", siehe z. B. Blauert und Xiang (2009), S. 177.

[23] Siehe Hall (2008), S. 290–294.

[24] Siehe Meyer (2008), S. 156, Warusfel et al. (1997), S. 4, Pätynen und Lokki (2010) sowie Otondo und Rindel (2005).

[25] In Meyer (2009), S. 129–177, Meyer (2008), S. 123–180, Pätynen und Lokki (2010), sowie in Hohl (2009) und Hohl und Zotter (2010).

Der Instrumentenklang lässt sich in Phasen mit unterschiedlichem spektralen und zeitlichen Verhalten und möglicherweise unterschiedlichen Abstrahlcharakteristiken[26] unterteilen:

Die *transiente Phase* bietet ein dichtes, breites Spektrum, das durch die Mechanismen der Klangerzeugung erzeugt wird. Zum Beispiel der Impuls eines Hammers auf einer Klaviersaite, das unregelmäßige Haften und Gleiten von Bogen und Cellosaite, oder der Windstoß eines Trompeters regen eine Vielzahl von Frequenzen an. Die transiente Phase wird zusätzlich durch Nebengeräusche, wie das Greifen von Gitarrensaiten, das Klacken von Trompetenklappen, oder das schnelle Einatmen von Sängern geprägt. Bei klassischen Musikinstrumenten dauert der transiente Einschwingvorgang etwa 30 ms.[27] Die Dauer hängt vom Instrument und der Spieltechnik ab. Der Klang spielt eine wichtige Rolle für die Erkennung von Musikinstrumenten, wie bereits in Abschn. 2.1 erläutert.

Die *quasi-stationäre Phase* ist nahezu periodisch. Sie enthält die Eigenfrequenzen des Instruments, die sich gebildet haben, während andere Frequenzen ihre Energie verloren haben, z. B. durch Abstrahlung, destruktive Interferenz stehender Wellen oder Energieübertragung zwischen Moden. Der lang anhaltende, gleichmäßige Klang einer Orgel oder einer Bratsche sind Beispiele für eine quasistationäre Phase, die auch gedämpft werden kann, wie im Falle einer Klaviersaite.

5.3 Messung der Abstrahlcharakteristik von Musikinstrumenten

Wie bereits in diesem Kapitel beschrieben, kann der Klang von Musikinstrumenten von ihren Oberflächen oder der darin enthaltenen Luft abstrahlen. Der ganze Körper kann wie eine atmende Kugel schwingen, oder nur Teile davon, was zu komplizierten Interferenzen und Nahfeldeffekten sowie komplexen Abstrahlungsmustern im Fernfeld führen kann. Es ist schwierig, die Schwingungen von Körper und Luft zu messen, ohne das beobachtete System zu beeinträchtigen. Daher gibt es Methoden, die den abgestrahlten Schall messen, aus denen auf die Größen an ihrem Ursprung geschlossen wird. Diese Situation konfrontiert uns mit dem inversen Problem, d. h. der Rekonstruktion des Normaldrucks auf einen Quellpunkt oder eine Region auf Grundlage des Schalldrucks, der um die Quelle herum gemessen wurde.[28] Mehrere Methoden liefern unterschiedliche Lösungen. Die Ergebnisse können zwischen den Methoden und sogar zwischen verschiedenen Bedingungen innerhalb derselben Methode stark variieren. Es hängt vom Einzelfall – dem interessierenden Thema und dem Forschungsziel – ab, welche Methode die angemessenste und robusteste Lösung liefert. In den folgenden Unterabschnitten werden die Grundprinzipien

[26] Siehe Meyer (2009), S. 24, Hammond und White (2008), S. 4–7 und Hall (2008), S. 124–125.

[27] Siehe Bruhn (2002), S. 452.

[28] Siehe z. B. Williams (1999), S. 89 und S. 236.

dreier gebräuchlicher Methoden vorgestellt: kreisförmige oder sphärische Fernfeldaufnahmen, Beamforming und akustische Holographie.[29] Alle diese Verfahren quantifizieren die räumlichen Eigenschaften von Schallquellen und können zur Messung der Abstrahlcharakteristik angepasst werden. Dies geschieht durch Messungen mit Mikrofonarrays in einem Freifeldraum. Anschließend werden bewährte Methoden für die mit diesen drei und anderen Methoden gewonnenen Abstrahlcharakteristiken vorgestellt und untersucht.

5.3.1 Fernfeld-Aufnahmen

Die Abstrahlcharakteristiken eines Musikinstruments können durch gleichzeitige Fernfeldaufnahmen gemessen werden. Das Fernfeld ist üblicherweise definiert als $kr \gg 1$ bzw. $r \gg \frac{\lambda}{2\pi}$.

Ab einer Entfernung, die größer ist als die Abmessungen des Musikinstruments, kann man das Instrument getrost als komplexe Punktquelle bzw. Kugelquelle mit infinitesimalem Volumen zu betrachten. Es wird angenommen, dass das gemessene Schallfeld nur von diesem Punkt ausgeht. Diese Vereinfachung gilt nur für große Wellenlängen im Vergleich zu den Abmessungen der Quelle und ist eine Übervereinfachung für kleine Wellenlängen. Außerdem gilt sie nur für das Fernfeld der Quelle und gibt keine Auskunft über Nahfeldeffekte. Daher können die Abstrahlcharakteristika der Punktquelle aus Fernfeldaufnahmen hergeleitet werden. Entscheidend für eine zuverlässige Beschreibung ist die Wahl einer sinnvollen Position der virtuellen Punktquelle im, auf oder sehr nahe am eigentlichen Instrumentenkörper. Bei kreis- oder kugelförmigen Instrumenten ist das natürlich der Mittelpunkt. Es gibt jedoch in der Regel keine Position, die als „akustisches Zentrum" des abstrahlenden Schalls angesehen werden kann.[30] Es wird kaum eine plausible Argumentation geben, z. B. den geometrischen Mittel oder den Schwerpunkt des Instruments als akustisches Zentrum zu wählen. Man muss eine Mittelposition finden, die der jeweiligen Situation oder Absicht entspricht. Dann werden die Mikrofone äquidistant, d. h. kreisförmig oder kugelförmig, um diese zentrale Position herum angeordnet. Abb. 5.6 zeigt ein Foto einer Mikrofonanordnung in einem Freifeldraum zur Messung der Abstrahlcharakteristik von Musikinstrumenten. Es handelt sich um eine kugelförmige Anordnung, die aus vier Gruppen von fünf kreisförmig angeordneten Mikrofonen und zwei zusätzlichen Mikrofonen vor und über dem untersuchten Instrument besteht.

Geht man davon aus, dass die Quelle ein Punkt und nicht eine Fläche oder ein Volumen ist, so stellt der gemessene relative komplexe Druck an einer Mikrofonposition nicht nur den Druck an dieser Position dar, sondern kann als Druckfaktor

[29] Für eine ausführliche Überarbeitung dieser und anderer Methoden, aktueller Forschung und Perspektiven siehe z. B. Magalhães und Tenenbaum (2004).

[30] Siehe z. B. Pätynen und Lokki (2010), S. 139.

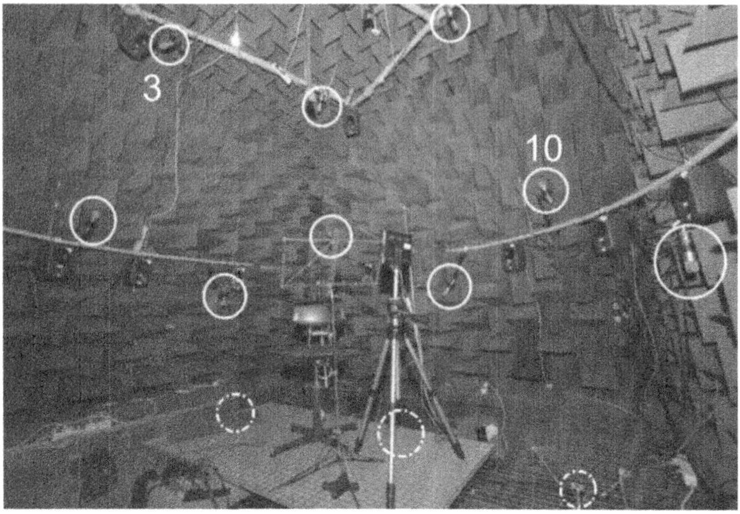

Abb. 5.6 Foto eines Mikrofonarrays für Fernfeldaufnahmen von Musikinstrumenten Reproduziert aus Pätynen und Lokki (2010), S. 140, mit Genehmigung des Deutschen Apotheker Verlags

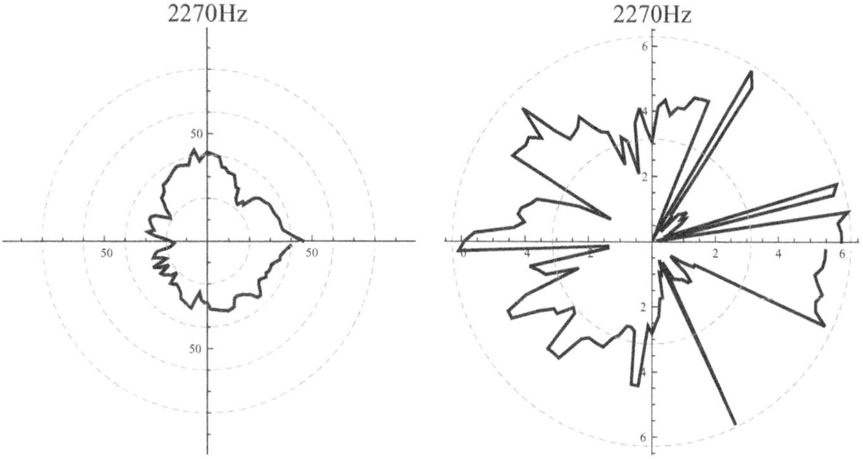

Abb. 5.7 Polares Fernfeldabstrahlungsmuster der Amplitude (links) und (rechts) einer Shakuhachi-Frequenz, gemessen in 1 m Entfernung mit 128 Mikrofonen, linear interpoliert. Man beachte, dass die Phase periodisch ist, d. h. $\phi(2\pi) = \phi(0)$

für diesen Winkel betrachtet werden. Amplitude und Phase einer Frequenz je Richtung eines Shakuhachi-Tons sind in Abb. 5.7 dargestellt. Diese können zu Näherungsfaktoren für die Winkel zwischen den Messwinkeln interpoliert werden oder auch nicht. Außer einer Fourier-Transformation, Gl. 5.7, muss keine Berechnung durchgeführt werden.

Die Genauigkeit dieser einfachen Methode kann durch Erhöhung der Anzahl der Mikrofone gesteigert werden. Komplexe Faktoren für Winkel, die zwischen den Messwinkeln liegen, müssen nicht durch Interpolation angenähert werden, sondern können ebenso gut aus der Zerlegung der sphärischen Harmonischen abgeleitet werden, wie später noch erläutert wird. Häufig werden die gemessenen Richtungsfaktoren nicht aus einzelnen Frequenzen, sondern aus Mittelwerten mehrerer Frequenzen innerhalb von Oktav- oder Terzbändern gebildet.[31]

5.3.1.1 Zersetzung in Sphärische harmonische

Wie bereits in diesem Kapitel besprochen, ist die Punktquellenlösung eine Lösung der inhomogenen Wellengleichung. Der Strahler nullter Ordnung, der Monopol, ist die einfachste Lösung. Er löst die vereinfachte Wellengleichung, Gl. 5.20, wobei keine Abhängigkeit von der Richtung angenommen wird. Um jedoch Punktquellen zu beschreiben, die eine Richtungsabhängigkeit aufweisen, muss eine Lösung für die vollständige Wellengleichung 5.19 gefunden werden. Neben dem Monopol sind solche Lösungen Strahler höherer Ordnung, wie Dipole, Quadropole, Oktupole usw. Sie sind orthonormale Eigenlösungen der Wellengleichung und werden als *sphärische Harmonische* bezeichnet. Eine unendliche Reihe von sphärischen Harmonischen kann jedes beliebige Schallfeld zusammensetzen. Folglich kann jedes gemessene Schallfeld in eine Reihe von sphärischen Harmonischen zerlegt werden. Dieses Prinzip ähnelt der Zerlegung von Wellenformen in Spektralkomponenten mittels Fourier-Transformation, wie in Abschn. 5.1.3 beschrieben. Theorie und Anwendung der Zerlegung in sphärische Harmonische werden im Folgenden beleuchtet, gefolgt von einer kurzen Diskussion.[32]

Um eine Lösung für die inhomogene Wellengleichung (Gl. 5.19) zu finden, wird sie durch Trennung der Veränderlichen in eine Reihe von gewöhnlichen Differentialgleichungen aufgeteilt.[33] Die Lösung $g(\omega, r, \varphi, \vartheta, t)$ wird zu einer Funktion des Radius $\Pi(\omega, r)$, einer des Azimutwinkels $\Gamma(\omega, \varphi)$ und einer des Polarwinkels $\Theta(\omega, \vartheta)$ sowie einer der Zeit $T(\omega, t)$ für jede Frequenz:

$$G(\omega,r,\varphi,\vartheta) = \Pi(\omega,r)\,\Gamma(\omega,\varphi)\,\Theta(\omega,\vartheta)\,T(\omega,t) \tag{5.26}$$

[31] Siehe z. B. Otondo und Rindel (2004), S. 1179 oder Otondo und Rindel (2005), S. 903, Pelzer et al. (2012), Pätynen und Lokki (2010) und Zotter et al. (2007).

[32] Hauptsächlich basierend auf Williams (1999), S. 183–208, Teutsch (2007), S. 41 ff., Arfken (1985), S. 111 ff. und S. 573 ff., Slavik und Weinzierl (2008) sowie Ahrens (2012), S. 24 ff.

[33] Siehe z. B. Williams (1999), S. 185.

Daraus ergeben sich die vier folgenden gewöhnlichen Differentialgleichungen:

$$\begin{aligned}\frac{\mathrm{d}^2\Gamma}{\mathrm{d}\varphi^2}+m^2\Gamma&=0\\ \frac{1}{\sin\vartheta}\frac{\mathrm{d}\left(\sin\vartheta\frac{\mathrm{d}\Theta}{\mathrm{d}\vartheta}\right)}{\mathrm{d}\vartheta}+\left(n(n+1)-\frac{m^2}{\sin^2\vartheta}\right)\Theta&=0\\ \frac{1}{r^2}\frac{\mathrm{d}\left(r^2\frac{\mathrm{d}\Pi}{\mathrm{d}r}\right)}{\mathrm{d}r}+k^2\Pi-\frac{n(n+1)}{r^2}\Pi&=-4\pi\delta(r-r_0)\\ \frac{1}{c^2}\frac{\mathrm{d}^2T}{\mathrm{d}t^2}+k^2T&=\delta(t-t_0)\end{aligned}\tag{5.27}$$

Die Lösung für den Azimutwinkel lautet $\Gamma(\varphi)=Ae^{\imath m\varphi}+Ae^{-\imath m\varphi}$. Es handelt sich um eine komplexe Exponentialfunktion, die als „circular harmonic" oder „cylindrical harmonic" bezeichnet wird.[34] Hier muss m eine ganze Zahl sein, um Periodizität zu gewährleisten, d. h. eine Wiederholung alle 360° und somit eine eindeutige Funktion. Die ersten circular harmonics sind in Abb. 5.8 dargestellt. Die Polardiagramme zeigen die Werte des Realteils pro Azimutwinkel φ, wobei das Vorzeichen durch die Helligkeit angegeben ist. Die dunkelgrauen Keulen sind positive Werte, die hellgrauen Keulen sind negative Werte, d. h. Keulen mit unterschiedlicher Helligkeit haben eine entgegengesetzte Phase. Die Anzahl der Heulen ist $2m$. Benachbarte Keulen haben unterschiedliche Vorzeichen, d. h. bei ungeraden m haben die Lappen in entgegengesetzten Richtungen auch entgegengesetzte Vorzeichen, bei geraden m haben sie gleiche Vorzeichen. Natürlich werden die Keulen mit zunehmendem m schmaler.

Die Funktionen des Polarwinkels $\Theta(\omega,\vartheta)=P_n^m(\cos\vartheta)$ sind *associated Legendre functions*, mit zwei ganzzahligen Indizes. Man beachte, dass der Polarwinkel ϑ in einem Bereich zwischen 90° und -90° zur *x-y-Ebene* liegt, wie in Abschn. 5.1.6 definiert. Zur Verdeutlichung sind in Abb. 5.9 einige beispielhafte Legendre-Funktionen in zwei verschiedenen Visualisierungsmethoden aufgetragen. Gleiche $|m|$ und n führen zu einer Keule, die mit zunehmender Ordnung schmaler wird. Die Anzahl der Keulen ist $n+1-m$.

Kombiniert man die circular harmonic und die Legendre-Funktionen, erhält man die *sphärische Harmonische* $\Psi_n^m(\omega,\varphi,\vartheta)=\Gamma(\omega,\varphi)\Theta(\omega,\vartheta)$. Dabei handelt es sich um orthogonale komplexe Funktionen, die die Winkelabhängigkeit über eine ganze Kugel beschreiben. Einige der sphärischen Harmonischen niedrigerer Ordnung sind in Abb. 5.10 aufgetragen. In der Regel wird bei dieser Methode die kleinste Kugel, die die eigentliche Quelle tangiert, als sphärische Quelle betrachtet. Eine andere Möglichkeit besteht darin, einen Punkt in der Mitte der Quelle als Punktquelle zu

[34] Siehe z. B. Teutsch (2007), S. 44, Ahrens (2012), S. 31, Hulsebos (2004), S. 16–19 und Zotter (2009), S. 35.

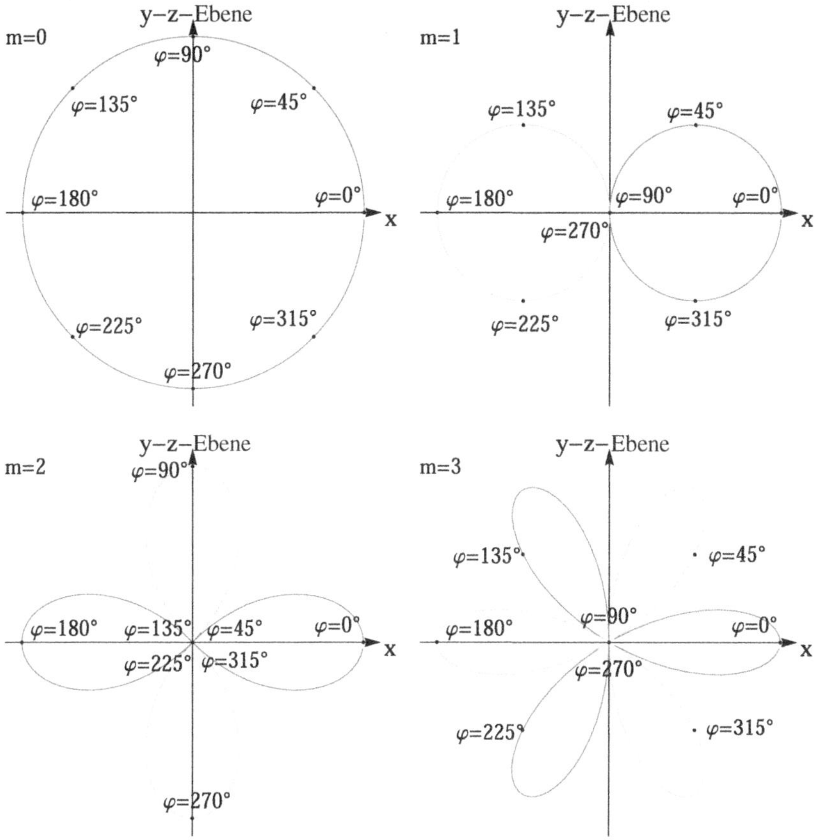

Abb. 5.8 Polardiagramme der ersten fünf circular harmonics. Die Werte des Realteils sind über dem Azimutwinkel φ aufgetragen. Die verschiedenen Schattierungen stellen die gegenphasigen Keulen dar, die Punkte auf der Kurve markieren die Werte für die entsprechenden Winkel

wählen. Diese Methode wird als *Punkt-Multipol-Methode* oder *komplexe Punktquelle* bezeichnet.[35]

Die Lösung für $\Pi_n^{(2)}(\omega,r) = J_n(r) + \imath I_n(r)$ ist der *Expansionskoeffizient*. Es handelt sich um eine *sphärische Hankel-Funktion* zweiter Art und *n-ter* Ordnung, die als *sphärische Besselfunktion* erster Art und *n-ter* Ordnung J_n und zweiter Art und *n-ter* Ordnung $I_n(r)$ definiert ist und auch als *sphärische Neumann-Funktion* bezeichnet wird. Dieser Zusammenhang ist analog zu der Gleichung, $e^{\imath kr} = \cos(kr) + \imath \sin(kr)$.[36] Sowohl der Real- als auch der Imaginärteil der sphäri-

[35] Siehe z. B. Magalhães und Tenenbaum (2004), S. 204, Ziemer (2014, 2015, 2017), Ziemer und Bader (2015).

[36] Siehe Arfken (1985), S. 604.

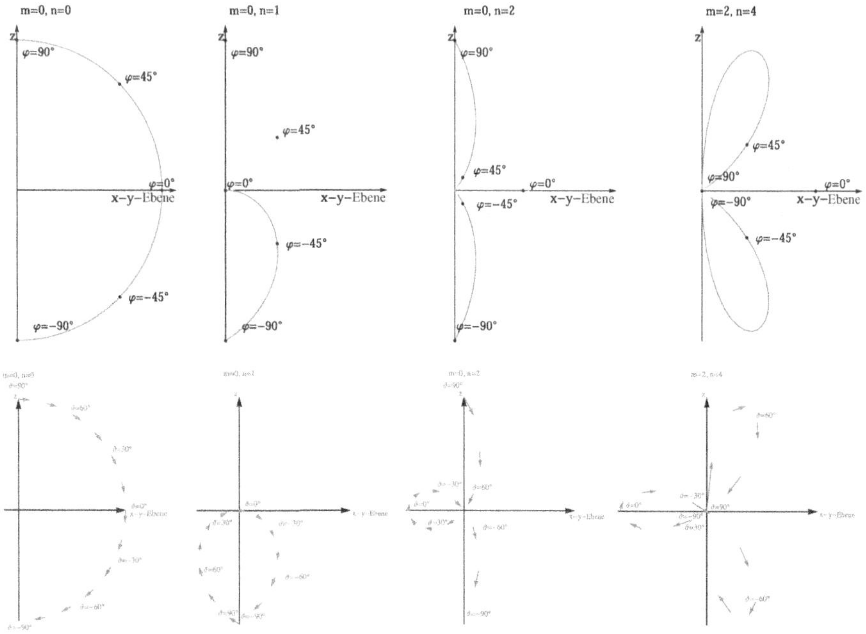

Abb. 5.9 Beispielhafte Legendre-Funktionen mit verschiedenen m und n. Obere Reihe: Negative Vorzeichen sind grau. Untere Reihe: Pfeile und Zahlen zeigen den Verlauf von 90 bis -90°

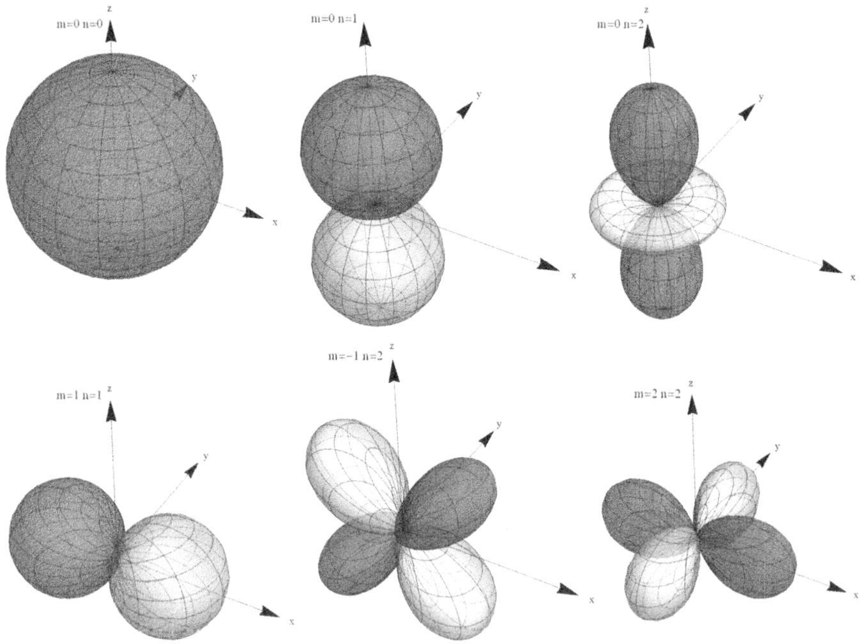

Abb. 5.10 Exemplarische sphärische harmonische Funktionen mit verschiedenen m und n

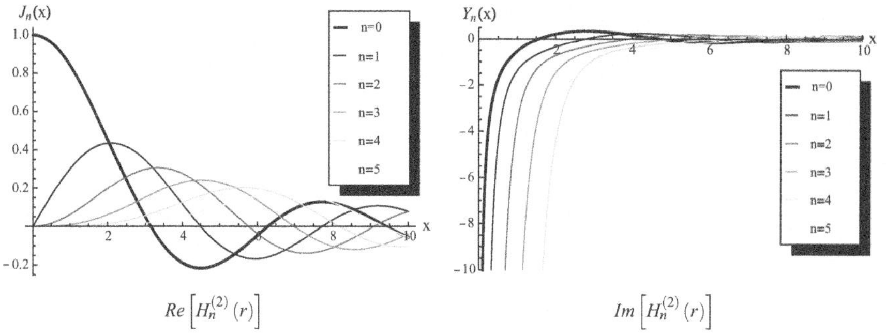

Abb. 5.11 Darstellung von Realteil (links) und Imaginärteil (rechts) der sphärischen Hankel-Funktion zweiter Art und der Ordnungen 0–5

schen Hankel-Funktion sind in Abb. 5.11 eingezeichnet. Mit $m = 0$ ist diese Funktion äquivalent zur Green'schen Funktion des freien Feldes, wie sie weiter oben in diesem Kapitel in Abschn. 5.1.6 beschrieben wurde.

5.3.2 *Beamforming*

Beamforming ist eine Technik, die nicht nur in der musikalischen Akustik, sondern auch in der technischen Akustik, bei Sonar und vielen anderen Bereichen eingesetzt wird.[37] Sie wird z. B. für die Lokalisierung von Quellen, die blinde Quellentrennung und die gerichtete Mikronofierung verwendet.[38] Die theoretischen Grundlagen zur Messung der Druckverteilung auf Musikinstrumenten werden in diesem Unterabschnitt vorgestellt.[39]

Der Instrumentalklang wird gleichzeitig mit einer regelmäßigen oder pseudozufälligen Anordnung von Mikrofonen mit Kugelcharakteristik – oft als „akustische Antenne"[40] bezeichnet – im Fernfeld aufgenommen. Wie in Abschn. 6.1 näher beschrieben wird, Wellen vereinfacht als Strahlen dargestellt werden, die den Ursprung **Q** und einen Empfängerpunkt **X** direkt verbinden. Die Länge des Strahls $\mathbf{Q} - \mathbf{X}_m$ ist proportional zur Ausbreitungszeit der Welle $\Delta t_{\text{Q-X}_m}$. Dabei ist $m = 1,2,\ldots,$ M die Mikrofonnummer. Für das Beamforming kann man eine beliebige Position – z. B. auf der Oberfläche des Instruments – wählen und alle Mikrofonpositionen über Strahlen mit diesem Punkt verbinden. Fokussiert man auf einen bestimmten Winkel statt auf einen Punkt, erhält man die Quellrichtung von ebenen Wellen. Die Mikro-

---

[37] Siehe z. B. Kim (2007), S. 1079.

[38] Siehe z. B. Gannot und Cohen (2008), S. 946.

[39] Hauptsächlich basierend auf Hald (2008) sowie Michel und Möser (2010).

[40] Siehe z. B. Michel und Möser (2010).

fonaufnahmen werden um die exakte Dauer, die sich aus der Strahlenlänge ergibt, zeitlich nach hinten verschoben und dann aufaddiert und gemittelt:

$$p_Q(t) = \frac{1}{M} \sum_{m=1}^{M} A_Q \, p\left(t - \Delta t_{Q-x_m}\right) \tag{5.28}$$

Diese Formulierung bildet die Grundlage für den so genannten *Delay-and-Sum-Beamformer*. Der Faktor $A(\mathbf{Q})$ bezeichnet die Aplitude, die verschiedene Formen annehmen kann. Bei Fokussierung auf einen bestimmten Einfallswinkel wird angenommen, dass die gemessene Welle eine ebene Welle ist, die mit zunehmendem Abstand nicht abnimmt, so dass A_Q mit 1 gewählt werden kann. Ist ein Quellpunkt fokussiert, muss man den inversen Abstand von Punktquellen durch einen exponentiellen Anstieg kompensieren. Dies kann schnell zu unplausibel hohen Werten und Fehlern aufgrund von Rauschen, Reflexionen und ähnlichem führen. Abb. 5.12 ist ein Beispiel für ein allgemeines Richtcharakteristikmuster, das die Richtungsempfindlichkeit eines Strahlformers für eine bestimmte Wellenlänge veranschaulicht.

Regelmäßige Mikrofonarrays verursachen typische Fehler, die zu *grating lobes* wie in Abb. 5.12 führen. Daher werden für verschiedene Anwendungen vorzugsweise unregelmäßige Arrays verwendet. Diese verringern zwar die Höhe der Nebenkeulen, erzeugen aber typischerweise keine so tiefen Kerben zwischen den Keulen. Niedrige Frequenzen haben eine breite Hauptkeule, die nur durch eine beträchtliche Erhöhung der Anzahl der Mikrofone eingeengt werden kann. Das Verhältnis zwischen der Breite der Hauptkeule und der Anzahl der Mikrofone ist $\Delta\Omega_\mathrm{main} = \frac{2}{M}$. Um das Verhältnis von Hauptkeulenpegel zu Nebenkeulenpegeln zu erhöhen, ist eine noch größere Anzahl von Mikrofonen erforderlich. Das Verhältnis zwischen Hauptkeulenpegel und minimalem Nebenkeulenpegel ist $20\log M$. Es gibt ver-

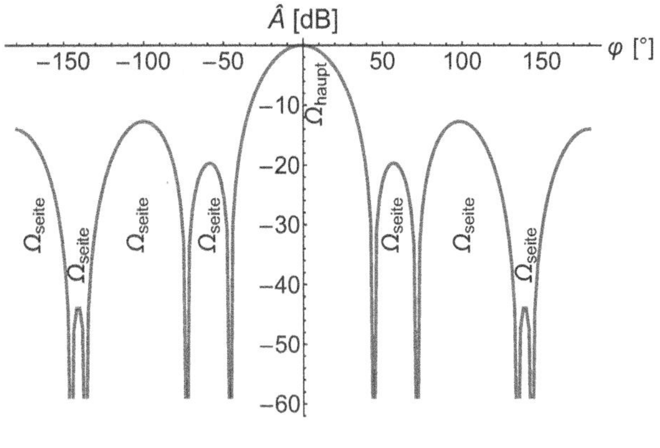

Abb. 5.12 Allgemeine Richtungsempfindlichkeit eines Beamformers mit Hauptkeule Ω_main und Nebenkeulen Ω_side

schiedene Gewichtungs- und Filterverfahren und Mikrofonverteilungen, um die Leistungsqualität von Beamformern zu verbessern. [41]

5.3.3 *Nahfeld-Aufnahmen*

Verschiedene Nahfeld-Aufnahmeverfahren liefern Informationen über verschiedene akustische Größen einer Quellfläche, wie z. B. den Schalldruck, das Vektorintensitätsfeld oder das Teilchengeschwindigkeitsfeld. Dies geschieht durch Messung der abgestrahlten Schalldrücke im Nahfeld. Viele Methoden sind von der optischen Holographie abgeleitet und werden als Nearfield Acoustical Holography (NAH) bezeichnet. Eine vollständige Herleitung und Formulierung der NAH findet sich z. B. bei Maynard et al. (1985). Diese und andere Methoden lassen sich auch aus der Herleitung der Wellenfeldsynthese-Theorie rekonstruieren, die in den Abschn. 8.2 bis 8.3.2.2 beleuchtet wird. In diesem Buch wird ein allgemeiner Ansatz zur Messung der Klangabstrahlung von Musikinstrumenten durch Nahfeldaufnehmen auf der Grundlage von Maynard et al. (1985), Hayek (2008) und Williams (1999), S. 89–114, diskutiert.

Die allgemeine Beziehung zwischen dem Schalldruck in einer Hologrammebene $P(\omega, \mathbf{X})$ und der Schalldruckverteilung auf einer Quellenebene $P(\omega, \mathbf{Y})$ kann durch das Rayleigh-I-Integral beschrieben werden. Es ist die Grundlage der planaren Aufnahmetechniken:

$$P_X(\omega) = -\frac{1}{2\pi} \iint_{S1} \left(G(\omega, \Delta r) \frac{\partial P_Y(\omega)}{\partial \boldsymbol{n}} \right) dS. \tag{5.29}$$

$G(\omega, \boldsymbol{\Delta r})$ ist eine Wellenausbreitungsfunktion, wie sie in Abschn. 5.1.6 eingeführt wurde. Bei planaren Nahfeldaufnahmen wird ein Array von M Mikrofonen in der Hologrammebene $\mathbf{X}$ im Nahfeld eines Musikinstruments parallel zu einer schallabstrahlenden Fläche auf $\mathbf{Y}$ platziert, z. B. dem Resonanzboden eines Klaviers oder der Deckenplatte einer Gitarre. Dann nehmen alle Mikrofone gleichzeitig den Schall auf, um die Schalldrücke in der abgetasteten Hologrammebene zu empfangen. Dieser Schalldruck stammt von der Quellfläche. Diese Quellfläche kann an N Punktquellenpositionen abgetastet werden. Wie in Gl. 5.22 in Abschn. 5.1.6 angegeben, kann eine Punktquelle ein beliebiges Spektrum $P_Y(\omega)$ haben. Seine Ausbreitung beschreibt die Amplituden- und Phasenmodifikation der Spektralkomponenten pro Entfernung und kann eine Richtungsmodifikation $\Psi(\omega, \varphi, \vartheta)$ enthalten, die die gerichtete Verstärkung von Spektralkomponenten beschreibt, z. B. die Erzeugung einer Dipolcharakteristik, wie in Abschn. 5.1.6 beschrieben.

[41] Diese werden z. B. in Bader (2014), Michel und Möser (2010) sowie Gannot und Cohen (2008) vorgestellt.

Dies kann als die folgende Gleichung bzw. als lineares Gleichungssystem geschrieben werden:

$$P_{X_m}(\omega) = \sum_{n=0}^{N} G(\omega, Y_n - X_m) \frac{\partial P_Y(\omega)}{\partial \boldsymbol{n}}$$

$$\begin{bmatrix} P_{X_1} \\ \vdots \\ P_{X_M} \end{bmatrix} = \begin{bmatrix} G_{1,1} & \cdots & G_{1,N} \\ \vdots & \ddots & \vdots \\ G_{M,1} & \cdots & G_{M,N} \end{bmatrix} \cdot \begin{bmatrix} \frac{\partial P_{Y_1}}{\partial \boldsymbol{n}} \\ \vdots \\ \frac{\partial P_{Y_N}}{\partial \boldsymbol{n}} \end{bmatrix} \tag{5.30}$$

Gleichung 5.30 besagt, dass die aufgezeichneten komplexen Drücke an jeder Mikrofonposition $P_{\mathbf{X}}(\omega)$ die Summe aller komplexen Quellendrücke $P_{\mathbf{Y}}(\omega)$ sind, jeweils modifiziert durch ihre Übertragungsfunktion $G(\omega, \mathbf{Y}_n - \mathbf{X}_m)$. Da die Quelle in eine endliche Anzahl von Punktquellen zerlegt wird, deren Schallausbreitung durch Überlagerung das gemessene Schallfeld ergibt, wird diese Methode als *equivalent sources method* bezeichnet. Die Idee ist ähnlich dem Huygens'schen Prinzip. Das Gleichungssystem ist nur gültig, wenn die betrachteten Quellen auf der Quellenebene die einzigen vorhandenen Quellen sind. Wenn die gewählte Anzahl der Punktquellen N gleich der Anzahl der Messmikrofone M ist, hat die Gleichung eine eindeutige Lösung. Sowohl Gl. 5.29 als auch Gl. 5.30 betrachten Quelle und Hologrammebene als unendlich. Aufgrund des plötzlichen Endes endlicher Quellen treten *truncation errors* und *wraparound errors* auf.[42] Kompensationsmethoden für dieses Problem werden in vielen Veröffentlichungen diskutiert.[43] Es gibt viele Alternativen zur Methode der äquivalenten Quellen, wie z. B. die oben erwähnte Punkt-Multipol-Methode, bei der die Richtungsfaktoren einer Punktquelle direkt hinter der betrachteten Quellfläche berechnet werden, die genau den gemessenen Komplexen Amplituden an den Mikrofonpositionen erzeugen würde. Eine andere Methode besteht darin, das gemessene Schallfeld durch zweidimensionale räumliche Fourier-Transformation in ebene Wellen und evaneszente Wellen zu zerlegen. Diese Methode wird als akustische Holographie bezeichnet. Ein ausführlicher Überblick über diese und andere Methoden findet sich in Magalhães und Tenenbaum (2004).

Da jedes Strahlungsdiagramm aus Monopolen zusammengesetzt sein kann, wie im vorangegangenen Abschn. 5.3.1.1 besprochen, ist es sinnvoll, die Quellpunkte in der Quellebene als Strahler nullter Ordnung mit konstantem Richtfaktor, d. h. $G(\omega, \varphi, \vartheta) = 1 \frac{e^{-1kr}}{r}$, zu betrachten. Dabei ist r der Abstand zwischen Quell- und Empfängerpunkt $\|\mathbf{Y} - \mathbf{X}\|_2$. Leider kann dies zu einer schlechten Konditionierung der Ausbreitungsmatrix führen, wenn die betrachteten benachbarten Strahlungs-

[42] Siehe z. B. Yang et al. (2008), S. 157.

[43] Siehe z. B. Yang et al. (2008), Maynard et al. (1985), Hayek (2008), Kim (2007).

punkte oder Empfängerpunkte im Vergleich zur Wellenlänge nahe beieinander liegen. Dann ist der Einfluss benachbarter Quellpunkte auf das Schallfeld an einem Messpunkt sehr ähnlich – ebenso wie der Einfluss einer Punktquelle auf zwei benachbarte Messpunkte. Das bedeutet, dass die Zeilen der Ausbreitungsmatrix nicht orthogonal sind. Kleine Fehler in der Messung können massive Auswirkungen auf die berechnete Lösung haben, was oft zu unplausibel hohen Amplituden führt. Um den Ansatz robuster zu machen, muss eine Lösung für dieses Problem der schlechten Konditionierung gefunden werden.

Das Problem der schlechten Konditionierung:

Ein Ansatz zur Lösung des Problems der schlechten Konditionierung der Ausbreitungsmatrix besteht darin, die Punktquellen nicht als Monopole, sondern als Strahler mit einer Richtungsabhängigkeit $\Psi_\mathbf{Y}(\omega, \varphi, \vartheta) \neq \text{const}$ zu betrachten. Dann wird der Beitrag von eng benachbarten Punktquellen zum Schallfeld an einer Mikrofonposition differenzierter, wenn sich der Winkel ändert. Natürlich darf eine solche Betrachtung nicht willkürlich sein. Eine solide Argumentation für die Wahl von $\Psi_\mathbf{Y}(\omega, \varphi, \vartheta)$ ist notwendig, da die Rekonstruktion der Schalldruckverteilung an der Instrumentenoberfläche die realen physikalischen Gegebenheiten abbilden soll, die aufgrund des inversen Problems leider nicht verifiziert werden können.

Eine fundierte Argumentation für eine robuste Lösung des Problems der schlechten Konditionierung ist die Minimum Energy Method (MEM).[44] Sie betrachtet $\Psi_\mathbf{Y}(\omega, \varphi, \vartheta)$ als eine Keule Ω, die zwischen einer Kugel bei $\Omega = 0$ und einem Strahl in Normalenrichtung bei $\Omega = \infty$ liegt, formuliert als

$$\Psi_\mathrm{Y}\left(\omega, \varphi, \vartheta\right) = 1 + \Omega \cdot \left(1 - \alpha\right) \tag{5.31}$$

wobei α der Winkel zwischen der Quellenposition $\mathbf{Y}_n$ und der Mikrofonposition $\mathbf{X}_m$ ist, definiert als Skalarprodukt der beiden Positionsvektoren

$$\alpha_{m,n} = \left| \frac{\mathbf{Y}_n \mathbf{X}_m}{\left|\mathbf{X}_m\right| \left|\mathbf{Y}_n\right|} \mathbf{n} \right| . \tag{5.32}$$

Hier ist α durch die Verteilung der Quell- und Empfängerpositionen gegeben und ist 1 in Normalrichtung $\mathbf{n}$ der betrachteten Quellposition und 0 in der Richtung orthogonal zur Normalrichtung. Der richtige Wert für Ω muss gefunden werden, um die richtige Funktion für $\Psi_\mathbf{Y}(\omega, \varphi, \vartheta)$ zu erhalten. $\Psi_\mathbf{Y}$ kann nicht aus dem gegebenen linearen Gleichungssystem berechnet werden. Daher wird diejenige Funktion als richtig definiert, die die Rekonstruktionsenergie minimiert:

$$E \propto \sum_{n}^{N} \left| \frac{\partial P_{\mathrm{Y}_n}(\omega)}{\partial n} \right|^2 = \min \tag{5.33}$$

[44] Wie in Bader (2010) vorgeschlagen und ausführlich in Bader (2014) diskutiert.

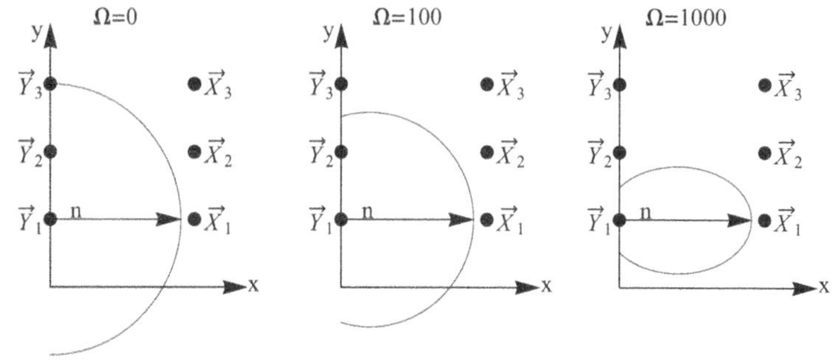

Abb. 5.13 Abstrahlcharakteristiken nach mit $\Omega = 0$, $\Omega = 100$ und $\Omega = 1000$ Nach Ziemer und Bader (2017), S. 485

Die Energie E, die proportional zur Summe der quadrierten Druckamplitude auf die betrachtete Struktur ist, muss minimiert werden, um die richtige Funktion für $\Psi(\omega, \varphi, \vartheta)$ zu erhalten, indem iterativ der richtige Wert für Ω gefunden wird. Es handelt sich also um eine Entspannungsmethode, d. h. um eine iterative Methode zur Lösung des gegebenen linearen Gleichungssystems. Es liefert auch einen leicht einstellbaren Parameter, um die Rekonstruktionsergebnisse anzupassen und schnell plausible Rekonstruktionen zu erhalten. Abb. 5.13 zeigt $\Psi_{Y_n}\left(\omega,\varphi,\vartheta\right)$ für drei verschiedene Werte von Ω. Die Methode der minimalen Energie wurde zur Messung der Schwingungseigenschaften zahlreicher Musikinstrumente wie Flügel, Blasinstrumente, Lounuet, chinesische Ruan und Yueqin verwendet.[45] In Kap. 9, insbesondere in Abschn. 9.2.4, werden das Problem der schlechten Konditionierung und die Methode der minimalen Energie im Zusammenhang mit der Schallfeldsynthese ausführlicher behandelt.

Eine Stärke der Nahfeldaufnahmetechniken ist, dass es Formulierungen für kreisförmige, zylindrische und sphärische Mikrofonanordnungen gibt.[46] Der Schall kann von der Quellenstruktur selbst zu allen beliebigen Punkten im Raum extrapoliert werden. Wie bei den anderen besprochenen Methoden ist die richtige Wahl der Mikrofonpositionen für jedes gemessene Instrument wichtig, um eine korrekte Verteilung der Schalldrücke und -geschwindigkeiten auf der Oberfläche des Instruments zu erhalten. Um kompliziertere Geometrien zu messen, können Nahfeldaufnahmen mit der Boundary Element Method (BEM) kombiniert werden, um die Oberfläche einer Quelle in die Berechnung einzubeziehen.[47] Leider ist die Erstellung eines Rasters der Oberfläche eines Instruments selbst ein komplizierter und zeitaufwändiger Prozess, der durch sparse Arrays und andere Probleme beeinträchtigt werden kann. Obwohl diese Methoden die Schallquelle(n) auf sehr unterschiedliche Weise definieren und zu unterschiedlichen Lösungen führen, kann jede Methode für

---

[45] Siehe Bader et al. (2009, 2017), Richter et al. (2013), Münster et al. (2013), Bader (2011, 2012a, b), Pfeifle (2016), Takada und Bader (2012), und Plath et al. (2015).

[46] Siehe z. B. Magalhães und Tenenbaum (2004), S. 200 ff.

[47] Siehe z. B. Ih (2008), Bai (1992), Veronesi und Maynard (1989).

bestimmte Anwendungen sinnvoll und angemessen sein. Man muss für jeden einzelnen Fall die am besten geeignete und robusteste Methode finden.

Fernfeldaufnahmen scheinen in zwei Fällen ideal zu sein, um die Abstrahlcharakteristik von Musikinstrumenten zu beschreiben: Erstens, wenn sie als Punktquellen betrachtet werden können, d. h. wenn sie im Vergleich zu den abgestrahlten Wellenlängen klein sind. Dies ist bei den meisten Musikinstrumenten bei tiefen Frequenzen der Fall. Zweitens, wenn der Instrumentenkörper als quasi-rund angesehen werden kann. Dies ist bei vielen Arten von Trommeln der Fall, und man könnte Argumente finden, um auch andere Geometrien von Musikinstrumenten als kugelförmig zu vereinfachen. Die berechnete Abstrahlcharakteristik gilt nur für das Fernfeld der Quelle und gibt keine Auskunft über Nahfeldeffekte. Wird die angenommene Position der Punkt- oder Kugelquelle verändert, kann dies zu einer deutlich anderen Lösung führen. Die Wahl einer aussagekräftigen Position der virtuellen Punktquelle in, auf oder sehr nahe am tatsächlichen Körper des Musikinstruments ist entscheidend für eine aussagekräftige Lösung, die die tatsächlichen physikalischen Bedingungen wiedergibt. Wird die gemessene Abstrahlcharakteristik in sphärische harmonische zerlegt, so wird das gemessene Schallfeld durch eine Lösung des kleinsten mittleren Quadrats angenähert. Die Genauigkeit ist durch die Anzahl der Empfängerpunkte begrenzt. Es kann jedoch eine Lösung gewählt werden, die zwischen höchster Genauigkeit mit höchsten Rechenkosten und niedrigster Genauigkeit mit geringen Rechenkosten liegt. Da die berechneten Terme bereits kontinuierlich sind, enthalten die Ergebnisse Werte für Positionen zwischen den Empfängerpositionen und es ist keine weitere Interpolation erforderlich. Ob diese interpolierten Werte mit den tatsächlichen komplexen Drücken übereinstimmen, ist ungewiss.

Nahfeldaufnahmen nehmen das abgestrahlte Schallfeld in der Nähe der Oberfläche des abstrahlenden Instruments auf. Bei der Equivalent Sources Method wird diese Fläche abgetastet und der Beitrag jedes Punktes zur Schallabstrahlung berechnet. Dies führt zu einer großen Anzahl von virtuellen Punktquellen auf der Oberfläche des Instruments. Wie bei der Zerlegung der sphärischen Harmonischen wurden Aufnahmesysteme für bestimmte Geometrien entwickelt. Das Konzept der planaren NAH wurde an zylindrische und kreisförmige Geometrien angepasst. Dadurch eignet sich die NAH für mehr verschiedene Fälle als die Zerlegung der sphärischen Harmonischen, aber die Ergebnisse zwischen verschiedenen NAH-Ansätzen sind nicht ohne weiteres vergleichbar. Der Informationsgehalt der NAH ist sehr hoch und insbesondere in Kombination mit der BEM ist sie eine überlegene Methode zur Beschreibung der Schallfeldeigenschaften von Schallquellen. Allerdings ist die Berechnung der von einer Schallquelle abgestrahlten Schallfelder sehr aufwendig. Das Schallfeld im Raum ist die Summe aller sich ausbreitenden Punktquellensignale. Die Nachbildung des Schallfeldes das von einer Schallquelle erzeugt wurde, deren Eigenschaften aus einer NAH-Messung bekannt sind, z. B. mittels Wellenfeldsynthese, erfordert sehr hohe Rechenkosten, da Hunderte von virtuellen Punktquellen gerendert werden müssten.

Beamforming ist eine Methode zur Lokalisierung von Schallquellen. Ein Vorteil des Beamforming ist, dass es mit jeder Quellengeometrie umgehen kann. Die Methode ist in der Lage, den Schalldruck an unendlich vielen Positionen zu berechnen und somit ein Musikinstrument mit noch höherer Präzision abzutasten als bei vielen diskreten Aufnahmetechniken. Im Gegensatz zu Nahfeld-Aufnahmetechniken wie NAH können jedoch keine Informationen über Nahfeldeffekte gewonnen werden. Außerdem schränken die Breite der Hauptkeulen und das unvermeidliche Vorhandensein von Nebenkeulen die effektive Messgenauigkeit und Zuverlässigkeit drastisch ein. Daher scheint sie eher für die Lokalisierung von Quellen geeignet zu sein, als für die Analyse der Abstrahlcharakteristik von feinen Strukturen, wie z. B. Musikinstrumenten.

5.4 Visualisierung der Abstrahlcharakteristik von Musikinstrumenten

Es wurden Methoden entwickelt, um die Abstrahlcharakteristik von Musikinstrumenten zu visualisieren. Im achtzehnten Jahrhundert visualisierte (Chladni 1787) Moden in einer klingenden Struktur, indem er Sand darauf legte. Durch die Beschleunigung der Struktur wird der Sand „weggeschleudert", bis er in Bereichen landet, in denen die maximale Beschleunigung kleiner als die Gravitationskonstante ist, und dort liegen bleibt. Bei hohen Amplituden sind diese Bereiche die Knotenlinien. Diese Visualisierungsmethode offenbart nicht nur die angeregte Mode der Struktur, sondern gibt auch Aufschluss über die Schallbeschleunigungen in den Strukturen. Ein Beispiel für eine Chladni-Figur ist in Abb. 5.14 dargestellt.

Später wurden Chladni-Figuren auch aus unebenen Strukturen, wie der Deckenplatte einer Geige, erzeugt. Manchmal werden solche Chladni-Figuren immer noch durch Aufbringen von Sand auf die Struktur erzeugt. In anderen Fällen werden sie mit Hilfe von Hologramm-Interferometrie[48] oder Laser-Scanning-Vibrometern[49] erzeugt, wie in Abb. 5.15 zu sehen ist. Auf diese Weise wurden die Eigenmoden einzelner Komponenten von Musikinstrumenten bestimmt. Normalerweise sind mehrere Perioden für ein klares Bild erforderlich. In realen Spielsituationen sind jedoch Komponenten miteinander verbunden, wie z. B. die Deckenplatte mit der Zarge einer Geige, was zu völlig anderen räumlichen Randbedingungen führt als bei Einzelteilen des Instruments. Die Kopplung zwischen diesen Bauteilen führt zu weiteren zeitlichen Randbedingungen und Effekten, wie erzwungenen Schwingungen und Modenkopplung.[50] Stehende Wellen treten nicht notwendigerweise auf und müssen daher nicht zur Abstrahlcharakteristik in tatsächlichen Spielsituationen beitragen.

Die elektronische TV-Holographie ist eine Technik zur Messung der Schwingungen von Bauteilen, die mit einem starken Laser beleuchtet werden, und zur Auf-

[48] Siehe z. B. Hutchins (1977, 1981) und Hutchins et al. (1971).

[49] Siehe z. B. Fleischer (2000).

[50] Siehe z. B. Bader (2013), S. 57 und S. 113.

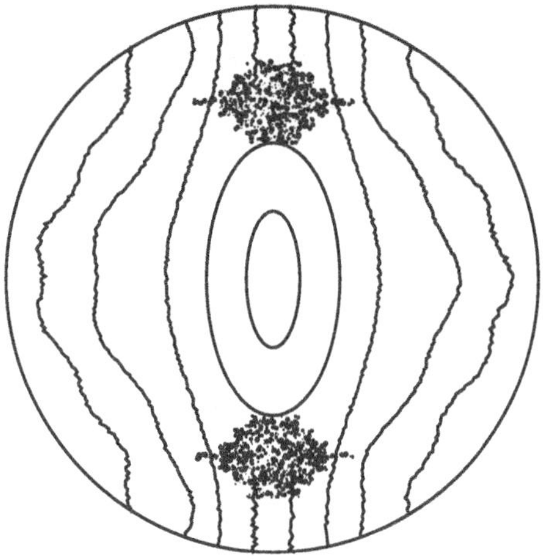

Abb. 5.14 Chladni-Figur mit Knotenpunkten auf einer kreisförmigen Platte Nach Chladni (1787), S. 89

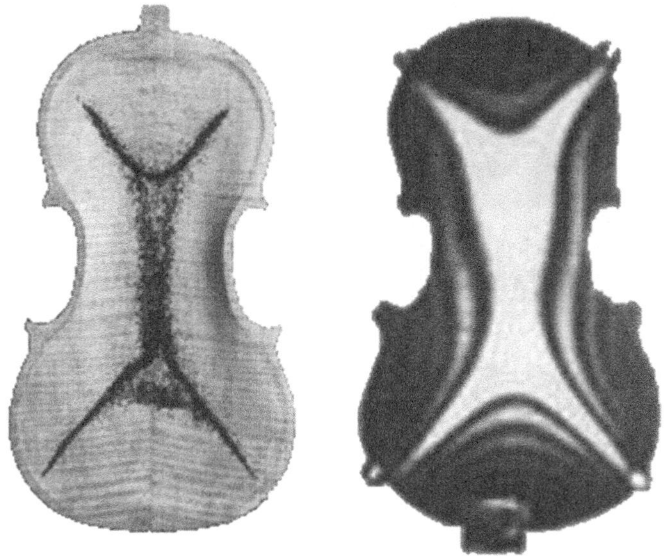

Abb. 5.15 Chladni-Figuren einer Rückenplatte, erhalten durch Sand (links) und durch Hologramm-Interferometrie (rechts) Aus Hutchins (1981), S. 174 und 176 mit freundlicher Genehmigung von Joe Wolfe

zeichnung der Interferenzen zwischen ausgesendetem und reflektiertem Licht.[51] Saldner et al. (1997) nutzten diese Methode, um die Schwingungen der Decken- und Rückenplatte einer fertig zusammengebauten Geige mit etwa 30 Bildern pro Sekunde zu messen. Sie fanden jedoch heraus, dass diese Schwingungsmuster akustische Kurzschlüsse erzeugen. Folglich tragen sie kaum zur Schallabstrahlung in Fernfeld des Instruments bei (Abb. 5.16).[52]

Die Schallabstrahlungseigenschaften von Musikinstrumenten können durch mehrere gleichzeitige Aufnahmen im Fernfeld gemessen werden. Meyer (1995) hat dies für mehrere symphonische Instrumente durchgeführt.[53] Aus solchen Messungen können die Richtungen der stärksten Schallabstrahlung durch Pfeile wie in Abb. 5.17 oder durch Schattierung der Richtungen maximaler Amplitude wie in

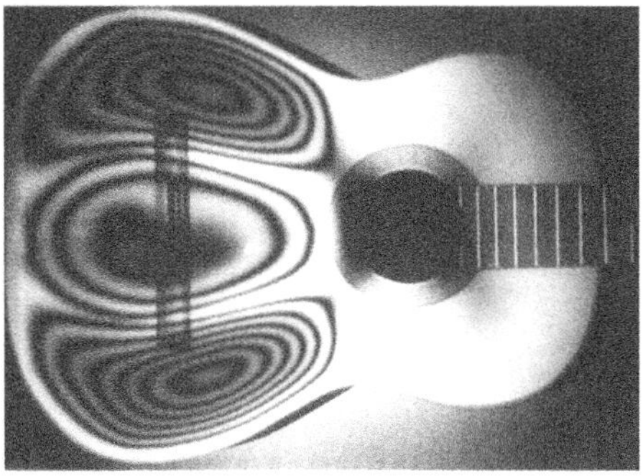

Abb. 5.16 Interferogramm der Deckenplatte einer Gitarre, erstellt mit Hilfe der elektronischen TV-Holografie Aus Molin (2007), S. 1107

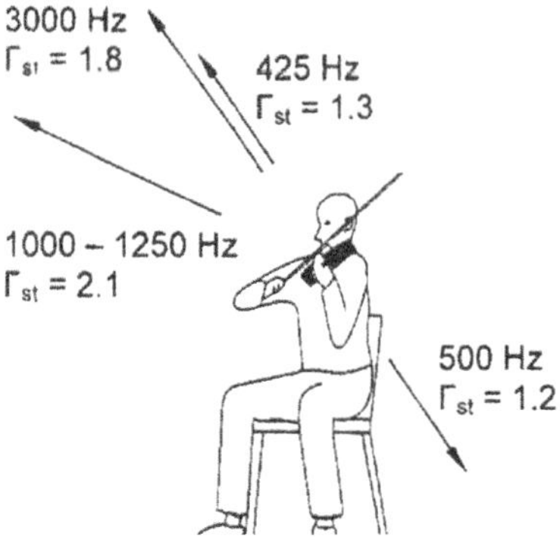

Abb. 5.17 Richtung der stärksten Abstrahlung von Frequenzen und deren statischer Richtfaktor Γ_{st} Angepasst von Meyer (2008), S. 158

[51] Diese und andere optische Messmethoden werden z. B. in Molin (2007) und Molin und Zipser (2004) erläutert.

[52] Siehe z. B. Saldner et al. (1997).

[53] Siehe z. B. Meyer (1995, 2008, 2009).

Abb. 5.18 visualisiert werden. Der statische Richtfaktor Γ_{st} ist der Quotient aus dem Effektivwert pro Richtung und der mittleren Amplitude.

Eine präzisere Methode zur Visualisierung von Feldaufnahmen ist die einfache polare Darstellung der Amplitude pro Winkel wie in Abb. 5.19. Pätynen und Lokki (2010) erweitern diese Methode, indem sie Konturdiagramme über Frequenz und Azimutwinkel für verschiedene Polarwinkel aufzeichnen, wie in Abb. 5.20 gezeigt. Diese Darstellungen wurden aus Messungen gewonnen, die zuvor in Abschn. 5.3.1 besprochen und in Abb. 5.6 dargestellt wurden.

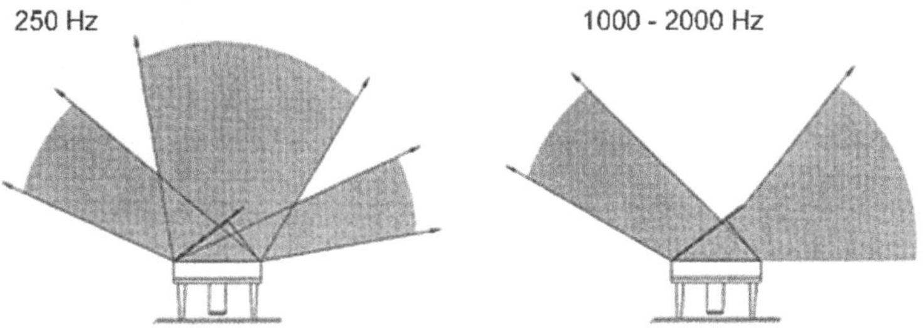

Abb. 5.18 Grobe Beschreibung der Feldabstrahlung eines Flügels für zwei verschiedene Frequenzbereiche. Die grauen Flächen zeigen Richtungen mit einer Amplitude von 0 bis −3 dB bezogen auf die lauteste gemessene Amplitude Aus Meyer (2008), S. 165

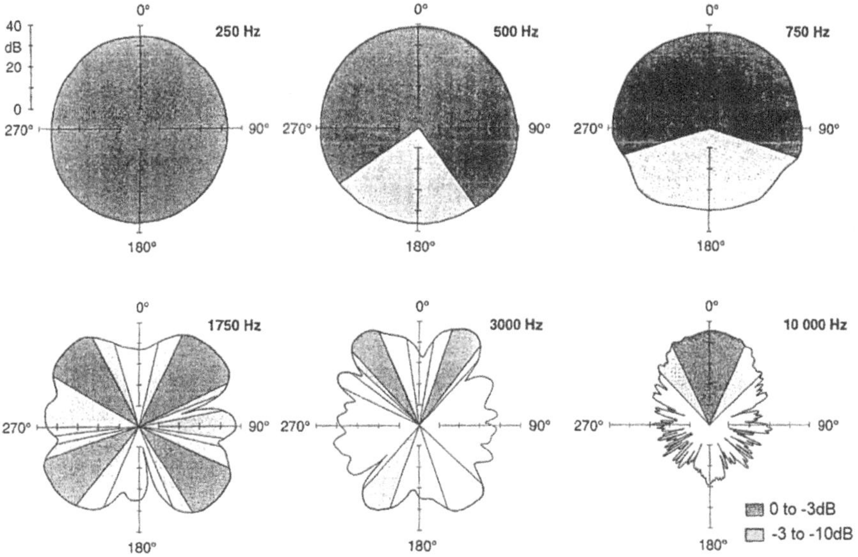

Abb. 5.19 Polardiagramme einer Oboe für verschiedene Frequenzen Aus Meyer (2009), S. 131

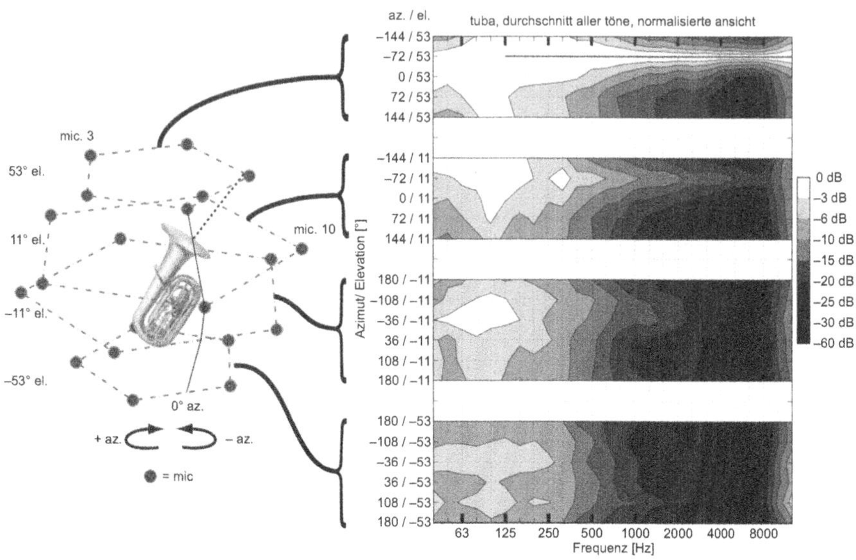

Abb. 5.20 Konturdiagramme zur Darstellung der Abstrahlcharakteristik einer Tuba für verschiedene Winkel und Frequenzen Wiedergegeben aus Pätynen und Lokki (2010, S. 141), mit Genehmigung des Deutschen Apotheker Verlags

Sowohl Amplitude als auch Ohase pro Richtung wurden bereits in Abb. 5.7 dargestellt. Sie können in einem Diagramm zusammengefasst werden, das die Amplitude als Radius und die Phase als Farbe für jeden Winkel entlang der horizontalen Ebene anzeigt, wie in Abb. 5.21. Solche Polardiagramme sind die gebräuchlichste Darstellungsweise von Abstrahlcharakteristiken.[54] Diese können um die dritte Dimension in sogenannten „Ballon"-Diagrammen[55] erweitert werden, wie in Abb. 5.22 dargestellt. Spärische Harmonische wurden bereits in Abschn. 5.3.1.1 visualisiert. Da es sich um orthogonale Funktionen handelt, können sie einfach addiert werden, um ein dreidimensionales Abstrahlungsmuster zu zeigen, das aus sphärischen Fernfeldaufnahmen gewonnen wurde, wie in Abb. 5.22 dargestellt. Die Zerlegung gemessener komplexer Amplituden in sphärische Harmonische ergibt eine komplexe Amplitude nicht nur für die gemessene Richtung, sondern auch für alle dazwischen liegenden Winkel, da sphärische Harmonische kontinuierlich sind. Eine Zerlegung in sphärische Harmonische ergibt ein kontinuierliches Diagramm. Die tatsächliche Abstrahlung kann sehr viel unregelmäßiger aussehen, ins-

[54] Siehe z. B. Meyer (2008), S. 156.

[55] Siehe z. B. Vorländer (2008), S. 127.

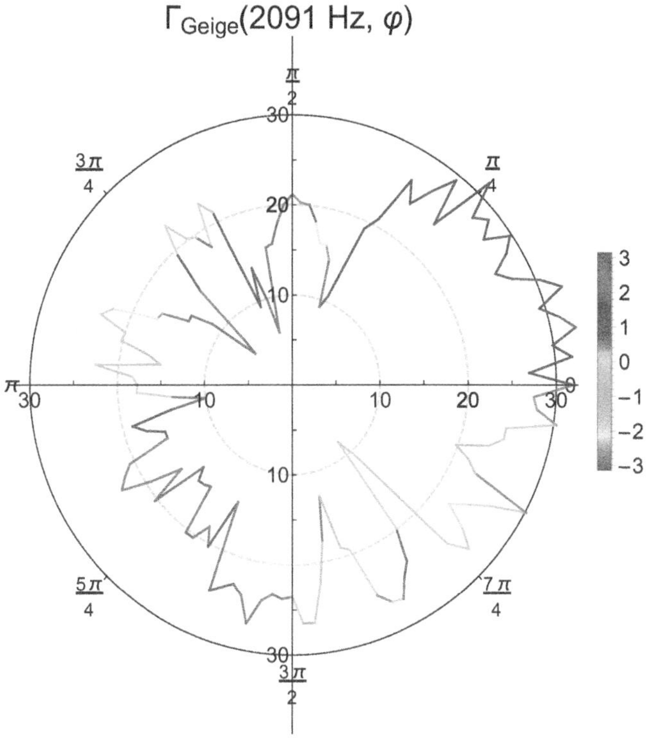

Abb. 5.21 Amplitude und Phase einer einzelnen Frequenz eines gespielten Tons, aufgenommen in 128 Winkeln um eine Geige herum Aus Ziemer und Bader (2017), S. 484, mit der Genehmigung der Audio Engineering Society

besondere bei hohen Frequenzen. Dies wird deutlich, wenn man die recht komplizierten Muster in den Abb. 5.19 und 5.21 mit den glatten Ballondiagrammen in Abb. 5.22 vergleicht.

Die gleiche Art von Diagramm kann aus Messungen abgeleitet werden, wie in Abb. 5.23 dargestellt. Die Druckverteilung auf der Oberfläche wird berechnet und dann in die umgebende Luft propagiert. Das Feld der Teilchengeschwindigkeit in einem Querschnitt der Luft um ein Shakuhachi ist in Abb. 5.24 dargestellt.

Von allen vorgestellten Messverfahren aus den Abschn. 5.3.1 bis wird eine Vielzahl von Daten gewonnen. Diese können z. B. die Position von Druckknoten, lokale komplexe Schalldrücke, Teilchengeschwindigkeiten, -beschleunigungen und -bewegungsrichtungen beinhalten.

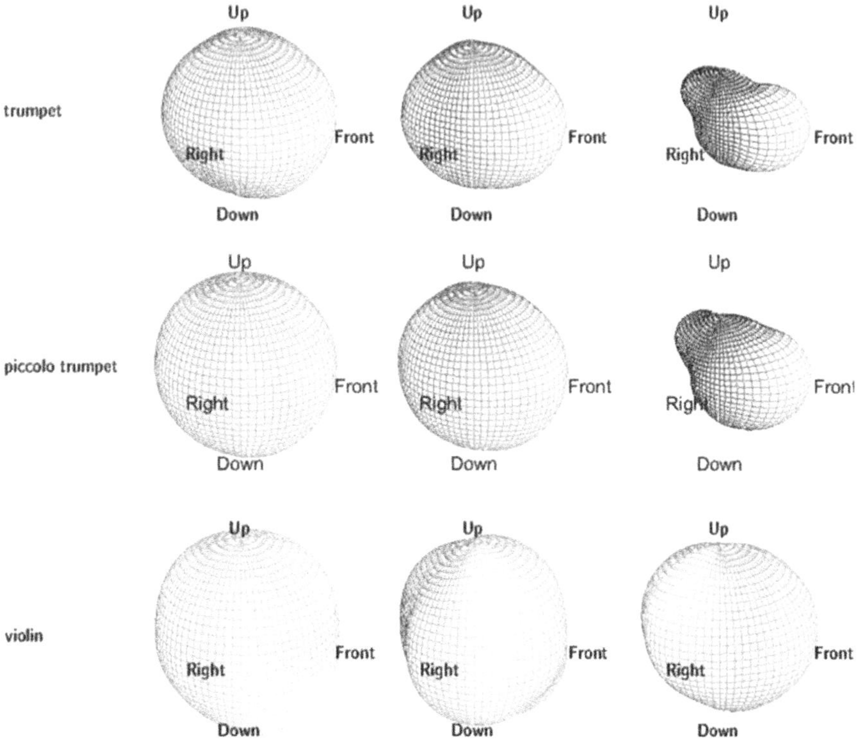

Abb. 5.22 Dreidimensionale Polardiagramme der Abstrahlcharakteristik verschiedener Teiltöne von Musikinstrumenten Aus Vorländer (2008), S. 127

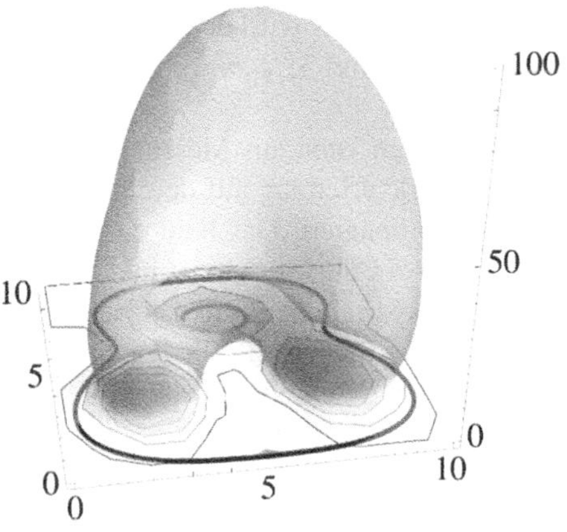

Abb. 5.23 Ballondiagramm einer aus Feldmessungen berechneten Gitarrenabstrahlung Reproduziert aus Richter et al. (2013), S. 7, mit Genehmigung der Acoustical Society of America

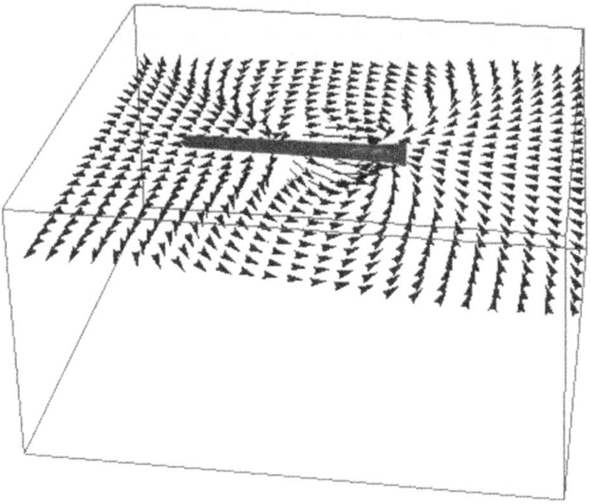

Abb. 5.24 Schallgeschwindigkeit in einem Querschnitt durch eine Shakuhachi. Pfeillänge und -richtung geben Richtung und Geschwindigkeit der Teilchenbewegung an

Literatur

Ahrens J (2012) Analytic methods of sound field synthesis. Springer, Berlin/Heidelberg. https://doi.org/10.1007/978-3-642-25743-8

Albrecht B, de Vries D, Jacques R, Melchior F (2005) An approach for multichannel recording and reproduction of sound source directivity. In: Audio engineering society convention 119, Oct 2005

Arfken G (1985) Mathematical methods for physicists, 3. Aufl. Dover, Orlando

Baalman M (2008) On wave field synthesis and electro-acoustic music, with a particular focus on the reproduction of arbitrarily shaped sound sources. VDM, Saarbrücken

Bader R (2010) Reconstruction of radiating sound fields using minimum energy method. J Acoust Soc Am 127(1):300–308. https://doi.org/10.1121/1.3271416

Bader R (2011) Characterizing classical guitars using top plate radiation patterns measured by a microphone array. Acta Acust United Acust 97(5):830–839. https://doi.org/10.3813/AAA.918463

Bader R (2012a) Radiation characteristics of multiple and single sound hole vihuelas and a classical guitar 131(1):819–828. https://doi.org/10.1121/1.3651096

Bader R (2012b) Outside-instrument coupling of resonance chambers in the New-Ireland friction instrument lounuet. In: Proceedings of meetings on acoustics, 15(1), S 035007. https://doi.org/10.1121/2.0000167, https://asa.scitation.org/doi/abs/10.1121/2.0000167. Zugegriffen am 17.04.2020

Bader R (2013) Nonlinearities and synchronization in musical acoustics and music psychology. Springer, Berlin. https://doi.org/10.1007/978-3-642-36098-5

Bader R (2014) Microphone array. In: Rossing TD (Hrsg) Springer handbook of acoustics. Springer, Berlin, S 1179–1207. https://doi.org/10.1007/978-1-4939-0755-7_29

Bader R, Münster M, Richter J, Timm H (2009) Measurements of drums and flutes. In: Bader R (Hrsg) Musical acoustics, neurocognition and psychology of music. Peter Lang, Frankfurt am Main, S 15–55

Bader R, Fischer JL, Abel M (2017) Minimum Energy Method (MEM) microphone array back-propagation for measuring musical wind instruments sound hole radiation. J Acoust Soc Am 141(5):3749–3750. https://doi.org/10.1121/1.4988269

Bai MR (1992) Application of BEM (boundary element method)-based acoustic holography to radiation analysis of sound sources with arbitrarily shaped geometries. J Acoust Soc Am 92:533–549. https://doi.org/10.1121/1.404263

Blauert J, Xiang N (2009) Acoustics for engineers. Troy lectures, 2. Aufl. Springer, Berlin. https://doi.org/10.1007/978-3-642-03393-3

Bruhn H (2002) Wahrnehmung und Repräsentation musikalischer Strukturen. In: Bruhn H, Oerter R, Rösing H (Hrsg) Musikpsychologie. Ein Handbuch, 4. Aufl. Rowohlt, Reinbek bei Hamburg, S 452–459

Chladni EFF (1787) Entdeckungen über die Theorie des Klanges. Nabu, Leipzig

Fleischer H (2000) Schwingungen und Schall von Glocken. In: Fortschritte der Akustik – DAGA 2000, Oldenburg

Fletcher NH, Rossing TD (2008) The physics of musical instruments, 2. Aufl. Springer, New York

Gannot S, Cohen I (2008) Adaptive beamforming and postfiltering. In: Benesty J, Sondhi MM, Huang Y (Hrsg) Springer handbook of speech processing, Chap. 47. Springer, Berlin, S 945–978. https://doi.org/10.1007/978-3-540-49127-9_47

Hald J (2008) Beamforming and wavenumber processing. In: Havelock D, Kuwano S, Vorländer M (Hrsg) Handbook of signal processing in acoustics, Chap. 9. Springer, New York, S 131–144. https://doi.org/10.1007/978-0-387-30441-0_9

Hall DE (2008) Musikalische Akustik. Ein Handbuch. Schott, Mainz

Hammond J, White P (2008) Signals and systems. In: Havelock D, Kuwano S, Vorländer M (Hrsg) Handbook of signal processing in acoustics, Chap. 1. Springer, New York, S 3–16. https://doi.org/10.1007/978-0-387-30441-0_1

Hayek SI (2008) Nearfield acoustical holography. In: Havelock D, Kuwano S, Vorländer M (Hrsg) Handbook of signal processing in acoustics, Chap. 59. Springer, New York, S 1129–1139. https://doi.org/10.1007/978-0-387-30441-0_59

Hirschberg A, Gilbert J, Msallam R, Wijnands APJ (1996) Shock waves in trombones. J Acoust Soc Am 199(3):1754–1758. https://doi.org/10.1121/1.414698

Hohl F (2009) Kugelmikrofonarray zur Abstrahlungsvermessung von Musikinstrumenten. Master's thesis, University of Music and Performing Arts Graz, Technical University Graz

Hohl F, Zotter F (2010) Similarity of musical instrument radiation-patterns in pitch and partial. In: Fortschritte der Akustik – DAGA 2010, Berlin

Hulsebos EM (2004) Auralization using wave field synthesis. PhD thesis, Delft University of Technology. http://www.tnw.tudelft.nl/fileadmin/Faculteit/TNW/Over_de_faculteit/Afdelingen/Imaging_Science_and_Technology/Research/Research_Groups/Acoustical_Imaging_and_Sound_Control/Publications/Ph.D._thesis/doc/Edo_Hulsebos_thesis.pdf. Zugegriffen am 17.04.2020

Hutchins CM (1977) Acoustics for the violin maker. CAS Newsletter 28:19–24

Hutchins CM (1981) The acoustics of violin plates. Sci Am 285(4):170–180. https://doi.org/10.1038/scientificamerican1081-170

Hutchins CM, Stetson KA, Taylor PA (1971) Clarification of the 'free plate tap tones' by hologram interferometry. CAS Newsletter 16:15–23

Ih J-G (2008) Inverse boundary element techniques for the holographic identification of vibro-acoustic source parameters. In: Marburg S, Nolte B (Hrsg) Computational acoustics of noise propagation in fluids – finite and boundary element methods. Springer, Berlin, S 547–572. https://doi.org/10.1007/978-3-540-77448-8_21

Kim Y-H (2007) Acoustic holography. In: Rossing TD (Hrsg) Springer handbook of acoustics, Chap. 26. Springer, New York, S 1077–1099. https://doi.org/10.1007/978-0-387-30425-0_26

Kostek B (2005) Perception-based data processing in acoustics. Springer, Berlin. https://doi.org/10.1007/b135397

Magalhães MBS, Tenenbaum RA (2004) Sound sources reconstruction techniques: a review of their evolution and new trends. Acta Acust United Acust 90:199–220. https://www.ingentaconnect.com/contentone/dav/aaua/2004/00000090/00000002/art00001. Zugegriffen am 17.04.2020

Maynard JD, Williams EG, Lee Y (1985) Nearfield acoustic holography: I. theory of generalized holography and the development of NAH. J Acoust Soc Am 78(4):1395–1413. https://doi.org/10.1121/1.392911

Mechel F (2013) Room acoustical fields. Springer, Berlin. https://doi.org/10.1007/978-3-642-22356-3

Mechel FP (2008) General linear fluid acoustics. In: Mechel FP (Hrsg) Formulas of acoustics, 2. Aufl, Chap. B. Springer, Berlin, S 5–58. https://doi.org/10.1007/978-3-540-76833-3_2

Meyer J (1995) Akustik und musikalische Aufführungspraxis. Ein Leitfaden für Akustiker, Tonmeister, Musiker, Instrumentenbauer und Architekten, 3. voll. überarb. u. erw. Aufl. PPV, Frankfurt am Main

Meyer J (2008) Musikalische Akustik. In: Weinzierl S (Hrsg) Handbuch der Audiotechnik, Chap. 4. Springer, Berlin, S 123–180. https://doi.org/10.1007/978-3-540-34301-1_4

Meyer J (2009) Acoustics and the performance of music. Manual for acousticians, audio engineers, musicians, architects and musical instrument makers, 5. Aufl. Springer, Bergkirchen. https://doi.org/10.1007/978-0-387-09517-2

Meyer J, Meyer P, Baird J (2001) Far-field loudspeaker interaction: accuracy in theory and practice. In: Audio Engineering Society Convention 110, May 2001

Michel U, Möser M (2010) Akustische antennen. In: Möser M (Hrsg) Messtechnik der Akustik, Chap. 6. Springer, Berlin, S 365–425. https://doi.org/10.1007/978-3-540-68087-1_6

Molin N-E (2007) Optical methods for acoustics and vibration measurements. In: Rossing TD (Hrsg) Springer handbook of acoustics, Chap. 27. Springer, New York, S 1101–1125. https://doi.org/10.1007/978-0-387-30425-0_27

Molin N-E, Zipser L (2004) Optical methods of today for visualizing sound fields in musical acoustics. Acta Acust United Acust 90(4):618–628. https://www.ingentaconnect.com/contentone/dav/aaua/2004/00000090/00000004/art00006. Zugegriffen am 17.04.2020

Morse PM, Ingard KU (1986) Theoretical acoustics. Princeton University Press, Princeton.

Müller S (2008) Measuring transfer-functions and impulse responses. In: Havelock D, Kuwano S, Vorländer M (Hrsg) Handbook of signal processing in acoustics, Chap. 5. Springer, New York, S 65–85. https://doi.org/10.1007/978-0-387-30441-0_5

Münster M, Bader R, Richter J (2013) Eigenvalue shapes compared to forced oscillation patterns of guitars. Proc Mtgs Acoust 19:035001. https://doi.org/10.1121/1.4799103., https://asa.scitation.org/doi/abs/10.1121/1.4799103. Zugegriffen am 17.04.2020

Otondo F, Rindel JH (2004) The influence of the directivity of musical instrument in a room. Acta Acust United Acust 90:1178–1184. https://www.ingentaconnect.com/content/dav/aaua/2004/00000090/00000006/art00017. Zugegriffen am 17.04.2020

Otondo F, Rindel JH (2005) A new method for the radiation representation of musical instruments in auralization. Acta Acust United Acust 91:902–906. https://www.ingentaconnect.com/content/dav/aaua/2005/00000091/00000005/art00011. Zugegriffen am 17.04.2020

Pätynen J, Lokki T (2010) Directivities of symphony orchestra instruments. Acta Acust United Acust 96(1):138–167. https://doi.org/10.3813/aaa.918265

Pelzer S, Pollow M, Vorländer M (2012) Auralization of a virtual orchestra using directivities of measured symphonic instrument. In: Proceedings of the acoustics 2012 nantes conference, S 2379–2384. http://www.conforg.fr/acoustics2012/cdrom/data/articles/000758.pdf. Zugegriffen am 17.04.2020

Pfeifle F (2016) Physical model real-time auralisation of musical instruments: analysis and synthesis. PhD thesis, University of Hamburg, Hamburg, 7. http://ediss.sub.uni-hamburg.de/volltexte/2016/7956/. Zugegriffen am 17.04.2020

Pierce AD (2007) Basic linear acoustics. In: Rossing TD (Hrsg) Springer handbook of acoustics, Chap. 3. Springer, New York, S 25–111. https://doi.org/10.1007/978-0-387-30425-0_3

Plath N, Pfeifle F, Koehn C, Bader R (2015) Microphone array measurements of the grand piano. In: Deutsche Gesellschaft für Akustik e.V., Mores R (Hrsg) Seminar des Fachausschusses Musikalische Akustik (FAMA): „Musikalische Akustik zwischen Empirie und Theorie“, Hamburg, S 8–9. https://www.dega-akustik.de/fachausschuesse/ma/dokumente/tagungsband-seminar-fama-2015/. Zugegriffen am 17.04.2020

Rabenstein R, Spors S, Steffen P (2006) Wave field synthesis techniques for spatial sound reproduction. In: Hänsler E, Schmidt G (Hrsg) Topics in acoustic echo and noise control. Selected methods for the cancellation of acoustical echoes, the reduction of background noise, and speech processing, Signals and communication technology, Chap. 13. Springer, Berlin, S 517–545

Richter J, Münster M, Bader R (2013) Calculating guitar sound radiation by forward-propagating measured forced-oscillation patterns. Proc Mtgs Acoust 19(1):paper number 035002. https://doi.org/10.1121/1.4799461

Roederer JG (2008) The physics and psychophysics of music, 4. Aufl. Springer, New York. https://doi.org/10.1007/978-0-387-09474-8

Rossing TD (1990) The science of sound, 2. Aufl. Addison-Wesley, Reading (Massachusetts)

Saldner HO, Molin N-E, Jansson EV (1997) Sound distribution from forced vibration modes of a violin measured by reciprocal and tv holography. CAS J 3:10–16

Schanz GW (1966) Stereo-Taschenbuch. Stereo-Technik für den Praktiker. Philips, Eindhoven

Slavik KM, Weinzierl S (2008) Wiedergabeverfahren. In: Weinzierl S (Hrsg) Handbuch der Audiotechnik, Chap. 11. Springer, Berlin, S 609–686. https://doi.org/10.1007/978-3-540-34301-1_11

Takada O, Bader R (2012) Body radiation patterns of singing voices. J Acoust Soc Am 131(4):3378. https://doi.org/10.1121/1.4708738

Teutsch H (2007) Modal array signal processing: principles and applications of acoustic wavefield decomposition. Springer, Berlin. https://doi.org/10.1007/978-3-540-40896-3

Veronesi WA, Maynard JD (1989) Digital holographic reconstruction of sources with arbitrarily shaped surfaces. J Acoust Soc Am 85:588–598

Vorländer M (2008) Auralization. Fundamentals of acoustics, modelling, simulation, algorithms and acoustic virtual reality. Springer, Berlin. https://doi.org/10.1007/978-3-540-48830-9

Warusfel O, Derogis P, Caussé R (1997) Radiation synthesis with digitally controlled loudspeakers. In: Audio engineering society convention 103, Sep 1997

Williams EG (1999) Fourier acoustics. Sound radiation and nearfield acoustical holography. Academic Press, Cambridge

Wöhe W (1984) Grundgleichungen des schallfeldes und elementare ausbreitungsvorgänge. In: Fasold W, Kraak W, Schirmer W (Hrsg) Taschenbuch Akustik. Teil 1, Chap. 1.2. Technik, Berlin, S 23–31

Yang C, Chen J, Xue WF, Li JQ (2008) Progress of the patch near-field acoustical holography technique. Acta Acust United Acust 94(1):156–163. https://doi.org/10.3813/aaa.918018

Ziemer T (2011) Wave field synthesis. Theory and application. (magister thesis), University of Hamburg

Ziemer T (2014) Sound radiation characteristics of a shakuhachi with different playing techniques. In: Proceedings of the international symposium on musical acoustics (ISMA-14), Le Mans, S 549–555. http://www.conforg.fr/isma2014/cdrom/data/articles/000121.pdf. Zugegriffen am 17.04.2020

Ziemer T (2015) Exploring physical parameters explaining the apparent source width of direct sound of musical instruments. In: Jahrestagung der Deutschen Gesellschaft für Musikpsychologie, Oldenburg, Sep 2015, S 40–41. http://www.researchgate.net/publication/304496623_Exploring_Physical_Parameters_Explaining_the_Apparent_Source_Width_of_Direct_Sound_of_Musical_Instruments. Zugegriffen am 17.04.2020

Ziemer T (2017) Source width in music production. Methods in stereo, ambisonics, and wave field synthesis. In: Schneider A (Hrsg) Studies in musical acoustics and psychoacoustics, Current research in systematic musicoogy, Chap. 10, Bd 4. Springer, Cham, S 299–340. https://doi.org/10.1007/978-3-319-47292-8_10

Ziemer T (2018) Wave field synthesis. In: Bader R (Hrsg) Springer handbook of systematic musicology, Chap. 18. Berlin/Heidelberg, S 175–193. https://doi.org/10.1007/978-3-662-55004-5_18

Ziemer T, Bader R (2015) Complex point source model to calculate the sound field radiated from musical instruments. In: Proceedings of meetings on acoustics, 25, Oct 2015. https://doi.org/10.1121/2.0000122

Ziemer T, Bader R (2017) Psychoacoustic sound field synthesis for musical instrument radiation characteristics. J Audio Eng Soc 65(6):482–496. https://doi.org/10.17743/jaes.2017.0014

Zotter F (2009) Analysis and synthesis of sound-radiation with spherical arrays. PhD thesis, University of Music and Performing Arts, Graz

Zotter F, Sontacchi A, Noisternig M, Höldrich R (2007) Capturing the radiation characteristics of the bonang barung. In: 3rd congress of the alps adria acoustics association, Graz

Kapitel 6
Räumliche Akustik

Der *Direktschall* eines Instruments ist normalerweise nur ein Teil des Schalls, der den Hörer erreicht. Nur im Falle eines Freifeldes oder eines Freifeldraumes – der ein Freifeld durch starke Dämpfung des Gehäuses simuliert, siehe Abb. 4.15 in Kap. 4 – spielen gebeugter und reflektierter Schall eine vernachlässigbare Rolle, und man spricht von einem „freien Schallfeld".[1] Beugung um Hindernisse und Reflexionen an Oberflächen erweitern den Direktschall um die Raumakustik im Innen- und Außenbereich. Dieser indirekte Schall macht in der Regel einen weitaus größeren Teil des vom Hörer wahrgenommenen Schalls aus. „Musik lebt und wirkt mit dem Raum, in dem sie erklingt."[2] Die Raumakustik lässt sich in zwei Komponenten aufteilen:

Frühe Reflexionen (Early Reflections ER) sind die ersten Reflexionen einer Welle, meist Einzel- oder Doppelreflexionen. Sie treten in den ersten ca. 80 ms nach dem Direktschall auf, sind durch eine Impulsantwortmessung einzeln erfassbar und von Direktschall und Nachhall unterscheidbar. Ihre Herkunftsrichtung, Verzögerung gegenüber dem Direktschall, ihre Intensität und spektrale Verteilung kennzeichnen sie.

ER gehen über in die *späten Reflexionen* (Later Reflections LR, auch „Nachhall" oder „späte Hallfahne"),[3] die aus wesentlich mehr – meist vielfältigen – Reflexionen bestehen. Diese treten so dicht und chaotisch auf, dass Grad der Streuung, Dauer und Klangfarbe ihren Charakter ausmachen. In ihrer Gesamtheit ergeben sie das physikalische Schallfeld an jeder beliebigen Stelle im Raum und ergeben die psychoakustische Klangcharakteristik eines Hörraumes. Im nächsten Abschnitt werden die Grundlagen der Raumakustik erläutert. Danach werden praktische architektonische Überlegungen für ein befriedigendes Klangerlebnis in Konzertsälen mit Hilfe der geometrischen Raumakustik beschrieben. Welche objektiven Parame-

---

[1] Siehe Ahnert und Tennhardt (2008), S. 182.

[2] Aus David jr. (1988), S. 158. Der Einfluss der Raumakustik auf die Komposition und die Aufführungspraxis wird in Abschn. 2.2 erörtert.

[3] Siehe z. B. Berkhout et al. (1993), S. 2764 und Horbach et al. (1999), S. 6.

T. Ziemer, *Psychoakustische Schallfeldsynthese für Musik*,
https://doi.org/10.1007/978-3-031-26863-2_6

ter einen Einfluss auf die subjektive Qualitätsbeurteilung eines Hörraums haben, wie sie gemessen und prognostiziert werden können und wie sie mit subjektiven Parametern korrelieren, wird im Abschnitt über die subjektive Raumakustik, Abschn. 6.2, diskutiert.

6.1 Geometrische und architektonische Raumakustik

Zahlreiche Arbeiten befassen sich mit der geometrischen und architektonischen Raumakustik, von ihrer Geschichte über die Theorie bis hin zur praktischen Anwendung. Dieser Abschnitt stützt sich hauptsächlich auf Ahnert und Tennhardt (2008), Fuchs (2013), Knudsen (1988) und Blauert und Xiang (2009).[4]

Seit mehr als 2500 Jahren gibt es Überlegungen zur Raumakustik, z. B. von Pythagoras. Auch die alten Römer hatten Regeln für den Bau von Amphitheatern mit guter Akustik. Im Jahr 1650 veröffentlichte Athanasius Kirchner, Professor für Mathematik am Kollegium von Rom, die „Musurgia Universalis", die sich mit der Bauakustik befasst, z. B. mit einem Strahlendiagramm zur Erklärung der Reflexion und Fokussierung in Flüstergalerien.[5] Jedoch was Architektur oft in erster Linie eine Frage des Visuellen in Bezug auf Ästhetik, Stil, Proportionen usw., und Konzertsäle wurden auf der Grundlage bestehender Säle mit guter Akustik entworfen. Zu Beginn des frühen neunzehnten Jahrhunderts begründete der Physiker W. C. Sabine mit seinen Methoden zur Messung und Vorhersage der akustischen Eigenschaften von Räumen das Gebiet der Raumakustik.

Allgemeine Anforderungen an eine gute Akustik in Räumen für Musik sind:[6]

- Gute Sichtlinien
- Nützliche frühe Reflexionen für Musizierende und Publikum
- Keine hervorstechenden späten Reflexionen
- Homogene Schallverteilung

Diese Kriterien können als Mindestanspruch betrachtet werden und gelten für konventionelle Musikaufführungen. Sie gelten nicht unbedingt für unkonventionelle Stilrichtungen oder Räume mit elektroakustischen Klangerzeugungssystemen. Mehrzweckräume können darüber hinaus eine Variabilität der Akustik erfordern, z. B. durch einstellbare Nachhall-Kammern oder mobile Absorber.[7]

Eine nähere Charakterisierung der Mindestkriterien sowie einige einfache Regeln zur Erfüllung dieser Kriterien werden im Folgenden gegeben.

---

[4] Siehe Ahnert und Tennhardt (2008), Fuchs (2013), Knudsen (1988) sowie Blauert und Xiang (2009).

[5] Siehe Forsyth (1985), S. 235.

[6] Nach Fuchs (2013), S. 221–223.

[7] Wie z. B. im Loyola-Konzertsaal und im Jupitersaal Neuss, siehe Abdou und Guy (1996) und Blauert (1997) für detaillierte Beschreibungen.

Gute Sichtlinien
Gute Sichtlinien sorgen dafür, dass der Direktschall als erste Wellenfront ankommt und somit eine korrekte Schallquellenlokalisation und einen klaren, deutlichen Klang für das gesamte Publikum erzeugt. Dies wird meist durch eine erhöhte Bühne aufsteigende Zuschauerplätze oder einen gleichmäßig ansteigenden Boden erreicht. Außerdem können Balkone genutzt werden, um gute Sichtlinien zu schaffen und gleichzeitig den Abstand zwischen Bühne und Publikum gering zu halten. Dies verbessert die Sicht, erhöht aber vor allem den Anteil des Direktschalls im Vergleich zu den Reflexionen.

Nützliche frühe Reflexionen für Musizierende und Publikum
Nützlich für das Publikum sind vor allem seitliche Reflexionen von Reflektoren oder Wänden nahe der Bühne, von nahen Seitenwänden oder, in breiteren Räumen, von reflektierenden Flächen zwischen den Seitenwänden.

Keine hervorstechenden Späten Reflexionen
Nicht nützlich, sondern störend können frühe Reflexionen von der Rückwand sein. Sie erscheinen den Zuhörern im hinteren Bereich des Saals als frühe Reflexionen, aber die reflektierte Wellenfront erreicht die vorderen Zuhörerpörpositionen und die Bühne mit einer hohen Amplitude und einer großen Verzögerung und ist somit ein hervorstechende LR. Diese hervorstechenden LR werden als störend empfunden und sollten vermieden werden. Daher kann die Rückwand den Schall entweder in Richtung der hinteren Plätze lenken oder die Schallenergie absorbieren. Hohe Decken erzeugen ebenfalls hervorstechende Reflexionen, wenn keine niedrigeren reflektierenden Flächen oder Segel für frühere Reflexionen sorgen und etwas Energie absorbieren.

Homogene Schallverteilung
Konkave Oberflächen können den Schall bündeln und zu einer sehr inhomogenen Verteilung der Schallenergie führen. Auch Nischen, die resonieren oder zu stark gedämpft sind, sollten vermieden werden. So sollte beispielsweise die Tiefe von Balkonen nicht größer sein, als ihre Höhe, um akustische Abschattungen zu vermeiden.[8] Die Schuhkartonform ist eine bewährte Geometrie für Konzertsäle, wie den Musikvereinssaal Wien, die Boston Symphony Hall und das Konzerthaus Berlin. Sie verspricht eine gleichmäßige Verteilung der Reflexionen mit einem hohen Anteil an Seitenreflexionen und ist dabei einfach zu konstruieren und zu berechnen. Die Raummoden f_{res} von rechteckigen Räumen können wie folgt berechnet werden:

$$f_{\text{res}} = \frac{c}{2}\sqrt{\frac{l^2}{\Delta x^2} + \frac{h^2}{\Delta y^2} + \frac{w^2}{\Delta z^2}}, l, h, w = 0, 1, 2, 3, \ldots \qquad (6.1)$$

Die Resonanzfrequenzen f_{res} sind eine Funktion der Schallgeschwindigkeit c und der ganzen Zahlen l, h und w für die Länge Δx, Höhe Δy und Breite Δz des Raumes. Es wurden mehrere Beziehungen gefunden, die den gesamten Frequenzbereich

[8] Vgl. Everest und Pohlmann (2009), S. 389.

gleichermaßen abdecken, wie das *Volkmann-Verhältnis* 2: 3: 5 und das *Boner-Verhältnis* $1:\sqrt[3]{2}:\sqrt[3]{4}1:\sqrt[3]{2}:\sqrt[3]{4}$.[9]

Um Flatterechos, Resonanzen und hervorstechende Reflexionen zu vermeiden und gleichzeitig die Diffusität zu unterstützen, werden parallele Flächen leicht gespreizt oder gekippt.[10] Große ebene Flächen werden durch geneigte, streuende Flächen, Reliefs und absorbierende Materialien mit unterschiedlichen Absorptionskoeffizienten, die insgesamt den gesamten Frequenzbereich abdecken, in kleinere Strukturen unterteilt. Nach Klepper (2008) könnten zeltförmige Architekturen den Schuhkarton konkurrieren.[11] Bei größeren Hallen liefert eine Blattform nützliche Reflexionen im Vergleich zur Fächerform, der es an seitlichen Reflexionen mangelt.

6.1.1 Ray Tracing

Um einen Raum zu planen, der alle allgemeinen Anforderungen erfüllt, liegt es nahe, die Schallausbreitung mit geometrischen Mitteln darzustellen, die in den vorläufigen Entwurf aufgenommen werden können, nämlich durch Strahlen, Rays. Strahlen sind gerade Verbindungslinien zwischen dem Ursprung eines Schalls – z. B. einer Punktquelle – und einem beliebigen Punkt auf der Wellenfront. Die geraden Linien entsthen dadurch, dass sich Wellenfronten in geraden Linien durch die Luft bewegen, solange keine Hindernisse oder Oberflächen im Weg sind. Obwohl geometrisch, kann die Zeit t aus der Länge eines Strahls $\mathbf{x}$ und der Schallgeschwindigkeit c abgeleitet werden:

$$c = \frac{\mathbf{x}}{t} \Leftrightarrow t = \frac{\mathbf{x}}{c} \tag{6.2}$$

Auf diese Weise kann dic Ausbreitung in einer vereinfachten Weise beobachtet und die Geometrie des Raums entsprechend angepasst werden. Allerdings lassen sich Phänomene wie Raummoden und Schallbeugung nicht durch einfache Strahlen beschreiben. Unter Anwendung des Reflexionsgesetzes[12] können auch Schallreflexionen an Oberflächen modelliert werden, die groß im Vergleich zur Wellenlänge sind, wie in Abb. 6.1 zu sehen ist. Anstelle von Strahlen ist es möglich, Reflexionen durch Spiegelquellen darzustellen. Spiegelquellen kann man sich als virtuelle Quellen vorstellen. Sie geben das ursprüngliche Quellsignal gleichzeitig wieder, aber die Wellenfront ist gespiegelt und abgeschwächt. Dies ist ebenfalls in Abb. 6.1 und ausführlicher in Abb. 6.2 dargestellt.

[9] Siehe Everest und Pohlmann (2009), S. 230–250.

[10] Unter $>5^{\circ}$, siehe Blauert und Xiang (2009), S. 166.

[11] Siehe Klepper (2008).

[12] Das heißt, dass der Einfallswinkel *heta* gleich dem Reflexionswinkel *heta′* ist.

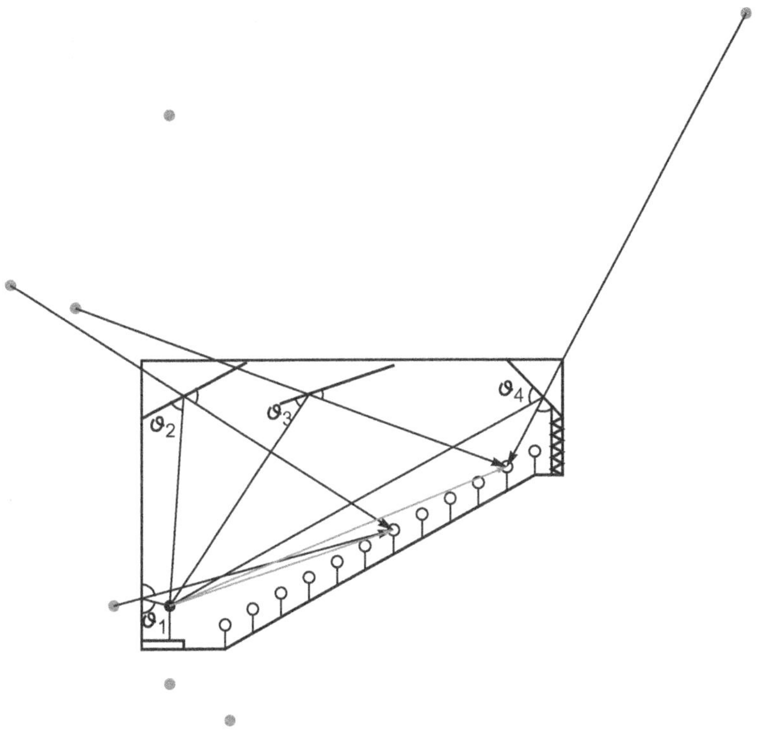

Abb. 6.1 Ein einfaches Strahlendiagramm eines Konzertsaals mit Direktschall (graue Pfeile) und Reflexionen erster Ordnung (schwarze Pfeile) von Spiegelquellen (graue Punkte). Nach Deutsches Institut für Normung (2004), S. 218

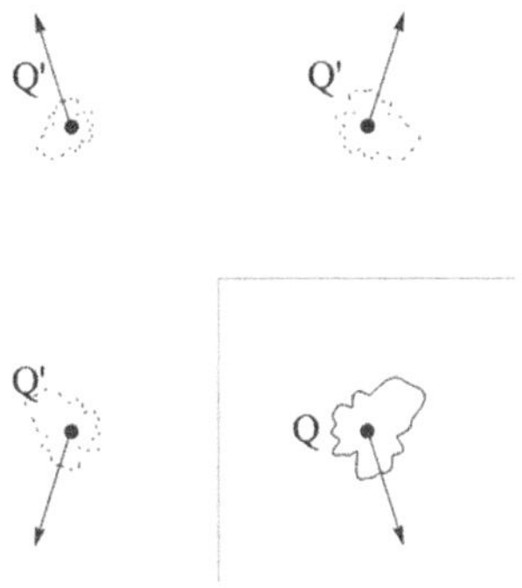

Abb. 6.2 Quelle Q und Spiegelquellen Q' in einer rechtwinkligen Ecke. Beachten Sie, dass die Konturen den gerichteten Strahlungsfaktor einer Punktquelle darstellen, nicht die Wellenfront der sich ausbreitenden Welle, die als kugelförmig angenommen wird. Die Pfeile zeigen die Blickrichtung des Instruments an. Die reduzierte Konturgröße der Quellen ist das Ergebnis der Schallabsorption durch die Wände

Im Allgemeinen kann Ray Tracing manuell in Blaupausen skizziert werden. Mit Computermodellen lassen sich jedoch die Wege von viel mehr Strahlen mit weiteren Größen als nur Länge und Laufzeit berechnen. Zum Beispiel das inverse Abstandsgesetz, sowie die Hochfrequenzdämpfung für große Strewcken – ausgedrückt in den Abschn. 5.1.2 und 5.1.6 beschrieben – in den Strahl implementiert werden. Mechel (2013) erörtert ausführlich die Theorie und Anwendung von Spiegelschallquellenmodellen.[13] Diese können in Computersimulationen verwendet werden, um das Konzept des geometrischen Ray Tracing zu erweitern. Ursprüngliche Quellen und Spiegelquellen können als komplexe Punktquellen modelliert werden, die richtungsabhängige Amplituden- und Phasenfaktoren und einen Amplitudenabfall pro Entfernung haben, z. B. wie in Abschn. 5.1.6 formuliert. Oberflächen können noch weitere Eigenschaften erhalten, wie einen Absorptions- und Streukoeffizienten. Verwandte Methoden, wie die *Cone-* oder *Pyramid Tracing,* stellen das Wachstum der Wellenfronten mit zunehmender Entfernung von der Quelle dar.[14] Alternativ können die Finite-Elemente-Methode (FEM), die Finite-Differenzen-Methode (FDM) oder die Boundary-Elemente-Methode (BEM) angewandt werden, um die akustischen Eigenschaften von Quellen und Räumen zu simulieren. CAD-Modelle von Mehrzweckhallen, die FEM-, FDM- und BEM-Konzepte enthalten, werden häufig für Untersuchungen verwendet.[15] Escolano et al. (2005) führten eine Auralisationsmethode mittels FDM und Wellenfeldsynthese ein. Auralisation beschreibt die Nachbildung der Raumakustik über Kopfhörer oder Lautsprecher aus Messungen, Berechnungen oder beidem.[16] Mit CAD-Modellen kann man sogar Wellenlängen und Phaseninformationen berücksichtigen, um Resonanzphänomene aufzudecken und Beugung zu simulieren. Diese virtuellen physikalischen Modelle können eine extrem hohe Präzision bieten, leider mit hohem Rechanaufwand. Reale Modelle im Maßstab 1:10–1:20 können Informationen über Schallverteilung, Reflexionen, Beugung und Resonanzen liefern, sind aber weniger flexibel, was architektonische Veränderungen angeht. Ein Beispiel für ein reales Modell und den daraus resultierenden Konzertsaal sind in Abb. 6.3 dargestellt.

Die neuesten Methoden und Software zur Modellierung von Räumen und zur Berechnung von Impulsantworten weisen eine gute Annäherung an reale Räume auf. Die Musikwissenschaftler Bader und Schneider (2011) haben den berühmten, abgerissenen *Star Club* in Hamburg mit einer Software modelliert, die Ray Tracing mit dem Spiegelquellenansatz kombiniert. Dabei haben sie dessen spezifischen Klang reanimiert und konserviert. Eine Faltung von trockenen Aufnahmen aus Originalinstrumenten und -aufnahmehardware der damaligen Zeit mit der Impulsantwort des modellierten Raums führt zu einem realistischen Klang, der von Zeitzeu-

[13] Siehe Mechel (2013).

[14] Siehe z. B. Ahnert und Tennhardt (2008), S. 244 ff.

[15] Siehe z. B. Vorländer (2008), S. 175 ff., Ahnert und Tennhardt (2008), S. 242 ff., Vassilantonopoulos und Mourjopoulos (2003), Choi und Fricke (2006), Vigeant und Wang (2008), Rindel et al. (2004).

[16] Siehe z. B. Gade (2007), S. 316, Blauert (2005), S. 14 ff., Bleda et al. (2005), Wenzel et al. (2000) und viele mehr.

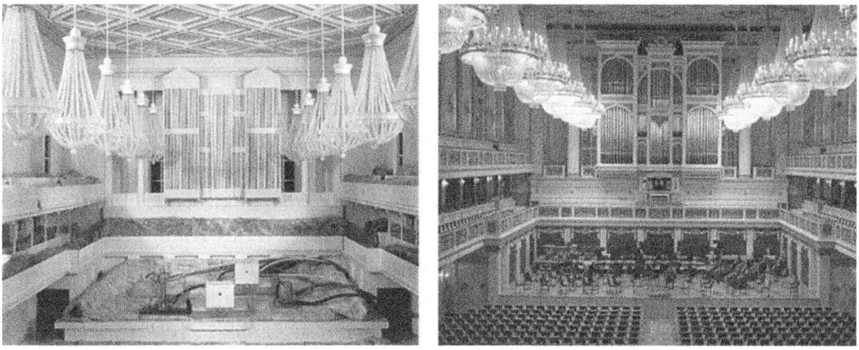

Abb. 6.3 Modell (links) im Maßstab 1: 20 und resultierender Saal (rechts) des Konzerthauses Berlin. Aus Ahnert und Tennhardt (2008), S. 251

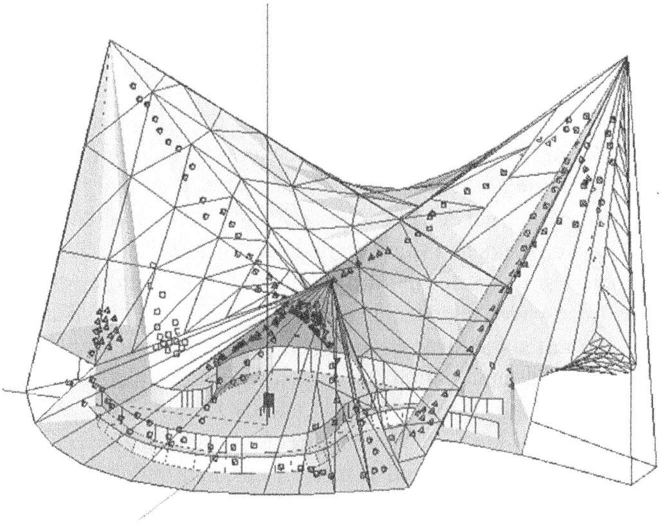

Abb. 6.4 Virtual-Reality-Implementierung „Virtual Electronic Poem", die das „Poème Électronique" mit Hilfe von stereoskopischer Visualisierung und binauralen Impulsantworten rekonstruiert, die mit einer Ray-Tracing-Software gewonnen wurden. Grafik von Stefan Weinzierl mit freundlicher Genehmigung

gen bestätigt wurde.[17] Das Projekt „Virtual Electronic Poem" von Lombardo et al. (2005) erweckt durch die Kombination von binauralen Raumimpulsantworten aus einer Ray-Tracing-Software mit stereoskopischer Visualisierung sogar das multimodale Gesamtkunstwerk „Poèmeme èlectronique" – wie in Abschn. 2.2 besprochen und in Abb. 2.2 dargestellt – wieder zum Leben.[18] Es ist in Abb. 6.4 dargestellt.

[17] Eine vollständige Beschreibung findet sich in Bader und Schneider (2011).

[18] Siehe Weinzierl (2008), Lombardo et al. (2005, 2009).

Computermodelle verdrängen mehr und mehr skulpturale Modelle von Konzertsälen, wenn es um die Abschätzung akustischer Eigenschaften geht. Einen Überblick über praktische Werkzeuge und Methoden für die Planung und Simulation der Akustik von Räumen aus architektonischer Sicht geben z. B. Bergeron-Mirsky et al. (2010).[19] In raumakustischer Software werden Schallquellen typischerweise als Punktquellen mit optionaler Richtwirkung modelliert.[20] Der Akustiker Jürgen Meyer (1977) fand heraus, dass aufgrund der Abstrahlcharakteristik eines Orchesters die Decke eine entscheidende Rolle für die Helligkeit des Klangs spielt, da die hohen Frequenzen der Streicher hauptsächlich in diese Richtung abstrahlen. Im Gegensatz dazu strahlen Frequenzen um 1 kHz von Blechbläsern und Streichern hauptsächlich in Richtung der Seitenwände ab.[21] Die Ergebnisse von Hörtests legen nahe, dass die Implementierung der räumlichen Abstrahlung von Musikinstrumenten sogar die Natürlichkeit von Auralisationen verbessert.[22]

6.2 Subjektive Raumakustik

Der Direktschall von Instrumenten, wie in Abschn. 5.2 beschrieben, wird selten allein gehört. Außer in Hörsituationen im Freifeld oder in Freifeldräumen reichert die Raumakustik den reinen Direktschall von Instrumenten an und führt zu mehreren (inter-)subjektiven Eindrücken. Für Zuhörer sind dies vor allem räumliche und spektrale Eindrücke, aus denen sich Urteile über die akustische Gesamtqualität des Raumes ergeben. Für das Solo- und Ensemblespiel sind weitere Attribute von Bedeutung. Es wurden viele Untersuchungen durchgeführt, um physikalische Parameter zu finden, die mit subjektiven Eindrücken über bestimmte Aspekte des Klangs und der akustischen Gesamtqualität korrelieren. Viele der objektiven Parameter sind genormt und finden sich z. B. in DIN 18041 und ISO 3382-1:2009.[23] Da unser akustisches Gedächtnis sehr kurz ist,[24] ist ein direkter Vergleich zwischen Hörerlebnissen in verschiedenen Hörsälen und Konzertsälen kaum möglich. Für verlässliche Bewertungen werden Hörtests mit Experten wie Dirigenten und Musikkritikern durchgeführt, die über langjährige Erfahrungen mit verschiedenen Konzertsälen verfügen. Eine andere Methode besteht darin, Zuhörenden künstlich erzeugte und systematisch veränderte Schallfelder oder auch Auralisationen bestehende Räume vorzuführen.[25]

---

[19] Siehe Bergeron-Mirsky et al. (2010).

[20] Siehe Pelzer et al. (2012), S. 2380.

[21] Siehe Meyer (1977).

[22] Siehe z. B. Vigeant und Wang (2008), Rindel et al. (2004) und Otondo und Rindel (2005).

[23] Siehe Deutsches Institut für Normung (2004, 2009).

[24] Siehe Gade (2007), S. 304.

[25] Wie z. B. bei Bradley et al. (2000) und Okano et al. (1998). Ausführliche Informationen dazu finden sich z. B. in Vorländer (2008).

Dieser Abschnitt stützt sich auf die Ergebnisse umfangreicher Forschungsarbeiten, die unter anderem von Beranek (1996) durchgeführt wurden.[26]

In diesem Abschnitt wird die Erfassung objektiver akustischer Daten erläutert. Aus diesen Daten lassen sich viele Parameter ableiten, die sich als sinnvolle Maße der subjektiven Bewertung musikalischer Performance erwiesen haben. Die objektiven Parameter werden beschrieben, gefolgt von den subjektiven Parametern und ihren Beziehungen zu den objektiven Maßen. Die empfohlenen Werte für konventionelle Musikperformance werden am Ende dieses Abschnittes aufgelistet.

6.2.1 Objektive Daten

Ein Raum ist in der Regel kein Schallerzeuger, sondern er reagiert auf Schall. Raumakustik bedeutet Reflexionen des Schalls, der von den originären Quellen erzeugt und durch Absorption reduziert wird. Daher kann der Raum – unter der Annahme einer linearen Raumantwort – als Blackbox betrachtet werden, die ein Eingangssignal $A_{\text{in}}(\omega)$ mit einer unbekannten Funktion $f(\omega)$ filtert, was zu einem Ausgangssignal $A_{\text{out}}(\omega)$ führt:

$$A_{\text{in}}(\omega) f(\omega) = A_{\text{out}}(\omega) \tag{6.3}$$

Um eine Größe für die Filterfunktion $f(\omega)$ zu erhalten, ist eine einfache und unkomplizierte Methode, ein Eingangssignal $A_{\text{in}}(\omega) = 1$ zu verwenden. In diesem Fall entspricht das gemessene Ausgangssignal der gesuchten Filterfunktion, wie in Abb. 6.5 dargestellt. Eine weitere Berechnung ist nicht erforderlich. Für Klänge

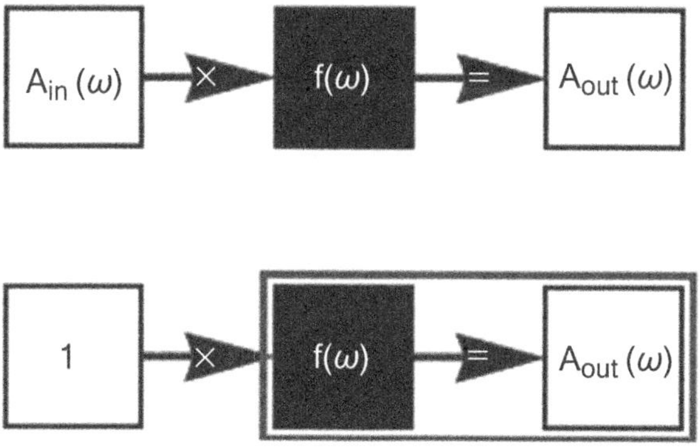

Abb. 6.5 Raumakustik, dargestellt als Black Box, die ein Eingangssignal mit einer unbekannten Filterfunktion filtert (oben). Bei Verwendung eines Eingangssignals $A_{\text{in}}(\omega) = 1$, d. h. eines Dirac-Delta-Impulses, entspricht das Ausgangssignal der Filterfunktion (unten)

[26] Insbesondere Beranek (1996, 2004), Kuhl (1978), teilweise verifiziert oder überarbeitet von Winkler und Terhardt (1988), Barron und Lee (1988), Bradley et al. (2000), Okano et al. (1998), Okano (2002), Morimoto et al. (2007), Martellotta (2010) und Lokki et al. (2012) und zusammengefasst von Abdou und Guy (1996), Gade (2007), Meyer (2009), Ahnert und Tennhardt (2008), Vorländer und Mechel (2008), Kuttruff (2009) und Fuchs (2013).

Abb. 6.6 Aufnahme einer Schreckschusspistole auf der Bühne des Docks Clubs in Hamburg als Quellsignal für eine Impulsantwortmessung

bedeutet dies, dass die Antwort eines Raumes auf einen omnidirektionalen Dirac-Impuls alle Informationen für die spezifische Quelle-Empfänger-Konstellation enthält. Die Impulsantwort kann als gleichwertig mit der Filterfunktion betrachtet werden, die die Akustik eines Raumes charakterisiert.

Typischerweise wird eine Schreckschusspistole auf der Bühne oder an der Position eines PA-Lautsprechers als Quelle für eine Impulsantwortmessung in einem leeren Musiksaal abgefeuert, wie in der Abb. 6.6 gezeigt. Alternativ wird ein platzender Luftballon oder ein Impuls, der von einem Rundumlautsprecher abgegeben wird, verwendet. Mikrofone oder Arrays messen den Impuls und die Reaktion des Raums auf diesen Impuls. Die Aufzeichnungen werden in der Regel in sechs Oktaven um die Mittenfrequenzen von 125, 250, 500, 1, 2 und 4 kHz analysiert, um die zeitlichen und spektralen Aspekte der Raumakustik zu erfassen. Die Impulsantwort wird an durchschnittlichen Zuhörerpositionen mit Kugelmikrofonen aufgenommen. Außerdem werden ein Kunstkopf mit zwei Mikrofonen und ein Druckgradientenmikrofon mit Achtercharakteristik, das auf die Schallquelle gerichtet ist, in der Nähe aufgestellt. Ein Mikrofon mit Kugelcharakteristik auf der Bühne nimmt die Impulsantwort im Bereich der Musiker auf. Idealerweise wird zusätzlich ein Unidirektionales Mikrofon mit einem Öffnungswinkel von $\pm 40^\circ$ verwendet. Als Kalibrier- und Referenzsignal wird eine Aufnahme des Pistolenschusses in einem Freifeldraum in 10 m Entfernung verwendet p_{ref}. Die Impulsantwort wird an mehreren zentralen, seitlichen und hinteren Positionen aufgezeichnet, die in etwa den gesamten Hörbereich abdecken. Aus diesen Aufnahmen werden die folgenden objektiven Parameter gewonnen, die mit der subjektiven Qualitätsbeurteilung korreliert sind.

Nachhallzeit und Early Decay Time

Die Nachhallzeit oder Reverberation Time RT ist ein von W. C. Sabine eingeführter Wert. Sie ist definiert als die Zeit, die der Druck benötigt, um nach dem Abschalten eines Dauerschalls oder nach einem lauten Impuls um 60 dB_{SPL} abzufallen. Abb. 6.7 zeigt die typische Hüllkurve einer Raumreaktion auf weißes Rauschen nach dem Abschalten. In einer logarithmischen Skala ist der Druckabfall annähernd linear mit einigen Schwankungen. Aus einer solchen Aufzeichnung kann die Nachhallzeit oder Reverberation Time RT berechnet werden. Da die Impulsantwort bei niedrigen Drücken in Rauschen übergeht, ist es nicht möglich, sie einfach aus der Zeitreihe abzulesen. Daher wird RT aus der Zeitspanne zwischen einem Druckabfall von $-X_2$ bis $-X_1$ extrapoliert:

$$\mathrm{RT} = 60\mathrm{dB}\frac{\left(t_{-X_2} - t_{-X_1}\right)}{\left|\left(-X_2\,\mathrm{dB}\right) - \left(-X_1\,\mathrm{dB}\right)\right|} \tag{6.4}$$

t_{-X} ist die Zeit, in der der Schalldruckpegel um X dB abnimmt. X_1 muss ein Wert sein, der deutlich über dem Rauschpegel liegt, um keinen störenden Einfluss zu haben. Für X_2 gibt es zwei Werte, die zwei Methoden unterscheiden, was zu zwei leicht unterschiedlichen Ergebnissen führt. RT verwendet in der Regel $X_2 = 5$ und $X_1 = 35$ oder manchmal 25, angegeben durch den tiefgestellten Index $\mathrm{RT}_{X_1-X_2}$, d. h. $\mathrm{RT}_{35-5} = \mathrm{RT}_{30}$ und $\mathrm{RT}_{25-5} = \mathrm{RT}_{20}$. Bei $X_2 = 5$ werden Direktschall und früheste Reflexionen nicht berücksichtigt, was bedeutet, dass die Methode recht robust und unabhängig von der Position im Raum ist. Die *frühe Abklingzeit* oder *Early Decay Time* EDT verwendet $X_2 = 0{,}1$ und $X_1 = 10{,}1$. Die *EDT* berücksichtigt auch die ER, was sie variabler macht, abhängig von der Position im Raum. Die EDT ist oft kürzer

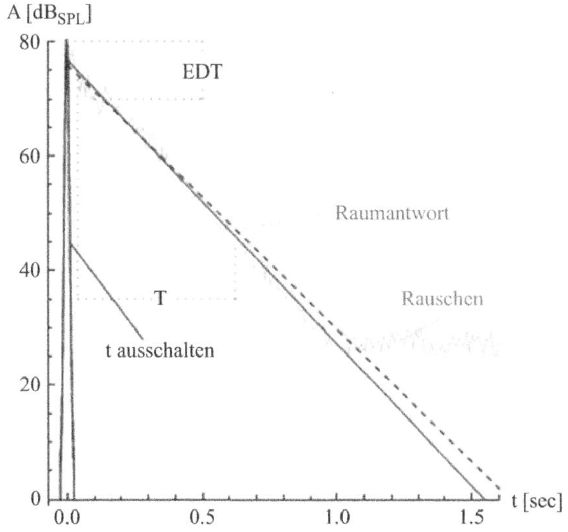

Abb. 6.7 Quadrierter Schalldruckpegel nach dem Abschalten des lang anhaltenden weißen Rauschens (grau). RT_{30} (durchgezogene schwarze Linie) und EDT (gestrichelte schwarze Linie) sind die Least Squares Regressions der Zeitspanne eines Druckpegelabfalls von −5 auf −35 dB_{SPL} und −0,1 auf −10,1 dB_{SPL}, wie durch die gestrichelten Linien angegeben

als die RT.[27] Weitere Methoden mit $X_2 = 0$ sind die „Initial-Reverberation-Time“ mit $X_1 = 15$ und „Beginning-Reverberation-Time“ mit $X_1 = 20$.[28]

Man kann RT einfach berechnen, indem man z. B. die Zeitspanne verdoppelt, die der Schall braucht, um von −5 auf −35 abzufallen, und EDT, indem man die Zeit, die der Schall braucht, um auf $10\mathrm{dB}_{\mathrm{SPL}}$ abzufallen, mit dem Faktor 6 multipliziert, wie es sich aus Gl. 6.4 ergeben würde. Dies ist jedoch aufgrund von Schwankungen in der Impulsantwort fehleranfällig. Eine stabilere Lösung ist die Verwendung der extrapolierten Least Squares Regression (LSR) dieser Regionen, wie in Abb. 6.7 dargestellt. Die Mittelwertbildung von Messungen aus verschiedenen Empfängerpositionen macht das Verfahren noch robuster.

RT_{30} ist nahezu unabhängig von der Position im Raum und lässt sich vorhersagen durch

$$\mathrm{RT}_{30,\mathrm{pre}} = 0{,}163 \frac{U}{\tilde{S}} \left[\frac{\mathrm{s}}{\mathrm{m}} \right], \tag{6.5}$$

mit dem Volumen U und der äquivalenten Absorptionsfläche der Oberfläche $\tilde{S}$.[29] Im Allgemeinen haben höhere Frequenzen tendenziell kürzere Nachhallzeiten. Die JND für RT und EDT beträgt etwa 5 %.[30]

Initial Time Delay Gap

Die Verzögerung zwischen dem Eintreffen des Direktschalls und der ersten Reflexion wird als *Initial Time-Delay Gap* (ITDG) bezeichnet und kann direkt aus der gemessenen Impulsantwort abgelesen werden, wie in Abb. 6.8 dargestellt. Sie ist abhängig von der Position der Quelle und des Empfängers und kann z. B. geomet-

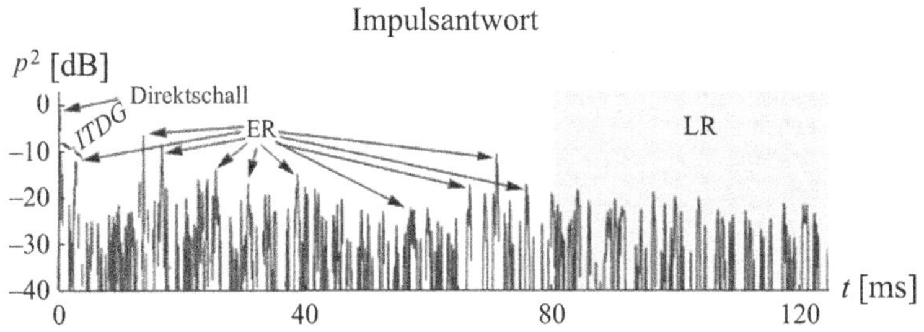

Abb. 6.8 Detail einer Raumimpulsantwort. Direktschall, ER und ITDG sind eingezeichnet. Die zunehmende Dichte der Reflexionen und der mit der Zeit abnehmende Druck sind zu erkennen

[27] Laut Kuttruff (2009), S. 237.

[28] Siehe z. B. Meyer (2009), S. 189 oder Fuchs (2013), S. 155 ff.

[29] Die äquivalente Absorptionsfläche ist die Summe aller Flächen mal ihrem individuellen Absorptionskoeffizienten. $S = 0 \equiv 100\ \%$ Absorption, $S = 1 \equiv 0\ \%$ Absorption.

[30] Siehe Gade (2007), S. 308 und Kuttruff (2009), S. 230.

risch aus dem Bauplan oder dem Grundriss eines Gebäudes vorhergesagt oder geschlossen werden. Natürlich hängt der Wert auch von der Konstellation von Quelle und Hörer ab. Typischerweise kommen die ersten Reflexionen vom Boden, einer nahen Seitenwand oder einer Wand dicht hinter der Quelle.

Hallmaß (Sound Proportion)
Das *Hallmaß* H vergleicht den Druck von Direktschall und frühen Reflexionen mit dem Druck der späten Reflexionen in der Oktave um 1 kHz:

$$H = 20\lg\left(\frac{\int_{50\text{ms}}^{\infty} p^2(t)\,\mathrm{d}t}{\int_{0}^{50\text{ms}} p^2(t)\,\mathrm{d}t}\right) \tag{6.6}$$

Negative Werte bedeuten eine Dominanz des Direktschalls im Vergleich zum Nachhall.

Clarity Factor
Der *Clarity Factor* oder *Early to Late Sound Ratio* C_{80} ähnelt H, außer dass 80 ms als Grenzwert für Reflexionen gewählt werden und der Bruch im Logarithmus vertausch ist. Dies führt zu einem positiven Wert, wenn die Energie der ER dominiert und einem negativen Wert, wenn LR mehr Energie enthalten:

$$C_{80} = 10\lg\left(\frac{\int_{0}^{80\text{ms}} p^2(t)\,\mathrm{d}t}{\int_{80\text{ms}}^{\infty} p^2(t)\,\mathrm{d}t}\right) \tag{6.7}$$

Da für den Nachhall ein linearer Abfall des Druckpegels in dB erwartet wird, kann C_{80} anhand einer gemessenen oder vorhergesagten RT geschätzt werden:

$$C_{80,\text{pre}} = 10\lg\left(e^{\frac{1{,}104}{\text{RT}}} - 1\right) \tag{6.8}$$

Center Time
Die *Center Time* t_s ist der zeitliche Schwerpunkt der Impulsantwort:

$$t_s = \frac{\int_0^{\infty}\left(\left|t\,p^2(t)\right|\right)\mathrm{d}t}{\int_0^{\infty}\left(\left|p^2(t)\right|\right)\mathrm{d}t} \tag{6.9}$$

Im Gegensatz dazu ist der ASC, wie bereits in Abschn. 2.5 beschrieben, der spektrale Schwerpunkt. Aufgrund einer linearen Abnahme des Nachhalls auf einer dB-Skala ist der Wert vorhersagbar:

$$t_{s,\mathrm{pre}} = \frac{\mathrm{RT}}{13{,}8} \tag{6.10}$$

Die JND für t_s hängt von der RT ab und liegt bei circa 8,5 % der RT.

Binaural Quality Index

Der *Binaural Quality Index* BQI kann aus dem *Interaural Crosscorrelation Coefficient* IACC berechnet werden, der der Maximalwert der *Interaural Crosscorrelation Function* IACF ist:

$$\begin{aligned}
\mathrm{IACF}_{t_1,t_2}(\tau) &= \frac{\int_{t_1}^{t_2} p_\mathrm{L}(t)\, p_\mathrm{R}(t+\tau)\,\mathrm{d}t}{\sqrt{\int_{t_1}^{t_2} p_L^2(t)\,\mathrm{d}t \int_{t_1}^{t_2} p_R^2(t)\,\mathrm{d}t}} \\
\mathrm{IACC}_{t_1,t_2} &= \max\left|\mathrm{IACF}_{t_1,t_2}(\tau)\right| \\
\mathrm{BQI}_{t_1,t_2} &= 1 - \mathrm{IACC}_{t_1,t_2}
\end{aligned} \tag{6.11}$$

τ ist das Intervall, in dem die interaurale Kreuzkorrelation gesucht wird; $\tau \in (-1,1)$ ms kann als Standard angesehen werden und deckt in etwa die interaurale Zeitdifferenz eines vollständig lateralen Schalls ab, um die Vergleichbarkeit zu erleichtern. Eigentlich – wie in Abschn. 4.4.2 erörtert und in Gl. 4.8 quantifiziert wurde – passt ein Zeitfenster von ±640 $\mu\mu$ s, das die ITD einer vollständig seitlich einfallenden Welle darstellt, besser zu den physikalischen Gegebenheiten. Die Indizes L und R beziehen sich auf die Mikrofone auf der linken und rechten Seite eines Kunstkopfes. t_1 und t_2 werden mit 0 und 80–100 ms für $\mathrm{BQI}_{\mathrm{early}}$ oder 80–100 ms und 500–2000 ms für $\mathrm{BQI}_{\mathrm{late}}$ bzw. 0 und 500–2000 ms für $\mathrm{BQI}_{\mathrm{all}}$ gewählt. Ein zweiter Index kennzeichnet die Oktavbänder, z. B. $\mathrm{BQI}_{\mathrm{early},\,500\,-\,2000\,\mathrm{Hz}}$. Beachten Sie, dass sich die Kreuzkorrelation auf das linke und das rechte Aufnahmesignal des Kunstkopfes bezieht, nicht auf die quadrierten Schalldrücke. Die Normierung durch den Nenner des IACF führt zu möglichen Werten zwischen −1 und 1. Negative Werte bedeuten eine gegenphasige Beziehung. Der BQI ist für leere und belegte Räume nahezu identisch und wird über 8–20 Sitzplätze gemittelt.[31] Der BQI sollte nicht für Oktaven unterhalb von 500 Hz gemessen werden, da große Wellenlängen immer zu einer hohen Korrelation führen, weil selbst bei einer vollständig seitlichen Reflexion der Phasenunterschied zwischen beiden Aufnahmen gering ist. In der Literatur wird der BQI oft als „ 1− IACC" bezeichnet.[32] Der BQI kann nur einen Wert zwischen 0 und 1 haben, da er im Gegensatz zum IACF nicht zwischen in- und out-of-Relations unterscheidet.

[31] Siehe Beranek (2004), S. 409 f. und S. 506.

[32] Siehe z. B. Gade (2007), S. 310.

Lateral Energy Fraction

Die *Lateral Energy Fraction* LEF – auch als „Lateral Fraction Coefficient (LFC)“[33] bezeichnet – ist der Anteil der seitlichen ER pro absoluter Energie des Direktschalls und des ER:

$$\mathrm{LEF} = \frac{\int_{5\mathrm{ms}}^{80\mathrm{ms}} p_8^2(t)\,\mathrm{d}t}{\int_0^{80\mathrm{ms}} p^2(t)\,\mathrm{d}t} \tag{6.12}$$

Die mit einem Achter-Mikrofon aufgenommenen ER, p_8, werden mit dem Direktschall und den ER verglichen, die von einem Mikrofon mit Kugelcharakteristik aufgenommen wurden. Die neutrale Linie des Achter-Mikrofons zeigt zur Quelle.

Da die RT die Richtung der Reflexionen nicht berücksichtigt, kann LEF nicht aus einer bekannten oder vorhergesagten RT vorhergesagt werden. In einem völlig diffusen Feld würde sie einen Wert von 0,33 haben.[34] Dies kann daher als eine Obergrenze angesehen werden, die durch frühe Reflexionen kaum erreicht wird. Ideale Werte liegen zwischen 0,2 und 0,3. die JND für LEF liegt bei etwa 5 %.

Raumeindrucksmaß und Lateral Efficiency

Das Raumeindrucksmaß *R* ist das Verhältnis der Summe der seitlichen Reflexionen von 25 bis 80 ms und aller späten Reflexionen und der Summe der frontalen Reflexionen von 25 bis 80 ms und aller Reflexionen vor 25 ms. „Seitlich“ bedeutet in diesem Fall von einem Winkel außerhalb eines $\pm 40^\circ$ -Kegels um das Instrument. Dies ist in der Tat recht kompliziert zu messen. Wenn man jedoch bedenkt, dass zwei Reflexionen aus Richtungen, die symmetrisch zur Medianebene liegen, als eine frontale Reflexion gelten, und wenn man eine Acht-Charakteristik als Näherung für einen Ausschluss frontaler und lateraler Signale innerhalb eines Kegels von ca. $\pm 40^\circ$ betrachtet, kann man *R* approximieren, durch:

$$R = 10\lg\frac{\int_{25\mathrm{ms}}^{\infty} p^2(t)\,\mathrm{d}t - \int_{25\mathrm{ms}}^{80\mathrm{ms}} p_{40}^2(t)\,\mathrm{d}t}{\int_0^{25} p^2(t)\,\mathrm{d}t + \int_{25\mathrm{ms}}^{80\mathrm{ms}} p_{40}^2(t)\,\mathrm{d}t} \tag{6.13}$$

Dabei ist $p(t)$ die Messung von einem omnidirektionalen Mikrofon und $p_{40}(t)$ die Messung von einem Richtmikrofon mit einem Öffnungswinkel von $\pm 40^\circ$, das auf die Quelle zeigt. Einfacher zu messen ist die *Lateral Efficiency* LE, die das Verhältnis des seitlichen Schalldrucks ist, der mit einem Achtermikrofon aufgenommen wird, zu den ER aus allen Richtungen:

$$\mathrm{LE} = 10\lg\frac{\int_{25\mathrm{ms}}^{80\mathrm{ms}} p_8^2(t)}{\int_{0\mathrm{ms}}^{80\mathrm{ms}} p(t)} \tag{6.14}$$

[33] Siehe Ahnert und Tennhardt (2008), S. 204.

[34] Nach Gade (2007), S. 309.

Late Lateral Strength

Die Late Lateral Strength oder *Late Lateral Sound Level* LG setzt den seitlichen Nachhall mit dem Direktschall $p_{ref}(t)$ in Beziehung, der im Freifeld oder im gemessenen Raum in 10 m Entfernung aufgenommen wurde:

$$\mathrm{LG} = \frac{\int_{t=80\mathrm{ms}}^{\mathrm{RT}} p_8^2(t)\,\mathrm{d}t}{\int_{t=0}^{t_{\mathrm{dir}}} p_{\mathrm{ref}}^2(t)\,\mathrm{d}t} \tag{6.15}$$

LG wird oft in $A-$ bewerteten dB-Werten ausgedrückt.[35] Wie bei LEF ist der Zähler der quadrierte Druck eines Mikrofons mit einer Achtercharakteristik.

Sound Strength

Die *Sound Strength* G_X ist das Verhältnis zwischen dem Schalldruck in der gemessenen Halle – einschließlich Direktschall, frühen und späten Reflexionen – und dem Schalldruck des Impulses:

$$G_X = 10\lg \frac{\int_{t=0}^{\infty} p^2(t)\,\mathrm{d}t}{\int_{t=0}^{\mathrm{dir}} p_{\mathrm{ref}}^2(t)\,\mathrm{d}t} \tag{6.16}$$

G_X wird normalerweise in allen Frequenzbändern gemessen. Ist dies nicht der Fall, gibt ein Index Auskunft über die bewerteten Frequenzbänder. G_{125}[36] ist der Wert der 125 Hz-Oktave, G_{low} ist der Mittelwert des 125 Hz- 250 Hz-Bandes, G_{mid} wird in 500 Hz und 1 kHz gemessen. Integriert man nur über 0–80 ms, erhält man die Early Strength G_{early}. Ein vollständig gedämpfter Raum sollte je nach Entfernung des Empfängers einen Wert um 0 dB aufweisen. In normalen Räumen sollte G_X jedoch einen nahezu konstanten, positiven Wert haben, da der Schalldruck des Nachhalls unabhängig vom Ort ist. Daher handelt es sich bei einem gegebenen Raumvolumen U um einen vorhersagbaren Wert:

$$G_{\mathrm{pre}} = 10\lg\left(\frac{\mathrm{RT}}{U}\right) + 45\mathrm{dB} \tag{6.17}$$

Die JND von G_X liegt um 0,25 dB, für G_{early} um 0,5 dB.

Bass Ratio und Treble Ratio

Das *Bass Ratio* BR_X und das *Treble Ratio* TR_X sind Verhältnisse verschiedener Frequenzbereiche aus objektiven Parametern:

---

[35] Das bedeutet im Wesentlichen, dass tiefe Frequenzen deutlich geringer gewichtet werden als mittlere Frequenzen, um der Wahrnehmung von Schall mit niedriger Amplitude zu entsprechen, siehe z. B. in Zwicker und Fastl (1999), S. 203 ff.

[36] Siehe Beranek (2004), S. 512 f.

$$\mathrm{BR}_X = \frac{\left(X_{125\mathrm{Hz}} + X_{250\mathrm{Hz}}\right)}{\left(X_{500\mathrm{Hz}} + X_{1000\mathrm{Hz}}\right)}$$

$$\mathrm{TR}_X = \frac{\left(X_{2000\mathrm{Hz}} + X_{4000\mathrm{Hz}}\right)}{\left(X_{500\mathrm{Hz}} + X_{1000\mathrm{Hz}}\right)} \mathrm{BR}_X = \frac{\left(X_{125\mathrm{Hz}} + X_{250\mathrm{Hz}}\right)}{\left(X_{500\mathrm{Hz}} + X_{1000\mathrm{Hz}}\right)}$$

$$\mathrm{TR}_X = \frac{\left(X_{2000\mathrm{Hz}} + X_{4000\mathrm{Hz}}\right)}{\left(X_{500\mathrm{Hz}} + X_{1000\mathrm{Hz}}\right)} \tag{6.18}$$

Hier kann X einer der oben genannten objektiven Parameter sein, in der Regel RT, EDT oder G. Die Verhältnisse können aus den vorhergesagten RT und G berechnet werden, wenn die frequenzabhängigen Absorptionskoeffizienten bekannt sind.

Early und Late Support
Der *Support* ST wird mit einem Kugelmikrofon auf der Bühne in 1 m Entfernung von der Schallquelle gemessen. Er ist das Verhältnis von reflektiertem zu direktem Schall in dB:

$$\mathrm{ST} = 10\lg\frac{\left(\int_{t_1}^{t_2} p_{1\mathrm{m}}^2(t)\,\mathrm{d}t\right)}{\left(\int_0^{\mathrm{dir}} p_{1\mathrm{m}}^2(t)\,\mathrm{d}t\right)} \tag{6.19}$$

Die Wahl von $t_1 = 20$ ms und $t_2 = 100$ ms ergibt den *Early Support* $\mathrm{ST}_{\mathrm{early}}$. $t_1 = 100$ ms und $t_2 = 1$ s ergibt den *Late Support* $\mathrm{ST}_{\mathrm{late}}$. Wählt man $t_1 = 0$ ms und $t_2 = 80$ ms, erhält man das *Early Ensemble Level* (EEL). Beide ST werden normalerweise in den Oktavbändern von 250 Hz bis 2 kHz gemessen. Die unterste Oktave wird ausgelassen, da es schwierig ist, den Direktschall von den Reflexionen bei so tiefen Frequenzen zu trennen.[37]

Reverberation Ratio
Das *Reverberation Ratio*

$$\mathrm{RR} = 10\lg\left(\frac{\int_{160\mathrm{ms}}^{320\mathrm{ms}} p(t)^2\,\mathrm{d}t}{\int_0^{160\mathrm{ms}} p(t)^2\,\mathrm{d}t}\right) \tag{6.20}$$

wird in einem Abstand von nur 0,5 m zur Quelle gemessen. Dieses Maß wird in Griesinger (1996) vorgeschlagen. Es wird angenommen, dass es eine ähnliche Größenordnung wie der EDT bei etwa 350 ms hat.

[37] Siehe Gade (2007), S. 311.

6.2.2 *Subjektive Eindrücke*

Unter Raumakustik versteht man hauptsächlich die Reaktion des Raumes auf Schall, der von einer in ihm befindlichen Quelle erzeugt wird. Es liegt auf der Hand, dass viele Eindrücke, die sich aus der Raumakustik ergeben, einen räumlichen Charakter haben. Es ist nicht einfach, einheitliche Begriffe für subjektive Eindrücke zu finden, da viele Begriffe von verschiedenen Autoren verwendet wurden, um diese ähnlichen Eigenschaften zu beschreiben. Im Folgenden werden subjektive Eindrücke beschrieben, die in der Literatur breite Zustimmung erfahren. Die Bezeichnung dieser Eindrücke als „personal preferences of listeners“[38] Beranek (1996) weist auf die Subjektivität von Eindrücken und Präferenzen hin. Dennoch sind sich viele Hörer bis zu einem gewissen Grad einig, was auf intersubjektive Gültigkeit hindeutet, zumindest unter heutigen Experten aus dem westlichen Kulturkreis.

Natürlich sind die Anforderungen an die Akustik eines Raums für Musikaufführungen nicht universell. Sie variieren zum Beispiel bei verschiedenen Arten von Musik, wie symphonischer Musik, Kammermusik oder Unterhaltungsmusik. Sie können auch von verschiedenen Stilen abhängen, wie z. B. einer barocken, romantischen oder klassischen Sinfonie. Und natürlich variieren sie mit dem Raum selbst. Bei größeren Sälen ist ein längerer Nachhall natürlich und erwünscht. Außerdem lassen sich Qualitätsurteile für Konzertsäle nicht einfach auf andere Aufführungs- und Hörorte wie Wohnzimmer, Diskotheken, Autos, Kirchen oder Sportstadien übertragen. Außerdem sind die Anforderungen kulturell bedingt. So wurde beispielsweise festgestellt, dass Koreaner Konzertsäle anders bewerten als westliche Probanden.[39] Daher werden in dieser Arbeit die Vorlieben der westlichen Probanden für Sinfonie- und Opernmusik zusammengefasst und die idealen Werte auf diese Art von Musik bezogen. Proband*innen stimmen bis zu einem gewissen Grad überein, aber (inter-)subjektive Eindrücke können natürlich nicht als ultimative, ewigwährende Wahrheit betrachtet werden, die frei von Einflüssen wie Stimmung, Mode oder Zeitgeist ist. Die Ergebnisse sind eher empfehlenswerte Größenordnungen als verbindliche Vorgaben.

Reverberance

Bei einer Musikaufführung unter freiem Himmel sind die Klänge räumlich, zeitlich und spektral verständlich und deutlich, klingen aber trocken. Eine solche Aufführung hat wenig Nachhall. In einem großen, kaum gedämpften Raum, wie z. B. einer Kathedrale, verschmelzen die Klänge von Instrumenten an verschiedenen Positionen zu einem Ensemble-Klang, da der lang anhaltende Nachhall eine Mischung aus allen Klängen enthält. Aufeinanderfolgende Töne verbinden oder vermischen sich, weil zwischen ihnen keine Stille, sondern nachhallender Klang liegt. Frequenz- und Amplitudenmodulationen verschmieren, da Nachhall sämtliche Zustände der Modulation aus den letzten paar Sekunden enthält und dadurch mittelt. Hier macht eine große Reverberance den musikalischen Klang voll, aber weniger deutlich. Dies sind

[38] Siehe Beranek (1996), S. 285.

[39] Siehe Everest und Pohlmann (2009), S. 385.

die beiden Extreme der Reverberance. Eine angenehme Reverberance ist ein guter Kompromiss zwischen Deutlichkeit und Fülle.

Die Reverberation Time RT wurde ursprünglich als objektives Maß für den subjektiven Eindruck der Reverberance verwendet. Die Early Decay Time EDT berücksichtigt insbesondere die frühen und lauten Anteile der Raumakustik. Sie steht daher in Beziehung zur Mithörschwelle der Reflexionen, die den Direktschall teilweise maskieren und zu Undeutlichkeit und Unverständlichkeit führen. Außerdem kann die EDT zwischen verschiedenen Stellen im Raum variieren, ebenso wie der Eindruck von Reverberance.[40] Daher korreliert der EDT besser mit der Reverberance. Es besteht jedoch auch eine hohe Korrelation zwischen beiden Parametern. RT von 1,8 bis 3 s oder EDT in einem Bereich von 1,5–2,5 s gelten als ideal für klassische Musik, etwas höhere Werte für Barock.

Klarheit

Der Begriff *Klarheit* wurde bereits bei der Beschreibung des Nachhalls verwendet. Er wird auch als „Definition" oder „Transparency"[41] bezeichnet und beschreibt den Grad, in dem Details einer Aufführung deutlich wahrgenommen werden können. Dies bezieht sich auf gleichzeitige und aufeinanderfolgende Klänge. Wie der Name bereits andeutet, ist der Clarity Factor ein objektives Maß für die Klarheit. Frühe Reflexionen werden vom Gehör mit dem Direktschall als eine Einheit wahrgenommen und wirken daher verstärkend. Diese Teile der Impulsantwort werden mit dem Nachhall verglichen, der einen Maskierungseffekt haben kann, der die Klarheit reduziert. Ein weiterer objektiver Parameter ist die Center Time $t_{s,\,1000\text{Hz}}$, bei der niedrige Werte eine hohe Klarheit anzeigen und umgekehrt. Ein höherer Wert verringert die Klarheit, erhöht aber den Halligkeit. Everest und Pohlmann (2009) betrachten ein leicht angepasstes Treble Ratio $\frac{\text{EDT}_{2000\text{Hz}}}{\text{EDT}_{500\text{Hz}}+\text{EDT}_{1000\text{Hz}}}$ als Indikator für „Clearness". Wie bereits erwähnt, ist ein guter Kompromiss zwischen Deutlichkeit und Fülle bzw. zwischen Halligkeit und Klarheit wünschenswert. Abhängig von der Musik wird ein C_{80} von $-3{,}2$ bis 0,2 dB und ein t_s von 70–150 ms als ideal angesehen.

Räumlichkeit

Klang, der aus allen möglichen Richtungen kommt und von breiten Quellen ausgeht, ist ein angenehmes Hörerlebnis und kann durch verschiedene Aspekte beschrieben werden, wie z. B. *Lebendigkeit*, *räumlicher Eindruck*, *Intimität*, *Eingehülltheit des Zuhörers* (Listener Envelopment LEV) und ein große wahrgenommene Quellenausdehnung (Apparent Source Width ASW). Der Grad der *Räumlichkeit* ist einer der deutlichsten Indikatoren für das subjektive Urteil über die Qualität eines Konzertsaals.[42] Es handelt sich um eine unbewusste, aber angenehme Erfahrung.[43] BQI_{all} liefert einen Näherungswert für den subjektiven Eindruck der räumlichen

[40] Siehe Ahnert und Tennhardt (2008), S. 188.

[41] Siehe Beranek (2004), S. 24 und Vorländer und Mechel (2008), S. 941.

[42] Siehe Beranek (2004), S. 29.

[43] Siehe Kuhl (1978), S. 168.

Qualität eines Raumes, der idealerweise bei einem Wert um 0,6 liegt. Darüber hinaus ist das Vorhandensein von starken Bässen erwünscht.

Lebendigkeit

Lebendigkeit oder „Halligkeit“[44] ist der Eindruck, dass mehr als nur direkter Schall und dessen Wiederholungen vorhanden sind. Ein „lebendiger“ Konzertsaal hat einen langen Nachhall, im Gegensatz zu einem „toten“ oder „trockenen“ Saal.[45] Lebendigkeit steht grob mit der RT in den Frequenzbereichen um 500 Hz und 1 kHz in Beziehung. In typischen Konzertsälen kann eine RT von 1,5–2,2 s gemessen werden, in Opernhäusern etwas weniger. Ein besseres Maß ist H, das den Nachhall mit dem Direktschall und ER vergleicht. Hier sind Werte zwischen −2 und 4 dB ideal.

Räumlicher Eindruck

Der *Raumeindruck* oder die Räumlichkeit ist der Eindruck, dass der gesamte Raum mit Klang gefüllt ist und nicht nur der Bereich um die Instrumente herum. Ein räumlicher Eindruck entsteht, wenn ein Hörer eine bestimmte Menge an Schall aus vielen mehr oder weniger deutlichen Richtungen wahrnimmt. Er wird also sowohl durch den diffusen Nachhall als auch durch die seitlichen ER beeinflusst. Daher ist R das Maß der Wahl. Werte von −10 bis −5 werden als wenig räumlich bewertet, 1–7 dB als sehr räumlich. Idealerweise liegt R in einem Bereich von −5 – +4 dB.

Intimität

Der Begriff „*Intimität*“ beschreibt, wie nah Schallquellen und Raumwände zu sein scheinen, und damit, wie klein oder groß der Raum erscheint und wie intim Musiker und Publikum sind. Er scheint eng mit dem ITDG zusammenzuhängen.[46] In den am besten bewerteten Konzertsälen wird eine ITDG von weniger als 21 ms gemessen, schlechter bewertete Säle zeigen eine ITDG von 35 ms, schlechte Säle bis zu 60 ms. Lokki et al. (2012) fanden heraus, dass die wahrgenommene Nähe der Musiker – ein Parameter, der mit der Intimität zusammenhängt – am besten zu den Präferenzbewertungen verschiedener Konzertsäle passt, obwohl sie Hörtests mit gleichen Abständen von der Quelle in allen simulierten Konzertsälen durchführten.[47] Sie waren jedoch nicht in der Lage, einen objektiven Parameter zu finden, der das subjektive Urteil erklären könnte.

Eingehülltheit

Die *Eingehülltheit* oder *Listener Envelopment* LEV ist das Gefühl, von Klang umgeben zu sein. Es wird durch späte seitliche Klänge beeinflusst. Daher scheint LEF ein geeignetes Maß zu sein. LG soll eine bessere Korrelation mit LEV aufweisen, wurde aber nur in Laborexperimenten mit synthetischen Schallfeldern gefunden.[48] Ein weiteres Maß, das sich bei Hörtests in realen Konzertsälen durchgesetzt hat, ist

[44] Siehe z. B. Kuhl (1978), S. 168.

[45] Siehe Beranek (2004), S. 29.

[46] Siehe Okano (2002), S. 217 ff., Beranek (2004), S. 518 und Kuhl (1978), S. 168.

[47] Siehe Lokki et al. (2012)

[48] Siehe Okano et al. (1998).

der late Binaural Quality Index $BQI_{late,\ 500-2000\ Hz}$. Außerdem scheint die LEV von der RT abzuhängen.[49] Ein negativer LG und $BQI_{late,\ 500-2000\ Hz}$ leicht über 0 werden als ideal angesehen.

Wahrgenommene Quellenausdehnung
Wie bereits in Kap. 5 ausführlich beschrieben, hat die Abstrahlcharakteristik von Musikinstrumenten typischerweise Richtcharakteristiken, die zu unterschiedlichen Amplituden und Phasen am Ohr des Zuhörers führen und die wahrgenommene Quellenausdehnung beeinflussen (Apparent Source Width ASW) führen. Dieser interaurale Unterschied kann sich durch frühe Reflexionen stark erhöhen, welche vom Gehör mit dem Direktschall integriert werden. Die Integration führt zu einer lauter und größer wahrgenommenen Schallquelle. Die Lateral Efficiency LE ist ein plausibles Maß für ASW,[50] ebenso wie die Lateral Energy Fraction LEF, insbesondere im Frequenzbereich von 125 Hz bis 1 kHz, wo das Gehör am empfindlichsten ist. Ein weiteres Maß ist der Early Binaural Quality Index $BQI_{early,\ 500-2000\ Hz}$. Insbesondere in Kombination mit G_{low} bzw. $G_{E,\ low}$ korreliert er mit subjektiven Bewertungen.[51] Einige dieser Maße wurden modifiziert und auf den reinen Direktschall von Instrumenten angewandt und erklären deren physikalische Ausdehnung recht gut.[52] Die beste Erklärung der physikalischen Quellbreite konnte erreicht werden, wenn ein Parameter, der die Inkohärenz der Signale beschreibt, mit einem Parameter kombiniert wird, der den Pegel der Bassfrequenzen quantifiziert. Zusätzliche frühe Reflexionen erwecken den Eindruck einer noch ausgedehnteren Schallquelle. Allerdings scheinen spät eintreffende Reflexionen die ASW verringern zu können.[53]

Es wurde berichtet, dass für einen LEF unter 0,6 die Beziehung zwischen LEF und IACC durch die folgende Formel angenähert werden kann

$$\mathrm{IACC} = 1 - \frac{\mathrm{LEF}}{1{,}5} \tag{6.21}$$

mit einem relativen Fehler von 5 %.[54] Beranek (2004) fand ebenfalls eine passable Korrelation zwischen LEF und BQI.[55] Im Gegensatz dazu berichten andere Autoren, dass LEF und BQI nicht hoch korreliert sind.[56] Beide Maße berücksichtigen unterschiedliche Frequenzbereiche, die für den subjektiven Eindruck wichtig sind. Außerdem variiert der BQI aufgrund von Interferenzen schon bei kleinen Än-

49 Siehe Morimoto et al. (2007).
50 Nach Ahnert und Tennhardt (2008), S. 203 f.
51 Wie von Okano (2002), Beranek (2004), S. 7 und Okano et al. (1998) vorgeschlagen.
52 Siehe Ziemer (2011), Ziemer (2015).
53 Siehe Bradley et al. (2000).
54 Siehe Ouis (2003).
55 Siehe Beranek (2004), S. 528
56 Siehe z. B. Blau (2004) und Gade (2007), S. 310.

derungen des Hörerstandorts stark, was den Hörerfahrungen widerspricht.[57] Deshalb bezweifeln de Vries et al. (2001), dass der BQI ein geeignetes Maß für die ASW ist. Sie schlagen Modifikationen der BQI-Messung durch zeitliche und spektrale Filterung sowie eine Kombination mit Beamforming oder eine Wave Field Decomposition vor. Auf diese Weise wollen sie die Auswirkungen von Interferenzen bei der Messung verringern, da das menschliche Gehör davon nicht sehr betroffen zu sein scheint.[58] Ando (2010) kam in mehreren Studien zu dem Schluss, dass ASW von der Größe des IACF, d. h. dem BQI, abhängt, allerdings in Kombination mit der Breite der Peak-Region W_{IACC}.[59] Außerdem stellten Abdou und Guy (1996) fest, dass ein einseitige ER zu störenden Quellenverschiebung oder zur Wahrnehmung einer Doppelquelle führen können,[60] was in keinem dieser Maße berücksichtigt wird, so dass ein robusterer und umfassenderer Parameter benötigt wird.

Lautheit
Lautheit ist die wahrgenommene Lautstärke des Schalls. Reflektionen erhöhen die Lautheit im Vergleich zum reinen Direktschall. Ein objektives Maß für die Lautheit ist die Schallstärke G_X, die die Verstärkung des Schalls durch die Raumakustik beschreibt. Je nach Stil ist G_X zwischen 1 und 4 ein idealer Wert.

Timbre/Tonal Color
Timbre oder *Tonal Color* wird durch die spektrale Ausgewogenheit des Klangs beeinflusst, insbesondere durch Wärme und Brillanz, die in Form von Schalldruckverhältnissen zwischen verschiedenen Frequenzbereichen beschrieben werden.

Wärme
Die *Wärme* ist eine Frage der Hörbarkeit von Bassfrequenzen. Daher wurde das Bass Ratio $\mathrm{BR}_{\mathrm{RT}}$ von Beranek (2004) als objektiver Parameter vorgeschlagen.[61] Obwohl dieses Maß in der Literatur häufig verwendet und zitiert wird, fand Beranek (2004) selbst, dass es nicht ausreicht, um die kategorische Bewertung von Konzertsälen aus seinen eigenen Hörtests zu beschreiben.[62] Vielmehr korreliert die Stärke der Bassfrequenzen G_{125} mit der Wärme, die in leeren Sälen um 1,2 dB höher ist als in besetzten. Auch die BR_G oder $\mathrm{BR}_{\mathrm{EDT}}$ werden als objektive Maße diskutiert.[63]

Brillanz
Wenn hohe Frequenzen vorhanden sind, entsteht ein brillanter, heller, oder harscher Klang. Das Treble Ratio der Reverberation Time $\mathrm{TR}_{\mathrm{RT}}$ wird üblicherweise als Maß für die *Brillanz* verwendet. Da $\mathrm{BR}_{\mathrm{RT}}$ jedoch kritisiert wird, werden $\mathrm{TR}_{\mathrm{EDT}}$ oder TR_G als alternative Maßstäbe vorgeschlagen.[64]

[57] Siehe z. B. de Vries et al. (2001), Gade (2007), S. 310 und Kuttruff (2009), S. 241.

[58] Siehe de Vries et al. (2001).

[59] Siehe Ando (2010), S. 127 ff.

[60] Siehe Abdou und Guy (1996), S. 3217 f.

[61] Häufig übernommen, z. B. von Everest und Pohlmann (2009), S. 388.

[62] Siehe Beranek (2004), S. 512 f.

[63] Siehe Abdou und Guy (1996) und Gade (2007), S. 310.

[64] Siehe z. B. Everest und Pohlmann (2009), S. 386, die nur die Frequenz von 2000 Hz im Zähler berücksichtigen, und Gade (2007), S. 310.

Akustische Blendung
Harte, scharfe Reflexionen führen zum Eindruck der *akustischen Blendung*, analog zur optischer Blendung. Wie blendend ein Klang ist, lässt sich nicht anhand einer Größe der Impulsantwort messen. Weiche, nicht blendende Klänge resultieren aus der Streuung von Reflexionen, z. B. verursacht durch Unregelmäßigkeiten oder Krümmungen von Oberflächen. Der Surface Diffusity Index SDI wird als Maß für die akustische Blendung vorgeschlagen. Er berücksichtigt die Diffusivität der Raumoberfläche:

$$\mathrm{SDI} = \frac{\sum_{i=0}^{2} i \frac{S_i}{2}}{S}, \; i = 0{,}1{,}2 \tag{6.22}$$

S_0, S_1 und S_2 sind die Flächen mit geringer, mittlerer und hoher Diffusivität. Sie werden mit dem Faktor 0, 0,5 oder 1 multipliziert und durch S, die Fläche von Decke und Seitenwänden, dividiert. In den am besten bewerteten Hallen beträgt SDI 1, in den mittel bewerteten Hallen 0,7 ± 0,1 und in den am niedrigsten bewerteten Hallen ist STI = 0,3.[65]

Textur
Textur ist eine Eigenschaft, die das Muster von ER beschreibt. Sie ist nominal, hat aber Eigenschaften wie Dichte, Regelmäßigkeit und Stärke. Eine kurze ITDG zusammen mit zeitlich gleichmäßigen ER erzeugen den Eindruck einer guten Textur. Die am besten bewerteten Konzertsäle haben mehr als 17 ER, mittelmäßig bewertete Säle 10 bis 16 und niedriger bewertete 10.

Parameter für die Musiker
Musiker haben andere Ansprüche an die Raumakustik als das Publikum, denn ihr Ziel ist es, eine gute Leistung abzuliefern, und nicht, sie zu empfangen. Daher sind Parameter für die Musiker Bewertungen der Zustände auf der Bühne.

Ease of Ensemble
Das *Ease of Ensemble* beschreibt, wie leicht die Musiker zusammenspielen können, je nachdem, wie gut sie sich gegenseitig und sich selbst hören können. Ein adäquates Maß für diese subjektive Qualität ist der Early Support $\mathrm{ST}_{\mathrm{early}}$, der idealerweise bei −12 dB liegt.

Support
Der Support beschreibt, wie sehr der Raum den Klang unterstützt oder trägt, oder wie viel Kraft erforderlich ist, um den Raum mit Klang zu füllen. Ein niedriger Support erfordert ein kräftiges Spiel, das ermüdend und weniger feinfühlig ist. Ein hoher Latte Support $\mathrm{ST}_{\mathrm{late}}$ ist dienlich für den Support der Musiker. RR soll den Self-Support eines Instruments auf der Bühne quantifizieren.

[65] Siehe Beranek (2004), S. 521 ff.

Tab. 6.1 Zusammenfassung der subjektiven Eindrücke, objektiven Messwerte und Idealwerte der raumakustischen Parameter für Sinfonie- und Opernaufführungen

Subjektives Attribut	Objektive Maßnahme	Ideale Werte
Reverberance	RT	1,5 bis 2,4 s
	EDT	1,5 bis 2,2 s
Klarheit	C_{80}	−1 bis 5 dB in leeren Räumen (≡ − 4 bis −1 dB in bewohnten Räumen)
	$t_{s,\,1000}$	70 bis 140 ms
Räumlichkeit	BQI_{all}	0,5 bis 0,8
	BR_{RT}	>1
Lebendigkeit	$RT_{500,1000}$	1,5 bis 2,2 s
	H	−2 bis 4 dB
Raumeindruck	R	−5 bis 7 dB
Intimität	ITDG	≤ 21 ms
Eingehülltheit	LG	−6 auf −4 dB
	$BQI_{late,\,500-2000\,Hz}$	0,1 bis 0,2
	LEF	0,2 bis 0,3
Scheinbare Quellbreite	LE	0,3 < 10 lg LE < 0,8
	$LEF_{125-1000\,Hz}$	0,2 bis 0,3
	$BQI_{early,\,500-2000\,Hz}$	0,6 bis 0,75
	$G_{early,\,low}$	−1,5 dB
Lautheit	G	3 bis 6 dB
	$G_{500,1000\,Hz}$	4 bis 5,5 dB
Timbre/Tonal Color		
Wärme	G_{125}	
	BR_{RT}	1 bis 1,3
	BR_{EDT}	1 bis 1,25
Brillanz	TR_{RT}	1 bis 1,3
	TR_{EDT}	0,7 bis 0,8
Akustische Blendung	SDI	1
Ease of Ensemble	$ST_{early,\,250-2000\,Hz}$	−15 auf −12 dB
	$EEL_{500-1000\,Hz}$	−15 auf −10 dB
Support	$ST_{late,\,250-2000\,Hz}$	−15 auf −12 dB

Tab. 6.1 fasst die subjektiven Attribute mit objektiven Maßen und ihren Idealwerten für symphonische Musik zusammen.[66] Man muss bedenken, dass einige dieser Maße nicht unabhängig voneinander sind, was bedeutet, dass ihre Größen nicht als individuelle Maßstäbe für eine Qualität betrachtet werden dürfen. Eine hohe Korrelation lässt sich z. B. zwischen RT und EDT und $C_{80,500-2000\,Hz}$ feststellen, eine mittlere Korrelation zwischen $LEF_{125-1000Hz}$ und $BQI_{early,\,500-2000Hz}$. Diese Maße sind nicht unabhängig, sondern in gewisser Weise redundant. Ando (2010) führt Unter-

[66] Abgeleitet aus Tabellen in Abdou und Guy (1996), S. 3224–3225 und Gade (2007), S. 312 und aus Werten in Everest und Pohlmann (2009), S. 386 ff und Blauert und Xiang (2009), S. 174 sowie aus der in der Einleitung dieses Abschnitts genannten Literatur.

suchungen zu orthonormalen Faktoren durch, um die subjektiven Präferenzen für die Akustik in Konzertsälen zu erklären.[67]

Ein Forschungstrend geht dahin, die Psychoakustik, wie sie in Kap. 4 erörtert wird, stärker in raumakustische Überlegungen einzubeziehen.[68]

Literatur

Abdou A, Guy RW (1996) Spatial information of sound fields for room-acoustics evaluation and diagnosis. J Acoust Soc Am 100(5):3215–3226. https://doi.org/10.1121/1.417205

Ahnert W, Tennhardt HP (2008) Raumakustik. In: Weinzierl S (Hrsg) Handbuch der Audiotechnik, Chap 5. Springer, Berlin/Heidelberg, S 181–266. https://doi.org/10.1007/978-3-540-34301-1_5

Ando Y (2007) Concert hall acoustics based on subjective preference theory. In: Rossing TD (Hrsg) Springer handbook of acoustics, chap 10. Springer, New York, S 351–386. https://doi.org/10.1007/978-0-387-30425-0_10

Ando Y (2010) Auditory and visual sensation. Springer, New York/Dordrecht/Heidelberg/London. https://doi.org/10.1007/b13253

Bader R, Schneider A (2011) Playing 'live' at the star club. Reconstructing the room acoustics of a famous music hall. In: Schneider A, von Ruschkowski A (Hrsg) Systematic musicology. Empirical and theoretical studies. Peter Lang, Frankfurt am Main, S 185–209. https://doi.org/10.3726/978-3-653-01290-3

Barron M, Lee L-J (1988) Energy relations in concert auditoriums. I. J Acoust Soc Am 84(2):618–628. https://doi.org/10.1121/1.396840

Beranek LL (1996) Acoustics. American Institute of Physics, Woodbury (New York), reprint from 1954 edition

Beranek LL (2004) Concert halls and opera houses: music, acoustics, and architecture, 2. Aufl. Springer, New York. https://doi.org/10.1007/978-0-387-21636-2

Bergeron-Mirsky W, Lim J, Gulliford J, Patel A (2010) Architectural acoustics for practitioners. In: Ceccato C, Hesselgren L, Pauly M, Pottmann H, Wallner J (Hrsg) Advances in architectural geometry 2010. Springer, Vienna, S 129–136. https://doi.org/10.1007/978-3-7091-0309-8_9

Berkhout AJ, de Vries D, Vogel P (1993) Acoustic control by wave field synthesis. J Acoust Soc Am 93(5):2764–2778. https://doi.org/10.1121/1.405852

Blau M (2004) Correlation of apparent source width with objective measures in synthetic sound fields. Acta Acust united Ac 90(4):720–730. https://www.ingentaconnect.com/content/dav/aaua/2004/00000090/00000004/art00015. Zugegriffen am 17.04.2020

Blauert J (1997) Hearing of music in three spatial dimensions. http://www.uni-koeln.de/phil-fak/muwi/fricke/103blauert.pdf. Zugegriffen am 17.02.2013

Blauert J (2005) Analysis and synthesis of auditory scenes. In: Blauert J (Hrsg) Communication acoustics, chap 1. Springer, Berlin/Heidelberg, S 1–25. https://doi.org/10.1007/3-540-27437-5_1

Blauert J, Xiang N (2009) Acoustics for engineers. Troy lectures, 2. Aufl. Springer, Berlin/Heidelberg. https://doi.org/10.1007/978-3-642-03393-3

Bleda S, Escolano J, López JJ, Pueo B (2005) An approach to discrete-time modelling auralization for wave field synthesis applications. In: Audio engineering society convention 118. http://www.aes.org/e-lib/browse.cfm?elib=13141. Zugegriffen am 17.04.2020

Bradley JS, Reich RD, Norcross SG (2000) On the combined effects of early- and late-arriving sound on spatial impression in concert halls. J Acoust Soc Am 108(2):651–661. https://doi.org/10.1121/1.429597

[67] Siehe z. B. Ando (2010) und Ando (2007).

[68] Vgl. Vorländer (2018), S. 212.

Choi YJ, Fricke FR (2006) A comparison of subjective assessments of recorded music and computer simulated auralizations in two auditoria. Acta Acust united Ac 92:604–611. https://www.ingentaconnect.com/content/dav/aaua/2006/00000092/00000004/art00013. Zugegriffen am 17.04.2020

David EE Jr (1988) Aufzeichnung und Wiedergabe von Klängen. In: Winkler K (Hrsg) Die Physik der Musikinstrumente. Spektrum der Wissenschaft, Heidelberg, S 150–160

Deutsches Institut für Normung (2004) Hörsamkeit in kleinen bis mittelgroßen Räumen. Beuth, Berlin

Deutsches Institut für Normung (2009) Akustik – Messung von Parametern der Raumakustik – Teil 1. Aufführungsräume (ISO 3382-1:2009); Deutsche Fassung EN ISO 3382-1:2009

Escolano J, Pueo B, Bleda S, Lépez JJ (2005) An approach to discrete-time modelling auralization for wave field synthesis applications. In: Audio engineering society convention 118, Barcelona. http://www.aes.org/e-lib/browse.cfm?elib=13141. Zugegriffen am 17.04.2020

Everest FA, Pohlmann KC (2009) Master handbook of acoustics, 5. Aufl. Mcgraw-Hill, New York

Forsyth M (1985) Buildings for music. The architect, the musician, and the listener from the seventeenth century to the prenent day. MIT Press, Cambridge. https://doi.org/10.2307/3105495

Fuchs H (2013) Applied acoustics. Concepts, absorbers, and silencers for acoustical comfort and noise control. Alternative solutions-innovative tools-practical examples. Springer, Heidelberg. https://doi.org/10.1007/978-3-642-29367-2

Gade AC (2007) Acoustics in halls for speech and music. In: Rossing TD (Hrsg) Springer handbook of acoustics, chapter 9. Springer, Berlin/Heidelberg, S 301–350. https://doi.org/10.1007/978-0-387-30425-0_9

Griesinger D (1996) Spaciousness and envelopment in musical acoustics. In: Audio engineering society convention 101. http://www.aes.org/e-lib/browse.cfm?elib=7378. Zugegriffen am 17.04.2020

Horbach U, Karamustafaoglu A, Rabenstein R, Runze G, Steffen P (1999) Numerical simulation of wave fields created by loudspeaker arrays. In: Audio engineering society convention 107. http://www.aes.org/e-lib/browse.cfm?elib=8159. Zugegriffen am 17.04.2020

Klepper DL (2008) Tent-shaped concert halls, existing and future. J Acoust Soc Am 124(1):15–18. https://doi.org/10.1121/1.2932342

Knudsen VO (1988) Raumakustik. In: Winkler K (Hrsg) Die Physik der Musikinstrumente. Spektrum der Wissenschaft, Heidelberg, S 136–149

Kuhl W (1978) Räumlichkeit als Komponente des Raumeindrucks. Acust 40:167–181. https://www.ingentaconnect.com/contentone/dav/aaua/1978/00000040/00000003/art00006. Zugegriffen am 17.04.2020

Kuttruff H (2009) Room acoustics, 5. Aufl. Taylor & Francis, Oxon. https://doi.org/10.1201/9781315372150

Lokki T, Pätynen J, Kuusinen A, Tervo S (2012) Disentangling preference ratings of concert hall acoustics using subjective sensory profiles. J Acoust Soc Am 132(5):3148–3161. https://doi.org/10.1121/1.4756826

Lombardo V, Fizch J, Weinzierl S, Starosolski R (2005) The virtual electronic poem (VEP) project. In: International computer music conference proceedings. http://hdl.handle.net/2027/spo.bbp2372.2005.153. Zugegriffen am 17.04.2020

Lombardo V, Valle A, Fitch J, Tazelaar K, Weinzierl S, Borczyk W (2009) A virtual-reality reconstruction of poème Èlectronique based on philological research. Comput Music J 33(2). https://doi.org/10.1162/comj.2009.33.2.24

Martellotta F (2010) The just noticeable difference of center time and clarity index in large reverberant spaces. J Acoust Soc Am 128(2):654–663. https://doi.org/10.1121/1.3455837

Mechel F (2013) Room acoustical fields. Springer, Berlin/Heidelberg. https://doi.org/10.1007/978-3-642-22356-3

Meyer Jürgen (1977) Der Einfluß der richtungsabhängigen Schallabstrahlung der Musikinstrumente auf die Wirksamkeit von Reflexions- und Absorptionsflächen in der Nähe des Orchesters. Acustica 36:147–161

Meyer J (2009) Acoustics and the performance of music. Manual for acousticians, audio engineers, musicians, architects and musical instrument makers, 5. Aufl. Springer, Bergkirchen. https://doi.org/10.1007/978-0-387-09517-2

Morimoto M, Jinya M, Nakagawa K (2007) Effects of frequency characteristics of reverberation time on listener envelopment. J Acoust Soc Am 122(3):1611–1615. https://doi.org/10.1121/1.2756164

Okano T (2002) Judgments of noticeable differences in sound fields of concert halls caused by intensity variations in early reflections. J Acoust Soc Am 111(1):217–229. https://doi.org/10.1121/1.1426374

Okano T, Beranek LL, Hidaka T (1998) Relations among interaural cross-correlation coefficient ($iacc_e$), lateral fraction (lf_e), and apparent source width (ASW) in concert halls. J Acoust Soc Am 104(1):255–265. https://doi.org/10.1121/1.423955

Otondo F, Rindel JH (2005) A new method for the radiation representation of musical instruments in auralization. Acta Acust united Ac 91:902–906. https://www.ingentaconnect.com/content/dav/aaua/2005/00000091/00000005/art00011. Zugegriffen am 17.04.2020

Ouis D (2003) Study on the relationship between some room acoustical descriptors. J Audio Eng Soc 51(6):518–533. http://www.aes.org/e-lib/browse.cfm?elib=12220. Zugegriffen am 17.04.2020

Pelzer S, Pollow M, Vorländer M (2012) Auralization of a virtual orchestra using directivities of measured symphonic instrument. In: Proceedings of the acustics 2012 Nantes conference, S 2379–2384. http://www.conforg.fr/acoustics2012/cdrom/data/articles/000758.pdf. Zugegriffen am 17.04.2020

Rindel JH, Otondo F, Christensen CL (2004) Sound source representation for auralization. In: International Symposium on Room Acoustics: Design and Science, Hyogo, April 2004

Vassilantonopoulos SL, Mourjopoulos JN (2003) A study of ancient greek and roman theater acoustics. Acta Acust united Ac 89:123–136. https://www.ingentaconnect.com/content/dav/aaua/2003/00000089/00000001/art00015. Zugegriffen am 17.04.2020

Vigeant MC, Wang LM (2008) Investigations of orchestra auralizations using the multi-channel multi-source auralization technique. Acta Acust United Ac 94:866–882. https://doi.org/10.3813/aaa.918105

Vorländer M (2008) Auralization. Fundamentals of acoustics, modelling, simulation, algorithms and acoustic virtual reality. Springer, Berlin/Heidelberg. https://doi.org/10.1007/978-3-540-48830-9

Vorländer M (2018) Room acoustics-fundamentals and computer simulation. Springer, Berlin/Heidelberg, S 197–215. https://doi.org/10.1007/978-3-662-55004-5_11

Vorländer M, Mechel FP (2008) Room acoustics. In: Mechel FP (Hrsg) Formulas of acoustics, 2. Aufl. Springer, Berlin/Heidelberg/New York, S 378–944. https://doi.org/10.1007/978-3-540-76833-3_13

de Vries D, Hulsebos EM, Baan J (2001) Spatial fluctuations in measures for spaciousness. J Acoust Soc Am 110:947–954. https://doi.org/10.1121/1.1377634

Weinzierl S (2008) Virtuelle Akustik und Klangkunst. In: Fortschritte der Akustik – DAGA '08. Dresden, S 37–38. http://pub.dega-akustik.de/DAGA_1999-2008/data/articles/003709.pdf. Zugegriffen am 17.04.2020

Wenzel EM, Miller JD, Abel JS (2000) Sound lab: a real-time, software-based system for the study of spatial hearing. In: Audio engineering society convention 108, Paris. http://www.aes.org/e-lib/browse.cfm?elib=9198. Zugegriffen am 17.04.2020

Winkler H, Terhardt HT (1988) Die Semperoper Dresden, das neue Gewandhaus Leipzig und das Schauspielhaus Berlin und ihre Akustik. In: Fortschritte der Akustik – DAGA '88. Bad Honnef, S 43–56. https://www.dega-akustik.de/publikationen/online-proceedings/. Zugegriffen am 17.04.2020

Ziemer T (2011) Psychoacoustic effects in wave field synthesis applications. In: Schneider A, von Ruschkowski A (Hrsg) Systematic musicology. Empirical and theoretical studies. Peter Lang, Frankfurt am Main, S 153–162. https://doi.org/10.3726/978-3-653-01290-3

Ziemer T (2015) Exploring physical parameters explaining the apparent source width of direct sound of musical instruments. In: Jahrestagung der Deutschen Gesellschaft für Musikpsychologie. Oldenburg, S 40–41. http://www.researchgate.net/publication/304496623_Exploring_Physical_Parameters_Explaining_the_Apparent_Source_Width_of_Direct_Sound_of_Musical_Instruments. Zugegriffen am 17.04.2020

Zwicker E, Fastl H (1999) Psychoacoustics: facts and models, 2. Aufl. Springer, Berlin, Heidelberg. https://doi.org/10.1007/978-3-662-09562-1

Kapitel 7
Konventionelle Stereophonie

In diesem Kapitel werden die Anforderungen an stereophone Tonsysteme aufgeführt und es wird erörtert, inwieweit etablierte Audiosysteme diese Anforderungen erfüllen. Ihre Stärken und Schwächen führten zu der Idee der Schallfeldsynthese als Technik zur Überwindung verschiedener Einschränkungen, wobei die Möglichkeiten und Vorteile herkömmlicher stereophoner Tonsysteme möglichst erhalten bleiben sollten.

7.1 Technische Anforderungen

Heute gibt es eine Vielzahl von Mikrofonen, die in der Lage sind, den Schalldruck mit relativ linearem Frequenz- und Phasengang im hörbaren Bereich mit einer genauen dynamischen und zeitlichen Linearität aufzuzeichnen. Diese Aufnahmen werden in der Regel über ein stereophones Lautsprechersystem an einen oder mehrere Zuhörer wiedergegeben. Allgemeine Anforderungen an Lautsprecher sind – spätestens seit der Einführung von High Fidelity (Hi-Fi) in den 1960er-Jahren[1] – eine große Bandbreite, gleichmäßige, omnidirektionale Schallabstrahlung,[2] ein minimaler Klirrfaktor und ein flacher, glatter Frequenz- und Phasengang.[3] Die Anforderungen an ein Audiosystem, das aus solchen Lautsprechern besteht, sind vor

[1] Siehe Schubert (2002), S. 15.

[2] In den 1950er-Jahren vom NWDR als Standard vorgeschlagen, siehe Hiebler (1999), S. 728 f. Auch heute noch ist dies eine Voraussetzung für den Einsatz in vielen Rundfunkanstalten, Kinos und Tonstudios (Goertz 2018, S. 072) – je nach Anwendungsbereich können aber auch andere Abstrahlcharakteristika bevorzugt werden, siehe z. B. Goertz (2008), S. 483.

[3] Vgl. Mäkivirta (2008), S. 649.

T. Ziemer, *Psychoakustische Schallfeldsynthese für Musik*,
https://doi.org/10.1007/978-3-031-26863-2_7

Tab. 7.1 Anforderungen an ein stereophones Lautsprechersystem

	Anforderungen an Lautsprechersysteme	Beschreibung
1.	Korrekte Lokalisierbarkeit von Schallquellen	Richtung, Entfernung und Größe/Breite/Ausdehnung der Schallquelle, insbesondere bestimmt durch ITD, ILD und richtungsabhängige Filterung (Head Related Transfer Function HRTF) sowie durch Zeit- und Pegelunterschied zwischen Direktschall und frühen Reflexionen (ER) und interaurale Kohärenz
2.	Korrekte Räumlichkeit	Bestimmt insbesondere durch das Verhältnis von Direktschall zu Anzahl, Verzögerungszeit, Intensität, Filterung und Richtung von frühen Reflexionen (Early Reflections ER) und den interauralen Kohärenzgrad
3.	Korrekter Nachhall	Dauer, Grad der Diffusität und Klangfärbung des Nachhalls

Tab. 7.2 Ergänzung der Anforderungen an Lautsprechersysteme

	Anforderung	Beschreibung
4.	Erzeugung von unnatürlichen Klängen	Manipulierbarkeit aller Parameter

allem räumlicher Art,[4] die mehrere Parameter[5] erfordern, um korrekt wahrgenommen zu werden. Diese Anforderungen sind in Tab. 7.1 aufgeführt.

Diese Kriterien zielen auf eine natürliche Klangwiedergabe ab, die früher das ursprüngliche Ziel von Hi-Fi war.[6] Die Möglichkeit, einen unnatürlichen Klang oder Raumakustik zu erzeugen, kann jedoch von Komponisten oder Toningenieuren beabsichtigt sein und ist daher ein weiteres wünschenswertes Kriterium (Tab. 7.2).

Diese Anforderungen sollten im Idealfall für jeden Hörer im Hörraum gelten. Da Audiosysteme in der Regel für Menschen gemacht sind, ist das Wort „korrekt" in Tab. 7.1 wahrnehmungsbezogen und nicht zwingend physikalisch gemeint.

7.2 Audio-Systeme

Seit Thomas Edison am 6. Dezember 1877 zum ersten Mal Ton aufnahm und abspielte, wurde eine Vielzahl von Verfahren entwickelt, um den Ton so naturgetreu wie möglich zu erhalten. Die am weitesten verbreiteten Verfahren und Systeme werden historisch zugeordnet[7] und in ihren Funktionalitäten und Möglichkeiten er-

[4] Nach Verheijen (1997), S. 9, Pulkki (2008), S. 747, Schanz (1966), S. 8–18, Berkhout et al. (1993), S. 2764, Faller (2009), S. 641 und Spors et al. (2013).

[5] 1. Siehe Berkhout et al. (1992), S. 2, Baalman (2008), S. 17 und Faller (2009), S. 638–641, 2. Siehe Rossing (1990), S. 503, Berkhout et al. (1992), S. 2, Blauert (1997), S. 353, Schanz (1966), S. 13 f, Verheijen (1997), S. 8, Gade (2007), S. 309, 3. siehe Schanz (1966), S. 8 ff., Gade (2007), S. 307 und 333 f., Rossing (1990), S. 503, Blauert (1997), S. 351 und Favrot und Buchholz (2010).

[6] Vgl. Toole (2008), S. 14.

[7] Hauptsächlich nach Schubert (2002), Schanz (1966), Hiebler (1999), Owsinski (2014) und Slavik und Weinzierl (2008).

Tab. 7.3 Übersicht über Herkunft und Anzahl der Kanäle verschiedener Lautsprechersysteme im Zeitverlauf. Ein zusätzlicher Subwoofer ist mit „.1" gekennzeichnet

Lautsprechersystem	Beginn der Verbreitungsmaßnahmen	Kanäle vorne/hinten+Overhead
Mono	1877	1/0
Stereo	≈1950	2/0
Quadrophonie	≈1970	1/3, 2/2
Dolby-Surround	1975	2/1, 3/1, 3/2, 3.1/2
Diskrete Surround-Systeme	≈1990	3.1/1, 3.1/2, 3.1/3, 3.1/4, 5.1/2
Immersives Audio	≈2006	3.1/2 + 2, 3.1/2 + 4, 3.1/2 + 5, 3.1/2 + 6, 3.1/4 + 5
Kopfbezogener stereophoner Klang	≈1960	z. B., 2/0, 2/2

läutert.[8] Es lässt sich beobachten, dass die Fortschritte über die Jahre der Entwicklung vor allem mit einem breiteren Panorama und einer erhöhten Immersion zusammenhängen. Tab. 7.3 listet Lautsprechersysteme, ihre Entstehungszeit und ihre Anzahl an Lautsprechern auf, unterteilt in Lautsprecher vor und hinten der Hörposition, sowie erhöhte Lautsprecher. Aus Gründen der besseren Lesbarkeit weicht die in diesem Buch verwendete Nomenklatur von der in der Literatur weit verbreiteten Nomenklatur ab.

7.2.1 Mono

In den 1930er-Jahren war eine rein monophone Tonaufnahme und -wiedergabe üblich. Semantische Informationen über eine sprechende Person basieren selten auf räumlichen Attributen. Auch kompositorische Informationen in Partituren sind in der Regel nur in geringem Maße räumlicher Natur, sondern enthalten eher Informationen über die Instrumentierung, Noten und Akkorde über die Zeit, sowie die Artikulation. Daher ist es verständlich, dass der Schwerpunkt bei der Tonaufnahme und -wiedergabe ursprünglich nicht auf der räumlichen Genauigkeit lag. Die Tonwiedergabe über einen einzigen Lautsprecher bietet nur wenige Möglichkeiten zur Darstellung von Raumklang.

Einen Schritt weiter als reines Mono geht der „Pseudo-Stereo-Effekt".[9] Dabei wird ein Kanal nicht nur über einen Frontlautsprecher, sondern auch über einen oder mehrere Zusatzlautsprecher wiedergegeben. Diese sind z. B. in Raumecken platziert, oft vom Zuhörer abgewandt.

[8] Nach Davis (2007), Damaske (2008), Webers (2003), Henle (2001), Huber (2002), Verheijen (1997), Pulkki (2008), Faller (2009), Schanz (1966), Slavik und Weinzierl (2008), Dickreiter (1987), und Mores (2018).

[9] Siehe Schanz (1966), S. 2 und S. 19.

Heutzutage wird Mono meist für die kostengünstige Übertragung reiner Informationen und nicht für ein angenehmes Hörerlebnis genutzt.[10]

Lokalisierbarkeit von Schallquellen:

Die Hörereignisrichtung eines gespielten Tons auf einem monophonen Lautsprechersystem ist normalerweise die Lautsprecherposition selbst. So klingt der Klang eines ganzen Orchesters, als ob er von einer einzigen Position ausgeht. Dieser „Mauerlocheffekt" wurde bereits in Abschn. 5.2 beschrieben. Allein durch Ausnutzung der monauralen Lokalisationsparameter kann die Richtung des Schallereignisses verschoben werden. Theoretisch vorne-hinten Lokalisation und eine Höhenmanipulation durch spektrale Filterung möglich, wie in Abschn. 4.4 beschrieben und in Abb. 4.23 gezeigt. Die wahrgenommene Entfernung der Quelle könnte bis zu einem gewissen Grad durch die Lautstärke und das Lautstärkeverhältnis zwischen Direktschall und ER manipuliert werden. Diese theoretischen Möglichkeiten werden jedoch in der Praxis kaum genutzt, da diese monauralen Hinweise eher schwach sind und für eine systematische Nutzung Informationen über den individuellen Hörer erfordern. So ist eine Veränderung der wahrgenommenen Quellengröße oder -position kaum realisierbar.

Eingehülltheit:

Monophoner Klang scheint für Solo-Instrumentalklang geeignet zu sein. Da aber die Abstrahlcharakteristik eines Lautsprechers in der Regel nicht mit der Abstrahlcharakteristik des Instruments übereinstimmt, unterscheidet sich auch die Wiedergabe von trockenen Solosignalen deutlich von der ursprünglichen Darbietung, insbesondere was die Ausdehnung der Quelle und die Lebendigkeit der Darbietung betrifft. Da es bei konventioneller monophoner Wiedergabe kaum möglich ist, das Hörereignis von der Lautsprecherposition abzulenken, fehlen die für die Wahrnehmung von Räumlichkeit in Bezug auf Weite und Einhüllung des Hörers wesentlichen seitlichen Reflexionen. Die Reflexionen des Hörraumes selbst erzeugen einen Raumklang, der aber durch das Lautsprechersystem nicht beeinflussbar ist. Die Erzeugung einer beliebigen Raumakustik ist über Mono nicht möglich. Die Anzahl und Verteilung zusätzlicher Lautsprecher in Pseudo-Stereo-Setups beeinflusst jedoch die Wahrnehmung von Räumlichkeit.

Nachhall:

In Mono können Dauer und Klangfarbe des echten Nachhalls durch Hinzufügen eines künstlichen Nachhalls zum trockenen Signal verändert werden. Ein räumlich verteilter Nachhall ist jedoch über einen einzelnen Lautsprecher nicht realisierbar. Daher wurde ein „Pseudo-Hall-Effekt" erzeugt, indem dasselbe Signal über mehrere im Raum verteilte Lautsprecher wiedergegeben wurde.[11] Diese werden besonders in den Ecken platziert, um viele Reflexionen zu erzeugen. Die Hochtöner sind vom Zuhörer abgewandt, so dass ihr Direktschall ihn kaum erreicht. Pseudo-Stereo kann als Zwischenschritt zwischen Mono und Stereo betrachtet werden. Mono wird heute vor allem für die kostengünstige Übertragung von reinen Informationen verwendet.[12]

[10] Vgl. Henle (2001), S. 111.

[11] Siehe Schanz (1966), S. 2 und S. 19.

[12] Siehe Fußnote 10.

7.2.2 *Stereo*

Am 14. Dezember 1931 patentierte Alan Dower das erste stereophone Aufnahmeverfahren über zwei um 90° zueinander verschobene Mikrofone mit Dipolcharakteristik. Zwei Jahre später patentierte er die Stereorille (45/45-System), die zunächst von Radiosendern verwendet wurde und sich nach den ersten Veröffentlichungen auf dem freien Markt 1958 weltweit in Privathaushalten durchsetzte. Stereo wurde zum Standard für Radio, Fernsehen, Audio-CD, Audiokassette und weitere Audiomedien.

Zweikanal-Stereosysteme bieten viel mehr Anwendungsmöglichkeiten als monophone Systeme. Zwei identische Lautsprecher mit zwei Metern Abstand werden zwei bis drei Meter vor einem Zuhörer so aufgestellt, dass sie ein gleichseitiges Dreieck bilden. Die Lautsprecher befinden sich also auf ±30° aus der Blickrichtung des Zuhörers. Die optimale Hörposition – der so genannte *Sweet Spot* – befindet sich in einem Abstand zwischen $s = 1.70$ m und $s = 2.60$ m von der Mitte der Verbindungslinie zwischen den Lautsprechern, der *Lautsprecherbasis*. Nach DIN 15995 ist ein abweichender Abstand des Hörers akzeptabel, solange der Winkel zwischen Hörer und Lautsprechern zwischen 45° und 80° liegt, d. h. zwischen ±22.5° und ±40° bezogen auf die Blickrichtung des Hörers.[13] Das empfohlene Stereo-Setup ist in Abb. 7.1 dargestellt. Die Quellen können durch Panning entlang des schwarzen Kreissegments verteilt werden. Die gestrichelten Linien zeigen das Stereodreieck und die Blickrichtung des Zuhörers. Die Lautsprecheraufstellung ist symmetrisch entlang der Blickrichtung des Zuhörers.

Relativer Amplituden- und Zeitversatz zwischen den Lautsprechersignalen wird als *amplituden-* und *zeitbasiertes Panning* bezeichnet. Sie erzeugen *Phantomschallquellen* in einem Winkel zwischen den Lautsprechern und ein wenig darüber hinaus. Beide Methoden funktionieren für Zuhörer, die sich auf der Verbindungslinie zwischen Mitte der Lautsprecherbasis und Sweet Spot befinden. Diese basieren auf psychoakustischen Phänomenen, insbesondere Summenlokalisation, ILD und ITD, die in Abschnitten 4.4.1 und 4.4.5 beschrieben werden. Der Abstand zwischen den Lautsprechern ist ein Kompromiss: Ein geringer Abstand schafft eine

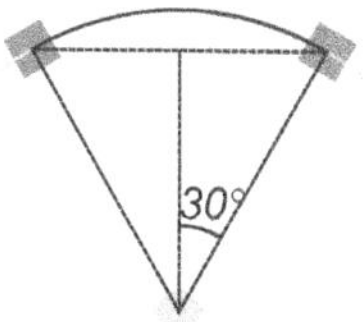

Abb. 7.1 Stereodreieck. Robuste Phantomschallquellen können verteilt werden zwischen ±30°

[13] Siehe Deutsches Institut für Normung (1996).

stabile horizontale Hörereignisrichtung, aber das Panorama ist schmal. Ein größerer Abstand ermöglicht ein breiteres Panorama, aber die Hörereignisrichtung wird schon bei leichten Kopfbewegungen instabil und es können unerwünschte Elevationseffekte auftreten.[14]

Amplitudenbasiertes Panning bietet mehrere Möglichkeiten zur Manipulation der Hörereignisrichtung, die auf ähnlichen mathematischen Grundüberlegungen beruhen. Die Formel

$$\sin\phi_Q = \frac{\hat{A}_L - \hat{A}_R}{\hat{A}_L + \hat{A}_R}\sin\phi_0 = \frac{1-\frac{\hat{A}_R}{\hat{A}_L}}{1+\frac{\hat{A}_R}{\hat{A}_L}}\sin\phi_0 \tag{7.1}$$

beschreibt das Sinusgesetz der Stereophonie[15] anhand des Winkels zwischen Phantomquelle und Sweet Spot ϕ_Q, den Verstärkungsfaktoren des linken und rechten Lautsprechersignals $\hat{A}_L$ und $\hat{A}_R$ und des Winkels zwischen den Lautsprechern und dem Zuhörer ϕ_0, der in der Regel $\pm 30^\circ$ ist. Eine einfachere Form des Gesetzes lautet

$$\frac{\sin\phi_Q}{\sin\phi_0} = \frac{\hat{A}_L - \hat{A}_R}{\hat{A}_L + \hat{A}_R}. \tag{7.2}$$

Mit dieser Formel und Abb. 7.2 wird deutlich, dass das Sinusgesetz das Amplitudenverhältnis $\Delta\hat{A}$ aus den Seitenverhältnissen von zwei Dreiecken ableitet. Das erste Dreieck ist die eine Hälfte des Stereodreiecks, also ein rechtwinkliges Dreieck zwischen dem Hörer, einem Lautsprecher und dem Mittelpunkt der Stereobasis. Im anderen Dreieck wird der Lautsprecher durch die Phantomschallquellenposition ersetzt. Das Sinusgesetz berücksichtigt natürlich das Verhältnis zwischen Gegenkathete und Hypotenuse beider Dreiecke.

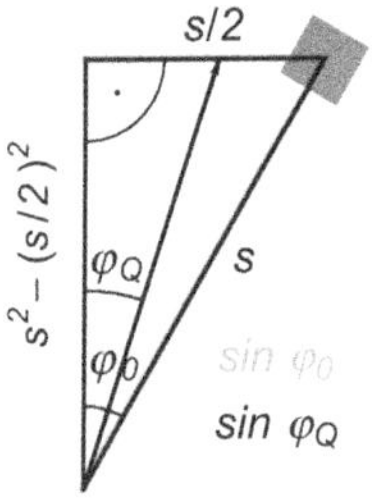

Abb. 7.2 Das Sinusgesetz der Stereophonie betrachtet das Verhältnis zwischen Gegenkathete und Hypotenuse von zwei Dreiecken

[14] Siehe Damaske (2008), S. 8 f.

[15] Hergeleitet in Bauer (1961).

Die Gleichung

$$\tan\phi_Q = \frac{\hat{A}_{\mathrm{L}} - \hat{A}_{\mathrm{R}}}{\hat{A}_{\mathrm{L}} + \hat{A}_{\mathrm{R}}} \tan\phi_0 = \frac{1 - \frac{\hat{A}_{\mathrm{L}}}{\hat{A}_{\mathrm{R}}}}{1 + \frac{\hat{A}_{\mathrm{L}}}{\hat{A}_{\mathrm{R}}}} \tan\phi_0 \tag{7.3}$$

ist das Tengensgesetz der Stereophonie, das leicht vom Sinusgesetz abweicht, aber angeblich stabiler ist, wenn der Kopf bewegt wird.[16] Wiederum mit einer modifizierten Form

$$\frac{\tan\phi_Q}{\tan\phi_0} = \frac{\hat{A}_{\mathrm{L}} - \hat{A}_{\mathrm{R}}}{\hat{A}_{\mathrm{L}} + \hat{A}_{\mathrm{R}}} \tag{7.4}$$

und Abb. 7.3 wird der Hauptunterschied zwischen Panning nach dem Tangensgesetz und dem Sinusgesetz deutlich. Sie berücksichtigen unterschiedliche Seitenverhältliche der gleichen Dreiecke.

Sowohl für das Sinus- als auch für das Tangensgesetz werden zwei Amplituden $\hat{A}_{\mathrm{L}}$ und $\hat{A}_{\mathrm{R}}$ gesucht, aber es wird nur eine Gleichung angegeben. Das bedeutet, dass diese Probleme unterbestimmt sind. Um eine gültige Lösung zu finden, kann man für einen dieser Verstärkungsfaktoren eine Konstante wählen und die Gleichung lösen, um den anderen Verstärkungsfaktor für den gewünschten Quellenwinkel ϕ_Q zu finden. Alternativ kann man eine zweite Gleichung hinzufügen, wie

$$\sqrt[n]{\hat{A}_{\mathrm{L}}^n + \hat{A}_{\mathrm{R}}^n} = \mathrm{const.} \tag{7.5}$$

Bei der Wahl von $n = 1$ bleibt die kumulierte Druckamplitude konstant, unabhängig davon, welche Quellenposition gewählt wird. Wenn $n = 2$ gewählt wird, bleibt die kumulierte Schallenergie konstant. Ersteres erzeugt unter Umständen den Eindruck einer konstanten Lautheit unter Freifeldbedingunden, letzteres wird bei etwas Nachhall bevorzugt.[17] Eine Konstante Lautheit ist besonders wichtig für sich bewe-

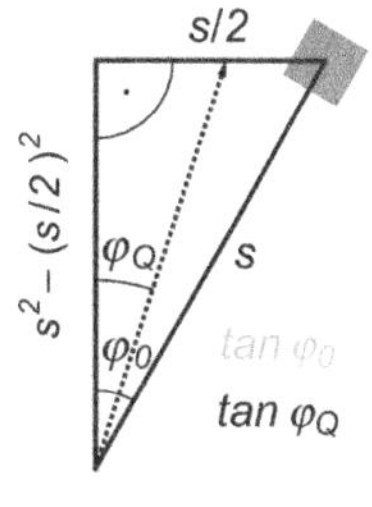

Abb. 7.3 Das Tangensgesetz berücksichtigt das Verhältnis zwischen der Gegenkathete und der Ankathete zweier Dreiecke

[16] Eingeführt in Bernfeld (1973), wieder aufgegriffen u. a. in Pulkki (1997), S. 457 und Pulkki (2001).

[17] Siehe z. B. Pulkki (2001), S. 12 f.

gende Quellen. In diesem Fall ändert sich das Verstärkungsverhältnis allmählich, während die Noten gespielt werden. Wenn sich also die Lautheit durch Panning ändern würde, würde ein unerwünschter Tremolo-Effekt entstehen.

Ein drittes Panninggesetz

$$\hat{A}_L = \sqrt{\frac{\phi_m - \phi_Q}{\phi_m - \phi_n}} \qquad \hat{A}_R = \sqrt{\frac{\phi_n - \phi_Q}{\phi_n - \phi_m}} \tag{7.6}$$

wird von Chowning (1971) vorgeschlagen.[18] Hier sind ϕ_m und ϕ_n die Positionswinkel von zwei Lautsprechern relativ zur Blickrichtung eines Zuhörers. Wie bei der Stereokonfiguration haben sie den gleichen Abstand zum Hörer. Die Verstärkungsverhältnisse $\Delta\hat{A}$ über dem Quellenwinkel sind in Abb. 7.4 für alle drei Gesetze aufgetragen. In einem Bereich bis ±20° bewegt sich die Position der Phantomschallquelle ungefähr linear 2.1° bis 2.5° pro dB. Bei einem Pegelunterschied von etwa 30 dB scheint das Signal nur noch vom lauteren Lautsprecher abzustrahlen.[19] In der Literatur finden sich abweichende Werte,[20] die dadurch zu entstehen scheinen, dass ab 12 bis 15 dB Pegeldifferenz der Winkel der Phantomschallquelle bereits so lateral ist, dass sich das Wahrgenommene kaum noch von der Lautsprecherposition unterscheidet.[21] Erst bei Winkeln zwischen etwa 8° und 28° weisen die Panning-Gesetze einen erheblichen Unterschied auf. Abb. 7.5 vergrößert die Diagramme, um ihre Unterschiede in diesem Bereich zu verdeutlichen. Bei einem Pegelunterschied von 10 dB ergibt sich ein Quellenwinkel von etwa 15° nach dem Sinusgesetz, fast 17° nach dem Tangensgesetz und fast 18° nach dem Chowning-Pan-

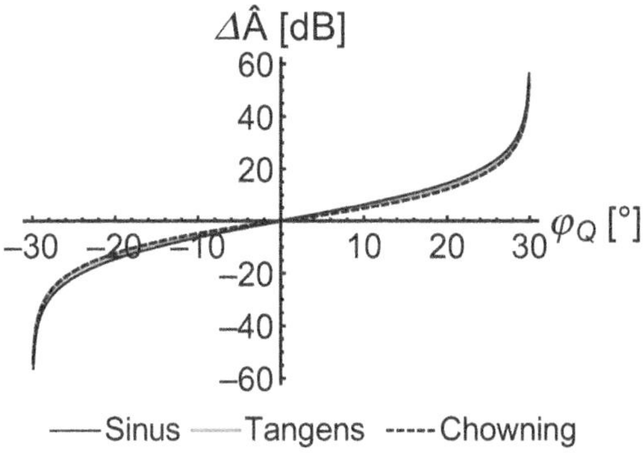

Abb. 7.4 Winkel einer Phantomschallquelle ϕ_Q unter Verwendung des Sinusgesetzes (schwarz), des Tangensgesetzes (grau) und des Chowning-Panning-Gesetzes (gestrichelt)

[18] Siehe Chowning (1971).

[19] Siehe Verheijen (1997), S. 12 und Abb. 7.4.

[20] 16 dB nach Webers (2003), S. 184, „12–15 dB“ nach Damaske (2008), S. 6, nur 10 dB nach David jr. (1988), S. 159.

[21] Siehe Dickreiter (1987), S. 127.

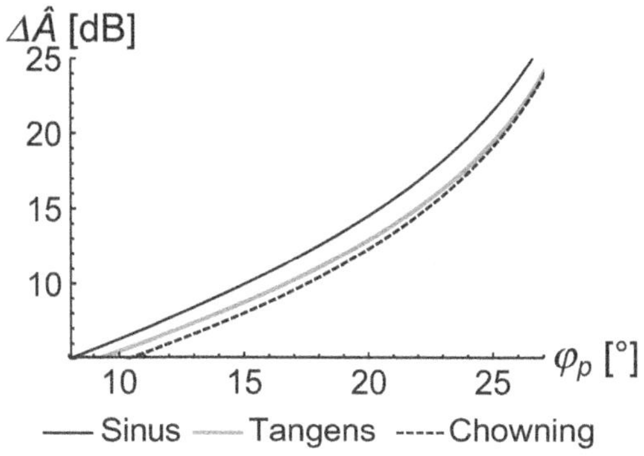

Abb. 7.5 Verstärkungsverhältnis $\Delta\hat{A}$ über den Quellenwinkel ϕ_Q gemäß dem Sinusgesetz (schwarz), dem Tangensgesetz (grau) und dem Chowning-Panning-Gesetz (gestrichelt)

ning-Gesetz. Die Abweichung von dem linearen Zusammenhang zwischen Winkel und Amplitude – wie sie in Abschn. 4.4.2 beschrieben – wird durch Übersprechen verursacht. Da die Schallabstrahlung eines Lautsprechers – im Gegensatz zu einem dichotischen Kopfhörerpaar – beide Ohren erreicht, tritt das so genannte „double-arrival problem“[22] auf. Dies bedeutet, dass ein Lautsprechersignal zu einer ITD von ca. 250 µs führt, was leichte Verschmierungen von scharfen Transienten und einen Kammfiltereffekt mit der ersten Nullstelle um 2 kHz verursacht.[23] Die in Abschn. 4.4.2 erwähnte und in Abb. 4.19 dargestellte Abhängigkeit des Hörereigniswinkels von der Frequenz wird bei den drei Methoden nicht berücksichtigt.

Vor allem das Sinus- und das Tangensgesetz haben sich in vielen Abhörversuchen durchgesetzt und nutzen die psychoakustische Eigenheit aus, dass die Menschen ILD, wie in Abschn. 4.4.1 erörtert, zur Lokalisation heranziehen.

Gelegentlich kann die Akustik des Hörraums einen riesigen Einfluss auf den wahrgenommenen Klang haben. Ort und Ausdehnung des Hörereignisses können insbesondere durch frühe Reflexionen beeinflusst werden.[24] Es wurde beispielsweise beobachtet, dass Phantomschallquellen außerhalb der Stereobasis lagen.[25] Dies kann durch Stereolautsprecher mit einem gemeinsamen Gehäuse erreicht werden, wie in Abb. 7.6 dargestellt. Es ist durchaus möglich, dass die wahrgenommenen Quellenpositionen nicht nur aus dem Zusammenspiel von Lautsprechern und Raumreflektionen resultieren. Da die typische Anordnung eines Jazz Ensembles bekannt ist, können sie auch durch Imagination, d. h. Top-Down-Prozesse, beeinflusst werden, wie in den Abschn. 4.4.1 und 4.5 beschrieben.

[22] Davis (2007), S. 776.

[23] Siehe z. B. Theile (1980), S. 10 ff.

[24] Ausführlich erörtert in Kap. 6, insbesondere in Abschn. 6.2.

[25] Berichtet z. B. in Schanz (1966) für Jazz-Aufnahmen.

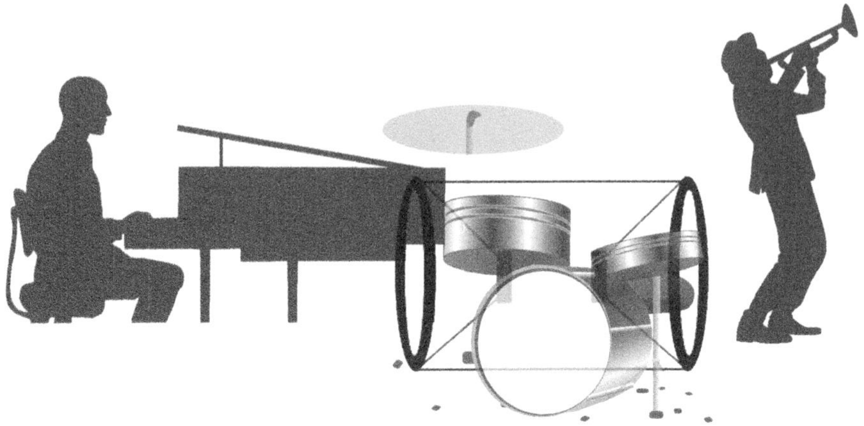

Abb. 7.6 Lautsprecher mit einem gemeinsamen Gehäuse können den Eindruck von Phantomschallquellen jenseits des Lautsprecherbasis vermitteln

Zeitbasiertes Panning manipuliert den Hörereigniswinkel durch ITD, die aus Zeitunterschieden zwischen den Kanälen resultieren. Wie beim Amplituden-Panning beruhen die Abweichungen von den Ergebnissen von Blauert, wie sie in Abb. 4.20 in Abschn. 4.4.2 dargestellt sind, beruhen auf Übersprechen. Da die Signale beider Lautsprecher beide Ohren erreichen, ist eine größere Differenz erforderlich, um eine seitliche Verschiebung der wahrgenommenen Quellenposition zu bewirken. Einige Autoren, wie Dickreiter (1978) und Friesecke (2007), geben Diagramme oder Tabellen an, um die Beziehung zwischen den Zeitdifferenzen zwischen den Kanälen (Ingter Channel Time Differences ICTDs) und der Auslenkung der Phantomschallquellen.[26] Ein Beispiel findet sich in Tab. 7.4. Andere Autoren berichten, dass die genaue Zeitdifferenz für einen bestimmten Winkel der Phantomschallquelle von den Eigenschaften des Signals abhängt, insbesondere von der Frequenz,[27] und dass sie sehr subjektiv und anfällig für extreme Veränderungen ist, wenn der Sweet Spot verlassen wird.

Bei Zeitdifferenzen zwischen den Kanälen von bis zu 5 ms ist die Bildung von punktförmigen Phantomschallquellen möglich. Bei größeren Zeitdifferenzen, zwischen 3 und 30 ms, lenkt das Gesetz der Wellenfront die Hörereignisposition zunächst auf den Lautsprecher mit dem früheren Signal. Dann, bei Zeitdifferenzen zwischen 20 und 65 ms, scheint sich die Quelle auszudehnen. Bei noch größeren Zeitdifferenzen von etwa 50 ms oder mehr werden zwei Quellen lokalisiert, wie in Abschn. 4.4.5 beschrieben und in Abb. 7.7 dargestellt. Die A-B-Aufnahmetechnik erzeugt Quellen durch ITD.[28]

[26] Siehe Dickreiter (1978), S. 82 und Friesecke (2007) S. 138–146.

[27] Siehe Verheijen (1997), S. 16.

[28] Siehe Dickreiter (1987), S. 129 und David jr. (1988), S. 159.

Tab. 7.4 Auslenkung der Ohantomschallquelle bei verschiedenen ICTDs nach Friesecke (2007), S. 146

ICTD in ms	Durchbiegung in %
0	0
0,04	5
0,08	10
0,13	15
0,18	20
0,23	25
0,28	30
0,33	35
0,38	40
0,43	45
0,48	50
0,53	55
0,59	60
0,66	65
0,73	70
0,81	75
0,91	80
1	85
1,13	90
1,31	95
1,5	100

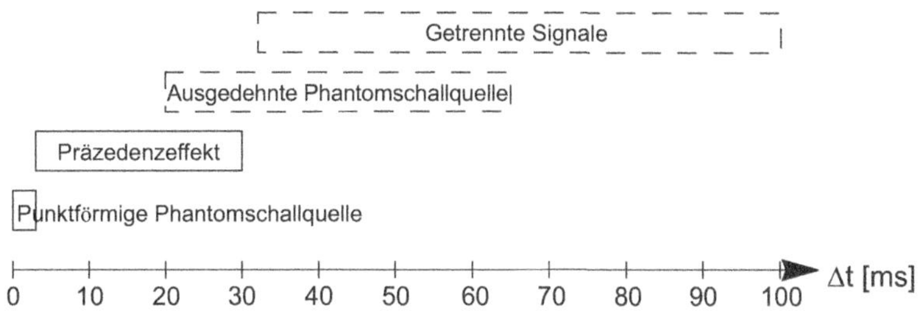

Abb. 7.7 Phänomene, die bei der zeitversetzten Wiedergabe von gleichen Signalen zwischen zwei Lautsprechern auftreten. Nach Dickreiter (1987), S. 129

Eine Kombination beider Techniken ist schwierig, da eine ITD, die zu demselben Hörereigniswinkel führt, wie eine ILD, stark frequenzabhängig ist. Sie ist in etwa mit der Mikrofoniertechnik ORTF realisierbar.[29] Nach Blauert (2008) vergrößert eine kombinierte Stereophonie den Sweet Spot und verbessert die spektrale Natürlichkeit, führt aber zu einer erhöhten Lokalisationsunschärfe und das Mischen ist

[29] Details, siehe Blauert und Braasch (2008), S. 110 ff.

schwierig oder sogar unmöglich.[30] Auch amplitudenbasiertes Panning funktioniert nicht immer. Der Tieftöner oder die Breitbandmembran und der Hochtöner einer Lautsprecherbox können eine Phasendifferenz aufweisen. Zum Beispiel können Frequenzweichen leichte Phasenverschiebungen zwischen den beiden Membranen erzeugen. Da aber beide Membranen eines Lautsprechers im gleichen Winkel in einem Dreieck angeordnet sind, sollte dieser Phaseneffekt nicht zu unerwarteten interauralen Phasendifferenzen führen. Dennoch kann es passieren, dass zusätzlich zur gewünschten Phantomschallquellenposition die Positionen der Stereo-Lautsprecher gehört werden. Es ist nicht ganz klar, warum Phantomschallquellen nicht richtig funktionieren, wenn die Lautsprechermembranen diesen Phasenunterschied im Übergangsfrequenzbereich aufweisen.[31]

Lokalisierbarkeit von Schallquellen:

Stereo nutzt das psychoakustische Phänomen der Summenlokalisation, um eine Ursprungsrichtung und Ausdehnung von Phantomschallquellen zu erzeugen. Besonders die Lokalisierung von Quellen ist sehr präzise. Allerdings ist die Richtung auf den Bereich zwischen den Lautsprechern und ein wenig darüber hinaus beschränkt und die Panning-Techniken funktioniert nur auf dem Sweet Spot und etwas davor und dahinter. Bei Phantomschallquellen sind die Signale an den Ohren nicht identisch mit den Signalen einer realen Quelle an der gleichen Position, aber sie gelten als gleichwertig und werden als recht natürlich wahrgenommen, obwohl ein hörbarer Kammfiltereffekt auftritt.[32] Widersprüche zwischen Amplitude und Phase im trockenen Signal können den Eindruck einer ausgedehnten Quelle erzeugen. Dennoch kann die Abstrahlcharakteristik – obwohl diese Eigenschaft schon bei der Erfindung von Stereo bekannt war[33] – und die Entfernung der Quelle nicht richtig wiedergegeben werden. In einem Abstand von 3 m ist die Lokalisationsgenauigkeit mit ca. 5 cm am genausten. Die durchschnittliche Lokalisation für Phantomschallquellen in Stereoaufbauten ist $\pm 5^\circ$, was nur geringfügig größer ist als die Lokalisationsunschärfe für reale Quellen im Frontalbereich, wie bereits weiter oben in Abschn. 4.4.2 besprochen. Außerdem werden bewegte Objekte besser lokalisiert als unbewegte. [34]

Räumlichkeit:

In Stereo können die Reflexionen auf dieselbe Weise wie der Direktschall manipuliert werden. Ihre Verzögerung, Filterung und Richtung können aus einer natürlichen Umgebung emuliert werden, aber der Winkel ist immer noch auf ungefähr $\pm 35^\circ$ beschränkt. Reflexionen aus dem Raum, in dem das Stereosystem aufgestellt ist, weichen typischerweise stark von den Reflexionen einer realen Quelle an der Phantomschallquellenposition ab.

[30] Siehe Blauert (2008), S. 25.

[31] Siehe Friesecke (2007), S. 137.

[32] Siehe Dickreiter (1987), S. 135.

[33] Vgl. Scheminzky (1943), S. 38.

[34] Siehe Strube (1985), S. 69 und Schanz (1966), S. 54.

Nachhall:
Wie bei Mono kann die Klangfarbe des Nachhalls durch eine Stereoanlage reguliert werden. Die Beschränkung der Quellrichtungen auf den frontalen Bereich kann für den Nachhall durch die Möglichkeit, diffuse Klangbilder durch Zwischenkanalzeitdifferenzen und Filterung zu erzeugen, ein wenig unterdrückt werden. Stereoaufnahmen sind in der Regel für einen Hörraum mit Hall ausgelegt, so dass bereits bei der Erzeugung der Signale die Interferenzen des Signals mit dem Raum bedacht wird.

7.2.3 *Quadrophonie*

Quadrophonie wurde in den 1960er- und 1970er-Jahren vor allem für Filmton und elektroakustische Musik eingesetzt, konnte aber nie einen großen kommerziellen Erfolg erzielen. Lediglich sein Matrixsystem wurde in späteren Systemen eingesetzt. Es speichert die Informationen von vier Kanälen in zwei Kanälen, durch Überlagerung, und kann so vier Signale wiederherstellen. Dieser Ansatz wird als 4 : 2 : 4-Matrixing bezeichnet. Die Gleichung

$$\begin{bmatrix} L_T \\ R_T \end{bmatrix} = \begin{bmatrix} a_{11} & a_{12} & a_{13} & a_{14} \\ a_{21} & a_{22} & a_{23} & a_{24} \end{bmatrix} \cdot \begin{bmatrix} L_F \\ R_F \\ L_B \\ R_B \end{bmatrix} \tag{7.7}$$

beschreibt den Encoder mit den linken und rechten Übertragungskanälen L_T und R_T (auch „Transmission"/„Total"/„Track" T)[35] dem vorderen Kanal F und dem hinteren Kanal B. Die Codierfaktoren a sind komplexe Zahlen, die die Amplitude und Phase der Signale manipulieren. Der Decoder

$$\begin{bmatrix} L'_F \\ R'_F \\ L'_B \\ R'_B \end{bmatrix} = \begin{bmatrix} b_{11} & b_{12} \\ b_{21} & b_{22} \\ b_{31} & b_{32} \\ b_{41} & b_{42} \end{bmatrix} \cdot \begin{bmatrix} L_T \\ R_T \end{bmatrix} \tag{7.8}$$

extrahiert die vier Lautsprecherkanäle aus den beiden Übertragungskanälen. Die Dekodierfaktoren b sind die Kehrwerte von a. Die vier dekodierten Signale weichen aufgrund des Übersprechens zwischen benachbarten Kanälen von den Originalsignalen ab (siehe Abb. 7.8). Quadrophone Tonsysteme bestehen aus einer Anordnung von vier Lautsprechern, die gleichmäßig auf einem Kreis angeordnet sind, der

[35] Verheijen (1997), S. 23 f/Dolby Laboratories Inc. (1998), S. 8-1 und Henle (2001), S. 115/Webers (2003), S. 220.

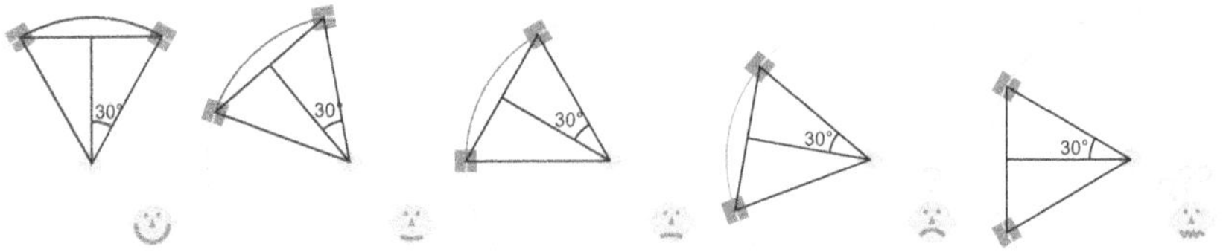

Abb. 7.8 Amplitudenbasiertes Panning zwischen Lautsprecherpaaren. Je weiter die Lautsprecher von der Blickrichtung weggedreht werden, desto unklarer wird die Phantomschallquellenposition. (hier durch die Helligkeit der Lautsprecherbasis und den Gesichtsausdruck angezeigt)

Abb. 7.9 Scheiber-Aufbau. Quellen können vorne und hinten (grau) verteilt werden. Die Lokalisierungsgenauigkeit ist jedoch gering

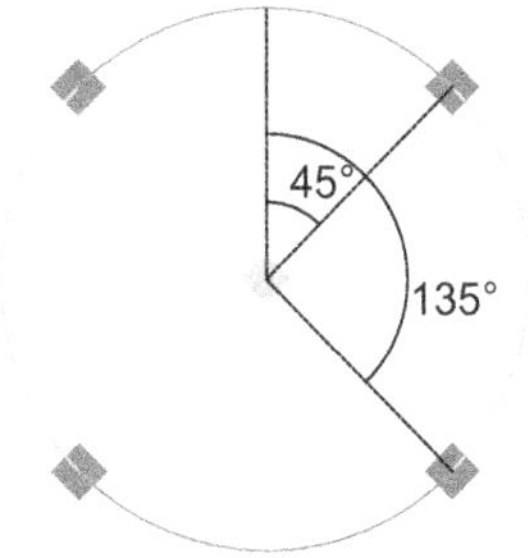

Abb. 7.10 Dynaquad-Setup. Panning erzeugt keine stabilen Quellenpositionen

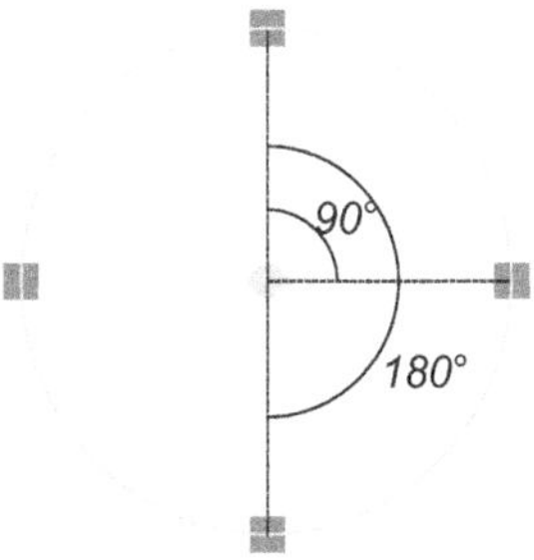

den Zuhörer umgibt. Es gibt zwei gängige quadrophone Beschallungssysteme, nämlich das *Scheiber-Array* und das *Dynaquad-Array*. Das Scheiber-Array ist in Abb. 7.9 dargestellt. Die Lautsprecher sind auf ±45° und ±135° platziert. Das Dynaquad-Array ist in Abb. 7.10 dargestellt. Es ist identisch mit dem Scheiber-Array, wenn der Hörer um 45° gedreht wird.

Es ist bereits bekannt, dass amplitudenbasiertes Panning nicht gut funktioniert, wenn der Öffnungswinkel zwischen den Lautsprechern größer als 80° ist. Folglich ist die Zuordnung der Quellen in quadrophonen Audio-Setups nicht eindeutig.[36] Außerdem konnte nachgewiesen werden, dass das amplitudenbasierte Panning schlechter funktioniert, wenn das Lautsprecherpaar nicht symmetrisch zur Blickrichtung des Zuhörers angeordnet ist. Theile und Plenge (1976) drehten die Stereoanlage um die Hörer und testeten verschiedene Winkel der Phantomschallquelle. Er fand heraus, dass die Lokalisierung umso ungenauer wird, je größer die Drehung ist, und dass die berichteten Quellenstandorte umso inkonsistenter wer-

[36] Vgl. z. B. Toole (2008), S. 278.

den.[37] Dieses Prinzip ist in Abb. 7.8 dargestellt. Panning sollte also im vorderen und hinteren Bereich des Scheiber-Arrays einigermaßen funktionieren. Aber das Panning zwischen einem vorderen und einem hinteren Lautsprecher oder zwischen einem beliebigen Paar des Dynaquad-Arrays ist sehr undeutlich.

Da die Schallplatte seit 1958 weit verbreitet war, wurde sie in der Regel als Datenträger gewählt. Obwohl Firmen wie Toshiba, Sansui, Sony und Kenwood quadrophonische Tonsysteme bzw. matrixbasierte Tonsysteme entwickelten, konnte das Problem des Übersprechens nicht überwunden werden. Es wurden nicht mehr als 3 dB Kanaltrennung erreicht. Außerdem fand keine Standardisierung statt. Die Firma JVC entwickelte ein Verfahren, um mittels Frequenzmodulationstechnik mit einer 30 kHz Trägerfrequenz zwei zusätzliche Kanäle auf eine Schallplatte zu bringen. Dadurch konnten vier Kanäle auf einer Schallplatte gespeichert werden, was jedoch eine feinere Abtastnadel und ein homogeneres Medium erforderte, das nicht mit den gängigen Plattenspielern kompatibel war. Später, als die Digitaltechnik für ein breites Publikum zugänglich wurde, etablierte sich diskretes quadrophonisches Klangmaterial. Dies führte zu viel mehr Kontrolle, da das Problem des Übersprechens gelöst war. Aber wahrscheinlich stand das Unbefriedigende Panning dem kommerziellen Erfolg im Wege.

Lokalisierbarkeit von Schallquellen:

In der Quadrophonie bietet die räumliche Verteilung der Lautsprecher ein breites Panorama für virtuelle Quellpositionen vorne und zusätzlich hinten. Wie bei der Stereofonie kann der Winkel der Quellen manipuliert werden, nicht aber der Abstand. Die weiten Winkel zwischen Hörplatz und Lautsprechern führen dazu, dass die Quellenpositionen nicht besonders stabil sind. Das Matrixing kann einzelne Kanäle eindeutig kodieren und dekodieren, während alle Kanäle zusammen massive Übersprechungseffekte erzeugen. Die fehlende Kanaltrennung verfälscht die eingestellten Audioparameter, so dass sich die Quellenposition durch Einflüsse anderer Kanäle verschieben kann. Wird versucht, die wahrgenommene Quellenausdehnung durch Zeitunterschiede zwischen den Kanälen zu vergrößern, werden nach der Dekodierung unerwünschten Klänge aus den hinteren Lautsprechern hörbar.

Räumlichkeit:

Die Vor- und Nachteile in Bezug auf die Schallquellen gelten auch für die Erstreflexionen. Durch die weiten Winkel zwischen Hörer und benachbarten Lautsprechern und durch die rückwärtigen Lautsprecher ist die Panoramabreite in der Front größer und Frühreflexionen können aus viel mehr Richtungen kommen. Das Problem des Übersprechens bleibt jedoch bestehen.

Nachhall:

Der Nachhall kann aus vielen Richtungen kommen und in unterschiedlichem Klang und mehr oder weniger diffus wiedergegeben werden. Der Grad der Diffusität kann aber nicht gezielt gesteuert werden. Wegen des Übersprechens führen Phasendifferenzen immer zu unterschiedlichen Phantomschallquellenrichtungen, da phasenverschobene Signale zu den hinteren Lautsprechern dekodiert werden. So kann ein Halleffekt für permanente Sprünge der Phantomschallquellen sorgen.

[37] Der Hörtest ist in Theile und Plenge (1976) zu finden.

7.2.4 Dolby Surround

Basierend auf der 4 : 2 : 4-Matrix der Quadrophonie wurde 1975 Dolby Stereo – ein analoges optisches Tonformat – entwickelt, zunächst für Kinos. Es enthält vier Kanäle mit zusätzlicher Geräuschunterdrückung – Dolby A oder Dolby SR – hatte aber die gleiche unbefriedigende Kanaltrennung von 3 dB wie die Quadrophonie. Für den Heimgebrauch ohne Geräuschunterdrückung und unabhängig vom Tonträgermedium etablierte sich Dolby Stereo unter dem Namen *Dolby Surround*. Die vier Kanäle sind Front Left L, Front Right R, Center C und ein Rear/Back/Surround-Kanal B, der insbesondere als Effektkanal genutzt wird.[38] Dolby Surround ist mit Mono kompatibel und bietet eine Downmix-Funktion, mit der das Mischungsverhältnis der Kanäle eingestellt werden kann (Abb. 7.11).

Der Encoder

$$\begin{bmatrix} L_T \\ R_T \end{bmatrix} = \begin{bmatrix} 1 & \frac{1}{\sqrt{2}} & 0 & \frac{-j}{\sqrt{2}} \\ 0 & \frac{1}{\sqrt{2}} & 1 & \frac{j}{\sqrt{2}} \end{bmatrix} \cdot \begin{bmatrix} L_F \\ C \\ R_F \\ B \end{bmatrix} \tag{7.9}$$

kodiert die Kanäle L und R unverändert auf die Übertragungskanäle L_T und R_T. Kanal C wird auf beide Übertragungskanäle um 3 dB reduziert kodiert ($\frac{1}{\sqrt{2}} \mathrel{\hat{=}} -3$ dB) und der Surround-Kanal wird ebenfalls auf beide Übertragungskanäle um 3 dB reduziert und um ±90° phasenverschoben kodiert. Bei nur einem aktiven Kanal ist die Ver- und Entschlüsselung eindeutig und verlustfrei. Nur bei mehreren aktiven Kanälen kommt es zum Übersprechen. Der Center-Lautsprecher hat die Aufgabe, ein Signal zu erzeugen, das in der Mitte der Stereobasis liegt, auch für Hörer jenseits des Sweet Spots. So nimmt das gesamte Kinopublikum die Dialoge als von der

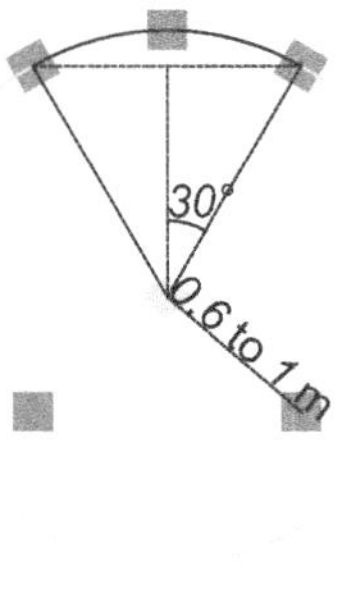

Abb. 7.11 Lautsprecheranordnung für Dolby-Surround-Sound-Systeme. Die Frontlautsprecher werden auf einer Kreislinie um den Sweet Spot herum mit Blick auf die Mitte angeordnet. Die Surround-Lautsprecher sind zwischen 0,6 und 1 m hinter und über der Hörposition angeordnet und nicht auf den Sweet Spot ausgerichtet

[38] Siehe Webers (2003), S. 219.

Leinwand kommend wahr, um einen „Auge-Ohr-Konflikt" zu vermeiden.[39] Er überträgt alle Informationen, also auch gleich laute Signale, in Phase. Der Surround-Kanal hat eine Bandbreite, die auf einen Bereich von 100 Hz bis 7 kHz begrenzt ist. Er strahlt Signalanteile mit gleicher Amplitude, aber phaseninvertiert ab. Das *L-Signal* ist das dekodierte L_T-Signal ohne B- und C-Anteil. Die eingebaute Signalverarbeitung verspricht eine gewisse Anpassung des Klangs an die Anforderungen des Hörers und des Hörraums, wie z. B. „wide". „Dies entspricht einer akustischen Aufweitung der Lautsprecherbasis. Der Hörer bekommt den Eindruck, dass die Lautsprecher weiter auseinander stehen".[40] Der Klang der hinteren Lautsprecher kann um einen Wert zwischen 20 und 150 ms verzögert und in der Intensität manipuliert werden.[41] Laut Dolby dient die Verzögerung vor allem dazu, die Ankunftszeit von Lautsprechersignalen auf das Abstandsverhältnis zwischen der Hörposition und einem Frontlautsprecher bzw. Surround-Lautsprecher abzustimmen.[42] Die einstellbare Verzögerung hat einen weiteren Vorteil, der an einem kurzen Beispiel erläutert werden kann: Direktschall, wie z. B. Dialoge, kommen in der Regel aus dem vorderen Center-Lautsprecher. Ein großer Teil des Nachhalls wird von den hinteren Lautsprechern wiedergegeben, da sowohl mikrofonierter, als auch künstlicher Nachhall dazu neigen, viele phasenverschobene Komponenten zu enthalten. Wenn viele Zuhörer über einen Bereich von z. B. 10 × 40 m verteilt sind, wie es in vielen Kinos der Fall ist, hängt die Ankunftszeit der Signale aus den vorderen und hinteren Lautsprechern vom Sitzplatz der einzelnen Zuhörer ab. Das Signal des Center-Lautsprechers kann 100 ms bis zu den letzten Rängen benötigen, das Signal der hinteren Lautsprecher nur 10 ms. In diesem Fall wird die Verzögerung der hinteren Lautsprecher um bis zu 90 ms erhöht, so dass auch bei Zuhörern in den hinteren Reihen der Frontalklang vor den Signalen der hinteren Lautsprecher ankommt. Natürlich ist diese Einstellung ein Kompromiss. Eine Verzögerung von 90 ms ist für Hörer auf den hinteren Plätzen zufriedenstellend, aber die Verzögerung für Hörer vorne ist in diesem Fall etwas zu groß, so dass eine Verzögerung von 60 ms als Kompromiss gewählt werden kann. Diese Verzögerung ist für die Zuhörer auf den vorderen Plätzen zu lang, für die Zuhörer in der Mitte ist sie gut und für die Zuhörer auf den hinteren Plätzen ist sie zu kurz.

Da das Surround-Signal aus Unterschieden zwischen L_T und R_T entsteht, kann auch die Dekodierung reiner Stereosignale einen Surround-Klang erzeugen. Phasenverschobene Signale können durch A-B-Aufnahmen, durch elektronischen Nachhall und Phaseneffekte – wie Phaser, Flanger, Chorus, Reverb, Delay usw. – sowie durch synthetische Klänge und die vielen Pseudo-Stereo-Effekte, wie in Abschn. 2.3 beschrieben, entstehen. Diese werden von den hinteren Lautsprechern wiedergegeben, während zentrierte Signale, typischerweise Bassdrum oder

[39] Dolby Laboratories Inc. (1998), S. 2–8.

[40] Übersetzt aud Schneider Rundfunkwerke-AG (1995), S. 29.

[41] Siehe z. B. Dolby Laboratories Inc. (1998), S. 3–14, Schneider Rundfunkwerke-AG (1995), S. 28–29.

[42] Für Einzelheiten siehe z. B. Dolby Laboratories Inc. (2000), S. 5.

trockener Gesang, aus dem Center-Lautsprecher ertönen. Der aus einem reinen Signal dekodierte Surround-Sound wird als „Magic Surround" bezeichnet.[43]

1987 wurde der aktive, adaptive, standardisierte Decoder namens *Pro Logic* veröffentlicht, um die Kanaltrennung zu verbessern. Das stabilere Surround-Panorama wurde durch eine „Steering"-Funktion[44] realisiert, die permanent die dominante Quellenursprungsrichtung berechnet und die entsprechenden Kanäle verstärkt. Die Nachfolger *Pro Logic II* und *Pro Logic IIx* brachten weitere Fortschritte bei der Kanaltrennung. Erreicht wird dies durch eine bessere Technik, phasenstabilere Speicher- und Übertragungsmedien und spannungsgesteuerte Verstärker (Voltage Controlled Amplifiers, VCAs). Eine wahrgenommene Kanaltrennung von bis zu 40 dB, 5 : 2 : 5 und 6 : 2 : 6-Matrixing zur Kodierung von 3/2- und 3.1/2-Kanal-Sound mit zwei Surround-Kanälen, die auf einen Bereich von 100 Hz bis 20 kHz begrenzt sind, wurden realisiert.

Da Dolby Surround mit Mono und Stereo kompatibel ist und über zwei Kanäle übertragen werden kann, wie es bei Fernsehen, CD, Radio, Schallplatte, Video- (VHS) und Audiokassette üblich ist, hat es sich vor allem bei analogem Film und Fernsehen als Standard etabliert.[45] Dolby Surround wurde vor allem als erschwingliche Lösung für DVD-Player und Spielkonsolen verwendet, wurde aber mit der Zeit von neueren Formaten wie Dolby Digital, Dolby True HD, SDDS und DTS-HD Master Audio verdrängt. So sind beispielsweise die Sony Playstation 2 und die Nintendo Wii mit Dolby Surround kompatibel, während die Nachfolgemodelle Playstation 3 und Wii-U mit Dolby Digital kompatibel sind.[46]

Lokalisierbarkeit von Schallquellen:

Bei Dolby Surround kann das frontale Schallereignis dank des Center-Lautsprechers auch von Hörern jenseits des Sweet Spots korrekt lokalisiert werden. Seit der vorteilhaften Kanaltrennung durch Pro Logic II im Jahr 2000 ist zwar eine stabile Positionierung von Phantomschallquellen durch amplitudenbasiertes Panning möglich, jedoch entstehen durch zeitbasiertes Panning Phasenunterschiede, die vom Decoder als Rear-Signale interpretiert werden. Da die beiden hinteren Kanäle im ursprünglichen Dolby-Surround-Setup den gleichen Klang wiedergeben, ist eine rückwärtige Positionierung der Phantomschallquellen nahezu unmöglich. Dieses Manko wurde mit der Einführung eines zweiten hinteren Kanals in Pro Logic II und der Steering-Funktion leicht verbessert.

Räumlichkeit:

Die frühen Reflexionen können durch Amplituden-Panning in der gleichen Weise wie in Stereo positioniert werden. Außerdem können Reflexionen von hinten erzeugt werden. Wegen des Übersprechens und des Steerings gibt es jedoch nur wenig Kontrolle über die Richtung der frühen Reflexionen.

---

[43] Siehe Dolby Laboratories Inc. (1998), S. 5-2 bis 5-3 und Slavik und Weinzierl (2008), S. 624.

[44] Siehe Henle (2001), S. 115.

[45] Henle (2001), S. 117.

[46] Siehe Dolby Laboratories Inc. (2010), Spiele->Dolby Pro Logic II und Nintendo Co. (2013).

Nachhall:
Zusätzlich zum Nachhall von vorne kann ein rückwärtiger Nachhall erzeugt werden. Richtung und Grad der Streuung können seit der Einführung von Pro Logic II beliebig variiert werden. Die typischerweise zufälligen Phasenverhältnisse im Nachhall führen jedoch zu unerwünschten Sprüngen zwischen vorderen und hinteren Kanälen, die durch die Steering-Funktion verstärkt werden. Um einen realistischen Nachhall zu simulieren, wird das Signal für die Surround-Lautsprecher oft verzögert und tiefpassgefiltert.[47]

7.2.5 Diskreter Surround Sound

Die International Telecommunication Union (ITU) beschreibt mehrere Mehrkanal-Lautsprecherkonfigurationen. Die 5.1-Anordnung ist sicherlich die am weitesten verbreitete. Sie ist in Abb. 7.12 dargestellt. Die Anordnung der fünf Lautsprecher ist ähnlich wie bei Dolby Surround. In diesem Fall haben die Surround-Lautsprecher jedoch ihre eigenen Kanäle, keine begrenzte Bandbreite, und sie sind auf den Sweet Spot ausgerichtet. Ein Subwoofer, der auch als *Low Frequency Effect* (LFE) oder einfach als *Boom* bezeichnet wird, befindet sich neben dem Center-Lautsprecher auf der Lautsprecherbasis. Er hat eine begrenzte Bandbreite zwischen 3 und 120 Hz, um hör- und fühlbare Vibrationen hinzuzufügen. Das 5.1-Setup enthält das Stereodreieck, einen Center-Lautsprecher und zwei zusätzliche Rear-Lautsprecher auf ±100 bis 120°.

Die Lautsprechersignale können in jedes Format eingebettet werden, das mit 5 Audiokanälen kompatibel ist, wie z. B. eine Mehrkanal-Wave-Datei, MP3 Surround, DVD-Audio und Super Audio CD (SACD).

Ein Format für das 5.1-Layout ist *Dolby Digital*. Es wurde von Dolby Laboratories Inc. erfunden und 1991 als Filmtonformat veröffentlicht. Es umfasst die sechs diskreten Kanäle (5.1) unter dem Begriff „Programm“. 1995 kamen die ersten

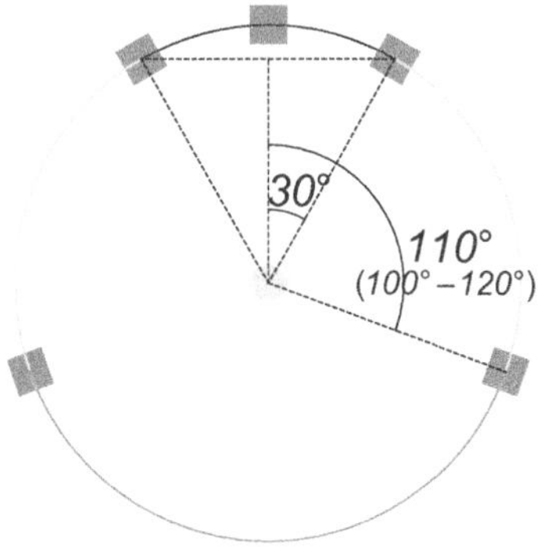

Abb. 7.12 5.1-Lautsprecheranordnung nach ITU-R BS.775

[47] Faller (2009), S. 635.

Produkte mit Dolby Digital-Kompatibilität für Privatkunden auf den Markt. Da Dolby Digital in der Lage war, Eingangssignale mit einer Abtasttiefe von bis zu 24 Bit und einer Abtastrate von bis zu 48 kHz zu verarbeiten, kam das Mehrkanal-Audiocodiersystem „Adaptive Transform Coder no. 3“[48] AC-3 zum Einsatz. Dieses psychoakustische Audioformat erlaubt Datenraten zwischen 32 und 640 kbit pro Sekunde. Es macht sich die wahrgenommene Lautstärke, die dynamische Auflösung und Maskierungseffekte zunutze, um die Datenmenge zu komprimieren.[49] Als Datenträger kann jedes bit-transparente Medium genutzt werden. Daher ist Dolby Digital weltweit stark verbreitet und wurde Teil von Standards und Empfehlungen, wie denen des amerikanischen und europäischen digitalen Rundfunks („Advanced Television System Committee“ ATSC und „Digital Video Broadcast“ DVB) und dem DVD-Standard. 5.1-Audiosysteme haben das mittlere und obere Hi-Fi-Segment nahezu verdrängt.[50]

Neben den reinen Audiodaten enthält das Format Metadaten, die über Lautstärke und Downmix-Informationen für Mono und Dolby-Surround-Kompatibilität informieren. Eine Fehlererkennung („Cyclic Redundancy Check“ CRC) begleitet die Datenübertragung. Die Wiedergabe-Latenzzeit liegt zwischen 179 und 450 ms.[51] Um in Echtzeit einsetzbar zu sein, wurde *Dolby Digital live* z. B. für leistungsstarke Spielekonsolen eingeführt. Im Jahr 2010 wurde das erste Mobiltelefon mit Dolby Digital Sound vorgestellt.[52] Weitere Weiterentwicklungen von Dolby Digital sind in Tab. 7.5 aufgeführt.

Tab. 7.5 Übersicht über die erweiterten Dolby-Digital-Formate

Format	Neuerungen
Dolby E	Erweiterung auf 3.1/3 Kanäle und Distributions- und Produktions-Bitströme für die Übertragung von Programmen über einzelne Kanäle
Dolby digital live	Für Live-Konzerte und interaktives Sound-Imaging, z. B. für Videospiele. Enkodiert 5.1-Sound in Echtzeit
Dolby digital plus	Erweiterung auf bis zu 13.1 Kanäle zwischen 30 kbit und 6 Mbit pro Sekunde über HDMI-Anschluss
Dolby True HD	Verlustfreie Codierung der Audiodaten mittels *Meridian Lossless Packing* MLP, für DVD-Audio. Sampleraten bis zu 96 kHz sind möglich, Datenraten bis zu 18 MBit pro Sekunde erlauben bis zu 20 Kanäle
Dolby mobil	Bei Mobiltelefonen sind (Vor-)Einstellungen der Benutzer möglich, z. B. in Bezug auf Räumlichkeit, Lautstärke, Spektrum usw.
Virtueller Dolby-Lautsprecher	Simuliert 5.1-Lautsprecherklang über Kopfhörer

[48] Slavik und Weinzierl (2008), S. 627.

[49] wird in Abschnitt ausführlich behandelt. 4.3.

[50] Siehe Goertz (2008), S. 423.

[51] Slavik und Weinzierl (2008), S. 629.

[52] Siehe Dolby Laboratories Inc. (2010) ->GAMES und -> MOBILE.

Ein weiteres weit verbreitetes 5.1-Audioformat ist DTS Digital Surround, das 1993 in den Filmen *Dr. Giggles* und *Jurassic Park* debütierte. Hier wurde der Audioinhalt auf einer Reihe von synchronisierten CD-ROMs geliefert.[53] DTS verwendet in der Regel verlustfreies Audio und ist Teil der Spezifikationen für Laserdisk (LD), DVD und Blu-Ray. Viele professionelle Hardware und Spielkonsolen wie die Playstation 3 und 4 von Sony, die Xbox 360 und die Xbox One von Microsoft unterstützen DTS Digital Surround und neuere verlustfreie und verlustbehaftete DTS-Codecs.[54]

In manchen Setups wird ein dritter Rear-Kanal hinzugefügt, um einen robusteres Panning im hinteren Bereich zu ermöglichen. Er wird insbesondere für die „Kino-Effekt-Sound-Lokalisierung" verwendet.[55] Natürlich verbessern drei äquidistante Back-Lautsprecher die Stabilität von Phantomschallquellen. Die ITU empfiehlt auch andere diskrete Surround-Systeme mit mehr als 5 Kanälen. Beispiele sind die beiden 7.1-Lautsprecheranordnungen in Abb. 7.13. Das linke System ist ein 3.1/4-System, das dem 5.1-System seitliche Lautsprecher hinzufügt. Diese Anordnung wird häufig von Dolby und DTS empfohlen. Kontrollierte Signale von diesen seitlichen Lautsprechern können die wahrgenommene Quellenausdehnung oder Eingehülltheit erhöhen, indem sie der Klangszene frühe oder späte seitliche Reflexionen hinzufügen. Formate für 7.1-Audio sind z. B. DTS Neo:X, DTS-HD Master Audio, Dolby Digital Plus und Dolby True HD. Das Layout auf der rechten Seite ist ein 5.1/2-System. Es wird für Sonys Dynamic Digital Sound Format (SDDS) verwendet und bietet sowohl eine höhere Präzision als auch ein breiteres Panorama für den vorderen Bereich. SDDS wurde 1993 im Film *The Last Action Hero* eingeführt und verwendet Sonys ATRAC-Codec zur Komprimierung des Audiomaterials.[56] ATRAC ist bekannt für den Ton von Mini-Discs.

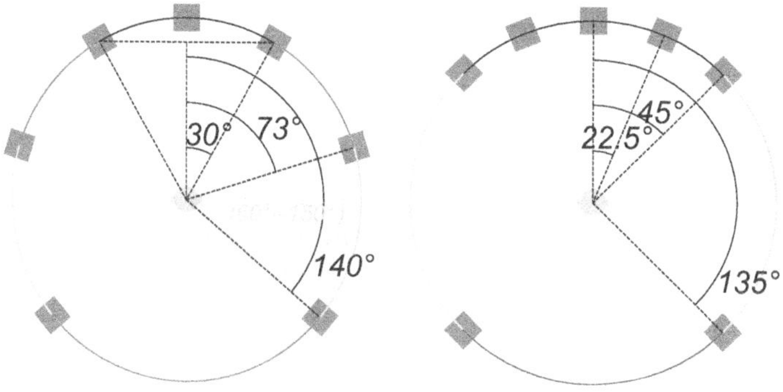

Abb. 7.13 Von der ITU empfohlene 7.1-Lautsprecheranordnung (links) und SDDS-Anordnung (rechts)

[53] Siehe Davis (2003), S. 565.

[54] Weitere Informationen zu DTS finden Sie in Davis (2003) und DTS, Inc. (2016), mit Artikeln wie DTS, Inc. (2015a).

[55] Übersetzt aus Owsinski (2014), S. 55.

[56] Details zu 7.1 finden sich z. B. in Apple (2009), S. 161 f.

Da kein Matrixing oder ähnliches erforderlich ist, kann jedes Gerät mit fünf oder mehr Ausgangskanälen Ton für diskrete Surround-Setups wie 5.1 wiedergeben. Formate wie Dolby Digital und DTS:Digital Surround komprimieren hauptsächlich den Audioinhalt und/oder bieten Kompatibilität mit Mono- und anderen Lautsprecheranordnungen.

Lokalisierbarkeit von Schallquellen:

Surround-Anlagen werden vor allem für den Filmton verwendet, ihr Schwerpunkt liegt also eher auf dramaturgischen Aspekten als auf realistischem Raumklang. Der Dialog kommt aus dem Center-Lautsprecher, der atmosphärische Klang aus den Surround-Lautsprechern.[57] Das Prinzip des amplitudenbasierten Pannings zur Erzeugung von Phantomschallquellen wird in der Regel beibehalten.[58] Durch den Center-Lautsprecher ist die Lokalisierbarkeit von Quellen im Frontbereich besser als bei Quandrophonie. Bei diskreten Kanälen tritt kein Übersprechen auf und die Lokalisierbarkeit im vorderen und hinteren Bereich ist auch bei mehreren gleichzeitigen Quellen recht gut. Ein zusätzlicher hinterer Lautsprecher, wie er im 6.1-Audio-Setup verwendet wird, verbessert die Lokalisierbarkeit hinterer Quellen gegenüber 5.1-Systemen. Aber wie in Abb. 7.8 gezeigt, sind seitliche Hörereignisse nicht durch Amplitudenpanning realisierbar. Daher bietet das 5.1/2 SDDS-Setup im Vergleich zu Stereo oder 3.1/4 diskretem Surround ein breiteres Panorama für ein stabiles Panning in der Front.

Räumlichkeit:

Die Räumlichkeit von diskreten Surround-Systemen kann mit zunehmender Anzahl von Lautsprechern steigen. Durch die diskreten Kanalsignale kann die Klangverteilung viel besser als bei Dolby eingestellt werden, da sie für jeden Lautsprecher einzeln gesteuert werden kann. Auch die begrenzte Bandbreite entfällt. Im 3.1/4-Setup können seitliche und hintere Lautsprecher eingesetzt werden, um eine homogene Verteilung von ER zu erreichen. Insbesondere seitliche Reflexionen beeinflussen den Eindruck von Quellausdehnung und Eingehülltheit.

Nachhall:

Fünf oder mehr diskrete Kanäle bieten Kontrolle über den Grad der Diffusion des Nachhalls. Dieser kann nicht nur von vorne, sondern auch von den Seiten und von hinten kommen. Der Grad der Ausbreitung und die Klangfarbe des Nachhalls lassen sich ohne Frequenzbeschränkungen genauer steuern als bei quadrofonen Audiosystemen oder Dolby-Surround-Setups. Der Nachhall kann die Zuhörer immer noch nicht vollständig umgeben, aber ein großer Teil der 360° in der horizontalen Ebene wird abgedeckt.

7.2.6 Immersive Audio-Systeme

In den letzten Jahren wurden diskrete Surround-Systeme durch zusätzliche Kanäle für erhöhte Lautsprecher erweitert. Dabei handelt es sich in der Regel um eine zweite, erhöhte Surround-Setup – eine so-genannter *Height Layer* – und nicht um

[57] Siehe Henle (2001), S. 116.

[58] Siehe Reisinger (2002), S. 49.

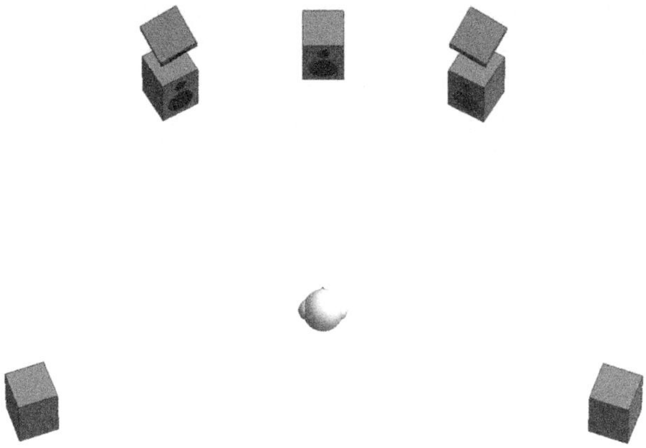

Abb. 7.14 Immersive 7.1-Lautsprecheranordnung (3.1/2 + 2)

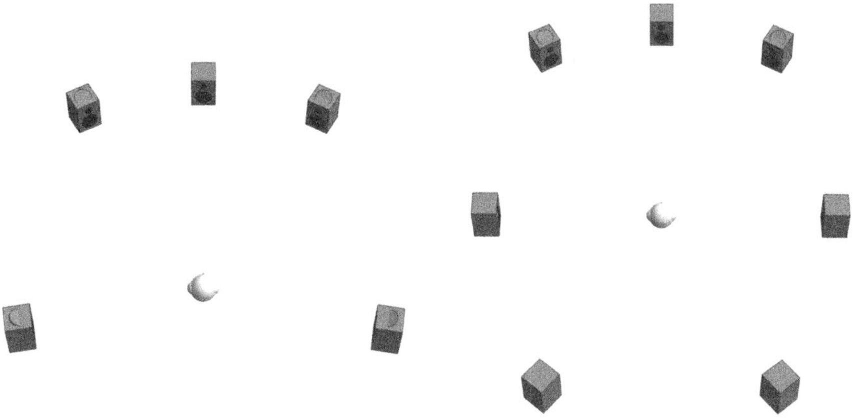

Abb. 7.15 Dolby Atmos-Setups 3.1/2 + 4 (links) und 3.1/4 + 2 (rechts)

eine Erweiterung der diskreten Surround-Anlage zu einem echten dreidimensionalen System. Solche Systeme werden oft als „advanced multichannel sound system" oder „immersives" Audio bezeichnet.[59] Auch hier bieten mehrere Unternehmen Formate für verschiedene Lautsprecherkonfigurationen an.

Die klassischen 7.1-Codecs können zur Speisung eines 3.1/2 + 2-Lautsprecherarrays verwendet werden, wie in Abb. 7.14 dargestellt. Hier wird ein 3.1/2-Setup um zwei zusätzliche Frontlautsprecher erweitert, die um 30 bis 55° angehoben werden. Dies ist das einfachste Dolby-Atmos-Setup.[60] Mit neun Kanälen kann Dolby Atmos ein 5.1- oder 7.1-Setup erweitern, wie in Abb. 7.15 dargestellt. In der Abbildung ist eine weitere Besonderheit von Dolby Atmos zu sehen: Als platzsparende

[59] Siehe z. B. International Telecommunication Union (2016), S. 5, 12 und 38 oder Dolby Laboratories Inc. (2015), S. 3.

[60] Siehe Dolby Laboratories Inc. (2015), S. 16 f.

Lösung für das Heimkino sind die „erhöhten" Lautsprecher nicht wirklich erhöht. Stattdessen werden stark gerichtete Lautsprecher in das Gehäuse der Front- und Rear-Lautsprecher in der untersten Ebene integriert. Sie strahlen hauptsächlich zur Decke hin ab, so dass die Reflexion den Elevationseffekt erzeugen soll. In der Abbildung sind diese Richtlautsprecher durch Kreise auf der Oberseite der Lautsprechergehäuse dargestellt. Dolby Atmos unterstützt bis zu 34 Kanäle für Lautsprecherkonfigurationen wie 5.1/19 + 10.[61] Obwohl Dolby Atmos nicht viele technologische Fortschritte gegenüber früheren Mehrkanalansätzen mit sich bringt, wird es von einigen Praktikern wie Owsinski (2014) als „völlig revolutionäres Mehrlautsprechersystem" bezeichnet.[62]

Die Auro-3D-Einrichtung sieht ähnlich aus wie Dolby Atmos. Es verfügt jedoch über einen optionalen VOG-Lautsprecher (*Voice of God*), der auch als *Zenith* bezeichnet wird, an der Spitze. In Kinos kann er für eine Stimme aus dem Off verwendet werden, wie die himmlische Stimme Gottes. Oder er wird als Effektkanal für Objekte am Himmel verwendet. Er kann sogar die Immersion erhöhen, indem er etwas von oben abspielt. Bei den Auro-3D-Lautsprechersystemen kann das Audiomaterial auf zwei Arten wiedergegeben werden. Bei der kanalbasierten Methode werden die Signale für die obere Ebene und das optionale VOG in den 5 bis 7 Kanälen der unteren Ebene kodiert. Ohne Decoder sind sie unhörbar und das System ist kompatibel zu konventionellem diskretem Surround-Sound. Der Auro-3D-Decoder extrahiert die Lautsprechersignale. Alternativ werden die Quellsignale zusammen mit Metadaten gespeichert, die den gewünschten Startzeitpunkt, den Ort und die Trajektorie beschreiben. Die Kombination von Auro-3D mit objektbasiertem Audio wird als AUROMAX® bezeichnet. Die Position jedes Lautsprechers wird vor der Verwendung an das Decodersystem übermittelt. Der Decoder wendet dann das entsprechende Panning an, um die in den Metadaten gespeicherten Quellpositionen und Trajektorien zu erzeugen.[63]

Ein weiteres Format für Immersive Audio ist DTS:X, der Nachfolger von DTS-HD Master Audio. Das Format wurde 2015 eingeführt. Es ist objektbasiert, d. h. Audiospuren werden zusammen mit Metadaten gespeichert, die z. B. den Ort und die Trajektorie definieren können.[64] Der Vorteil der objektbasierten Kodierung ist, dass sie nicht auf eine bestimmte Lautsprecheranordnung beschränkt ist. Hier muss sich der Decoder um das Audio-Rendering kümmern. Quellorte können durch amplitudenbasiertes Panning realisiert werden, oder durch Ansätze, die das entsprechende Schallfeld synthetisieren, wie Ambisonics und die in den Kap. 8 und 9 diskutierten Ansätze der Schallfeldsynthese. Im einfachsten Fall sind die kodierten Objekte nur 6 statische Punktquellen, die jeweils einem Lautsprecher zugeordnet sind. Auf diese Weise wird die Audioszene einfach von einem 5.1-Audiosystem wiedergegeben.

---

[61] Siehe Dolby Laboratories Inc. (2015), S. 3 f. und 28.

[62] Siehe Owsinski (2014), S. 53.

[63] Einzelheiten und viele weitere Informationen zu Auro-3D finden Sie in Auro Technologies (2015).

[64] Siehe z. B. DTS, Inc. (2015a, b, 2016) für Einzelheiten.

MPEG-H ist ein neuartiges Audioformat.[65] Sein Kern ist ein leistungsfähiger Algorithmus, der sowohl die Psychoakustik als auch die Signaltheorie nutzt. Audiomaterial kann entweder im Ambisonics-B-Format, kanalbasiert oder objektbasiert gespeichert werden. Auch hier muss das endgültige Audio-Rendering für die jeweilige Lautsprecheranordnung erfolgen. Downmix-Optionen für konventionelle Lautsprechersysteme, wie z. B. Zweikanal-Stereo und 5.1-Setups, sind jedoch implementiert.

Die meisten immersiven Audiosysteme bringen in Bezug auf das Quellen-Panning nichts Neues. Der seit der zweikanaligen Stereophonie bekannte Ansatz des amplitudenbasierten Panning wird auch hier typischerweise angewendet. Panning zwischen zwei unterschiedlich hohen Ebenen ist nicht vorgesehen. Da der Präzedenzeffekt in der Medianebene sehr effektiv ist, ist amplitudenbasiertes Panning zwischen Lautsprechern unterschiedlicher Höhe nur möglich, wenn alle beteiligten Lautsprecher den gleichen Abstand zum Hörer haben. In diesem Fall werden die Quellen zwischen drei Lautsprechern gepant. Diese befinden sich auf einer kugelförmigen Fläche, in deren Mitte sich der Sweet Spot befindet. Die Positionen der Lautsprecher $N = 3\mathbf{Y}_1$ bis $\mathbf{Y}_3$ werden durch ein Koordinatensystem beschrieben, d. h.

$$\mathbf{Y}_n = \left[x_n\ y_n\ z_n\right]. \tag{7.10}$$

Ein Lautsprechervektor $\mathbf{y}$ enthält die Positionen aller Lautsprecher

$$\mathbf{y} = \begin{bmatrix} \mathbf{Y}_1 \\ \mathbf{Y}_2 \\ \mathbf{Y}_3 \end{bmatrix} = \begin{bmatrix} x_1\ y_1\ z_1 \\ x_2\ y_2\ z_2 \\ x_3\ y_3\ z_3 \end{bmatrix}, \tag{7.11}$$

die gewünschte Position der Quelle ist

$$\mathbf{Q}_p = \left[x\,y\,z\right] \tag{7.12}$$

und die drei Lautsprecheramplituiden, die erforderlich sind, um die gewählte Quellenposition zu erzeugen, sind

$$\hat{\mathbf{A}} = \left[\hat{A}_1\ \hat{A}_2\ \hat{A}_3\right]. \tag{7.13}$$

Die Amplituden oder Gains werden durch Lösen eines linearen Gleichungssystems ermittelt

$$\mathbf{Q}_p = \hat{\mathbf{A}}\mathbf{y}. \tag{7.14}$$

[65] Für weitere Informationen siehe z. B. Herre et al. (2014, 2015) und ISO/IEC JTC 1/SC 29: Coding of audio, picture, multimedia and hypermedia information (2016).

Diese Gleichung wird als *Vector Base Amplitude Panning* (VBAP) bezeichnet.[66] Ein einfaches Auswahlkriterium für die drei aktiven Lautsprecher ist, dass die Lautsprecher und der Hörer den kleinstmöglichen Raum um die Phantomschallquelle aufspannen. Dies bedeutet, dass weder zwei noch alle drei Lautsprecher in einer Linie mit dem Hörer stehen sollten. Das Lautsprechertripel ist so klein wie möglich, so dass es keine überlappenden Tripel gibt. Je näher die drei Lautsprecher zueinander platziert werden, desto stabiler wird die erzeugte Phantomschallquellenposition. Dies gilt insbesondere für Hörer, die sich nicht auf dem Sweet Spot befinden. Wie schon das Sinus- und Tangentens-Panning Law, ist VBAP unterbestimmt, bis entweder ein Amplitudenfaktor gewählt oder eine Annahme getroffen wird, wie die Annahme konstanter Energie, Gl. 7.5 mit $n = 2$.

Beachten Sie, dass Gl. 7.14 nichts anderes als eine Matrixformulierung des Tangens-Panning-Gesetzes, Gl. 7.3, ist. Bei der Wahl von $N = 2$ liefern sie genau die gleichen Amplitudenfaktoren. Wenn die Phantomschallquelle genau auf der Verbindungslinie zwischen zwei Lautsprechern liegt, ist der Verstärkungsfaktor des dritten Lautsprechers gleich 0. Wenn die Position der Quelle mit der Position eines Lautsprechers zusammenfällt, ist dieser Lautsprecher der einzige aktive Lautsprecher. Bewegt sich eine Quelle über das Lautsprechertripel hinaus, wird ein anderes Tripel aktiv, je nach Auswahlkriterium. Einige Beispiele sind in Abb. 7.16 dargestellt. Die schwarzen Pfeile zeigen auf die aktiven Lautsprecher, die die Phantomschallquelle erzeugen, deren Position durch den grauen Pfeil angegeben ist. Base Amplitude Panning formuliert das Tangentens-Panning-Gesetz zu einer *N-dimensionalen* Matrixformulierung um, die für zwei Lautsprecher in einer eindimensionalen Lautsprecheranordnung und drei Lautsprecher in einer zweidimensionalen Lautsprecheranordnung sinnvoll ist. Bei VBAP wird davon ausgegangen, dass der Zuhörer der Quelle zugewandt ist. Dennoch wenden viele Anwender VBAP für Quellen an allen beliebigen Orten an. In gewisser Weise kann dies sinnvoll sein. Die Fähigkeit des Menschen, seitliche Quellen wahrzunehmen, ist relativ schlecht, besonders wenn sie erhöht sind. Wenn also eine Quelle so gepant wird, dass sie den Hörer umgibt, wird ihre Position vorne genau erkannt, zu den Seiten hin wird sie vage und hinten etwas deutlicher. Das Gleiche gilt für eine echte Quelle, die den Zuhörer umgibt.

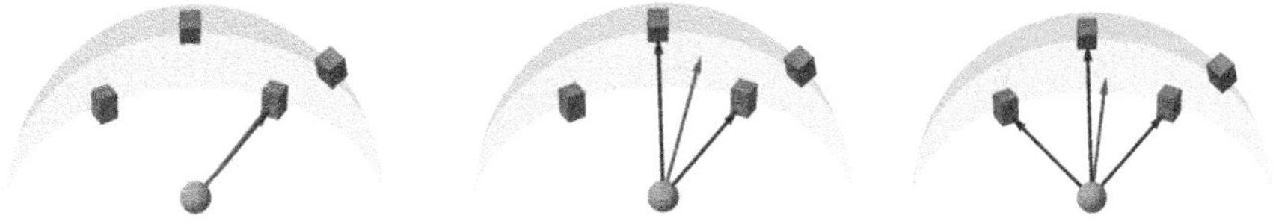

Abb. 7.16 Aktive Lautsprecher bei Anwendung von Vector Base Amplitude Panning in drei Fällen. Links: Die Position der Quelle fällt mit der Position eines Lautsprechers zusammen. Mitte: Die Quelle liegt an der Grenze eines Lautsprechertripels. Rechts: Die Quelle liegt innerhalb eines Lautsprechertripels. Der graue Pfeil zeigt auf die Quelle, die schwarzen Pfeile auf die aktiven Lautsprecher

[66] Für Einzelheiten siehe Pulkki (2001).

Darüber hinaus kann es Anwendungen geben, bei denen ein Zuhörer immer auf die Phantomschallquelle schaut und sogar deren Bewegungen folgt. Dies ist besonders bei Audiovisuellen Systemen wahrscheinlich. Es ist jedoch ein weit verbreiteter Irrglaube, dass VBAP ein robustes dreidimensionales Quellen-Panning von Objekten ermöglicht, die den Hörer umrunden.

Schon bei zweidimensionalen Aufbauten wird kritisiert, dass die wahrgenommene Ausdehnung von Quellen nicht stabil ist. Sie ändert sich vielmehr mit der Position der Phantomschallquelle. Wenn eine Quellenposition mit einer Lautsprecherposition zusammenfällt, klingt die Quelle sehr punktförmig. Je weiter die Phantomschallquelle von den Lautsprechern weggelenkt wird, d. h. je mittiger die Quelle liegt, desto größer ist ihre räumliche Streuung. Prinzipiell kann eine breitere Quelle erwünscht sein. Aber gerade bei bewegten Quellen kann diese Variation der Quellausdehnung unerwünscht sein. Um dieser Variation entgegenzuwirken, können zusätzliche Lautsprecher aktiviert werden, wenn sich die Phantomschallquelle einem Lautsprecherstandort nähert. *Multiple Direction Amplitude Paning* (MDAP) erzeugt eine homogene räumliche Ausdehnung. Dies wird erreicht, indem eine Phantomschallquelle durch mehrere Phantomschallquellen ersetzt wird, die um die Quelle herum verteilt sind. In einem zweidimensionalen Aufbau, d. h. mit $N = 2$, werden zwei Quellen in gleichem Abstand links und rechts von der gewünschten Quellenposition platziert. Der Abstand zwischen diesen Ersatzphantomschallquellen beträgt mindestens die Länge der Lautsprecherbasis. Auf diese Weise ist eine zentrale Quelle der einzige Fall, in dem nur zwei Lautsprecher aktiv sind. Bei allen anderen Quellenpositionen sind drei Lautsprecher aktiv. Ein Beispiel ist in Abb. 7.17 dargestellt. Man beachte, dass die Methode am besten funktioniert, wenn der Zuhörer der Quelle zugewandt ist. Wie bereits in Abschn. 7.2.3 erwähnt, funktioniert diese Stereo-Panning-Methode am besten, wenn der Zuhörer der Quelle zugewandt ist. Es funktioniert nicht gut bei seitlichen Quellen, insbesondere wenn der Abstand zwischen den Lautsprechern zu groß ist.

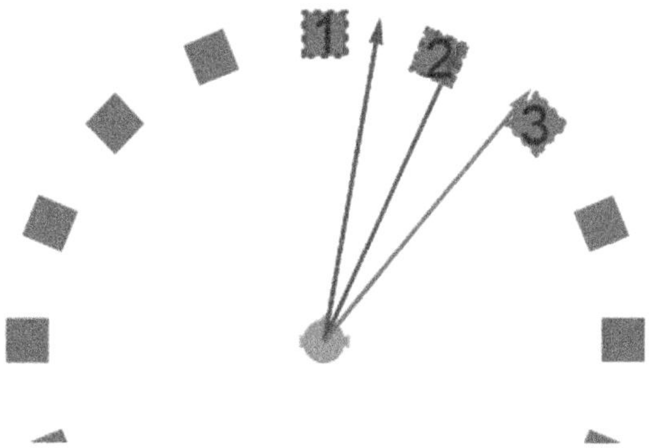

Abb. 7.17 Beispiel für Multiple Direction Amplitude Panning. Durch Panning zwischen den Lautsprechern 1 und 2 wird die blaue Quelle erzeugt. Durch Panning zwischen den Lautsprechern 2 und 3 wird die rote Quelle erzeugt. Zusammen erzeugen sie die violette Phantomschallquelle mit einer größeren räumlichen Ausdehnung

Lokalisierbarkeit von Schallquellen:

Grundsätzlich bietet VBAP neben dem horizontalen auch die Möglichkeit des vertikalen Pannings. Allerdings sind Lautsprecheraufstellungen in der Regel nicht halbkugelförmig, sondern in zwei bis drei Ebenen konzipiert. So können sich Quellen nun entlang des Azimuts von zwei Höhenschichten bewegen. Dies bietet nicht nur für den Filmton, sondern auch für die Musik neue kreative Möglichkeiten. Zum einen ermöglicht die zusätzliche Ebene eine natürliche Quellenplatzierung, z. B. in Form einer erhöhten Orgel oder eines Opernsängers über dem Orchestergraben. Zum anderen kann man sich kreativ in einer zusätzlichen Dimension bewegen. Vedrtikale Bewegungen von Schallquellen sind jedoch kaum umsetzbar. Vertikales Panning ist nur möglich, wenn alle Lautsprecher, die zum Panning beitragen, den gleichen Abstand zum Hörer haben. Bei Zuhörern jenseits des Sweet Spots ist das amplitudenbasierte Panning nicht sehr robust, da der Präzedenzeffekt zum Tragen kommt. Der Lokalisierungsfehler wird umso kleiner, je dichter die Lautsprecher nebeneinander verteilt sind. Eine höhere Anzahl von Lautsprechern innerhalb einer Ebene geht also mit einer stabilisierten Phantomschallquellenposition einher. MDAP kann die Lokalisierbarkeit der Quelle im Austausch für eine stabilere Phantombreite verringern, insbesondere bei bewegten Quellen.

Räumlichkeit:

Multiple Direction Amplitude Panning erhöht die Kontrolle über die wahrgenommene Quellenausdehnung, wenn genügend Lautsprecher vorhanden sind. Dies betrifft hauptsächlich den Direktschall. Je mehr Lautsprecher beteiligt sind, desto mehr mögliche Richtungen für frühe Reflexionen gibt es. Dadurch wird die räumliche Klangwiedergabe etwas verbessert. Erhöhte Reflexionen können neben der Breite auch eine vertikale Quellenausdehnung ermöglichen. Auf diese Weise können die Quellen im Sinne einer dreidimensionalen Ausdehnung körperlicher erscheinen.

Nachhall:

Mit erhöhten Lautsprechern können immersive Audio-Setups einen viel höheren Grad an Diffusion erzeugen. Durch die erhöhten Lautsprecher können Reflexionen von oben hinzugefügt werden, was viel natürlicher ist als die Einschränkung auf Reflexionen, die aus der Höhe des Kopfes kommen. Durch das Hinzufügen von Reflexionen von oben ermöglicht eine viel stärkere Eingehülltheit, was die Hauptstärke von immersiven Audiosystemen ist.

7.2.7 Kopfbezogener stereophoner Klang

Ausgehend vom binauralen Stereoton, bei dem Kunstkopfaufnahmen häufig über dichotische Kopfhörer wiedergegeben werden, wurden verschiedene Lautsprechersysteme entwickelt. Beim binauralen tetraphonischen Klang wird eine Kunstkopfaufnahme über zwei Frontlautsprecher wiedergegeben, die von zwei rückwärtigen Lautsprechern unterstützt werden, die verzögert und im Phasen- und Frequenzgang manipuliert werden. Dadurch wird der Sweet Spot im Vergleich zum binauralen

Stereoton etwas verbreitert, aber die Genauigkeit bei der Entfernungs- und Richtungslokalisierung ist wesentlich schlechter als beim binauralen Stereoton.[67]

Bei anderen binauralen Lautsprechersystemen fungieren die Lautsprecher als „virtuelle Kopfhörer".[68] Ihre Signale werden so gefiltert, dass die Signale an den Ohren des Zuhörers die gleichen sind wie die einer realen Quelle an der gewünschten Position. Da HRTFs sehr individuell sind, müssen sie oft für jeden Hörer im Voraus gemessen werden. Natürlich ist es möglich, die HRTF eines Kunstkopfes zu verwenden oder sie aus Modellen wie den ITD-Modellen (Gl. 4.8 und 4.9) abzuleiten, die in Abschn. 4.4.2.[69] diskutiert werden. Da aber die richtungsabhängige Filterung eines Kopfes oder eines Modells von der individuellen Filterung des Hörers abweichen kann, kann die Wiedergabe von Klängen, die mit diesen nicht-individualisierten Filtern vorgefiltert wurden, immer noch zu einer erhöhten Lokalisationsunschärfe, Vorne-Hinten-Verwechslung und im-Kopf-Lokalisation führen. Daher müssen diese nicht-individualisierten HRTF an das Individuum angepasst, oder eine gut passende HRTF aus einer Datenbank ausgewählt werden.[70]

„Cross talk concellation"[71] verringert das Übersprechen zwischen zwei Lautsprechern um einen Wert von 20 bis 25 dB. Ein Lautsprecher spielt den Klang für ein einzelnes Ohr plus einen weiteren Klang, um das Übersprechen des zweiten Lautsprechers auf diesem Ohr zu unterdrücken. Da dieser Auslöschungston auch das andere Ohr erreicht, muss er durch ein Auslöschungssignal des Lautsprechers für das andere Ohr vermindert werden. Dieser Teufelskreis ist nicht unendlich, da die Amplitude des benötigten Auslöschungssignals mit jedem Schritt abnimmt. Allerdings sind stark absorbierende Wände und ein ruhiger Zuhörer erforderlich.[72] Dieses Prinzip kann durch adaptive Filter weiter dynamisch gesteuert werden, so dass der Sweet Spot dem Hörer folgt.[73] Natürlich bleibt das Problem des doppelten Eintreffens von Wellenfronten bestehen. Die Auslöschung von Übersprechen funktioniert am besten, wenn die aktiven Lautsprecher frontal und sehr nahe beieinander stehen. Dies minimiert die Verzögerung zwischen dem angepeilten und dem anderen Ohr, sowie den Einfluss komplizierter Beugungen um den Kopf herum.

Lokalisierbarkeit von Schallquellen:

Abgesehen von komplett frontalem Schall ist eine gute Richtungs- und Entfernungslokalisierung möglich, wenn der Hörer still steht, insbesondere wenn die HRTF des Hörers selbst verwendet wird. Kombiniert mit einem Head-Tracking-System werden bei kopfbezogenem stereophonem Schall gute Ergebnisse erzielt.

---

[67] Webers (2003), S. 224 f.

[68] Vorländer (2008), S. 293.

[69] Wie z. B. in Sodnik et al. (2006) und Busson et al. (2004) vorgeschlagen.

[70] Individualisierung wird z B. von Seeber und Fastl (2003) vorgeschlagen. Kan et al. (2009) schlagen eine Methode zur Erstellung von Nahfeld-HRTF aus Feldmessungen vor. Es gibt mehrere Datenbanken, wie „AUDIS" und „CIPIC", siehe Blauert et al. (1998) und Algazi et al. (2001).

[71] Vorländer (2008), S. 295.

[72] Siehe Blauert (1997), S. 360.

[73] Vorländer (2008), S. 297.

Räumlichkeit:

Für die Wiedergabe von seitlichen Reflexionen ist kopfbezogenes Stereo sehr gut geeignet. Aber der Hörraum stört den natürlichen Eindruck noch stärker als bei Stereo, da das Auslöschungssignal mit reflektiert wird. Es hängt von der Aufnahmemethode und der Signalverarbeitung ab, ob die Signale beim Hörer natürlich sind und somit eine natürliche Räumlichkeit vermitteln.

Nachhall:

Im Prinzip kann für die Hörposition ein natürlicher Nachhall erzeugt werden. Das Zielschallfeld an den Ohren des Hörers kann durch eine binaurale Aufnahme oder eine Faltung des Direktschalls mit einer binauralen Raumimpulsantwort erzeugt werden. Wenn der Hörraum jedoch nicht stark gedämpft ist, wirken sich die Reflexionen des Auslöschungssignals ebenfalls aus.

7.3 Diskussion über Audiosysteme

Stereo führte die Qualität des räumlichen Klangs in die Audiowiedergabe ein, die bei Mono fehlte. Richtung und Ausdehnung von Quellen und Reflexionen können bis zu einem gewissen Grad durch verschiedene Aufnahmetechniken oder Signalverarbeitung vom Aufnahmeort an den Hörort übertragen werden. Der räumliche Aspekt eines Instruments und des Raums, in dem es gespielt wird, klingen in der Stereowiedergabe recht ähnlich. Eine Einschränkung, die bei herkömmlichen stereophonen Audiosystemen auftritt, ist der drastisch reduzierte ideale Hörbereich, der Sweet Spot. Auch die Richtung der Phantomschallquellen ist auf die Lautsprecherbasis beschränkt. Dennoch wurde es zu einem weltweiten Standard für Schallplatte, Audiokassette, Audio-CD, Radio und Fernsehen und andere Formen der Übertragung. Die neueren Audioformate sind oft kompatibel und arbeiten mit den gleichen Methoden, insbesondere dem amplitudenbasiertem Panning. Nach dem weit verbreiteten Dolby-Surround-Format folgte Dolby Digital als Quasi-Standard, insbesondere für Film- und Multimedia-Anwendungen. Dolby Digital arbeitet mit einem 5.1-Audiosetup, das den Bereich erweitert, in dem sich Phyntomschallquellen befinden können. Da der Ursprung von Dolby Digital jedoch im Filmton liegt, werden die Lautsprecher nicht gleichwertig eingesetzt und das Ziel ist in der Regel nicht, einen realistischen Raumklang zu erzeugen. Die Frontlautsprecher dominieren den Klang, während die hinteren Lautsprecher für Atmosphäre und Umgebungsgeräusche verwendet werden. Pnahtomschallquellen können im Frontbereich und etwas unscharf im hinteren Bereich verteilt werden. Die standardisierte Lautsprecheranordnung auf einer Kreislinie um einen Zuhörer in einem Raum mit etwas Nachhall schafft für Zuhörer ähnliche Hörbedingungen. Für viele Hörräume, z. B. Wohnzimmer, ist die Lautsprecheranordnung jedoch unpraktisch. Die Abstrahlcharakteristik von Schallquellen wird in keinem der beiden Audiosysteme wiedergegeben.[74]

[74] Siehe Warusfel und Misdariis (2004), S. 4.

Tab. 7.6 Vor- und Nachteile herkömmlicher stereophoner Tonsysteme, insbesondere von Stereo und 5.1 Surround

Vorteil	Nachteil
Natürliches Spektrum und Dynamik	Beschränkung auf einen Hörplatz
Gute Richtungslokalisierbarkeit	Unzureichende Tiefenlokalisierbarkeit
Standardisiertes, weit verbreitetes Tonformat, Medien und Träger	Kein stabiler Raumklang aus allen Richtungen möglich
Standardisierte Anzahl von Kanälen	Kaum eine Darstellung der Abstrahlcharakteristik von Musikinstrumenten
Verarbeitung in Echtzeit möglich	Raumakustik im Signal und reale Raumakustik überlagern sich
Miteinander kompatibel	Keine Darstellung der Höhe

Tab. 7.6 veranschaulicht die Vor- und Nachteile der am weitesten verbreiteten Audiosysteme, d. h. Stereo und 5.1.

Wellenfeldsynthese wird als *die* Lösung für die Bereitstellung großer Hörbereiche angesehen.[75] Darüber hinaus wird es als Ansatz betrachtet, der die seitlichen Lücken füllen kann, um einen echtenm Surround-Sound zu schaffen und die Nachteile des herkömmlichen Stereoklangs zu umgehen.[76] Wellenfeldsynthese wird im nächsten Kapitel behandelt.

Literatur

Ahrens J, Geier M, Spors S (2008) The soundscape renderer: a unified spatial audio reproduction framework for arbitrary rendering methods. In: 124th audio engineering society convention

Algazi VR, Duda RO, Thompson DM, Avendano C (2001) The CIPIC HRTF database. In: IEEE workshop on applications of signal processing to audio and acoustics. New York, S 99–102. https://doi.org/10.1109/aspaa.2001.969552

Apple (2009) Logic pro 9. User manual. https://documentation.apple.com/en/logicpro/usermanual/Logic%20Pro%209%20User%20Manual%20(en).pdf. Zugegriffen am 17.04.2020

Auro Technologies (2015) Auro-3d®home theater setup, rev. 6. http://www.auro-3d.com/wp-content/uploads/documents/Auro-3D-Home-Theater-Setup-Guidelines_lores.pdf. Zugegriffen am 17.04.2020

Bernfeld B (1973) Attempts for better understanding of the directional stereophonic listening mechanism. In: Audio engineering society convention 44, Rotterdam

Baalman M (2008) On wave field synthesis and electro-acoustic music, with a particular focus on the reproduction of arbitrarily shaped sound sources. VDM, Saarbrücken

Bauer BB (1961) Phasor analysis of some stereophonic phenomena. J Acoust Soc Am 33(11):1536–1539. https://doi.org/10.1121/1.1908492

Berkhout AJ, de Vries D, Vogel P (1992) Wave front synthesis: a new direction in electroacoustics, Bd 10. In: Audio engineering society convention 93. https://doi.org/10.1121/1.404755

Berkhout AJ, de Vries D, Vogel P (1993) Acoustic control by wave field synthesis. J Acoust Soc Am 93(5):2764–2778. https://doi.org/10.1121/1.405852

[75] Übersetzt aus Daniel et al. (2003), S. 1.

[76] Siehe Ahrens et al. (2008), S. 3.

Blauert J (1997) Spatial hearing. The pychophysics of human sound source localization, revised Aufl. MIT Press, Cambridge/MA

Blauert J (2008) 3-d-Lautsprecher-Wiedergabemethoden. In: Fortschritte der Akustik – DAGA 2008. Dresden, S 25–26

Blauert J, Braasch J (2008) Räumliches Hören. In: Weinzierl S (Hrsg) Handbuch der Audiotechnik, chapter 3. Springer, Berlin, S 87–122. https://doi.org/10.1007/978-3-540-34301-1_3

Blauert J, Brüggen M, Hartung K, Bronkhorst AW, Drullmann R, Reynaud G, Pellieux L, Krebber W, Sottek R (1998) The AUDIS catalog of human HRTFs. In: Proceedings of the 16th international congress on acoustics, S 2901–2902. https://doi.org/10.1121/1.422910

Busson S, Nicol R, Warusfel O (2004) Influence of the ears canals location on spherical head model for the individualized interaural time difference. In: CFA/DAGA, Strasbourg

Chowning J (1971) The simulation of moving sound sources. J Audio Eng Soc 19(1):2–6. https://doi.org/10.2307/3679609

Daniel J, Nicol R, Moreau S (2003) Further investigations of high order ambisonics and wavefield synthesis for holophonic sound imaging. In: Audio engineering society convention 114, Amsterdam

Damaske P (2008) Acoustics and hearing. Springer, Berlin. https://doi.org/10.1007/978-3-540-78229-2

David EE Jr (1988) Aufzeichnung und Wiedergabe von Klängen. In: Winkler K (Hrsg) Die Physik der Musikinstrumente. Spektrum der Wissenschaft, Heidelberg, S 150–160

Davis MF (2003) History of spatial coding. J Audio Eng Soc 51(6):554–569. http://www.aes.org/e-lib/browse.cfm?elib=12218. Zugegriffen am 17.04.2020

Davis MF (2007) Audio and electroacoustics. In: Rossing TD (Hrsg) Springer handbook of acoustics, chapter 18. Springer, New York, S 743–781. https://doi.org/10.1007/978-0-387-30425-0_18

Deutsches Institut für Normung (1996) Bild- und Tonbearbeitung in Film-, Video- und Rundfunkbetrieben – Grundsätze und Festlegungen für den Arbeitsplatz. Beuth, Berlin

Dickreiter M et al (1978) Handbuch der Tonstudiotechnik, Bd 1, 2. Aufl. De Gruyter, Munich

Dickreiter M et al (1987) Handbuch der Tonstudiotechnik, Bd 1, 5., völlig neu bearb. u. ergänz. Aufl. De Gruyter, Munich

Dolby Laboratories Inc (1998) Dolby surround mixing manual, Issue 2. http://www.idea2ic.com/Manuals/dolbySuround.pdf. Zugegriffen am 06.09.2016

Dolby Laboratories Inc (2000) Frequently asked questions about dolby digital. http://www.dolby.com/us/en/technologies/dolby-digital.pdf. Zugegriffen am 17.04.2020

Dolby Laboratories Inc (2010) Dolby. http://www.dolby.com. Zugegriffen am 30.09.2010

Dolby Laboratories Inc (2015) Dolby Atmos®home theater installation guidelines. http://www.dolby.com/us/en/technologies/dolby-atmos/dolby-atmos-home-theater-installation-guidelines.pdf. Zugegriffen am 17.04.2020

DTS, Inc (2015a) Welcome to DTS:X – open, immersive and flexible object-based audio coming to cinema and home. http://investor.dts.com/releasedetail.cfm?releaseid=905640. Zugegriffen am 17.04.2020

DTS, Inc (2015b) Next-generation object- based codec technology 63(1/2):130

DTS, Inc (2016) DTS is dedicated to sound. https://dts.com/. Zugegriffen am 17.04.2020

Faller C (2009) Spatial audio coding and MPEG surround. In: Luo FL (Hrsg) Mobile multimedia broadcasting standards. Technology and practice, chapter 22. Springer, New York, S 629–654. https://doi.org/10.1007/978-0-387-78263-8_22

Favrot S, Buchholz JM (2010) LoRA: a loudspeaker-based room auralization system. Acta Acust United Acust 96:364–375. https://doi.org/10.3813/aaa.918285

Friesecke A (2007) Die Audio-Enzyklopädie. Ein Nachschlagewerk für Tontechniker. K G Saur, Munich

Gade A (2007) Acoustics in halls for speech and music. In: Rossing TD (Hrsg) Springer handbook of acoustics, chapter 9. Springer, Berlin, S 301–350. https://doi.org/10.1007/978-0-387-30425-0_9

Goertz A (2008) Lautsprecher. In: Weinzierl S (Hrsg) Handbuch der Audiotechnik, chapter 8. Springer, Berlin, S 421–490. https://doi.org/10.1007/978-3-540-34301-1_8

Goertz A (2018) Bowers & wilkins 800 d3. Fidelity. HiFi und Musik 38:070–077

Henle, H (2001) Das Tonstudio Handbuch. Praktische Einführung in die professionelle Aufnahmetechnik, 5., komplett überarb. Aufl. GC Carstensen, München

Herre J, Hilpert J, Kuntz A, Plogsties J (2014) MPEG-H audio – the new standard for universal spatial/3D audio coding. In: Audio engineering society convention 137. http://www.aes.org/e-lib/browse.cfm?elib=17418. Zugegriffen am 17.04.2020

Herre J, Hilpert J, Kuntz A, Plogsties J (2015) MPEG-H audio – the new standard for universal spatial/3D audio coding. J Audio Eng Soc 62(12):821–830. http://www.aes.org/e-lib/browse.cfm?elib=17556. Zugegriffen am 17.04.2020

Hiebler H (1999) Akustische Medien. In: Hiebel HH, Hiebler H, Kogler K, Wakitsch H (Hrsg) Große Medienchronik. Wilhelm Fink, Munich, S 541–782

Huber T (2002) Zur Lokalisation akustischer Objekte bei Wellenfeldsynthese. Diloma thesis. http://www.hauptmikrofon.de/diplom/DA_Huber.pdf. Zugegriffen am 17.04.2020

International Telecommunication Union (2016) Report ITU-R BS.2159-7: multichannel sound technology in home and broadcasting applications. https://www.itu.int/dms_pub/itu-r/opb/rep/R-REP-BS.2159-7-2015-PDF-E.pdf. Zugegriffen am 17.04.2020

ISO/IEC JTC 1/SC 29 (2016) Coding of audio, picture, multimedia and hypermedia information. ISO/IEC 23008-3:2015/amd 1:2016 – MPEG-H, 3D audio profile and levels. https://www.iso.org/standard/67953.html. Zugegriffen am 17.04.2020

Kan A, Jin C, van Schaik A (2009) A psychophysical evaluation of near-field head-related transfer functions synthesized using a distance variation function. J Acoust Soc Am 125(4):2233–2242. https://doi.org/10.1121/1.3081395

Mäkivirta AV (2008) Loudspeaker design and performance evaluation. In: Havelock D, Kuwano S, Vorländer M (Hrsg) Handbook of signal processing in acoustics, chapter 33. Springer, New York, S 649–667. https://doi.org/10.1007/978-0-387-30441-0_33

Mores R (2018) Music studio technology. Springer, Berlin, S 221–258. https://doi.org/10.1007/978-3-662-55004-5_12

Nintendo Co Ltd. (2013) Wii U technical specs. http://www.nintendo.com/wiiu/features/tech-specs/. Zugegriffen am 17.01.2014

Owsinski B (2014) The mixing engineer's handbook, 3. Aufl. Corse Technology PTR, Boston

Pulkki V (1997) Virtual sound source positioning using vector base amplitude panning. J Acoust Soc Am 45(6):456–466

Pulkki V (2001) Spatial sound generation and perception by amplitude panning techniques. PhD thesis, Helsinki University of Technology, Espoo. http://lib.tkk.fi/Diss/2001/isbn9512255324/. Zugegriffen am 17.04.2020

Pulkki V (2008) Multichannel sound reproduction. In: Havelock D, Kuwano S, Vorländer M (Hrsg) Handbook of signal processing in acoustics, chapter 38. Springer, New York, S 747–760. https://doi.org/10.1007/978-0-387-30441-0_38

Rossing TD (1990) The science of sound, 2. Aufl. Addison-Wesley, Reading, MA

Reisinger M (2002) Neue Konzepte der Tondarstellung bei Wiedergabe mittels Wellenfeldsynthese. Diploma thesis, University of Applied Sciences Düsseldorf, Düsseldorf

Schanz GW (1966) Stereo-Taschenbuch. Stereo-Technik für den Praktiker. Philips, Eindhoven

Scheminzky F (1943) Die Welt des Schalls, 2., ergänz. Aufl. Das Bergland, Salzburg

Schneider Rundfunkwerke-AG (1995) Schneider MP 295 Bedienungsanleitung

Schubert H (2002) Historie der Schallaufzeichnung. http://www.dra.de/rundfunkgeschichte/radiogeschichte/pdf/historie_der_schallaufzeichnung.pdf. Zugegriffen am 23.08.2010

Seeber BU, Fastl H (2003) Subjective selection of non-individual HRTF-related transfer functions. In: Proceedings of the 2003 international conference on auditory display, Boston

Slavik KM, Weinzierl S (2008) Wiedergabeverfahren. In: Weinzierl S (Hrsg) Handbuch der Audiotechnik, chapter 11. Springer, Berlin, S 609–686. https://doi.org/10.1007/978-3-540-34301-1_11

Sodnik J, Susnik R, Tomazic S (2006) Principal components of non-individualized head related transfer functions significant for azimuth perception. Acta Acust United Acust 92:312–319. https://www.ingentaconnect.com/contentone/dav/aaua/2006/00000092/00000002/art00013. Zugegriffen am 17.04.2020

Spors S, Wierstorf H, Raake A, Melchior F, Frank M, Zotter F (2013) Spatial sound with loudspeakers and its perception: a review of the current state. Proc IEEE 101(9):1920–1938. https://doi.org/10.1109/JPROC.2013.2264784

Strube G (1985) Lokalisation von Schallereignissen. In: Bruhn H, Oerter R, Rösing H (Hrsg) Musikpsychologie. Ein Handbuch in Schlüsselbegriffen. Urban & Schwarzenberg, Munich, S 65–69

Theile G (1980) Über die Lokalisation im überlagerten Schallfeld. PhD thesis, University of Technology Berlin, Berlin

Theile G, Plenge G (1976) Localization of lateral phantom-sources. In: Audio engineering society convention 53, Zurich

Toole FE (2008) Sound reproduction. The acoustics and psychoacoustics of loudspeakers and rooms. Focal Press, Amsterdam

Verheijen E (1997) Sound reproduction by wave field synthesis. PhD thesis, Delft University of Technology, Delft

Vorländer M (2008) Auralization. Fundamentals of acoustics, modelling, simulation, algorithms and acoustic virtual reality. https://doi.org/10.1007/978-3-540-48830-9

Warusfel O, Misdariis N (2004) Sound source radiation syntheses: from performance to domestic rendering. In: Audio engineering society convention 116, Berlin

Webers J (2003) Handbuch der Tonstudiotechnik. Analoges und Digitales Audio Recording bei Fernsehen, Film und Rundfunk, 8., neu bearb. Aufl. Franzis, Poing

Kapitel 8
Wellenfeldsynthese

Methoden der Schallfeldsynthese zielen darauf ab, ein natürliches oder beliebiges Schallfeld in einem ausgedehnten Hörbereich physikalisch nachzubilden. Wie in Abschn. 5.1.2 erläutert, handelt es sich bei den zu synthetisierenden Schallfeldgrößen hauptsächlich um Schalldruck und Teilchengeschwindigkeit bzw. Schalldruckgradienten. Bei perfekter Kontrolle dieser Schallfeldgrößen könnten virtuelle Quellen in beliebigen Winkeln und Entfernungen platziert werden und eine gewähltes Quellsignal mit einer beliebigen Abstrahlcharakteristik abstrahlen. Auf diese Weise könnten die Unzulänglichkeiten herkömmlicher Audiosysteme überwunden werden: Anstelle eines Sweet Spots gäbe es einen erweiterten Hörbereich. Ohne die Notwendigkeit von Panning könnten seitliche und erhöhte Schallquellen erzeugt und eine Tiefenstaffelung der Quelle realisiert werden. Wenn die Schallabstrahlcharakteristik einer Quelle erfasst und synthetisiert wird, können virtuelle Quellen so breit und lebendig klingen wie ihr physisches Gegenstück. Dies bedeutet ein natürliches, wirklich eindringliches, dreidimensionales Klangerlebnis, einschließlich der Wahrnehmung von Quellbreite und -bewegung, dem Eindruck, vom Nachhall eingehüllt zu sein, der gewünschten Halligkeit und ähnlichem. Leider ist bereits der theoretische Kern der meisten Schallfeldsyntheseansätze mit einigen Einschränkungen verbunden. Aktuelle Schallfeldsynthese-Implementierungen bieten unter bestimmten Umständen nur eine begrenzte akustische Kontrolle und weisen mehrere Mängel auf. Dennoch sind Schallfeldsynthese-Anwendungen durch aufwendige Anpassungen eines ausgeklügelten physikalischen Kerns in der Lage, einen Realismus zu erzeugen, der mit herkömmlichen Systemen nicht zu erreichen ist.

In diesem Kapitel wird ein kurzer historischer Überblick über die Schallfeldsynthese gegeben. Der bekannteste Ansatz der Schallfeldsynthese umfasst die räumlich-zeitliche Synthese einer sich beliebig ausbreitenden Welle. In diesem Buch wird dieser spezielle Ansatz als Wellenfeldsynthese (WFS) oder *Wellenfrontsynthese* bezeichnet und in diesem Kapitel ausführlich behandelt. Der Begriff *Schallfeldsynthese* wird als Oberbegriff für mehrere Methoden verwendet, die auf die Steuerung eines Schallfeldes abzielen. Zu diesen Methoden gehören Wellenfront-

T. Ziemer, *Psychoakustische Schallfeldsynthese für Musik*,
https://doi.org/10.1007/978-3-031-26863-2_8

synthese, Ambisonics und ähnliche. Der theoretische Kern der Schallfeldsynthese wird aus mehreren mathematischen Theoremen und physikalischen Überlegungen abgeleitet. Die Herleitung wird im folgenden Abschnitt Schritt für Schritt erläutert.[1] Mehrere Einschränkungen machen sie anwendbar, wie in Abschn. 8.3 erläutert. Diese Einschränkungen führen zu Synthesefehlern, die durch Anpassungen des mathematischen Kerns vermindert werden können. Viele Ansätze zur Schallfeldsynthese modellieren Schallquellen als Monopolquellen oder ebene Wellen. Daher wird in Abschn. 8.4 die Synthese der Abstrahlcharakteristiken von Musikinstrumenten besonders behandelt. Abschließend werden einige bestehende Schallfeldsynthese-Installationen für Forschung und Unterhaltung vorgestellt.

8.1 Schallfeldsynthese-Geschichte

Wie bereits in Abschn. 7.2.2 erläutert, wurden in den 1930er-Jahren von Alan Dower und anderen Methoden zur Stereo-Aufnahme und Wiedergabe entwickelt. Zur gleichen Zeit konzipierten und implementierten Steinberg und Snow (1934a) den *akustischen Vorhang*, ein Verfahren zur Erfassung und Wiedergabe von Schallfeldern.[2] Autoren wie Ahrens (2012) und Friesecke (2007) betrachten dies als den Ursprung der Wellenfeldsynthese.[3] Eine Akustischer Vorhang ist in Abb. 8.1 dargestellt. Im Prinzip ist eine ebene Wand eines Aufnahmeraums mit einem Gitter von

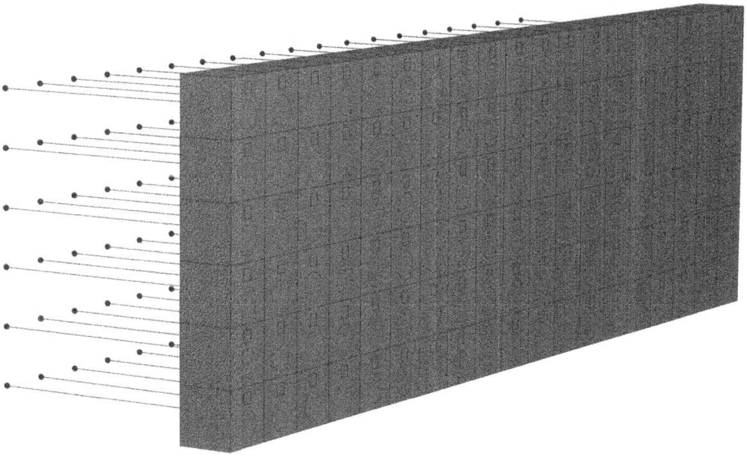

Abb. 8.1 Illustration des akustischen Vorhangs. (Nach Ziemer (2016), S. 55)

[1] Hauptsächlich basierend auf Pierce (2007), Williams (1999), Morse und Ingard (1986), Rabenstein et al. (2006), Ziemer (2018).

[2] Siehe Steinberg und Snow (1934a, b).

[3] Siehe Ahrens (2012), S. 8 f und Friesecke (2007), S. 147.

Mikrofonen bedeckt. Diese nehmen die Szene, z. B. ein Ensemble, auf. In einem Wiedergaberaum ist eine Wand mit Lautsprechern bedeckt, die genau so angeordnet sind wie die im Aufnahmeraum. Wird nun jede Aufnahme über den dort befindlichen Lautsprecher wiedergegeben, entsteht eine Kopie der Szene im Aufnahmeraum. Die Konstellation der Instrumente wird auf diese Weise eingefangen und wiedergegeben. Die Zuhörer haben überall im ganzen Raum den Eindruck, dass sich die Instrumente tatsächlich hinter dem akustischen Vorhang, den Lautsprechern, befinden. Obwohl sie den akustischen Vorhang nur mit einem Paar oder Tripel von Mikrofon-Lautsprecher-Paaren realisiert haben, berichten sie, dass sie eine zufriedenstellende Kopie der Szene erreichen. Später in diesem Kapitel werden wir sehen, dass ein unendlicher akustischer Vorhang mit infinitesimalem Abstand notwendig ist, um ein Schallfeld in einem halben Raum zu erfassen und zu synthetisieren. Dies ist genau das, was das Rayleigh-Integral beschreibt.

Eine weitere Technik zur Schallfeldaufnahme und -synthese wurde in den 1970er-Jahren maßgeblich von Gerzon (1975) entwickelt.[4] Der Schalldruck und die Druckgradienten entlang der räumlichen Dimensionen werden an einem Empfängerstandort mit Hilfe eines Mikrofonarrays aufgezeichnet. Für den zweidimensionalen Fall sind in Abb. 8.2 zwei Aufzeichnungsanordnungen dargestellt. Diese sind gleichwertig, wenn sie in Bezug auf die betrachtete Wellenlänge nahe beieinander liegen. Aus diesen Aufzeichnungen lassen sich, wie in der Abbildung gezeigt, drei Kanäle *W*, *X* und *Y* ableiten. Diese enthalten den Schalldruck *W* und die Schalldruckgradienten entlang zweier räumlicher Dimensionen *X* und *Y*. In einem dreidimensionalen Aufbau wird ein zusätzlicher Kanal *Z* kodiert, der den Druckgradienten entlang der dritten Dimension enthält. Die Kodierung dieser Kanäle wird als *Tetraphonie* oder *B-Format* bezeichnet. Der Schalldruck ist ein Skalar und kann mit einem omnidirektionalen Druckempfänger aufgezeichnet werden. Die Druckgradienten können mit Achtermikrofonen aufgezeichnet oder durch die Differenz von zwei gegenüberliegenden, omnidirektionalen Mirofonen angenähert werden. Die Nachbildung des von diesen Kanälen beschriebenen Schallfeldes mit Hilfe eines Arrays wird als *Periphonie* bezeichnet (Abb. 8.3).

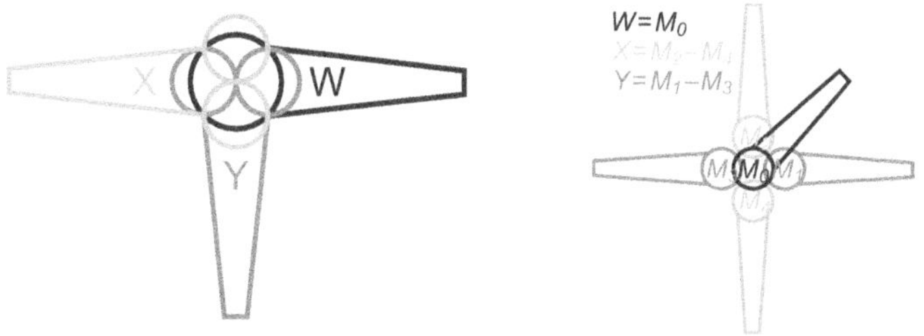

Abb. 8.2 Mikrofonsetups für Ambisonics erster Ordnung in zwei Dimensionen mit verschiedenen Aufbauten. (Nach Ziemer (2017a), S. 315)

[4] Siehe z. B. Gerzon (1973, 1975, 1981).

Abb. 8.3 Ambisonics-Mikrofonarray in einem Schallfeld, (nach Ziemer (2017a), S. 316)

Die omnidirektionale Komponente *W* ist die sphärische Harmonische der nullten Ordnung $\Psi_0^0(\omega,\phi,\vartheta)$ und *X*, *Y* und *Z* sind die drei sphärischen Harmonischen der ersten Ordnung $\Psi_1^0(\omega,\phi,\vartheta)$, $\Psi_0^1(\omega,\phi,\vartheta)$ und $\Psi_1^1(\omega,\phi,\vartheta)$ wie bereits in Abschn. 5.3.1.1 beschrieben. Das Mikrofon führt also eine Spherical Harmonic Decomposition durch, die bei der ersten Ordnung abgeschnitten ist. Wir können diese Komponenten in einen Vektor Ψ schreiben und versuchen, Lautsprechersignale **A** zu finden, die dieses kodierte Schallfeld nachbilden. Um dies zu erreichen, muss die Schallausbreitung von jedem Lautsprecher zur Position des Empfängers mit Hilfe einer Matrix **K** beschrieben werden. Löst man das lineare Gleichungssystem

$$\Psi = \mathbf{KA} \tag{8.1}$$

erzeugen die berechneten Lautsprechersignale **A** das kodierte Schallfeld an der Empfängerposition. Die Komponenten in Ψ beschreiben das gewünschte Schallfeld. Der Vektor beschreibt den Schalldruck an einer zentralen Hörposition und den Druckgradienten entlang der Raumdimensionen, dessen Ursprung an dieser zentralen Position liegt. Das B-Format und die Schallfeldcodierung höherer Ordnung mittels Kreis- oder Kugelharmonischen sind quasi-standardisiert. Im Gegensatz zu konventionellen Audiosystemen werden, wie in Kap. 7 beschrieben, die kodierten Kanäle nicht direkt zu den Lautsprechern geleitet. Nur die Schallfeldinformationen werden gespeichert. Durch Lösen von Gl. 8.1 erzeugen die Lautsprechersignale das gewünschten physikalische Schallfeld oder nähern den gewünschten Klangeindruck an. Der Solver ist der Decoder. Wenn das gewünschte Schallfeld so viele Werte enthält, wie Lautsprecher vorhanden sind, ist die Ausbreitungsmatrix **K** im linearen Gleichungssystem, Gl. 8.1, eine quadratische Matrix. In diesem Fall kann sie direkt gelöst werden. Dies kann mit Hilfe einer inversen Matrix oder mit numerischen Methoden wie der Gaußschen Elimination geschehen. Bei mehr Lautsprechern als

Zielwerten ist das Problem unterbestimmt: Wir haben mehr bekannte Zielwerte, als unbekannte Lautsprechersignale. In diesem Fall kann eine pseudo-inverse Matrix verwendet werden, um eine Lösung zu approximieren. Leider bringt diese Strategie mehrere Probleme mit sich. Zunächst einmal wird bei dieser Näherungslösung die auditive Wahrnehmung nicht berücksichtigt. Bei der Moore-Penrose-Inversen wird die euklidische Norm, d. h. der quadrierte Fehler, minimiert. Das bedeutet, dass kleine Fehler in Amplitude, Phase und Zeit auftreten. Diese können hörbar sein, wenn sie über dem eben wahrnehmbaren Unterschied (Just Noticeable Difference, JND) von Amplitude oder Phase liegen, oder auch nur über der JND von interauralen Pegel-, Phasen- oder Zeitunterschieden.[5] Die Folgen von hörbaren Fehlern auf den Klangeindruck sind eine falsche Quellenlokalisierung, insbesondere für Hörer, die sich nicht an der zentralen Hörposition befinden. Andere Effekte sind eine hörbare Klangfärbung, räumliche Diffusität oder eine unerwünscht hohe Lautheit. Eine Lösung, die diese Fehler ausgleicht, wäre wünschenswert. Es wurden bereits mehrere Decoder vorgeschlagen.[6] Es wurde eine psychoakustische Bewertung der vorhandenen Decoder durchgeführt.[7] Psychoakustische Überlegungen sollten jedoch idealerweise bereits im Entwicklungsprozess des Decoders angestellt werden. Bei der in diesem Buch vorgeschlagenen Radiation-Methode handelt es sich um eine physikalisch motivierte Lösung, nicht um eine wahrnehmungsorientierte. Sie geht jedoch mit einer Reihe von psychoakustischrn Überlegungen einher, wie z. B. dem Precedence-Fade.[8]

Die Codierung und Rekonstruktion von sphärischen Harmonischen höherer Ordnung wird als Higher Order Ambisonics (HOA) bezeichnet. Bei höherer Ordnung wird das Schallfeld nicht nur am Ort des Empfängers korrekt synthetisiert, sondern in einem Empfangsbereich, der mit zunehmender Ordnung und zunehmender Wellenlänge wächst. Ursprünglich wurde die Übertragungsfunktion **K** als ebene Wellen modelliert, die von den Lautsprechern ausgingen. Wie in den Abschn. 5.1.4 und 5.1.6 erläutert, sind ebene Wellen eine gute Annäherung an sehr weit entfernte Quellen. Später wurden die Lautsprecher als Monopole modelliert. Monopole sind sicherlich eine bessere Annäherung an die tatsächlichen Abstrahlcharakteristika von nahe gelegenen Lautsprechern. Wenn ihr Abstand zum Empfängerort einige Meter beträgt, nimmt die Amplitude merklich ab und die Wellenfront ist gekrümmt. Dies sind die Hauptunterschiede zwischen einer ebenen Welle und einem Monopol. Wenn eine Näherungslösung gefunden wird, können kleine numerische Fehler zu großen Amplituden führen, insbesondere bei niedrigen Frequenzen. Dies ist der Fall, weil die Krümmung der Wellenfront im Vergleich zur Wellenlänge groß wird und die Abnahme der Amplitude im Vergleich zum kodierten Druckgradienten einer ebenen Welle groß ist. Infolgedessen hat **K** eine schlechte Konditionszahl und Gl. 8.1 ist

[5] Einzelheiten über das Gehör werden in den Kap. 4 und 6.

[6] Ein Überblick über Decoder findet sich in Heller (2008). Allgemeine Lösungen für inverse Probleme in der Akustik werden in Bai et al. (2017) diskutiert.

[7] Siehe z. B. Zotter et al. (2014) und Spors et al. (2013).

[8] Der Ansatz der Schallfeldsynthese, einschließlich der Methode und der Überblendung, wird in Kap. 9 vorgestellt.

schlecht konditioniert. Die Kompensation dieser Nahfeldeffekte, z. B. durch Anpassungen von **K**, wird als nahfeldkompensiertes Ambisonics höhere Ordnung (Near Field Compensated Higher Order Ambisonics NFC-HOA) bezeichnet.[9]

Bei vielen Anwendungen sind die Lautsprecher kreisförmig oder halbkugelförmig angeordnet. Solange die Lage der Empfängeranordnung und der einzelnen Lautsprecher bekannt ist, können die erforderlichen Lautsprechersignale für praktisch jede Konstellation berechnet werden. Im Idealfall sind die Lautsprecher in regelmäßigen Abständen angeordnet. Es ist möglich, aber nicht notwendig, ein Schallfeld mit Hilfe eines Mikrofonarrays zu kodieren. Man kann auch ein gewünschtes Schallfeld frei definieren oder simulieren und im B-Format speichern. Der erste Ansatz wird als *datenbasiertes Rendering* bezeichnet, da er Messdaten enthält. Der zweite Ansatz wird als *modellbasiertes Rendering bezeichnet*, da Quellenort und Schallausbreitung berechnet werden. Folglich hängt das kodierte Schallfeld weitgehend vom Schallausbreitungsmodell ab, das für die Berechnung verwendet wurde. Häufig werden Quellen als Monopolquellen oder ebene Wellen modelliert. Denkbar sind aber auch Modelle wie das der komplexen Punktschallquelle.[10]

In den späten 1980er-Jahren wurde an der Technischen Universität Delft ein Wellenfeldsynthesekonzept hergeleitet, entwickelt und implementiert. Der Ansatz wurde als *Acoustic Control* und später als *Wellenfrontsynthese* bezeichnet.[11] In diesen Arbeiten wird ein mathematischer Kern der Schallfeldsynthese formuliert und in physikalischen Begriffen interpretiert. Von diesem Kern lassen sich Wellenfrontsynthese, Ambisonics und andere Methoden der Schallfeldsynthese ableiten. Vor allem in den 1990er-Jahren wurde in Delft viel geforscht und entwickelt.[12] Von 2001 bis 2003 wurden sie von einer Reihe von Universitäten, Forschungseinrichtungen und Industriepartnern im Rahmen des von der Europäischen Gemeinschaft finanzierten Forschungsprojekts CARROUSO unterstützt.[13] Die Ergebnisse dieses Projekts waren marktreife Wellenfeldsynthesesysteme.

Seitdem wurden hauptsächlich Anpassungen, Erweiterungen, Verfeinerungen der Methoden oder Fehlerkompensationen[14] und zusätzliche Funktionen wie bewegliche Quellen und komplizierte Abstrahlcharakteristiken[15] implementiert. Auf

---

[9] Weitere Informationen zu HOA und NFC-HOA finden Sie z. B. in Ahrens und Spors (2008a), Williams (1999), S. 267 ff, Spors und Ahrens (2008), Daniel et al. (2003), Menzies und Al-Akaidi (2007), Daniel (2003) und Elen (2001).

[10] Das Modell der komplexen Punktquelle wird in Abschn. 5.3.1 beschrieben, in Ziemer (2014) angewendet und in Ziemer und Bader (2015a) sowie Ziemer (2015a, 2017a) ausführlich diskutiert.

[11] Siehe z. B. Berkhout (1988) und später Berkhout et al. (1992).

[12] Siehe z. B. Arbeiten wie Berkhout et al. (1993), de Vries et al. (1994), de Vries (1996), Berkhout et al. (1997) und Boone et al. (1999) und Dissertationen wie Vogel (1993), Start (1997) und Verheijen (1997).

[13] Veröffentlichungen sind z. B. Corteel und Nicol (2003), Daniel et al. (2003), Spors et al. (2003), Vaananen (2003) und viele andere. Weitere Informationen über CARROUSO finden Sie in Brix et al. (2001).

[14] Siehe z. B. Gauthier und Berry (2007), Menzies (2013), Spors (2007), Kim et al. (2009), Bleda et al. (2005).

[15] Siehe z. B. Ahrens und Spors (2008b), Albrecht et al. (2005) und Corteel (2007).

dem Gebiet der Wellenfeldsynthese wird noch viel geforscht. So werden beispielsweise Schnittstellen und Techniken zur leichteren Erstellung von Inhalten und zur Steuerung von Wellenfeldsynthesesystemen entwickelt.[16] Ein weiteres Thema ist die Verringerung der Anzahl der erforderlichen Lautsprecher, entweder durch eine priorisierte Sweet Area innerhalb des uausgedehnten Hörbereichs oder durch die Berücksichtigung von psychoakustischen Effekten.[17] Obwohl die Schallfeldsynthese ursprünglich ein physikalisch begründeter Ansatz ist, sind psychoakustische Überlegungen nicht überflüssig. Es ist die auditive Wahrnehmung, die dafür sorgt, dass Schallfeldsynthese-Systeme wie gewünscht klingen, auch wenn physikalische Synthesefehler vorhanden und leicht messbar sind. Eine ausgefeilte wahrnehmungsbezogene Bewertung von synthetisierten Klangfeldern findet in der Literatur immer mehr Beachtung.[18]

8.2 Theoretische Grundlagen der Schallfeldsynthese

Die grundegende Idee der Schallfeldsynthese geht auf das Huygens'sche Prinzip zurück. Dieses Prinzip kann mit Hilfe des Kirchhoff-Helmholtz-Integrals beschrieben werden, das in diesem Abschnitt erläutert wird. Obwohl dieses Integral oft als der mathematische Kern der Wellenfeldsynthese angesehen wird, ist es in der Wellenfeldsynthese kaum implementiert. Stattdessen wird das Kirchhoff-Helmholtz-Integral auf das Rayleigh-Integral reduziert, das mit Hilfe eines konventionellen Lautsprechers ziemlich direkt angewendet werden kann. Die Anpassung von der mathematischen Idee zur tatsächlichen Umsetzung wird im folgenden Abschnitt für die Wellenfrontsyntheseanwendungen erläutert.

8.2.1 Huygens'sches Prinzip

Jede willkürliche Abstrahlung einer Schallquelle kann als Integral von Punktquellen auf ihrer Oberfläche beschrieben werden. Darüber hinaus kann jeder Punkt auf einer Wellenfront als Ursprung einer Elementarwelle betrachtet werden. Durch die Überlagerung der Wellenfronten dieser Elementarwellen entsteht die fortgeschrittene Wellenfront. Diese Erkenntnis wird als *Huygens'sches Prinzip* bezeichnet und ist die Grundlage für die Wellendeldsynthese.

Abb. 8.4 veranschaulicht das Huygens'sche Prinzip. Abb. 8.5 verdeutlicht diese Darstellung, indem sie auf zwei Dimensionen reduziert und in Zustände zu verschie-

[16] Siehe Melchior (2010), Fohl (2013) und Grani et al. (2016).

[17] Siehe z. B. Hahn et al. (2016) und Spors et al. (2011), Ziemer (2018) für weitere Informationen zu sowie Kap. 9 und Ziemer und Bader (2015b, c), Ziemer (2016) für Details zu.

[18] Siehe z. B. Start (1997), Wierstorf (2014), Ahrens (2016), Wierstorf et al. (2013) und Spors et al. (2013).

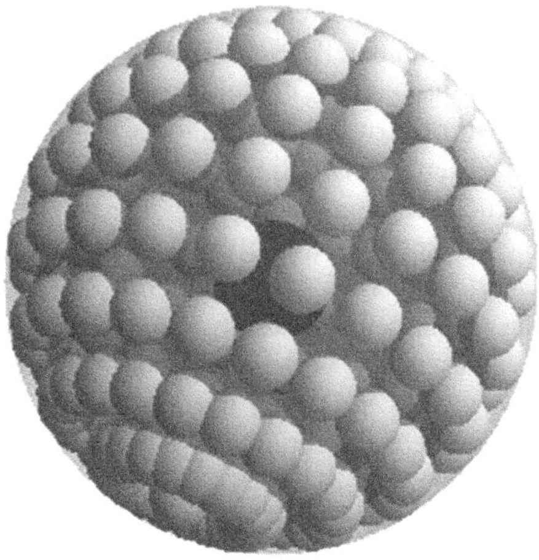

Abb. 8.4 Veranschaulichung des Huygens'schen Prinzips. Jeder Punkt auf einer Wellenfront kann als der Ursprung einer Elementarwelle betrachtet werden. Zusammen bilden die Elementarwellen die sich weiter ausbreitende Wellenfront. (Aus Ziemer (2016), S. 54)

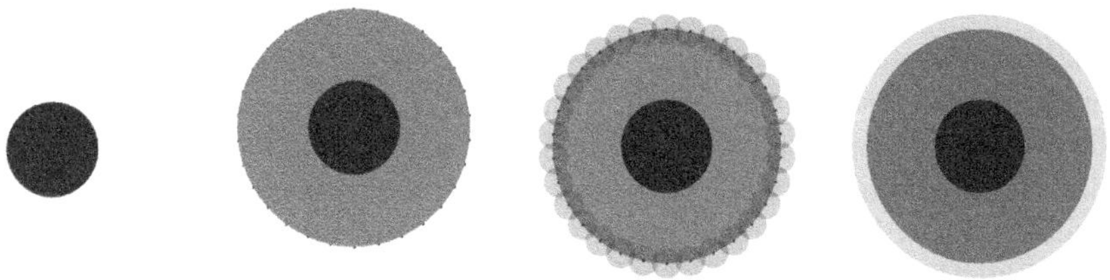

(a) t_0 : atemkugel (schwarz). *(b) t_1 : elementarquellen (schwarze punkte) auf der emanierenden wellenfront (grau).* *(c) t_2 : Wellenfronten von Elementarwellen.* *(d) t_3 : weitere von der atmenden kugel ausgehende wellenfront.*

Abb. 8.5 Welle einer atmenden Kugel zu drei Zeitpunkten in 2D. Die atmende Kugel zum Zeitpunkt t_0 (**a**) erzeugt eine Wellenfront zum Zeitpunkt t_1 (**b**). Punkte auf dieser Wellenfront können als Elementarquellen betrachtet werden, die ebenfalls Wellenfronten zum Zeitpunkt t_2 (**c**) erzeugen. Durch Überlagerung entsprechen diese Wellenfronten der weiter abgestrahlten Wellenfront der atmenden Kugel (**d**). (Aus Ziemer (2016), S. 55)

denen Zeitpunkten unterteilt wird. Die schwarze Scheibe in Abb. 8.5a stellt die Quelle zum Zeitpunkt t_0 dar, die eine sich konzentrisch ausbreitende Wellenfront erzeugt. Diese ist in Abb. 8.5b mit einigen Punkten in Dunkelgrau dargestellt. Jeder Punkt auf dieser Front kann als Ursprung einer Elementarquelle betrachtet werden, die wiederum eine Wellenfront erzeugt, die durch die grauen Scheiben in Abb. 8.5c dargestellt ist. Zusammen bilden diese Wellenfronten die sich ausbreitende Wellenfront der ursprünglichen Quelle zu einem späteren Zeitpunkt, wie in Abb. 8.5d dargestellt. Der Abstand zwischen diesen Elementarwellen muss infinitesimal klein sein. Eine monopolartige Abstrahlung dieser Elementarwellen würde eine zweite Wellenfront zum Zeitpunkt t_2 erzeugen. Diese zweite Wellenfront würde sich innerhalb der früheren Wellenfront befinden, wieder näher an der ursprünglichen Quelle. Dies ist in den beiden Abb. 8.4 und 8.5c deutlich zu erkennen: Die eine Hälfte der Elementarwellen befindet sich innerhalb der dunkelgrauen Front. Dies ist physikalisch nicht richtig; die Elementarwellen müssen eine Abstrahlcharakteristik haben, die zur Quelle hin 0 ist. Diese Abstrahlcharakteristik wird durch das Kirchhoff-Helmholtz-Integral (K-H-Integral) beschrieben, das im folgenden Abschn. 8.2.2 behandelt wird.

8.2.2 Kirchhoff-Helmholtz-Integral

Der Satz von Gauß[19] besagt, dass die räumlichen Flächenintegrale einer Funktion über einem Volumen *V* gleich den Oberflächenintegralen der Normalen einer Funktion über der Oberfläche des Volumens *S*

$$\int_V \nabla \mathbf{f}\,\mathrm{d}V = \int_S \mathbf{fn}\,\mathrm{d}S \tag{8.2}$$

wenn sie einen streckenweissen glatten Rand hat und die Funktion **f** eine stetige, differenzierbare Vektorfunktion ist.[20] Ein Spezialfall des Gaußschen Satzes wird durch den zweiten Satz von Green[21] beschrieben:

$$\int_V \mathbf{f}\nabla^2\mathbf{g} - \mathbf{g}\nabla^2\mathbf{f}\,\mathrm{d}V = \int_S \mathbf{f}\nabla\mathbf{gn} - \mathbf{g}\nabla\mathbf{fn}\,\mathrm{d}S \tag{8.3}$$

Aus dem zweiten Satz von Green und den Wellengleichungen, Gl. 5.4 und 5.16, lässt sich das Kirchhoff-Helmholtz-a eines quellenfreien Volumens *V* mit Quellen **Y** auf seiner Oberfläche *S* verknüpft:

$$-\frac{1}{4\pi}\oiint_S \left(G(\omega,\Delta\mathbf{r})\frac{\partial P(\omega,\mathbf{Y})}{\partial \mathbf{n}} - P(\omega,\mathbf{Y})\frac{\partial G(\omega,\Delta\mathbf{r})}{\partial \mathbf{n}} \right)\mathrm{d}S = \begin{cases} P(\omega,\mathbf{X}), & \mathbf{r}\in V \\ \frac{1}{2}P(\omega,\mathbf{X}), & \mathbf{r}\in S \\ 0, & \mathbf{r}\notin V \end{cases} \tag{8.4}$$

Man beachte, dass die Gleichungen 8.3 und 8.4 nichtlineare Differentialgleichungen sind, die die gesuchte Funktion und ihre Ableitung enthalten. Das K-H-Integral besagt, dass das Spektrum $P(\omega,\mathbf{X})$ an jedem Punkt **X** in einem quellenfreien Volumen *V* das Integral der Spektren $P(\omega,\mathbf{Y})$ an jedem Punkt **Y** auf der Begrenzungsfläche *S* und ihrer Ausbreitungsfunktion $G(\omega,\Delta\mathbf{r})$ in Richtung des nach innen weisenden Normalenvektors **n** ist. $G(\omega,\Delta\mathbf{r})$ ist eine Greensche Funktion, eine Lösung der inhomogenen Helmholtz-Gleichung, Gl. 5.22, und $P(\omega,\mathbf{Y})$ ist ein Spektrum, eine Lösung der homogenen Helmholtz-Gleichung, Gl. 5.9. $\Delta\mathbf{r}$ ist der euklidische Ab-

[19] Auch „Divergenztheorem" genannt, siehe z. B. Pierce (2007), S. 58.

[20] Siehe Merziger und Wirth (2006), S. 551.

[21] Siehe Merziger und Wirth (2006), S. 555.

stand $\|\mathbf{Y} - \mathbf{X}\|_2$. Die Quellen **Y** auf der Grenzfläche sind Sekundärquellen, angeregt durch Primärquellen **Q**, die im Quellvolumen U liegen. Der erste Term des geschlossenen Doppelkonturintegrals beschreibt eine Welle, die sich als Monopol ausbreitet, da der Ausbreitungsterm $G(\omega, \Delta\mathbf{r}) = \frac{e^{-\imath k \Delta\mathbf{r}}}{\Delta\mathbf{r}}$ ein Monopol ist. Aus der Gleichung der periodischen Bewegung, Gl. 5.14, ergibt sich, dass $\frac{\partial P}{\partial n}$ proportional zur Schallteilchengeschwindigkeit in Normalrichtung $\mathbf{V}_n$ ist. Der zweite Term des Integrals ist eine Welle, die als Dipol abstrahlt, da $\frac{\partial G(\omega, \Delta\mathbf{r})}{\partial \mathbf{n}} = \frac{1 + \imath k \Delta\mathbf{r}}{\Delta\mathbf{r}^2} \cos(\phi) e^{-\imath k \Delta\mathbf{r}}$ ein Dipolterm ist. Die Schallfeldgrößen P und V sind nach der Eulerschen Bewegungsgleichung, Gl. 5.1, ineinander überführbar, so dass das K-H-Integral überbestimmt ist und mehrere Lösungsansätze existieren.

Wie bereits erwähnt, sind die Sekundärquellen an der Oberfläche des quellenfreien Mediums Monopol- und Dipolquellen. In Phase addieren sie sich und umgekehrt sind sie 0. So kann sich die Strahlung nach innen durch konstruktive Interferenz verdoppeln und nach außen durch destruktive Interferenz 0 werden. Kombiniert bilden sie eine *Kardioid*, auch *Niere* oder *Herz* genannt. Sie ist in Abb. 8.6 dargestellt.

Die Grenzfläche könnte die Wellenfront um eine Quelle sein und das quellenfreie Volumen könnte der Raum jenseits dieser Wellenfront sein. Das K-H-Integral ist dann eine quantifizierte Formulierung des Huygens'schen Prinzips. Es ist in der zweidimensionalen Abb. 8.7 dargestellt. Im Gegensatz zur früheren Darstellung des Huygens'schen Prinzips, Abb. 8.4 und 8.5, entsteht bei dieser modifizierten Version keine fehlerhafte, sich nach innen ausbreitende Wellenfront. Der Grund dafür ist, dass die Elementarquellen auf der Wellenfront Kardioidquellen sind, die von der Quelle weg zeigen. Das K-H-Integral könnte jedoch auch eine Welle beschreiben, die sich nach innen ausbreitet. In diesem Fall würden die Kardioide dem Brennpunkt der Wellenfront zugewandt sein. Diese Beispiele verdeutlichen, dass sowohl der Druck als auch der Druckgradient auf einer Oberfläche bekannt sein müssen,

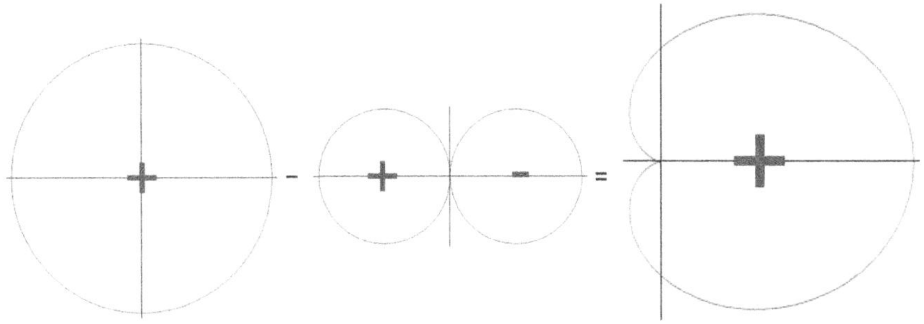

(a) Monopolquelle - *(b) Dipolquelle* = *(c) Kardioid.*

Abb. 8.6 Zweidimensionale Darstellung der Superposition. Monopol- und Dipolquelle bilden eine kardioidförmige Strahlung. (Nach Ziemer (2018), S. 335. Nach Ziemer (2016), S. 57)

Abb. 8.7 Kirchhoff-Helmholtz-Integral zur Beschreibung des Huygens'schen Prinzips für eine sich nach außen ausbreitende Welle. (Aus Ziemer (2018), S. 334)

um die Ausbreitungsrichtung der Welle zu beschreiben. Das Kichhoff-Helmholtz-Integral kann sowohl Wellenfronten von Monopolquellen oder ebenen Wellen als auch komplexe Abstrahlcharakteristiken und diffuse Schallfelder mit einer zufälligen Verteilung von Amplituden, Phasen und Schallausbreitungsrichtungen beschreiben. Im abgebildeten Beispiel haben die Elementarwellen unterschiedliche Graustufen, die auf unterschiedliche komplexe Amplituden hinweisen. So sind die Amplitude und Phase in jeder Richtung unterschiedlich, wie dies natürlich bei Musikinstrumenten zu beobachten ist, wie z. B. in Abb. 5.7, in Abschn. 5.3.1.

Das Volumen kann auch eine beliebige andere Geometrie sein. Es könnte die Oberfläche einer physisch existierenden oder nicht existierenden Grenze sein. Diese Grenze ist die Trennfläche zwischen einem Quellvolumen, das eine oder mehrere Quellen enthält, und einem quellenfreien Volumen, das den Hörbereich enthält. Jede beliebige geschlossene Grenze ist denkbar, solange die Prämissen des Gaußschen Lehrsatzes beachtet werden. In Abb. 8.8 sind drei Beispiele für eine Volumengrenze dargestellt, die in späteren Kapiteln betrachtet werden. Es gibt zwei Arten von Aufbauten: Die Umschließung des Hörers mit sekundärquellen – wie in Abb. 8.8a und c – oder die Umschließung der primären Quelle(n), wie in Abb. 8.8b dargestellt.[22]

Das Kirchhoff-Helmholtz-Integral beschreibt analytisch, wie Spektrum und Abstrahlung auf einer Volumenoberfläche mit einem beliebigen Schallfeld in einem quellenfreien Volumen zusammenhängen. Es ist daher der Kern der Wellenfeldsynthese.[23]

---

[22] Vgl. Daniel et al. (2003), S. 3.

[23] Siehe Berkhout et al. (1993), S. 2769.

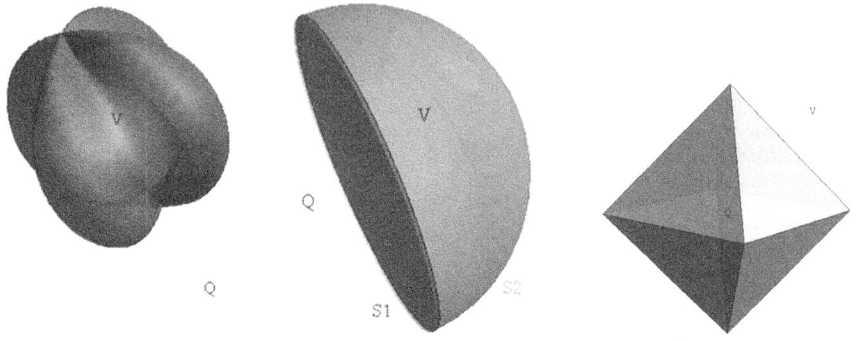

(a) *Beliebige geometrie.* (b) *Hemisphäre.* (c) *Oktaeder.*

Abb. 8.8 Drei Volumen V mit möglichen Quellenpositionen Q. (Nach Ziemer (2016), S. 58)

8.3 Wellenfeldsynthese

Das Kirchhoff-Helmholtz-Integral ist ein theoretisches Konstrukt, das mit technischen Mitteln nicht einfach in die Praxis umgesetzt werden kann. Es erfordert die Kontrolle von Schalldruck und Druckgradienten auf einer kompletten Fläche. Das ist eine kontinuierliche Verteilung einer unendlichen Anzahl von Sekundärquellen mit infinitesimalem Abstand, die ein Volumen vollständig umgeben. Schalldruck und -geschwindigkeit müssen überall auf der Oberfläche des Volumens kontrollierbar sein, was mit technischen Mitteln kaum möglich ist. Was wir jedoch kontrollieren können, ist der Schalldruck von Lautsprechern. Aber selbst bei einer unendlichen Anzahl von unendlich nah beieinander liegenden Lautsprechern wäre eine vollständige Trennung eines Hörbereichs von einem Quellvolumen unzureichend, solange der Druckgradient nicht kontrolliert werden kann. Für eine praktische Realisierung bietet sich daher die Reduktion der Sekundärquellen auf eine endliche Anzahl von Lautsprechern mit diskreten Abständen an, die näherungsweise als Monopole oder Dipole abstrahlen.[24] Diese müssen mit dem richtigen Audiosignal gespeist werden, was oft als „Driving Function" bezeichnet wird.[25] Es ist nicht praktikabel, einen ganzen Raum mit Lautsprechern zu umrunden – wie bereits in Abschn. 4.4.1 erwähnt und in Abb. 4.15 veranschaulicht – und erfordert enormen technischen Aufwand, Rechenleistung, Anschaffungs- und Betriebskosten. Daher werden in der Literatur Konzepte mit ebenen[26] und linearen Lautsprecherarrays[27] vorgeschlagen und häufig angewendet.

[24] Siehe z. B. Spors et al. (2008).

[25] Siehe z. B. Spors et al. (2008).

[26] Siehe z. B. Oellers (2010).

[27] Eine Linie, siehe Gauthier und Berry (2007), Baalman (2008), Kolundzija et al. (2009a), Cho et al. (2010), Reisinger (2002, 2003) und Spors (2007), kreisförmige Anordnung, siehe Spors (2007), Rabenstein et al. (2006), Reisinger (2002, 2003) und Rabenstein und Spors (2008), und drei bis vier um den Hörbereich herum, siehe Spors et al. (2003), Reisinger (2002, 2003), Rabenstein et al. (2006).

8.3.1 Einschränkungen für die Implementierung

Für die Implementierung solcher Wellenfeldsynthesesysteme (WFS) muss das K-H-Integral an die restriktiven Bedingungen angepasst werden, was zu Fehlern in der Synthese führt. Eine Reihe von Randbedingungen vereinfacht das K-H-Integral in einer Weise, die eine technische Umsetzung der Theorie mit Hilfe von Lautsprecherarrays[28] ermöglicht:

1. Reduktion der Grenzfläche auf eine Trennebene zwischen quellenfreiem Volumen und Quellvolumen
2. Beschränkung auf einen Strahlertypen (Monopol oder Dipol)
3. Reduktion der dreidimensionalen Synthese auf zwei Dimensionen
4. Diskretisierung der Oberfläche
5. Einführung einer räumlichen Grenze

Die einzelnen Schritte werden in den folgenden Unterkapiteln nacheinander durchgeführt.

8.3.2 Rayleigh-Integrale

Man stelle sich ein Volumen V vor, das aus einer kreisförmigen Ebene S1 besteht, die eine Halbkugel S2 schließt, wie in Abb. 8.8b dargestellt, deren Radius gegen ∞ konvergiert. Der Einfluss der Strahlung der Quelle auf S2 wird für den Bereich vor S1 zu 0. Diese Kohärenz erfüllt die *Sommerfeld-Bedingung*. Was bleibt ist eine Trennebene zwischen quellenfreiem Volumen und Quellvolumen. Das K-H-Integral besteht dann aus einem Integral über die Ebene S1 und erfüllt damit das erste Vereinfachungskriterium aus Abschn. 8.3.1:

$$-\frac{1}{4\pi}\iint_{S1}\left(G(\omega,\Delta\mathbf{r})\frac{\partial P(\omega,\mathbf{Y})}{\partial\mathbf{n}}-P(\omega,\mathbf{Y})\frac{G(\omega,\Delta\mathbf{r})}{\partial\mathbf{n}}\right)\mathrm{d}S=\begin{cases}P(\omega,\mathbf{X}), & \mathbf{X}\in V\\ 0, & \mathbf{X}\notin V\end{cases} \tag{8.5}$$

Dieser Schritt reduziert den Bereich der Sekundärquellen von einer dreidimensionalen Umgebung eines quellenfreien Volumens auf eine Trennungsebene.

Da die Greensche Funktion, Gl. 5.22, eine Linearkombination aus einer speziellen und einer allgemeinen Lösung ist, kann ein Term des Integrals eliminiert werden, indem eine geschickt gewählte allgemeine Lösung zur Greenschen Funktion des freien Feldes hinzugefügt wird. So kann die Strahlung auf eine Art von Strahler beschränkt werden. Wenn die Green'sche Funktion wie folgt gewählt wird

[28] Diese oder ähnliche Vereinfachungen werden auch von Rabenstein et al. (2006), S. 529, vorgeschlagen.

$$G_D(\omega,\Delta\mathbf{r}) = \frac{e^{-ik\Delta\mathbf{r}}}{\Delta\mathbf{r}} + \frac{e^{-ik\Delta\mathbf{r}'}}{\Delta\mathbf{r}'}, \tag{8.6}$$

$G_D(\omega, \Delta\mathbf{r})$ ist 0 auf der Oberfläche S – was die so genannte *homogene Dirichlet-Randbedingung*[29] erfüllt – und der zweite Term verschwindet, wenn $\Delta\mathbf{r}'$ die gespiegelte Position von $\mathbf{X}$ ist, gespiegelt an der Tangente des Punktes $\mathbf{Y}$ auf S. Dies modelliert die Grenze implizit als schallharte Oberfläche,[30] was zum *Rayleigh-I-Integral* für sekundäre Monopolquellen führt, wie bereits in Gl. 5.29 in 5.3.3 eingeführt:

$$P(\omega,\mathbf{X}) = -\frac{1}{2\pi}\iint_{S1}\left(G_D(\omega,\Delta\mathbf{r})\frac{\partial P(\omega,\mathbf{Y})}{\partial\mathbf{n}}\right)\mathrm{d}S. \tag{8.7}$$

Betrachtet man nun $\frac{\partial P(\omega,\mathbf{Y})}{\partial\mathbf{n}}$ das gewünschte Quellensignal, so kann eine explizite Lösung z. B. mittels Wave Field Expansion gefunden werden. Dieser Ansatz wird als „einfacher Quellenansatz" bezeichnet und ist die Grundlage einiger Schallfeldrekonstruktionsverfahren wie HOA.

Da der Abstand $|\Delta\mathbf{r}|$ zwischen der Position der Sekundärquelle $\mathbf{Y}$ und der betrachteten Position im quellenfreien Volumen $\mathbf{X}$ gleich dem Abstand zwischen der Position der Sekundärquelle und der Spiegelposition $|\Delta\mathbf{r}'|$ ist, ist $G_D(\omega, \Delta\mathbf{r})$ nichts anderes als eine Verdoppelung der Green'schen Funktion des freien Feldes $G(\omega, \Delta\mathbf{r})$:

$$G_D(\omega, \Delta\mathbf{r}) = 2G(\omega, \Delta\mathbf{r}) \tag{8.8}$$

Wenn $\frac{G_N(\omega, \Delta\mathbf{r})}{\partial n}$ gleich 0 ist, genügt dies der *homogenen Neumann-Randbedingung*[31] und der erste Term von Gl. 8.5 verschwindet. Dies wird erreicht durch die Wahl von

$$G_N(\omega, \Delta\mathbf{r}) = \frac{e^{-ik\Delta\mathbf{r}}}{\Delta\mathbf{r}} - \frac{e^{-ik\Delta\mathbf{r}'}}{\Delta\mathbf{r}'}, \tag{8.9}$$

was das *Rayleigh-II-Integral* für sekundäre Dipolquellen ergibt:

$$P(\omega,\mathbf{X}) = -\frac{1}{2\pi}\iint_{S1}\left(P(\omega,\mathbf{Y})\frac{\partial G(\omega,\Delta\mathbf{r})}{\partial\mathbf{n}}\right)\mathrm{d}S. \tag{8.10}$$

[29] Siehe z. B. Burns (1992).

[30] Siehe Spors et al. (2008), S. 4 und Baalman (2008), S. 27.

[31] Siehe z. B. Burns (1992).

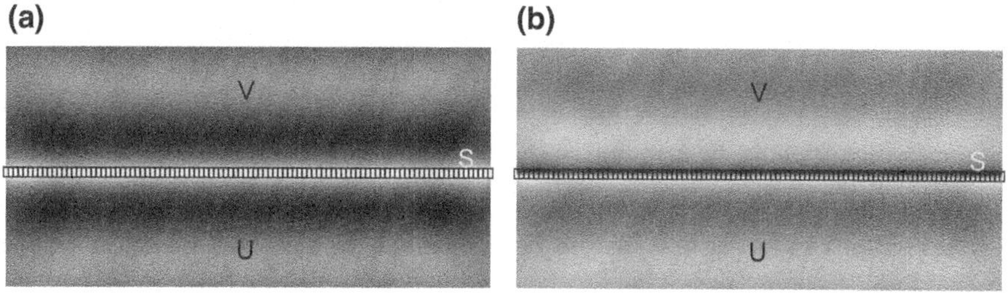

Monopol-Lautsprecher. *Dipol-Lautsprecher.*

Abb. 8.9 Gewünschtes Schallfeld oberhalb und gespiegeltes Schallfeld unterhalb einer Trennebene nach dem Rayleigh-I-Integral für sekundäre Monopolquellen (**a**) und dem Rayleigh-II-Integral für sekundäre Dipolquellen (**b**). (Nach Ziemer (2018), S. 337 und 338)

In beiden Fällen ist das zweite Vereinfachungskriterium aus Abschn. 8.3.1 erfüllt. Da aber die destruktive Interferenz außerhalb des quellenfreien Volumens fehlt, ist $P(\omega, \mathbf{X})$ für $\mathbf{X} \notin V$ nicht 0. Ein gespiegeltes Schallfeld im Quellvolumen ist die Folge. Im Falle von Monopolen ist das von den Sekundärquellen erzeugte Schallfeld identisch mit dem im quellenfreien Volumen. Dieser Effekt ähnelt der früheren Veranschaulichung des Huygens'schen Prinzips, Abb. 8.4 und 8.5. Im Falle von Dipolquellen ist der Wert im Quellvolumen der Kehrwert des Wertes im quellenfreien Volumen. Zusätzlich verdoppelt sich der Schalldruck bzw. die Teilchengeschwindigkeit durch Addition der allgemeinen Lösung der Green'schen Funktion. Beide Fälle sind in Abb. 8.9 für eine eindimensionale Lautsprecheranordnung dargestellt.

Beide Formulierungen gelten nicht für beliebige Volumenflächen, sondern nur für Trennebenen.[32] Um sicherzustellen, dass jede Position um den Hörbereich herum eine Quellposition sein kann, muss der Hörbereich von mehreren Trennebenen umgeben sein. Wendet man die Gleichungen 8.7 und 8.10 auf andere Geometrien an, so liefern sie immer noch ungefähre Ergebnisse.[33] In jedem Fall muss das quellenfreie Volumen konvex sein, so dass kein gespiegeltes Schallfeld innerhalb des quellenfreien Volumens liegt, d. h. das Volumen (a) in Abb. 8.8 ist ungeeignet.[34] Da S1 implizit als schallharte Fläche modelliert wird, treten mehrere Reflexionen auf, wenn ein Hörbereich von mehreren Trennebenen umgeben ist. Diese unerwünschten Reflexionen stammen von Lautsprechern, deren positiver Beitrag zur Wellenfront-Synthese außerhalb des Hörbereichs liegt. Der Anteil des Schalls, der sich in den Hörbereich ausbreitet, fällt nicht mit der Ausbreitungsrichtung der synthetisierten Welle zusammen. Dies kann durch die räumliche „Fensterung"[35] des Rayleigh-I-Integrals reduziert werden:

---

[32] Siehe Spors et al. (2008), S. 5.

[33] Siehe Spors et al. (2008), S. 5.

[34] Siehe Spors und Ahrens (2008), S. 4 f.

[35] Siehe de Vries et al. (1994), Spors et al. (2008), S. 5 und Gauthier und Berry (2007), S. 3.

$$
\begin{aligned}
P(\boldsymbol{\omega}, \mathbf{X}) &= d(\mathbf{Y}) \frac{P(\boldsymbol{\omega}, \mathbf{Y})}{\partial \mathbf{n}} 2G(\boldsymbol{\omega}, \mathbf{Y}) \\
d(\mathbf{Y}) &= \begin{cases} 1, & \text{if } \langle \mathbf{Y} - \mathbf{Q}, n(\mathbf{Y}) \rangle > 0 \\ 0, & \text{otherwise} \end{cases}
\end{aligned}
\tag{8.11}
$$

Hier ist $d(\mathbf{Y})$ die Fensterfunktion für Kugelwellen, die 1 ist, wenn die lokale Ausbreitungsrichtung des Schalls der virtuellen Quelle an der Position der sekundären Quelle eine positive Komponente in Normalrichtung der sekundären Quelle hat. Wenn die Abweichung $\frac{\pi}{2}$ oder mehr beträgt, wird $d(\mathbf{Y})$ zu 0 und der Lautsprecher wird stummgeschaltet. Das bedeutet, dass nur die Lautsprecher aktiv sind, deren Normalkomponente der Wellenfront der virtuellen Quelle an dieser Stelle entspricht. Der Begriff $G(\omega, \Delta\mathbf{r})$ beschreibt die Richtwirkung der Sekundärquelle, d. h. jedes Lautsprechers. Die anderen Terme sind die gesuchten Driving Functions D der Lautsprecher:[36]

$$
D(\omega, \mathbf{Y}) = 2d(\mathbf{Y}) \frac{P(\omega, \mathbf{Y})}{\partial \mathbf{n}}
\tag{8.12}
$$

Ein Beispiel für die unerwünschten virtuellen Reflexionen, die durch die Anwendung des Rayleigh-Integrals entstehen, obwohl der Hörbereich von drei Seiten umgeben ist, ist in Abb. 8.10 dargestellt. Dieselbe Wellenfront wird gemäß dem Rayleigh-Integral auf drei Arten synthetisiert. In (a) sind drei lineare Lautsprecherarrays aktiv. Hier überlagert sich die gewünschte Wellenfront mit virtuellen Reflexionen von den beiden zusätzlichen Arrays. In (b) ist eine Lautsprecherzeile stummgeschaltet. Der Beitrag dieser Lautsprecher zur Wellenfrontsynthese würde oberhalb der Abbildung, also außerhalb des Hörbereichs, liegen. Durch das Stummschalten

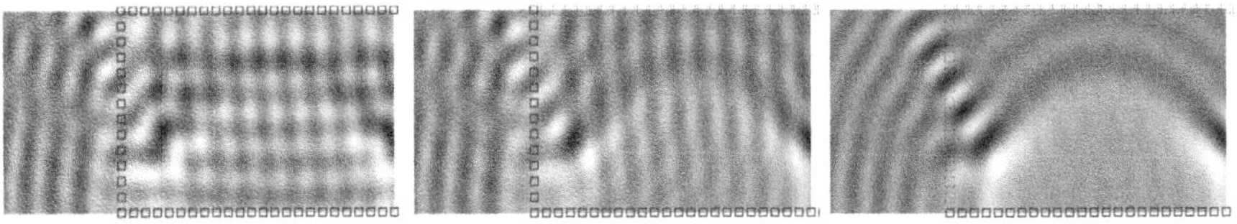

(a) Drei aktive zeilenanordnungen. *(b) Zwei aktive zeilenanordnungen.* *(c) Eine aktive zeilenanordnung.*

Abb. 8.10 Veranschaulichung der räumlichen Fensterung: Eine kreisförmige Wellenfront überlagert sich mit virtuellen Reflexionen von zwei (**a**) oder einem (**b**) zusätzlichen Lautsprecherarray(s). Wenn diejenigen Lautsprecher stummgeschaltet werden, deren Normalrichtung um mehr als 90° von der lokalen Wellenfrontausbreitungsrichtung abweicht (**c**), ist die synthetisierte Wellenfront wesentlich klarer. Hier ist der verbleibende Synthesefehler ein Abbruchfehler, der sich aus der endlichen Länge des Lautsprecherarrays ergibt. (Nach Ziemer (2018), S. 338)

[36] Siehe Spors et al. (2008), S. 5.

dieser Lautsprecher wird die Synthesepräzision im Hörbereich nicht verringert. In (c) ist die zweite Zeile stummgeschaltet. Jetzt ist die gewünschte Wellenfrontkrümmung deutlich zu sehen. Es sind keine virtuellen Reflexionen sichtbar. Der verbleibende Fehler bei der Schallfeldsynthese ist der so genannte *Abbruchfehler*. Er wird in Abschn. 8.3.3 ausführlich besprochen.

Obwohl als quellen- und hindernisfreies Feld betrachtet, ist es bis zu einem gewissen Grad möglich, das Wellenfeld einer virtuellen Quelle innerhalb des quellenfreien Volumens nachzubilden. Dies wird erreicht, indem man eine inverse Ausbreitung annimmt und eine konkave Wellenfront an der Oberfläche berechnet, die sich an der Position der virtuellen Quelle fokussiert und von da an eine konvexe Wellenfront erzeugt. Diese Quellen werden „fokussierte Quellen" genannt.[37] Abb. 8.10 zeigt bereits ein Beispiel für eine fokussierte Quelle. Weitere Beispiele werden im Laufe des Kapitels gegeben. Natürlich funktionieren fokussierte Quellen nicht für Zuhörer, die sich zwischen den aktiven Lautsprechern und dem Fokus befinden. Für sie scheint die Wellenfront irgendwo von den Lautsprechern und nicht vom Fokus zu kommen. Im Gegensatz dazu nehmen Zuhörer, die sich hinter dem Fokus befinden, die konkave Wellenfront nicht wahr. Sie hören lediglich die konvexe Wellenfront, die aus dem Fokuspunkt zu kommen scheint. Fokussierte Quellen reduzieren also die Ausdehnung des Hörbereichs.

8.3.2.1 Zwei Dimensionen

Für Anwendungen, bei denen das Publikum mehr oder weniger in einer Ebene organisiert ist, reicht es aus, das Wellenfeld nur für diese Hörebene und nicht für das gesamte Hörvolumen korrekt wiederzugeben. Außerdem liegt die beste Auflösung der Schallquellenlokalisation des menschlichen Gehörs in der horizontalen Ebene, wie in Abschn. 4.4 erklärt. Dies ist der Hauptgrund, warum sich herkömmliche Audiosysteme meist auf horizontale Audioaufbauten konzentrieren, wie in Kap. 7 dargestellt. Glücklicherweise sind die Zuhörer beim Hören von Musik oft grob in der Ebene organisiert, wie in vielen Konzertsälen, Opernhäusern, Kinos, Theatern, im Auto, auf der Couch im Wohnzimmer usw. Außerdem sind eine oder mehrere eindimensionale Verteilungen von Lautsprechern einfacher zu realisieren, als eine komplette Raumfläche mit Lautsprechern zu bekleiden. Reduziert man die dreidimensionale Wellenfeldsynthese auf zwei Dimensionen, so reduziert sich die Trennungsebene S1 auf eine Trennungslinie L1. Theoretisch könnte man das Oberflächenintegral einfach auf ein einfaches Integral reduzieren, und die Rayleigh-Integrale würden die Formen annehmen

$$P(\omega, \mathbf{X}) = \frac{1}{2\pi} \int_{L1} \left(G(\omega, \Delta \mathbf{r}) \frac{\partial P(\omega, \mathbf{Y})}{\partial \pi} \right) \mathrm{d}S1 \tag{8.13}$$

[37] Die Herleitung der sekundären Quellsignale und weitere Informationen zu diesen Quellen finden sich z. B. in Kim et al. (2009), Geier et al. (2010), Ahrens und Spors (2009).

und

$$P(\omega,\mathbf{X}) = \frac{1}{2\pi}\int_{L1}\left(P(\omega,\mathbf{Y})\frac{\partial G(\omega,\Delta\mathbf{r})}{\partial\pi}\right)\mathrm{d}S1. \tag{8.14}$$

In diesen Fällen ist **X** zweidimensional.

$$\mathbf{X} = \begin{bmatrix} x \\ y \end{bmatrix}. \tag{8.15}$$

Diese Lösung wäre zufriedenstellend, wenn es keine dritte Dimension gäbe, z. B. wenn die Wellenfronten der Sekundärquellen keine kugelförmigen, sondern kreisförmige oder zylindrische Ausbreitung hätten.[38] Dann wäre die Ausbreitungsfunktion $G(\omega, \Delta\mathbf{r})$ anders und hätte einen Abklingvorgang von $\frac{1}{\sqrt{r}}$ anstelle von $\frac{1}{r}$. Dies ist der Tatsache geschuldet, dass sich die Oberfläche S eines Kreises oder Zylinders bei einem verdoppelten Kreisradius verdoppelt r_{circle}

$$S = 2\pi r_{\text{circle}} \tag{8.16}$$

im Gegensatz zum kugelförmigen Fall, in dem er sich mit dem verdoppelten Radius quadriert, wie bereits in Gl. 5.24 in Abschn. 5.1.6 angegeben. In diesem Fall

$$I \propto \frac{1}{r} \tag{8.17}$$

und somit

$$p \propto \frac{1}{\sqrt{r}}. \tag{8.18}$$

Der praktische Nutzen von 8.13 und 8.14 ist also gering, da Schallwandler mit zylindrischer Abstrahlung im Fernfeld kaum verfügbar sind.[39] Eine annähernd zylindrische Abstrahlung ließe sich mit Lautsprecherzeilen erreichen.[40] Das Ersetzen jedes einzelnen Lautsprechers durch eine Lautsprecherzeile widerspricht aber unserem Ziel, die Anzahl der Lautsprecher zu reduzieren. Einfach zylindrisch abstrahlende Lautsprecher durch herkömmliche Lautsprecher zu ersetzen, die eine sphärische Abstrahlcharakteristik haben, führt aufgrund des abweichenden Abstandsgesetzes zu Fehlern in dieser Wellenfeldsyntheseformulierung.

[38] Siehe z. B. Spors et al. (2008) S. 8 f, Rabenstein et al. (2006), S. 521 ff.

[39] Vgl. Spors und Ahrens (2008), S. 6 und Goertz (2008), S. 444.

[40] Wie häufig in PA-Systemen für Konzerte angewandt, siehe z. B. Friedrich (2008), S. 316 ff.

Das Huygens'sche Prinzip besagt, dass eine Wellenfront als aus unendlich nahen Elementarquellen bestehend betrachtet werden kann. Eine unendliche, ebene Anordnung elementarer Punktquellen mit kugelförmiger Abstrahlung könnte eine ebene Welle (re)konstruieren, da der dem 1/r-Abstandsgesetz geschuldete Amplitudenabfall durch den Beitrag der anderen Quellen kompensiert wird. Stellt man sich sekundäre Linienquellen mit zylindrischer Abstrahlung vor, so würde eine lineare Anordnung der Quellen ausreichen, um eine ebene Wellenfront zu erzeugen. Bei einer linearen Anordnung von elementaren Punktquellen fehlt der Beitrag der Quellen aus der zweiten Dimension, was zu einem Amplitudenabfall führt. Daher wird ein „2,5D-Operator" verwendet, der eine „Fernfeld-Näherung" beinhaltet, die die Green'sche Funktion des freien Feldes modifiziert, um eine zylindrische Ausbreitung zu approximieren.[41] Dadurch ändert sich die Driving Function zu

$$D_{2.5\mathrm{D}}(\omega, \mathbf{Y}) = \sqrt{\frac{2\pi\left|\mathbf{Y} - \mathbf{X}_{\mathrm{ref}}\right|}{\mathrm{i}k}}\, D(\omega, \mathbf{Y}) \tag{8.19}$$

wobei $\mathbf{X}_{\mathrm{ref}}$ ein Referenzpunkt im quellenfreien Volumen ist. Daraus ergibt sich das „2,5-dimensionale" Rayleigh-Integral:[42]

$$P(\omega, \mathbf{X}) = -\int_{-\infty}^{\infty} D_{2.5D}(\omega, \mathbf{Y})\, G(\omega, \Delta\mathbf{r}) \tag{8.20}$$

Nimmt man Referenzpunkte $\mathbf{X}_{\mathrm{ref}}$ parallel zum Lautsprecherarray, so kann das Schallfeld entlang einer Referenzlinie korrekt synthetisiert werden. Zwischen den Lautsprechern und der Referenzlinie sind die Schalldrücke zu hoch, dahinter sind sie zu niedrig.

Bislang wird von Freifeldbedingungen ausgegangen. Wird ein System jedoch nicht im Freifeld installiert, können Reflexionen auftreten und sich mit dem vom Lautsprechersystem erzeugten Wellenfeld überlagern. Unter dem Begriff „Hörraumkompensation" wird eine Vielzahl von Methoden vorgeschlagen, um den Einfluss von Reflexionen zu reduzieren. Die einfachste Form ist die passive Hörraumkompensation, was bedeutet, dass der Raum stark bedämpft wird. Dies ist eine bewährte Methode, die z. B. in Kinosälen angewandt wird. Für einige Hörräume, z. B. Wohnzimmer, ist eine Dämpfung jedoch unpraktisch. Daher werden aktive Lösungen vorgeschlagen, wie das Hinzufügen einer Filterfunktion, die die Reflexionen des Raums zu den berechneten Lautsprechersignalen eliminiert.[43] „Adaptive Wellenfeldsynthese"[44] verwendet Fehlersensoren, die Fehler messen, die während der WFS eines Teststimulus auftreten, z. B. durch Reflexionen. Dann wird jede

[41] Siehe z. B. Spors et al. (2008), S. 9 f oder Wittek (2007), S. 58.

[42] Siehe Spors et al. (2008), S. 11, Baalman (2008), S. 28–46 und Verheijen (1997), S. 37–49 und S. 153–156. Die Herleitung des 2,5D-Operators findet sich in Ahrens (2012), S. 288 f.

[43] Siehe Horbach et al. (1999), Corteel und Nicol (2003), Spors et al. (2003, 2004, S. 333–337, 2007).

[44] Siehe Gauthier und Berry (2007).

WFS-Lösung durch einen Regularisierungsfaktor modifiziert, der den quadrierten Fehler minimiert. Dies ist natürlich ein Teufelskreis, da Kompensationssignale das synthetisierte Wellenfeld verfälschen und ebenfalls reflektiert werden, wodurch weitere Fehler hinzukommen. Dieses Problem ist mit der Fehlerkompensation von kopfbezogenen Systemen verwandt. Aufgrund der exponentiell ansteigenden Reflexionsdichte ist es kaum möglich, alle Reflexionen höherer Ordnung zu berücksichtigen. Daher ist der Ansatz auf Reflexionen erster Ordnung beschränkt.

8.3.2.2 Diskretisierung

Eine Diskretisierung der Rayleigh-Integrale überträgt die kontinuierliche Formulierung auf diskrete Sekundärquellenpositionen:

$$P(\omega, \mathbf{X}) = \frac{1}{2\pi} \sum_{\mathbf{r}_Y=-\infty}^{\infty} \left(G(\omega, \Delta\mathbf{r}) \frac{\partial P(\omega, \mathbf{Y})}{\partial \mathbf{n}} \right) \Delta\mathbf{r}_Y \tag{8.21}$$

und

$$P(\omega, \mathbf{X}) = \frac{1}{2\pi} \sum_{\mathbf{r}_Y=-\infty}^{\infty} \left(P(\omega, \mathbf{Y}) \frac{\partial G(\omega, \Delta\mathbf{r})}{\partial \mathbf{n}} \right) \Delta\mathbf{r}_Y \tag{8.22}$$

Dabei ist das Nyquist-Shannon-Abtasttheorem zu beachten: Die Abtastfrequenz muss mindestens das Doppelte der höchsten Frequenz des darzustellenden Signals betragen, damit keine Fehler auftreten. Die höchste fehlerfrei darzustellende Frequenz ist die *kritische Frequenz* oder *Aliasingfrequenz*. In diesem Fall ist die Abtastfrequenz räumlich; der Sprecherabstand $\Delta\mathbf{Y}$ muss maximal die Hälfte des Abstands der größten darstellbaren Wellenlänge betragen

$$f_{\max} = \frac{c}{2\Delta\mathbf{Y}} \tag{8.23}$$

zwischen den Lautsprechern. Die räumliche Abtastung der sekundären Quellenverteilung ist ein Prozess der Abtastung und Interpolation; der Interpolator ist durch die Abstrahlcharakteristik der Lautsprecher gegeben.[45] Für die Spurwellenlänge zwischen den Lautsprechern gilt

$$\lambda_{\Delta\mathrm{Y}} = \lambda \left|\sin\alpha\right| \tag{8.24}$$

wobei α der Winkel zwischen der Normalrichtung eines Lautsprechers und der Welle beim Auftreffen auf diesen Lautsprecher ist. Dementsprechend kann er als

---

[45] Siehe Spors (2008), S. 1. Eine Anpassung der WFS an die Abstrahlcharakteristik der Lautsprecher wird in de Vries (1996) abgeleitet.

Winkel zwischen der Trennlinie L1 und der Tangente der Wellenfront beim Auftreffen auf die Lautsprecherposition betrachtet werden. Dies führt zu einer Anpassung von Gl. 8.23 zu

$$f_{\max} = \frac{c}{2\Delta \mathbf{Y} \sin \alpha}. \tag{8.25}$$

Der Winkel α kann je nach Position und Abstrahlung der Quelle in einem Bereich zwischen $\frac{\pi}{2}$ und $\frac{3\pi}{2}$ variieren. Zwei Beispiele für α sind in Abb. 8.11. dargestellt, um die Zusammenhänge zu verdeutlichen. Die schwarze Scheibe stellt die Quelle dar, die dunkel- und hellgraue Scheibe die Wellenfront zu zwei verschiedenen Zeitpunkten, genau wie in Abb. 8.4 und 8.5 in Abschn. 8.2.1.

Unterabtastung führt zu Fehlern oberhalb von $f_{\max}$. Diese Fehler enthalten die Frequenzen oberhalb der kritischen Frequenz, verursachen Klangveränderungen und stören das Verhalten der virtuellen Quelle.[46] Zwei Beispiele für die räumliches Aliasing sind in Abb. 8.12 dargestellt. Diese Abbildungen enthalten einen zusätzlichen Fehler, der auf die endliche Anzahl von Lautsprechern zurückzuführen ist. Dieser wird als Abbruchfehler bezeichnet und wird im folgenden Unterabschnitt

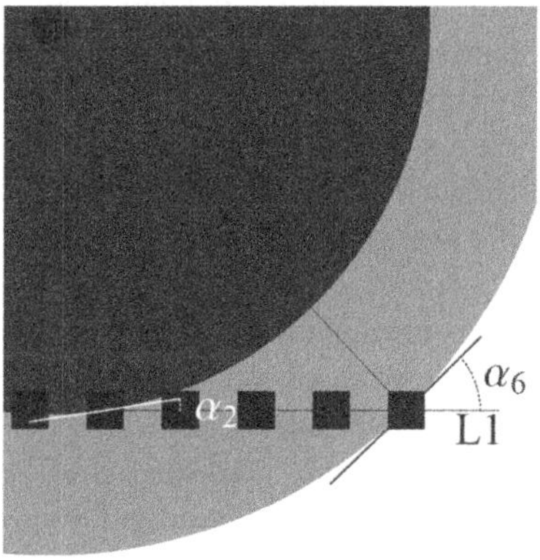

Abb. 8.11 Verschiedene Einfallswinkel für eine Quellenposition. (Aus Ziemer (2016), S. 68)

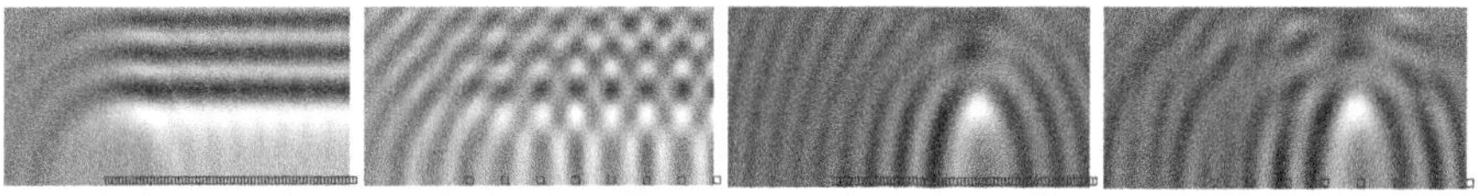

(a) Flache welle ohne aliasing. *(b) Flache welle mit aliasing.* *(c) Fokussierte quelle ohne aliasing.* *(d) Fokussierte quelle mit aliasing.*

Abb. 8.12 Virtuelle Quellen mit (**b** und **d**) und ohne (**a** und **c**) Aliasing. Fehlerhafte Wellenfronten überlagern sich mit den gewünschten Wellenfronten. Alle synthetisierten Wellenfronten weisen einen Abbruchfehler auf, der kompensiert werden muss. (Nach Ziemer (2016), S. 69)

[46] Siehe Spors et al. (2008), S. 14 und Daniel et al. (2003), S. 15.

ausführlich behandelt. Aliasing-Wellenfronten erzeugen einen räumlichen Kammfiltereffekt, die Klangfarbe von stationären Signalen verändert und Transienten verschmiert. Sie sind als Hochfrequenzechos zu hören, die der gewünschten Wellenfront folgt. Im Falle von fokussierten Quellen erzeugen sie hochfrequente Vor-Echos, die der gewünschten Wellenfront vorausgehen. Solange die Bedingung

$$\left|\sin\alpha\left(\omega\right)\right| < \frac{c}{2\Delta\mathbf{Y}f_{\max}} = \frac{\pi c}{\Delta\mathbf{Y}\,\omega_{\max}} \tag{8.26}$$

erfüllt ist, wird kein Aliasing auftreten.

Ein Vorschlag zur Reduzierung von Artefakten besteht darin, Frequenzen oberhalb der kritischen Frequenz nicht mittels WFS, sondern durch konventionelle Stereophonie zwischen zwei bis drei Lautsprechern zu verarbeiten. Diese Methode wird „Optimized Phantom Source Imaging" (OPSI)[47] genannt und kombiniert WFS mit herkömmlichem amplitudenbasiertem Panning. OPSI führt also psychoakustische Überlegungen zu WFS wieder ein. Auf diese Weise tritt zwar kein Aliasing als solches auf, aber die üblichen Nachteile der Stereophonie treten auf: Es entsteht ein Kammfiltereffekt, die Darstellung der räumlichen Tiefe wird schlechter und hohe Frequenzen werden nur im Sweet Spot richtig lokaisiert. An anderen Stellen kommen zwei bis drei Wellenfronten leicht zeitversetzt an. Auch die Abstrahlcharakteristik des Instruments kann nicht dargestellt werden. López et al. (2005) schlagen einen verwandten Ansatz vor, den so genannten „Sub-Band-Ansatz", bei dem nur die Frequenzen oberhalb der Frequenz über den einen Lautsprecher mit der ähnlichsten Richtung zur virtuellen Quelle wiedergegeben werden.[48] Dieser Ansatz bringt zwar nicht die Nachteile der Strereophonie mit sich, dennoch ist eine mehr oder weniger korrekte Lokalisation nur in einem kleinen Teil des Hörbereichs möglich. Außerdem ist die Darstellung der komplizierten Abstrahlcharakteristik hoher Frequenzen nicht möglich. Durch die Phasenrandomisierung der hohen Frequenzen werden Artefakte verschmiert.[49] Ein Beispiel ist in Abb. 8.13 dargestellt. Durch Aliasing treten unerwünschte, regelmäßige räumlich Schwankungen auf. Durch die Randomisierung wird die Verteilung der Fehler unregelmäßig. Dadurch wird zwar der Effekt der Klangfarbenfärbung reduziert, aber die synthetisierte Wellenfront weicht immer noch stark von der gewünschten kugelförmigen oder ebenen Wellenfront ab und die Lokalisationsgenauigkeit ist stark reduziert.[50] Eine Rekonstruktion der Abstrahlcharakteristik von Musik ist mit diesen Methoden unmöglich.

In allen drei Fällen wird das Signal durch die Grenzfrequenz in zwei Frequenzbereiche unterteilt. Für den unteren Frequenzbereich wird die Theorie der WFS angewandt. Die Frequenzen im höheren Bereich werden nicht dahingehend verarbeitet, dass sie das ursprüngliches Schallfeld wiederherstellen, sondern dahingehend, die natürlichen zeitlichen und spektralen Eigenschaften sowie eine annähernd kor-

[47] Siehe Spors et al. (2008), S. 15, Wittek (2007), S. 96–105, Reisinger (2002), S. 42 ff, Huber (2002), S. 20–54.

[48] Siehe López et al. (2005).

[49] Siehe Spors et al. (2008), S. 17.

[50] Siehe Wittek (2007), S. 88.

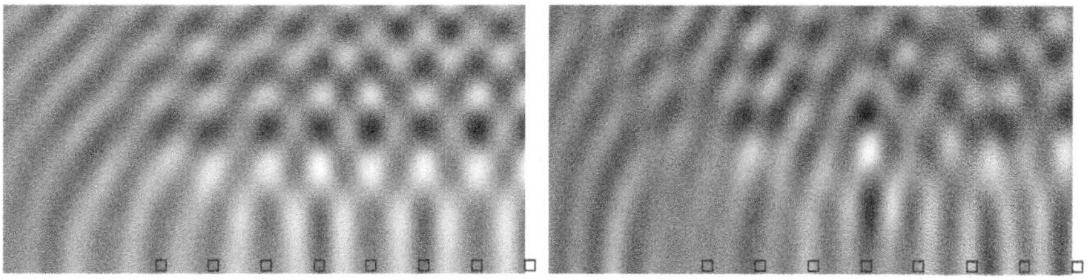

(a) Regelmäßige amplitudenschwankungen aufgrund von räumlichem aliasing.

(b) Unregelmäßiger aliasing-fehler aufgrund von phasenrandomisierung.

Abb. 8.13 Oberhalb der kritischen Frequenz treten regelmäßige Fehler auf (**a**). Durch Phasenrandomisierung (**b**) wird die Verteilung von Amplitude und Phase unregelmäßig. (Nach Ziemer (2018), S. 340 und 341)

rekte Quellenposition zu erhalten. Die Methoden beruhen auf denselben Überlegungen: Teiltöne eines Klangs neigen dazu, zu verschmelzen. Höhere Frequenzen neigen dazu, von niedrigeren Frequenzen maskiert zu werden. Insgesamt wird der hörbare Anteil des Schalls zu einem auditory Stream mit einer Gruppenquellenposition. Dann ist der untere Frequenzbereich – der aufgrund der korrekten Rekonstruktion des Wellenfelds sehr präzise Lokalisationshinweise bietet – entscheidend für eine eindeutige und korrekte Lokalisierung, während die falschen Lokalisationshinweise der höheren Frequenzen vom Gehör vernachlässigt werden. Alle diese Phänomene wurden bereits in Kap. 4 beleuchtet, insbesondere in den Abschn. 4.3 und 4.5.

Natürlich funktionieren diese Methoden am besten, wenn der Abstand zwischen benachbarten Lautsprechern so klein gewählt wird, dass die Aliasingfrequenz so hoch wie möglich ist. Dann kann sogar spekuliert werden, dass der Einfluss der Frequenzen oberhalb der kritischen Frequenz in Bezug auf Klangfärbung und Lokalisierung schwach ist. Spors et al. (2008) bestätigen diese Vermutung:

> Allerdings scheint das menschliche Gehör nicht allzu empfindlich auf räumliches Aliasing zu reagieren, wenn der Lautsprecherabstand im Bereich $\Delta x = 10\ldots30$ cm gewählt wird.[51]

Eine ganz andere Methode besteht darin, das Wellenfeld nicht für die einzelnen Lautsprecherpositionen, sondern für einzelne Hörpositionen, die den Hörbereich abtasten, zu rekonstruieren. Dieser Ansatz wird als „Schallfeldrekonstruktion" oder „Schallfeldreproduktion" unter Anwendung der Methode der kleinsten Quadrate bezeichnet.[52] Die Abtastpositionen werden unter der Annahme gewählt, dass, wenn ein Wellenfeld auf einem Gitter, das dem Nyquist-Shannon-Abtasttheorem genügt, korrekt reproduziert wird, das Wellenfeld überall innerhalb des Gitters korrekt ist. Dieser Ansatz kann mit der Unterdrückung des Übersprechens – wie in Kap. 7 beschrieben – kombiniert werden, um ein realistisches binaurales Signal an diskreten Hörpositionen zu erzeugen.[53]

---

[51] Übersetzt aus Spors et al. (2008), S. 17. Beachten Sie, dass Spors et al. (2008) die Sprecherpositionen mit „x" bezeichnen, in diesem Buch werden sie **Y** genannt.

[52] Vgl. Kolundzija et al. (2009b) sowie Kirkeby und Nelson (1993).

[53] Vorgeschlagen und umgesetzt von Menzel et al. (2006).

8.3.3 Räumliche Begrenzung

Eine Beschränkung der diskreten Rayleigh-Integrale, Gl. 8.21 und 8.22, auf eine endliche Anzahl von Lautsprecherpositionen ist die fünfte Vereinfachung der Liste in Abschn. 8.3.1. Dadurch entstehen zwei Enden, von denen aus die synthetisierte Wellenfrontkrümmungen in die Wellenfront der Lautsprecher selbst übergeht. Dieser Effekt wird als „Truncation" (Abbruch) bezeichnet.[54] Er wirkt wie eine Beugung durch einen Spalt und bewirkt, dass das Schallfeld im Bereich jenseits dieser Enden nicht mehr synthetisiert werden kann. Außerdem breitet sich von den Enden eine mehr oder weniger kugelförmige Wellenfront aus, die vom letzten Lautsprecher ausgeht[55] da die kompensierende Wirkung der benachbarten Lautsprecher fehlt. Der Abbruchfehler kann durch eine Verringerung der Amplituden der äußersten Lautsprecher kompensiert werden. Dies führt jedoch zu einer leichten Verkleinerung des Hörbereichs. Abb. 8.14 zeigt dieses Artefakt und seine Korrektur durch Anwendung eines Halbkosinusfilters am linken Ende der Lautsprecheranordnung. Diese allmähliche Abschwächung wird als *Tapering* bezeichnet. Es ist zu erkennen, dass durchs Tapering die Amplitude der virtuellen Wellenfront zu den äußeren Positionen im Hörbereich hin abnimmt. Der Abbruchfehler ist im Allgemeinen schwächer in den Ecken, wo sich zwei Linienarays treffen. Ein Beispiel ist in Abb. 8.15 dargestellt. Kompensationsquellen können den Abbruchfehler kompensieren, indem Lautsprecher mit gegenphasigen Signalen an den Enden verwendet werden.

8.3.4 Abhörraum

Bis jetzt haben wir ein freies Feld angenommen und Lautsprecher als sekundäre Quellen hinzugefügt. Selbst in einem stark gedämpften Raum oder im Freien ist die Annahme eines freien Feldes also kaum haltbar. Dies gilt insbesondere dann, wenn

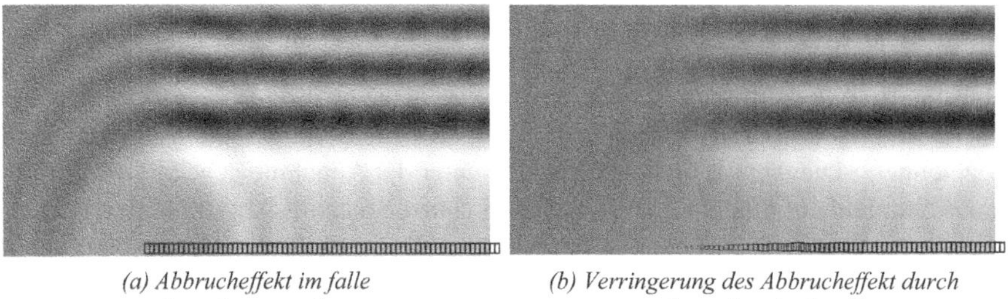

(a) Abbrucheffekt im falle einer ebenen welle. *(b) Verringerung des Abbrucheffekt durch anwendung eines kosinusfilters.*

Abb. 8.14 Abbrucheffekt einer virtuellen ebenen Welle (**a**) und seine Kompensation durch Anwendung eines Kosinusfilters (**b**). Die vom linken Ende des Lautsprechers ausgehende sphärische Wellenfront wird eliminiert. Der verbleibende Fehler wird durch das nicht mittels Tapering behandelte rechte Ende des Arrays verursacht. (Nach Ziemer (2016), S. 71)

[54] Siehe Start (1997), S. 47 ff, Verheijen (1997), S. 50 ff und Baalman (2008), S. 37 ff.

[55] Siehe Spors et al. (2008), S. 14.

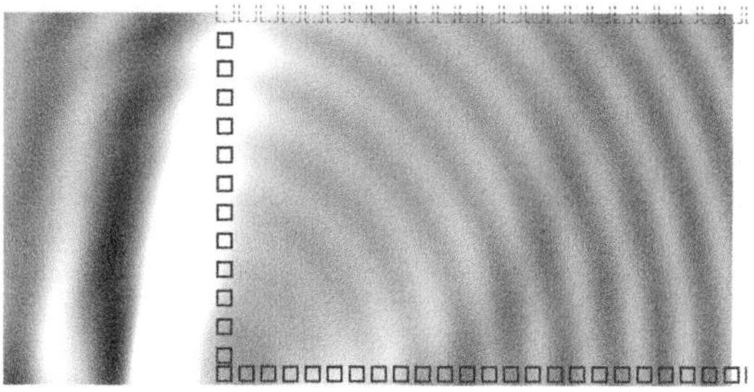

Abb. 8.15 Eine virtuelle Punktquelle in der Ecke. Wenn zwei lineare Lautsprecherarrays aufeinandertreffen, ist der Abbruchfehler gering. (Nach Ziemer (2018), S. 343)

wir Zuhörer haben. Glücklicherweise verursachen Lautsprecher und Zuhörer ähnliche Absorption, Reflexionen und Beugung, unabhängig davon, ob die auftreffende Wellenfront natürlich oder synthetisch ist. Das Vorhandensein von Lautsprechern und Zuhörern scheint also das Wellenfrontsynthesesystem nicht zu beeinträchtigen. Dies könnte sich jedoch ändern, wenn wir fokussierte Quellen betrachten. Hörer zwischen dem Fokuspunkt und den Lautsprechern haben nicht nur Probleme, die virtuelle Schallquelle zu lokalisaieren. Sie verfälschen auch die konkave Wellenfront, was zur Folge hat, dass die synthetisierte Wellenfront fehlerhaft ist. Dieser Effekt scheint nur schwach ausgeprägt zu sein, da er nach Wissen des Autors in der Literatur nicht behandelt wird. Wahrscheinlich, weil der menschliche Körper tiefe Frequenzen kaum beeinflusst. Diese werden perfekt um den Hörer herum gebeugt. Höhere Frequenzen werden jedoch nicht perfekt um den Hörer herum gebeugt und erzeugen einen unerwünschten Schallschatten. Auch hohe Frequenzen werden weitgehend absorbiert, aber die Wellenfronten der hohen Frequenzen sind aufgrund von räumlichem Aliasing ohnehin fehlerhaft. Außerdem sind viele Wellenfrontsynthesesysteme etwas oberhalb des Publikums installiert. Dadurch befinden sich die Zuhörer kaum im direkten Weg zwischen den Lautsprechern und anderen Zuhörern.

Viel kritischer ist das Vorhandensein von physischen Grenzen, d. h. von Raumwänden, Boden und Decke. Die Reflexionen an diesen Oberflächen überlagern sich mit der gewünschten Wellenfront. Wenn der Direktschall korrekt synthetisiert würde, würde die Raumakustik vollkommen natürlich klingen. Doch wie in diesem Kapitel erläutert, ist dies nicht der Fall. Zunächst einmal wird das Schallfeld normalerweise nur in einer Ebene synthetisiert. Und selbst in dieser Ebene ist das Abklingen zu stark, es treten Aliasing-Fehler auf und an den Enden des Lautsprechers werden Synthesefehler erzeugt, sei es durch Abschneiden oder durch Tapering. Außerhalb dieser Ebene werden die Wellenfronten überhaupt nicht kontrolliert und weichen von den natürlichen Wellenfronten ab. Daraus folgt, dass insbesondere Reflexionen von Boden und Decke unnatürlich sind. Die Synthese nicht nur des Direktschalls, sondern auch der zusätzlichen Akustik ist schwierig. Diese würde sich immer mit der des Hörraums überlagern. Ein Beispiel für dieselbe synthetisierte Wellenfront in einem freien Feld, in Gegenwart einer stark reflektierenden Wand und einer stark absorbierenden Wand ist in Abb. 8.16 dargestellt.

Den Hörraum zu dämpfen ist wahrscheinlich der einfachste Weg, um unerwünschte Reflexionen zu vermeiden. Der Nachteil ist, dass es die Flexibilität von Wellenfeldsynthesesystemen noch weiter einschränkt. Die große Anzahl von Lautsprechern wirkt sich bereits auf das Innere des Raums aus, so dass die Installation

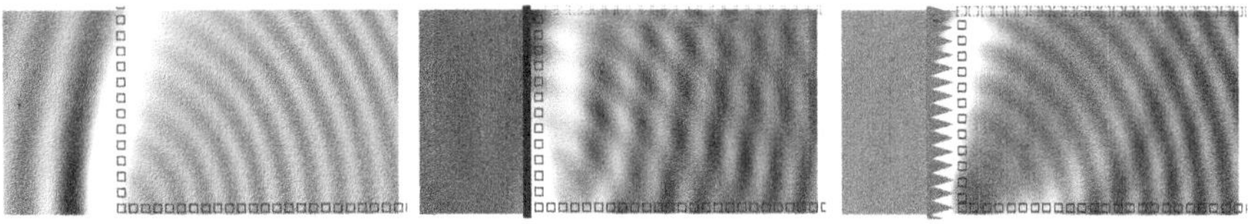

(a) Synthetisierte Wellenfront in einem freien Feld. *(b) Synthetisierte Wellenfront, überlagert mit einer Wandreflexion.* *(c) Synthetisierte Wellenfront mit stark absorbierenden Wänden.*

Abb. 8.16 Schallfeld in einem freien Feld (**a**), in Gegenwart einer reflektierenden Wand (**b**) und einer stark absorbierenden Wand (**c**). (Nach Ziemer (2018), S. 343)

zusätzlicher Absorber schwierig und unerwünscht sein kann. Daher wurden technische Lösungen entwickelt. Die Reduktion von unerwünschten Raumeinflüssen durch technische Mittel wird als *aktive Hörraumkompensation* (active listening room compensation) bezeichnet.

Leider kann dies zu einem Teufelskreis werden, wie bei der in Abschn. 7.2.7 besprochenen Auslöschung von Übersprechen. Details zur aktiven Hörraumkompensation sind nicht Gegenstand dieses Buches, können aber in der Literatur nachgelesen werden.[56]

8.4 Schallfeldsynthese und Abstrahlcharakteristik

Die Synthese der Abstrahlcharakteristik von Musikinstrumenten ist ein Forschungsthema, das auf wachsendes Interesse stößt.[57] Die Synthese eines Schallfeldes, das sich von einer Quelle mit komplexer Abstrahlcharakteristik ausbreitet, ist in vielerlei Hinsicht anspruchsvoll. Ein Ansatz, um die natürliche Schallabstrahlung von Musik instrumenten nachzubilden, ist die Verwendung eines sehr dichten Lautsprecherarrays. Dieser Ansatz wird als „sound radiation synthesis" bezeichnet.[58] Die Idee wurde von mehreren Forschern entwickelt und angewandt.[59] Sie verwenden platonische Körper, andere regelmäßige Polyeder oder eine kugelförmige Lautsprecheranordnungen, wie in Abb. 8.17 dargestellt, um eine große Anzahl von spherical harmonics zu erzeugen. Dieser Ansatz könnte als *soherical harmonics composition* betrachtet werden, die Umkehrung der spherical harmonics decomposition. In der Literatur wird er manchmal als „räumliche additive Synthese" bezeichnet.[60] Je mehr Lautsprecher verwendet werden, desto komplexere Abstrahlungsmuster können synthetisiert werden. Geht man davon aus, dass jeder Lautsprecher als Monopol

[56] Der Leser kann sich z. B. auf Spors et al. (2003, 2007), Corteel und Nicol (2003) zurückgreifen.

[57] Siehe Ahrens (2012), S. 13.

[58] Siehe z. B. Ahrens (2012), S. 13.

[59] Siehe z. B. Avizienis et al. (2006), Pollow und Behler (2009) sowie Kassakian und Wessel (2004), Ziemer (2009).

[60] Siehe z. B. Warusfel und Misdariis (2004), S. 3.

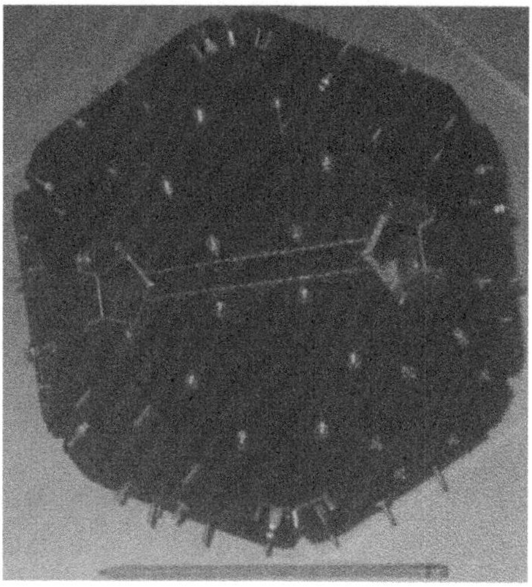

Abb. 8.17 120 auf der Oberfläche eines Dodekaeders montierte Lautsprecher für die Sound Radiation Synthesis. (Aus Avizienis et al. (2006), mit Genehmigung der Audio Engineering Society)

abstrahlt, ist die Anwendung einfach. Die Implementierung der tatsächlichen Abstrahlcharakteristik jedes Lautsprechers und die Berücksichtigung von Beugung ist jedoch eine Herausforderung. Ein Überblick über die Methoden findet sich in Zotter (2009).[61] Anhand von virtuellen physikalischen Modellen und von Impulsantwortmessungen in der Praxis wurde festgestellt, dass die Richtwirkung von Musikinstrumenten die Raumantwort erheblich beeinflusst und zu Veränderungen in der wahrgenommenen Natürlichkeit und Lautheit führt.[62]

Die umfangreiche und qualitativ hochwertige Forschung auf dem Gebiet der Wellenfeldsynthese hat zu marktreifen Lautsprechersystemen geführt, die in der Lage sind, beeindruckend realistische Klänge mit einer eindeutigen Lokalisierung der Quelle zu erzeugen. In der Regel werden jedoch virtuelle Monopolquellen oder ebene Wellen erzeugt, die nur eine geringe wahrgenommene Größe aufweisen.[63] Es hat bereits viele Versuche gegeben, die Abstrahlcharakteristik von Musikinstrumenten mittels Schallfeldsynthese nachzubilden. Menzel et al. (2006) schlugen eine WFS-Methode zur Erzeugung binauraler Signale für eine einzelne Hörposition vor.[64] Baalman (2008) verwendet mehrere Monopolquellen auf dem Körper einer virtuellen Schallquelle, um deren Abstrahlungsmuster nachzubilden.[65] Dieser Ansatz ist vielversprechend, aber die Anwendung ist ein Kompromiss: Eine kleine Anzahl von Monopolquellen wird der Komplexität vieler Schallquellen nicht gerecht. Eine hohe Anzahl von Monopolquellen hingegen kann zwar zu einer optimalen Nachbildung der Abstrahlcharakteristik führen, aber der Rechenaufwand ist

[61] Siehe Zotter (2009), S. 111–152.

[62] Wie bereits in Abschn. 6.1 erwähnt. Siehe auch Martín et al. (2007), S. 395, Otondo und Rindel (2004), S. 1183.

[63] Siehe z. B. Ahrens (2012), S. 198 ff.

[64] Siehe Menzel et al. (2006).

[65] Siehe Baalman (2008), S. 97 ff.

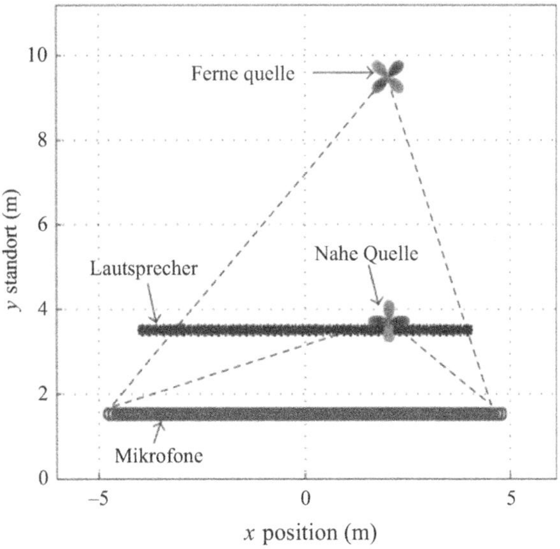

Abb. 8.18 Aufbau für die Simulation und die tatsächliche Implementierung der Synthese einer komplexen Abstrahlcharakteristik mittels Wellenfeldsynthese. (Übersetzt aus Corteel (2007), S. 4, bereitgestellt unter Creative Commons Lizenz)

enorm, wie bereits in Abschn. 5.3.3 über die Methode der äquivalenten Quellen bei Mikrofonmessungen erwähnt. In mehr als 70 % der Fälle gaben die Probanden von Hörtests jedoch an, dass Quellen mit komplexen Abstrahlcharakteristiken im Vergleich zu virtuellen Monopolen eine höhere „Natürlichkeit" aufweisen.[66] Corteel (2007) verwendet eine Kombination aus sphärischen Harmonischen zur Berechnung von Lautsprechersignalen für WFS.[67] Er erstellte einzelne und kombinierte sphärische Harmonische mit Funktionen vom Grad −2 bis 2 unter Verwendung von geschlossenen Gehäuselautsprechern und Multi-Actuator-Panels (MAPs). Ein Aufbau für seine Simulation und die tatsächliche Implementierung ist in Abb. 8.18 dargestellt. Obwohl Artefakte auftreten, die mit abnehmender Entfernung zur Quelle und steigender Komplexität der Abstrahlcharakteristik zunehmen, fand er heraus, dass solche komplexen Quellenabstrahlungen beim Wandern durch den Hörbereich natürliche Variationen erzeugen und im Vergleich zu Monopolquellen eine erhöhte wahrgenommene „Präsenz" aufweisen.[68] Es wurden jedoch keine aufwendigen Hörtests durchgeführt. Böhlke (2016) zerlegte die Abstrahlcharakteristik einer Geige in circular harmonics der Ordnung 64 und synthetisierte den abgestrahlten Schall mittels 128 dicht beieinanderliegender virtueller Monopolquellen in einem Wellenfeldsynthesesystem. Hörer beobachteten, dass sich das Schallfeld beim Durchschreiten des Raumes verändert, und dass die Quelle weiter wirkte und etwas ungenauer lokalisierbar war.[69]

[66] Siehe Baalman (2008), S. 19.

[67] Siehe Corteel (2007).

[68] Siehe Corteel (2007), S. 15.

[69] Die vollständige Arbeit ist in Böhlke (2016) zu finden, eine kompakte Version in Böhlke und Ziemer (2017b), und eine Zusammenfassung in Böhlke und Ziemer (2017a).

In Ahrens (2012) werden zwei Formulierungen zur Erzeugung virtueller Schallquellen mit komplexen Abstrahlungsmustern durch Wellenfeldsynthese gegeben: Eine endliche Linienquelle, die in Abschnitte unterteilt ist, die mit wechselndem Vorzeichen schwingen, und Kugeln, die in höheren Moden schwingen. Er stellt jedoch fest, dass diese Ansätze Zwischenschritte zur Lösung des Problems der unnatürlichen räumlichen Abstrahlcharakteristik virtueller Quellen sind. Erstens, weil der Rechenaufwand enorm ist. Zum anderen ist seiner Meinung nach eine genauere Kenntnis der Parameter erforderlich, die die Wahrnehmung einer bestimmten Quellenausdehnung ausmachen. Damil ließe sich dann ein Schallfeld erzeugen, das psychoakustisch den gewünschten räumlichen Eindruck hervorruft, auch wenn sich das physikalische Schallfeld von dem unterscheidet, das ein Musikinstrument aufgrund seiner Abstrahlcharakteristik erzeugt.[70]

Wie in Kap. 5 ausführlich besprochen, kann ein Musikinstrument seinen Klang von verschiedenen schwingenden Oberflächen und durch mehrere Öffnungen abstrahlen. Auf diese Weise überlagern sich die Wellenfronten und erzeugen die komplizierten Abstrahlmuster, die den Klang breit und lebendig machen. Die Abstrahlcharakteristik ergibt sich aus der Ausdehnung des Körpers. Daher mag es paradox erscheinen, Musikinstrumente als Punktquellen zu vereinfachen, insbesondere wenn die Abstrahlcharakteristiken gemessen, analysiert und synthetisiert werden sollen. Es ist physikalisch nicht korrekt, aber mathematisch einfach, ein Musikinstrument als Punktquelle zu vereinfachen. Eine solche Punktquelle hat eine Singularität an ihrem Ursprung. Von dort aus breitet sich die Schallwelle als Monopol aus. Es ist jedoch möglich, eine richtungsabhängige Funktion zu definieren, die eine Änderung von Amplitude und Phase für jede Richtung beschreibt. Dann breitet sich diese Wellenfront kugelförmig aus, wie ein Monopol. Diese Wellenfront ist jedoch nicht notwendigerweise eine Isobare und kann über die kugenförmige Wellenfront variieren. Die Vereinfachung von Schallquellen und -ausbreitung auf diese Weise wird als *komplexes Punktquellenmodell* bezeichnet.[71] Es konnte gezeigt werden, dass die Ausbreitung einer musikalischen Schallquelle mit Hilfe von Gl. 9.1 ein plausibles Schallfeld ergibt. Die interauralen Phasen- und Amplitudendifferenzen eines virtuellen Hörers nehmen mit zunehmendem Abstand zur Quelle ab. Bei Anwendung des Punktquellenmodells konnte die tatsächliche Quellausdehnung des Musikinstruments aus den propagierten Schallfeldgrößen recht gut vorhergesagt werden. Auf der Grundlage des Punktquellenmodells können die Schallabstrahlungseigenschaften für diskrete Hörpunkte im Raum gemessen und synthetisiert werden. Dies kann dem Hörer den Eindruck vermitteln, dass die Schallabstrahlcharakteristik des Musikinstruments bei der Lautsprecherwiedergabe beibehalten wird. Der Ansatz wurde in einem oktaederförmigen Lautsprecherarray implementiert,[72] siehe Abb. 8.19.

---

[70] Vgl. Ahrens (2012), S. 198 ff.

[71] Weitere Details zum komplexen Punktquellenmodell und Untersuchungen zur Beziehung zwischen Musik und dem berechneten Schallfeld finden sich in Ziemer (2014, 2015a, 2017a), Ziemer und Bader (2015a).

[72] Der Ansatz ist in Ziemer (2009, 2011a) beschrieben. Demonstrationen wurden auf der Zweiten Internationalen Konferenz der Studenten der Systematischen Musikwissenschaft 2009 (SysMus09) in Gent, Belgien, gegeben.

Abb. 8.19 Oktaederförmiger Lautsprecher zur Synthese der Abstrahlcharakteristik von Musik an 8 diskreten Orten. (Aus Ziemer (2016), S. 155)

8.5 Vorhandene Schallfeldsyntheseinstallationen

Systeme zur Schallfeldsynthese befinden sich noch in einem Stadium der Forschung und Entwicklung. Die Systeme werden an Universitäten und in Forschungs- und Entwicklungsabteilungen von Unternehmen installiert. Darüber hinaus sind aber auch schon einige Systeme in der Praxis im Einsatz. Sie dienen der immersiven Beschallung im Unterhaltungssektor, wie Kinos, Theatern, Clubs und Themenparks, oder kommen als Telefonkonferenzsystem zum Einsatz.[73] Einige beispielhafte Schallfeldsyntheseinstallationen werden im Folgenden vorgestellt.

[73] Vor allem das Feldsynthesesystem der Technischen Universität Berlin in Zusammenarbeit mit den Deutsche Telekom Laboratories oder IOSONO systems, das Feldsynthesesystem des Fraunhofer IDMT. Weitere Informationen zu installierten Feldsynthesesystemen finden sich z. B. in Baalman (2008), S. 47 ff, Montag (2011), Chaps. 5 und 6, Slavik und Weinzierl (2008), S. 656 f und 664 ff und IOSONO GmbH (2008).

Abb. 8.20 Aufbau einer kreisförmigen Wellenfeldsynthesesystems für die Forschung. (Nachdruck aus Gauthier und Berry (2008, S. 1994) mit Genehmigung der Acoustical Society of America)

Im Forschungsbereich enthalten viele Wellenfeldsynthesesysteme 24 oder 32 Lautsprecher vor oder um einen Hörbereich, der groß genug für etwa 5 Hörer ist.[74] Ein Beispiel ist die Installation an der Universität von Sherbrooke, die in Abb. 8.20 dargestellt ist.

Am Fraunhofer IDMT in Ilmenau wurde ein polygonaler Lautsprecheraufbau für die Wellenfelfsynthese und für einen alternativen Ansatz mit einer drastisch reduzierten Anzahl von Lautsprechern installiert. Abb. 8.21 zeigt das Wellenfeldsynthesesystem mit dicht nebeneinander platzierten Lautsprechern und darüber den alternativen Ansatz mit dem vierfachen Abstand der Lautsprecher.

Am Institut für Systematische Musikwissenschaft der Universität Hamburg[75] wurde ein psychoakustisches Schallfeldsynthesesystem für Musik entwickelt und getestet, das im folgenden Kapitel, Kap. 9, ausführlich vorgestellt wird. Es besteht aus 15 Lautsprechern, die in einem Hörbereich von etwa 1 m^2 ein gewünschtes Schallfeld synthetisieren. Wie auch bei vielen Ambisonics-Systemen ist der Ab-

[74] Siehe z. B. Gauthier und Berry (2008), S. 1994, Spors et al. (2003), Ahrens et al. (2010), S. 3, Reisinger (2002), S. 37–39, Reisinger (2003), S. 40–44, Vogel (1993), S. 139 f, Baalman (2008), S. 48 und Verheijen (1997), S. 103.

[75] Seine Entwicklung kann anhand von Ziemer (2009, 2011a, b, c, d, 2014, 2015a, b, 2016, 2017a, b, c, 2018), Ziemer und Bader (2015a, b, c, d, 2017) verfolgt werden.

Abb. 8.21 Wellenfeldsyntheseaufbau für Forschung und Entwicklung am Fraunhofer IDMT

stand zwischen den Lautsprechern mit 0,65 m recht groß. Im Gegensatz zur Wellenfeldsynthese und einigen anderen Ansätzen ist jeder Lautsprecher für jede virtuelle Quellenposition aktiv. Bei der psychoakustischen Schallfeldsynthese werden Wahrnehmungsmechanismen des Gehörs berücksichtigt, so dass trotz physikalischer Synthesefehler ein präziser, natürlicher und räumlicher Klangeindruck entsteht. Auch jenseits des Hörbereichs ist das Schallfeld recht präzise. Abb. 8.22 zeigt ein Foto des installierten Systems.

Im Labor von Nippon Telegraph and Telephone (NTT) in Tokio wird ein Vollduplex-Wellenfeldsynthesesystem für Kommunikation entwickelt.[76] Eine individuelle Kombination aus einem Lautsprecher- und einem Mikrofonarray wird in zwei getrennten Räumen installiert. Bei einer Telefonkonferenz können mehrere Personen auf beiden Seiten sprechen und sich sogar bewegen, während alle Zuhörer auf der anderen Seite die Sprecher gut hören und lokalisieren können. Natürlich kann die Nähe der Mikrofone zu den Lautsprechern auf beiden Seiten der Leitung ernsthafte Probleme verursachen. Daher konzentriert sich dieses System auf die Echounterdrückung, um Rückkopplungsschleifen zu unterdrücken. Ein weiteres wichtiges Thema ist die Echtzeit-Implementierung auf einem einzigen PC, einschließlich der Signalverarbeitung für das Mikrofonarray, des Wellenfieldsynthese-Renderings und der Echounterdrückung. Dies wird durch schnelles Rendering auf zwei GPUs erreicht. Die beiden Systeme sind in Abb. 8.23 dargestellt.

Das Wellenfeldsynthesesystem an der Hochschule für Angewandte Wissenschaften Hamburg ist mit einem Motion-Capture-System gekoppelt.[77] Auf diese Weise

[76] Einzelheiten finden sich z. B. in Emura und Kurihara (2015).

[77] Siehe z. B. Fohl und Nogalski (2013), Fohl (2013), Fohl und Wilk (2015) für Einzelheiten.

Abb. 8.22 Psychoakustisches Schallfeldsynthesesystem an der Universität Hamburg. (Aus Ziemer (2016), S. 157)

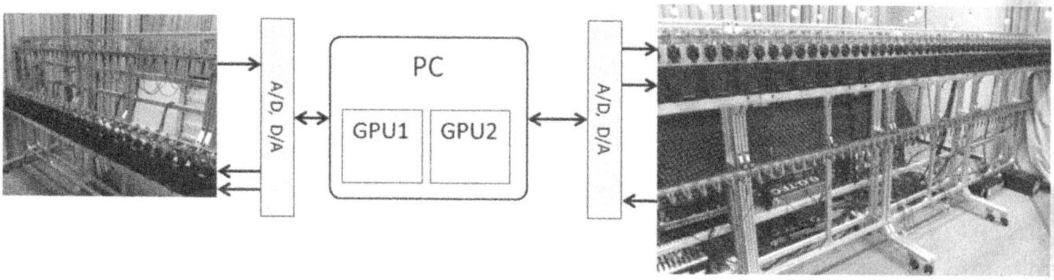

Abb. 8.23 Vollduplex-Wellenfeldsynthesesystem für die Kommunikation. (Aus Emura und Kurihara (2015), mit Genehmigung der Audio Engineering Society)

können fokussierte Quellen so erzeugt werden, dass sie sich immer zwischen einer getrackten Person und dem Lautsprecherarray befinden. Das bringt einerseits die Sweet-Spot-Beschränkung von konventionellem Spatial Audio zurück. Andererseits kann eine verfolgte Person nun um eine virtuelle Quelle herumgehen oder vollständig von einer sich bewegenden fokussierten Quelle umrundet werden. Dies bietet ein neues Maß an Benutzerinteraktion, was z. B. für Virtual-Reality-Anwendungen von Vorteil ist. Darüber hinaus können die Zuhörer die Position der virtuellen Quelle über Tracker mit ihren Händen steuern. Abb. 8.24 zeigt ein Foto dieses Systems. Das Wellenfeldsynthesesystem ist mit einem Head-Mounted-Display für grafische, dreidimensionale virtuelle Realität verbunden. Mit dieser leistungsfähigen Kombination wird das System der Hochschule für Angewandte Wissenschaften Hamburg genutzt, um die Möglichkeiten und Grenzen des *umgelenkten Gehens* zu

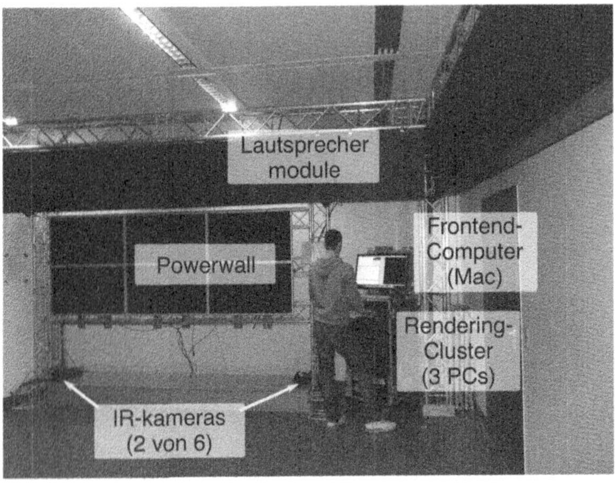

Abb. 8.24 Wellenfeldsynthesesystem an der Hochschule für Angewandte Wissenschaften Hamburg gekoppelt mit Motion-Capture-Technologie. (Originalfoto von Wolfgang Fohl, bereitgestellt unter Creative Commons Lizenz. Das Foto ist in Graustufen umgewandelt)

untersuchen.[78] Dabei kann die Translation und/oder Rotation eines Probanden in der virtuellen Hör- und Sichtwelt unter- oder überbetont werden. Dadurch entsteht die Illusion, dass die Probanden Wege gehen, die über den tatsächlichen physischen Raum hinausgehen.

Ein Wellenfeldsynthesesystem für Forschung und öffentliche Veranstaltungen befindet sich in der Aula der Technischen Universität Berlin,[79] wie in Abb. 8.25 dargestellt.

Das in Berlin entwickelte Wellenfeldsynthesesystem ist auch an der Hochschule für Musik und Theater Hamburg installiert. Es wird sowohl bei Konzerten als auch in der Forschung eingesetzt, insbesondere im Bereich der Netzwerkmusik-Performance. Das installierte System ist in Abb. 8.26 zu sehen. Das mobile System wird zu Veranstaltungsorten wie dem Kampnagel-Zentrum in Hamburg für Vorführungen und Konzerte transportiert.

Ein System mit 832 Lautsprechern sorgt in der Seebühne Bregenz für ein immersives Klangerlebnis,[80] (siehe Abb. 8.27). Im Gegensatz zu konventionellen Beschallungsanlagen mit Delay Lines erzeugt ein Wellenfeldsynthesesystem keine Echos von hinten. Diese können für die Zuhörer störend sein, die Sprachverständlichkeit verringern und die Schallquellenlokalisation stören. Außerdem sinkt die Amplitude von Linienarrays mit zunehmendem Abstand umso schwächer, je länger das Array ist. PA-Systeme neigen dazu, in der Nähe der Lautsprecher zu laut zu sein. Dies ist notwendig, um sicherzustellen, dass der Schalldruckpegel an den hinteren Plätzen

[78] Siehe z. B. Nogalski und Fohl (2015, 2016, 2017), Meyer et al. (2016) für Einzelheiten zu den Ansätzen.

[79] Einige Details finden sich in Baalman (2008), Kap. 3 und Slavik und Weinzierl (2008), S. 670.

[80] Siehe Slavik und Weinzierl (2008), S. 656.

Abb. 8.25 Panoramabild des Lautsprechersystems in einem Hörsaal der Technischen Universität Berlin mit 832 Kanälen und mehr als 2700 Lautsprechern. (Pressestelle TU Berlin, mit freundlicher Genehmigung von Stefan Weinzierl)

Abb. 8.26 Wellenfeldsynthesesystem für Musikinstallationen und networked music performance an der Hochschule für Musik und Theater Hamburg

Abb. 8.27 Foto des Lautsprechersystems auf der Seebühne Bregenz. Die Lautsprecher sind neben und hinter dem Publikum angeordnet. (Aus Slavik und Weinzierl (2008), S. 656)

trotz des starken Absinkens der Amplitude über die Entfernung noch hoch genug ist. Wellenfeldsynthesesysteme können ein schwächeres Absinken der Amplitude erreichen und haben daher ein hohes Potenzial als PA-Alternative für Bühnen mit großem Publikum. Wellenfeldsynthesesysteme haben einen weiteren Vorteil für Theater. In den meisten großen Theatern und Open-Air-Locations für Theaterstücke kommt es zu einem irritierenden Ohr-Augen-Konflikt: Der Schauspieler spricht irgendwo auf der Bühne, aber seine Stimme wird von einem der wenigen PA-Lautsprechertürme wiedergegeben. Dies kann in einer Szene mit vielen Schauspielern sehr verwirrend sein. Eine Wellenfeldsynthese mit einem frontalen, horizontalen Linienarray kann zusätzliche Lokalisationshinweise geben, damit das Hörereignis besser zur visuellen Szene passt.

Anfang 2009 wurde in der Casa del Suono in Parma, Italien, ein 189-Kanal-Wellenfeldsynthesesystem installiert. Dieses Museum ist der Geschichte der Audiotechnik gewidmet. Die Lautsprecher sind hinter Vorhängen in einem stark bedämpften Raum installiert. Die Besucher können den Klang erleben, ohne das eigentliche Lautsprechersystem zu sehen.[81] Ein weiteres WFS-System wurde im Tresor Club in Berlin installiert, einem berühmten Techno-Club. Hier sind die Bedingungen für eine Wellenfeldsyntheseanlage denkbar schlecht: Zwischen dem massiven Betonboden und der Decke bilden sich stehende Wellen. Zudem ist die Decke so niedrig über den Lautsprechern, dass sich starke Reflexionen mit dem gewünschten Schallfeld überlagern. Außerdem muss die Technomusik speziell auf das System abgestimmt sein, damit die einzelnen Spuren ihre individuellen virtuellen Quellpositio-

[81] Eine ausführliche Beschreibung und ein Foto sind in Adriaensen (2010) zu finden.

nen bzw. -pfade erhalten können. Andererseits bietet die Wellenfeldsynthese neue Möglichkeiten der räumlichen Abmischung. Derzeit wird im konventionellen Dance nur wenig Gebrauch von hartem Panning gemacht.[82] Der Grund dafür ist einfach, dass die Konstellation von Lautsprechern und Zuhörern in Nachtclubs typischerweise weit von dem in Abschn. 7.2.2 diskutierten idealen Stereodreieck entfernt ist. Die Lautsprecher können weit voneinander entfernt sein, so dass ein Ton, der hart auf einen der beiden Lautsprecher eingestellt ist, über einen großen Bereich der Tanzfläche unhörbar sein kann. In vielen Nachtclubs werden die beiden Stereokanäle zusammengemischt, um hartes Panning und inkohärente Lautsprechersignale zu beseitigen. Daher achten die Produzenten elektronischer Tanzmusik auf Monokompatibilität. Wellenfeldsynthesesysteme in Nachtclubs würden Produzenten und Diskjockeys die Möglichkeit geben, den Raum als kreatives und dramaturgisches Werkzeug zu nutzen, anstatt zu versuchen, monokompatibel zu bleiben.

Automobile sind eine echte Herausforderung für konventionelle Audio- und Wellenfeldsynthesesysteme. Aufgrund der fünf Sitze gibt es eine Verteilung der Zuhörer, so dass zumindest mehrere Sweet Spots gewünscht sind. Die genaue Position der Köpfe von Fahrer und Beifahrer ist möglicherweise nicht bekannt und liegt weder in der Ebene noch statisch. Daher können Sweet Spots sogar unzureichend sein, da sie die Kopf- und Rumpfbewegungen nicht berücksichtigen. Der Innenraum eines Autos ist begrenzt, so dass es nicht einfach ist, eine Reihe von Lautsprechern zu installieren oder den Innenraum vollständig mit Lautsprechern in einer Höhe zu umgeben. Gekrümmte Lautsprecherarrays hingegen sind eine Herausforderung in Bezug auf den Rechenaufwand und die Kompensation von Synthesefehlern. Stehende Wellen treten aufgrund der im Vergleich zu den hörbaren Wellenlängen eher kleinen Abmessungen von Autos auf. Die Sitze sind Hindernisse, die Absorption, Beugung und Reflexionen verursachen. Ihre Position wird an die individuellen Bedürfnisse des Fahrers und der Passagiere angepasst, so dass es eine Herausforderung ist, sie in eine Berechnung der Schallfeldsynthese einzubeziehen. Trotz dieser Probleme entschied sich Audi, das Wellenfeldssynthesesystem des Fraunhofer IDMT im Q7 zu installieren. Das System ist in Abb. 8.28 abgebildet.

Ein weiteres kommerzielles System für TV-Soundbars wird von Sonic Emotion entwickelt und vertrieben. Es verspricht eine Vergrößerung des Sweet Spots zu einer Sweet Area und eine Erweiterung der Lautsprecherbasis durch die Synthese von ebenen Wellen. Abb. 8.29 zeigt eine Soundbar mit mehreren Lautsprechern, die zur Synthese von Wellenfronten verwendet werden können.[83]

Die meisten dieser Schallfeldsynthesesysteme zielen darauf ab, die räumlich-zeitlichen Eigenschaften von Schallwellen im Sinne einer Wellenfrontsynthese zu rekonstruieren. Die psychoakustische Schallfeldsynthese, wie sie an der Universität Hamburg installiert wurde, ist ein alternativer Ansatz, der die auditive Wahrnehmung bei seiner Herleitung berücksichtigt. Dieser Ansatz wird in Kap. 9 diskutiert.

[82] Siehe z. B. Owsinski (2014), S. 51 und Stirnat und Ziemer (2017).

[83] Weitere Informationen und Werbung finden Sie auf der Sonic Emotion Website Sonic Emotion (2017) und auf ihrem Youtube-Kanal Sonic Emotion (2012).

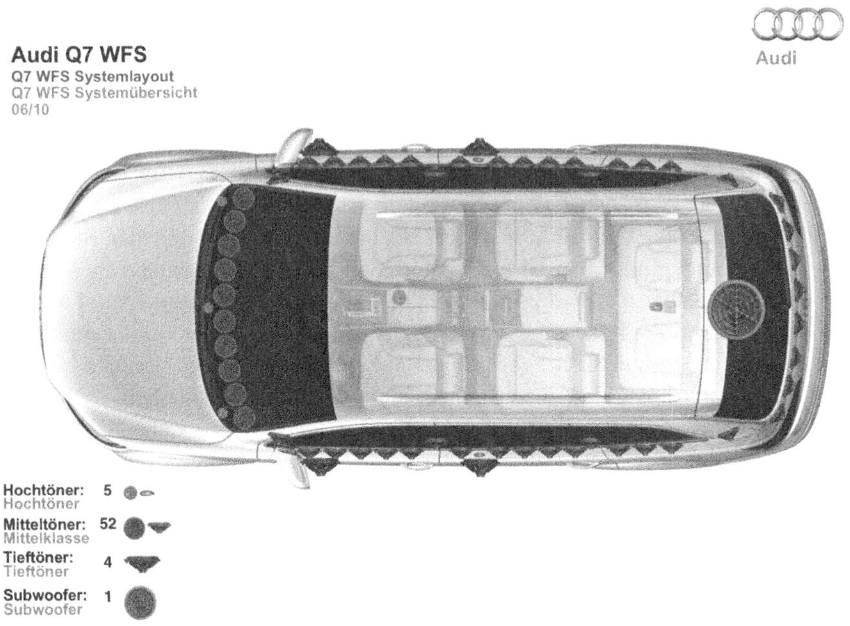

Abb. 8.28 Einbau der Wellenfeldsynthese in ein Auto. (Foto aus Audi Technology Portal (2019),© Audi)

Abb. 8.29 Ebene Wellen mit mehreren Lautsprechern in einer Soundbar zu synthetisieren vergrößert den Sweet Spot für Stereosuellsignale

Literatur

Adriaensen F (2010) The WFS system at La Casa del Suono, Parma. In: Linux audio conference, Utrecht, S 39–45

Ahrens J (2012) Analytic methods of sound field synthesis. Springer, Berlin. https://doi.org/10.1007/978-3-642-25743-8

Ahrens J (2016) On the generation of virtual early reflections in wave field synthesis. In: Fortschritte der Akustik – DAGA 2016, Aachen

Ahrens J, Spors S (2008a) Analytical driving functions for higher order ambisonics. In: 2008 IEEE international conference on acoustics, speech and signal processing, Las Vegas, S 373–376. https://doi.org/10.1109/ICASSP.2008.4517624

Ahrens J, Spors S (2008b) Reproduction of moving virtual sound sources with special attention to the doppler effect. In: Audio engineering society convention 124, Amsterdam

Ahrens J, Spors S (2009) Spatial encoding and decoding of focused virtual sound sources. In: Ambisonics symposium, Graz

Ahrens J, Geier M, Spors S (2010) Perceptual assessment of delay accuracy and loudspeaker misplacement in wave field synthesis. In: Audio engineering society convention 128, London

Albrecht B, de Vries D, Jacques R, Melchior F (2005) An approach for multichannel recording and reproduction of sound source directivity. In: Audio engineering society convention 119, New York

Audi Technology Portal (2019) Sound systems. https://www.audi-technology-portal.de/en/electrics-electronics/multimedia_en/sound-systems. Zugegriffen am 05.02.2019

Avizienis R, Freed A, Kassakian P, Wessel D (2006) A compact 120 independent element spherical loudspeaker array with programable radiation patterns. In: Audio engineering society convention 120. http://www.aes.org/e-lib/browse.cfm?elib=13587

Baalman M (2008) On wave field synthesis and electro-acoustic music, with a particular focus on the reproduction of arbitrarily shaped sound sources. VDM, Saarbrücken

Bai MR, Chung C, Wu P-C, Chiang Y-H, Yang C-M (2017) Solution strategies for linear inverse problems in spatial audio signal processing. Appl Sci 7(6):582. https://doi.org/10.3390/app7060582

Berkhout AJ (1988) A holographic approach to acoustic control. J Audio Eng Soc 36(12):977–995. http://www.aes.org/e-lib/browse.cfm?elib=5117

Berkhout AJ, de Vries D, Vogel P (1992) Wave front synthesis: a new direction in electroacoustics. In: Audio engineering society convention 93, Bd 10. https://doi.org/10.1121/1.404755

Berkhout AJ, de Vries D, Vogel P (1993) Acoustic control by wave field synthesis. J Acoust Soc Am 93(5):2764–2778. https://doi.org/10.1121/1.405852

Berkhout AJ, de Vries D, Sonke JJ (1997) Array technology for acoustic wave field analysis in enclosures. J Acoust Soc Am 105(5):2757–2770. https://doi.org/10.1121/1.420330

Bleda S, Escolano J, López JJ, Pueo B (2005) An approach to discrete-time modelling auralization for wave field synthesis applications. In: Audio engineering society convention 118. http://www.aes.org/e-lib/browse.cfm?elib=13141

Böhlke L (2016) Sound radiation of the violin in a virtual acoustic environment. Master‘s Thesis der Universität Hamburg

Böhlke L, Ziemer T (2017a) Perception of a virtual violin radiation in a wave field synthesis system. J Acoust Soc Am 141(5):3875. https://doi.org/10.1121/1.4988669

Böhlke L, Ziemer T (2017b) Perceptual evaluation of violin radiation characteristics in a wave field synthesis system. In: Proceedings of meetings on acoustics, Bd 30(1), S 035001. https://doi.org/10.1121/2.0000524

Boone MM, Horbach U, de Bruijn WPJ (1999) Virtual surround speakers with wave field synthesis. In: Audio engineering society convention 106, Munich. http://www.aes.org/e-lib/browse.cfm?elib=8252

Brix S, Sporer T, Plogsties J (2001) CARROUSO – a European approach to 3D audio (abstract). In: Audio engineering society convention 110, S 528, Amsterdam

Burns TH (1992) Sound radiation analysis of loudspeaker systems using the nearfield acoustic holography (NAH) and the application visualization system (AVS). In: Audio engineering society convention 93, New York
Cho W-H, Ih J-G, Boone MM (2010) Holographic design of a source array achieving a desired sound field. J Audio Eng Soc 58(4):282–298. http://www.aes.org/e-lib/browse.cfm?elib=14607
Corteel E (2007) Synthesis of directional sources using wave field synthesis, possibilities, and limitations. EURASIP J Adv Signal Process:90509. https://doi.org/10.1155/2007/90509
Corteel E, Nicol R (2003) Listening room compensation for wave field synthesis. What can be done? In: Audio engineering society conference: 23rd international conference: signal processing in audio recording and reproduction, Copenhagen
Daniel J (2003) Spatial sound encoding including near field effect: introducing distance coding filters and a viable, new ambisonic format. In: Audio engineering society conference: 23rd international conference: signal processing in audio recording and reproduction, Copenhagen
Daniel J, Nicol R, Moreau S (2003) Further investigations of high order ambisonics and wavefield synthesis for holophonic sound imaging. In: Audio engineering society convention 114, Amsterdam
de Vries D (1996) Sound reinforcement by wavefield synthesis: adaption of the synthesis operator to the loudspeaker directivity characteristics. J Audio Eng Soc 44(12):1120–1131. http://www.aes.org/e-lib/browse.cfm?elib=7872
de Vries D, Start EW, Valster VG (1994) The wave field synthesis concept applied to sound reinforcement restrictions and solutions. In: Audio engineering society convention 96, Amsterdam
Elen R (2001) Ambisonics. the surround alternative. http://www.ambisonic.net/pdf/ambidvd2001.pdf. Zugegriffen am 22.11.2010
Emura S, Kurihara S (2015) Echo canceler for real-time audio communication with wave field reconstruction. In: Audio engineering society convention 139, New York. http://www.aes.org/e-lib/browse.cfm?elib=17984
Fohl W (2013) The wave field synthesis lab at the HAW Hamburg. In: Bader R (Hrsg) Sound-perception-performance. Springer, S 243–255. https://doi.org/10.1007/978-3-319-00107-4_10
Fohl W, Nogalski M (2013) A gesture control interface for a wave field synthesis system. In: Proceedings of international conference on new interfaces for musical expression, Daejeon + Seoul/Republic of Korea, S 341–346
Fohl W, Wilk E (2015) Enhancements to a wave field synthesis system to create an interactive immersive audio environment. In: Proceedings of international conference on spatial audio, VDT
Friedrich HJ (2008) Tontechnik für Mediengestalter. Töne hören – Technik verstehen – Medien gestalten. Springer, Berlin
Friesecke A (2007) Die Audio-Enzyklopädie. Ein Nachschlagewerk für Tontechniker. K.G. Saur, Munich
Gauthier P-A, Berry A (2007) Adaptive wave field synthesis for sound field reproduction: theory, experiments, and future perspectives. In: Audio engineering society convention 123, New York
Gauthier P-A, Berry A (2008) Adaptive wave field synthesis for active sound field reproduction: experimental results. J Acoust Soc Am 123(4):1991–2002. https://doi.org/10.1121/1.2875844
Geier M, Wierstorf H, Ahrens J, Wechsung I, Raake A, Spors S (2010) Perceptual evaluation of focused sources in wave field synthesis. In: Audio engineering society convention 128, Berlin
Gerzon M (1981) Sound reproduction systems. Patent GB 8100018
Gerzon MA (1973) Periphony: with-height sound reproduction. J Audio Eng Soc 21(1):2–10. http://www.aes.org/e-lib/browse.cfm?elib=2012
Gerzon MA (1975) The design of precisely coincident microphone arrays for stereo and surround sound. In: Audio engineering society convention 50, London
Goertz A (2008) Lautsprecher. In: Weinzierl S (Hrsg) Handbuch der Audiotechnik, chapter 8. Springer, Berlin/Heidelberg, S 421–490. https://doi.org/10.1007/978-3-540-34301-1_8
Grani F, Di Carlo D, Portillo JM, Girardi M, Paisa R, Banas JS, Vogiatzoglou I, Overholt D, Serafin S (2016) Gestural control of wave field synthesis. In: Proceedings of 13th sound and music computing conference, Hamburg

Hahn N, Winter F, Spors S (2016) Local wave field synthesis by spatial band-limitation in the circular/spherical harmonics domain. In: Audio engineering society convention 140. http://www.aes.org/e-lib/browse.cfm?elib=18294

Heller AJ (2008) Is my decoder ambisonic? In: Audio engineering society convention 125, San Francisco

Horbach U, Karamustafaoglu A, Rabenstein R, Runze G, Steffen P (1999) Numerical simulation of wave fields created by loudspeaker arrays. In: Audio engineering society convention 107. http://www.aes.org/e-lib/browse.cfm?elib=8159

Huber T (2002) Zur Lokalisation akustischer Objekte bei Wellenfeldsynthese. Diloma thesis. http://www.hauptmikrofon.de/diplom/DA_Huber.pdf

IOSONO GmbH (2008) IOSONO – The future of spatial audio. http://www.iosono-sound.com/. Zugegriffen am 23.01.2011

Kassakian P, Wessel D (2004) Characterization of spherical loudspeaker arrays. In: Audio engineering society convention 117. San Francisco

Kim Y, Ko S, Choi J-W, Kim J (2009) Optimal filtering for focused sound field reproductions using a loudspeaker array. In: Audio engineering society convention 126, München

Kirkeby O, Nelson PA (1993) Reproduction of plane wave sound fields. J Acoust Soc Am 94:2992–3000. https://doi.org/10.1121/1.407330

Kolundzija M, Faller C, Vetterli M (2009a) Designing practical filters for sound field reconstruction. In: Audio engineering society convention 127, San Francisco

Kolundzija M, Faller C, Vetterli M (2009b) Sound field reconstruction: an improved approach for wave field synthesis. In: Audio engineering society convention 126, New York

López JJ, Bleda S, Pueo B, Escolano J (2005) A sub-band approach to wave-field synthesis rendering. In: Audio engineering society convention 118, Barcelona. https://www.ingentaconnect.com/content/dav/aaua/2006/00000092/00000004/art00013

Martín RS, Witew IB, Arana M, Vorländer M (2007) Influence of the source orientation on the measurement of acoustic parameters. Acta Acust United Acust 93:387–397. https://www.ingentaconnect.com/contentone/dav/aaua/2007/00000093/00000003/art00007

Melchior F (2010) Wave field synthesis and object-based mixing for motion picture sound. SMPTE Motion Imaging J 3:53–57. https://doi.org/10.5594/j11399

Menzel D, Wittek H, Fastl H, Theile G (2006) Binaurale Raumsyntese mittels Wellenfeldsynthese – Realisierung und Evaluierung. In: Fortschritte der Akustik – DAGA 2006, Braunschweig, S 255–256

Menzies D (2013) Quasi wave field synthesis: efficient driving functions for improved 2.5D sound field reproduction. In: Audio engineering society conference: 52nd international conference: sound field control-engineering and perception. http://www.aes.org/e-lib/browse.cfm?elib=16930

Menzies D, Al-Akaidi M (2007) Nearfield binaural synthesis and ambisonics. J Acoust Soc Am 121(3):1559–1563. https://doi.org/10.1121/1.2434761

Merziger G, Wirth T (2006) Repetitorium der höheren Mathematik, 5. Aufl. Binomi, Springer

Meyer F, Nogalski M, Fohl W (2016) Detection thresholds in audio-visual redirected walking. In: Proceedings of 13th sound and music computing conference, SMC

Montag MN (2011) Wave field synthesis in three dimensions by multiple line arrays. Master's thesis. http://www.mattmontag.com/projects/wfs/Montag%20Thesis%202011%20-%20Wave%20Field%20Synthesis%20in%20Three%20Dimensions%20by%20Multiple%20Line%20Arrays.pdf

Morse PM, Ingard KU (1986) Theoretical acoustics. Princeton University Press, Princeton. https://doi.org/10.1063/1.3035602

Nogalski M, Fohl W (2015) Acoustically guided redirected walking in a WFS system: design of an experiment to identify detection thresholds. In: Proceedings of 12th sound and music computing conference, SMC

Nogalski M, Fohl W (2016) Acoustic redirected walking with auditory cues by means of wave field synthesis. In: Proceedings of 23rd IEEE conference on virtual reality. IEEE

Nogalski M, Fohl W (2017) Curvature gains in redirected walking: a closer look. In: Proceedings of 24th IEEE conference on virtual reality, IEEE

Oellers H (2010) Die virtuelle kopie des räumlichen schallfeldes. http://www.syntheticwave.de/. Zugegriffen am 27.09.2010

Otondo F, Rindel JH (2004) The influence of the directivity of musical instrument in a room. Acta Acust United Acust 90:1178–1184. https://www.ingentaconnect.com/content/dav/aaua/2004/00000090/00000006/art00017

Owsinski B (2014) The mixing engineer's handbook, 3. Aufl. Corse Technology PTR, Boston

Pierce AD (2007) Basic linear acoustics. In: Rossing TD (Hrsg) Springer handbook of acoustics. Springer, New York, S 25–111. https://doi.org/10.1007/978-0-387-30425-0_3. (Chap. 3)

Pollow M, Behler GK (2009) Variable directivity for platonic sound sources based in shperical harmonics optimization. Acta Acust United Acust 95:1082–1092. https://doi.org/10.3813/aaa.918240

Rabenstein R, Spors S (2008) Sound field reproduction. In: Benesty J, Sondhi MM, Huang Y (Hrsg) Springer handbook of speech processing. Springer, Berlin, S 1095–1114. https://doi.org/10.1007/978-3-540-49127-9_53. (Chap. 53)

Rabenstein R, Spors S, Steffen P (2006) Wave field synthesis techniques for spatial sound reproduction. In: Hänsler E, Schmidt G (Hrsg) Topics in acoustic echo and noise control. Selected methods for the cancellation of acoustical echoes, the reduction of background noise, and speech processing. Signals and communication technology. Springer, Berlin, S 517–545. (Chap. 13)

Reisinger G (2003) Einsatz von stereophonen Aufnahmetechniken für die räumliche Übertragung ausgedehnter Schallquellen mit Hilfe der Wellenfeldsynthese. Diploma thesis, University of Applied Sciences Düsseldorf, Düsseldorf

Reisinger M (2002) Neue Konzepte der Tondarstellung bei Wiedergabe mittels Wellenfeldsynthese. Diploma thesis, University of Applied Sciences Düsseldorf, Düsseldorf

Slavik KM, Weinzierl S (2008) Wiedergabeverfahren. In: Weinzierl S (Hrsg) Handbuch der Audiotechnik. Springer, Berlin, S 609–686. https://doi.org/10.1007/978-3-540-34301-1_11. (Chap. 11)

Sonic Emotion (2012) Sonic emotion absolute 3D sound in a nutshell/stereo VS WFS. https://www.youtube.com/user/sonicemotion3D/videos

Sonic Emotion (2017) Sonic emotion absolute 3D. https://www.youtube.com/user/sonicemotion3D/videos

Spors S (2007) Extension of an analytic secondary source selection criterion for wave field synthesis. In: Audio engineering society convention 123, New York

Spors S (2008) Investigation of spatial aliasing artifacts of wave field synthesis in the temporal domain. In: Fortschritte der Akustik – DAGA 2008, Dresden

Spors S, Ahrens J (2008) A comparison of wave field synthesis and higher-order ambisonics with respect to physical properties and spatial sampling. In: Audio engineering society convention 125, San Francisco

Spors S, Kuntz A, Rabenstein R (2003) An approach to listening room compensation with wave field synthesis. In: Audio engineering society conference: 24th international conference: multichannel audio, the new reality

Spors S, Teutsch H, Kuntz A, Rabenstein R (2004) Sound field synthesis. In: Huang Y, Benesty J (Hrsg) Audio signal processing. For next-generation multimedia communication systems. Springer, New York, S 323–344. https://doi.org/10.1007/1-4020-7769-6_12. (Chap. 12)

Spors S, Buchner H, Rabenstein R, Herbordt W (2007) Active listening room compensation for massive multichannel sound reproduction systems using wave-domain adaptive filtering. J Acoust Soc Am 122(1):354–369. https://doi.org/10.1121/1.2737669

Spors S, Rabenstein R, Ahrens J (2008) The theory of wave field synthesis revisited. In: Audio engineering society convention 124, Amsterdam

Spors S, Helwani K, Ahrens J (2011) Local sound field synthesis by virtual acoustic scattering and time reversal. In: Audio engineering society convention 131, New York

Spors S, Wierstorf H, Raake A, Melchior F, Frank M, Zotter F (2013) Spatial sound with loudspeakers and its perception: a review of the current state. Proc IEEE 101(9):1920–1938. https://doi.org/10.1109/JPROC.2013.2264784
Start EW (1997) Direct sound enhancement by wave field synthesis. PhD thesis, Delft University of Technology, Delft
Steinberg JC, Snow WB (1934a) Symposium on wire transmission of symphonic music and its reproduction in auditory perspective. physical factors. Bell Syst Tech J XIII:245–258
Steinberg JC, Snow WB (1934b) Auditory perspective–physical factors. Electr Eng, S 12–17
Stirnat C, Ziemer T (2017) Spaciousness in music: the toneister's intention and the listener's perception. In: Proceedings of the klingt gut! symposium, Hamburg. https://doi.org/10.29007/nv93
Vaananen R (2003) User interaction and authoring of 3D sound scenes in the Carrouso EU project. In: Audio engineering society convention 114, Amsterdam. http://www.aes.org/e-lib/browse.cfm?elib=12483
Verheijen E (1997) Sound reproduction by wave field synthesis. PhD thesis, Delft University of Technology, Delft
Vogel P (1993) Applications of wave field synthesis in room acoustics. PhD thesis, Delft University of Technology, Delft
Warusfel O, Misdariis N (2004) Sound source radiation syntheses: from performance to domestic rendering. In: Audio engineering society convention 116, Berlin
Wierstorf H (2014) Perceptual assessment of sound field synthesis. PhD thesis, University of Technology Berlin, Berlin
Wierstorf H, Raake A, Geier M, Spors S (2013) Perception of focused sources in wave field synthesis. J Audio Eng Soc 61(1/2):5–16. http://www.aes.org/e-lib/browse.cfm?elib=16663
Williams EG (1999) Fourier acoustics. Sound radiation and nearfield acoustical holography. Academic Press, Cambridge
Wittek H (2007) Perceptual differences between wavefield synthesis and stereophony. PhD thesis,. University of Surrey, Guilford
Ziemer T (2009) Wave field synthesis by an octupole speaker system. In: Naveda L (Hrsg) Proceedings of the second international conference of students of systematic musicology (SysMus09), S 89–93. http://biblio.ugent.be/publication/823807/file/6824513.pdf#page=90
Ziemer T (2011a) Wave field synthesis. Theory and application. Magister thesis, University of Hamburg
Ziemer T (2011b) A psychoacoustic approach to wave field synthesis. In: Audio engineering society conference: 42nd international conference: semantic audio, Ilmenau, S 91–197. http://www.aes.org/e-lib/browse.cfm?elib=15942
Ziemer T (2011c) Psychoacoustic effects in wave field synthesis applications. In: Schneider A, von Ruschkowski A (Hrsg) Systematic musicology. Empirical and theoretical studies. Peter Lang, Frankfurt am Main, S 153–162. https://doi.org/10.3726/978-3-653-01290-3
Ziemer T (2011d) A psychoacoustic approach to wave field synthesis. J Audio Eng Soc 59(5):356. https://www.aes.org./conferences/42/abstracts.cfm#TimZiemer
Ziemer T (2014) Sound radiation characteristics of a shakuhachi with different playing techniques. In: Proceedings of the international symposium on musical acoustics (ISMA-14), Le Mans, S 549–555. http://www.conforg.fr/isma2014/cdrom/data/articles/000121.pdf
Ziemer T (2015a) Exploring physical parameters explaining the apparent source width of direct sound of musical instruments. In: Jahrestagung der Deutschen Gesellschaft für Musikpsychologie, Oldenburg, S 40–41. http://www.researchgate.net/publication/304496623_Exploring_Physical_Parameters_Explaining_the_Apparent_Source_Width_of_Direct_Sound_of_Musical_Instruments
Ziemer T (2015b) Spatial sound impression and precise localization by psychoacoustic sound field synthesis. In: Deutsche Gesellschaft für Akustik e.V., Mores R (Hrsg) Seminar des Fachausschusses Musikalische Akustik (FAMA): „Musikalische Akustik zwischen Empirie und Theorie", Hamburg. Deutsche Gesellsch. f. Akustik, S 17–22. https://www.dega-akustik.de/fachausschuesse/ma/dokumente/tagungsband-seminar-fama-2015/

Ziemer T (2016) Implementation of the radiation characteristics of musical instruments in wave field synthesis application. PhD thesis, University of Hamburg, Hamburg. http://ediss.sub.uni-hamburg.de/volltexte/2016/7939/

Ziemer T (2017a) Source width in music production. Methods in stereo, ambisonics, and wave field synthesis. In: Schneider A (Hrsg) Studies in musical acoustics and psychoacoustics. Current research in systematic musicoogy, Bd 4. Springer, Cham, S 299–340. https://doi.org/10.1007/978-3-319-47292-8_10. (Chap. 10)

Ziemer T (2017b) Perceptually motivated sound field synthesis for music presentation. J Acoust Soc Am 141(5):3997. https://doi.org/10.1121/1.4989162

Ziemer T (2017c) Perceptual sound field synthesis concept for music presentation. In: Proceedings of meetings on acoustics, Boston, S 015016. https://doi.org/10.1121/2.0000661

Ziemer T (2018) Wave field synthesis. In: Bader R (Hrsg) Springer handbook of systematic musicology. Springer, Berlin, S 175–193. https://doi.org/10.1007/978-3-662-55004-5_18. (Chap.18)

Ziemer T, Bader R (2015a) Complex point source model to calculate the sound field radiated from musical instruments. In: Proceedings of meetings on acoustics, Bd 25. https://doi.org/10.1121/2.0000122

Ziemer T, Bader R (2015b) Implementing the radiation characteristics of musical instruments in a psychoacoustic sound field synthesis system. J Audio Eng Soc 63(12):1094. http://www.aes.org/journal/online/JAES_V63/12/

Ziemer T, Bader R (2015c) Implementing the radiation characteristics of musical instruments in a psychoacoustic sound field synthesis system. In: Audio engineering society convention 139, New York, S 9466. http://www.aes.org/e-lib/browse.cfm?elib=18022

Ziemer T, Bader R (2015d) Complex point source model to calculate the sound field radiated from musical instruments. J Acoust Soc Am 138(3):1936. https://doi.org/10.1121/1.4934107

Ziemer T, Bader R (2017) Psychoacoustic sound field synthesis for musical instrument radiation characteristics. J Audio Eng Soc 65(6):482–496. https://doi.org/10.17743/jaes.2017.0014

Zotter F (2009) Analysis and synthesis of sound-radiation with spherical arrays. PhD thesis, University of Music and Performing Arts, Graz

Zotter F, Frank M, Kronlachner M, Choi J-W (2014) Efficient phantom source widening and diffuseness in ambisonics. In: Proceedings of EAA joint symposium on auralization and ambisonics, Berlin

Kapitel 9
Psychoakustische Schallfeldsynthese

Für den Hörer ist die Wahrnehmungspräzision des Klangs wichtiger als die physikalische Präzision der Wellen. So lässt sich der Erfolg konventioneller Audiosysteme sowie psychoakustischer Audiokompressionsverfahren erklären. Hier werden große physikalische Unterschiede als kleine Abweichungen wahrgenommen. Wie bereits in Abschn. 8.1 erwähnt, gilt dies sogar für die Schallfeldsynthese. Physikalische Fehler treten auf und sind messbar. Dennoch reagiert das Gehör nicht allzu sensibel auf diese Fehler. Dies wirft die Frage auf: Warum sollte man nicht physikalische und wahrnehmungsbezogene Überlegungen kombinieren, um einen neuen Ansatz für ein räumliches Audiosystem zu entwickeln? Obwohl es ein zunehmendes Interesse an der wahrnehmungsbezogenen Bewertung von räumlichen Audiosystemen gibt,[1] hat kaum ein Audiosystem die Wahrnehmung während des Herleitungs- und Entwicklungsprozesses gründlich berücksichtigt. Die Berücksichtigung der Wahrnehmung könnte ein leistungsfähiger Ansatz für eine neue Art von räumlichen Audiosystemen und anderen Audiotechnologien sein, z. B. im Bereich der Audiokompression und des Music Information Retrieval. Herkömmliche Wellenfeldsyntheseansätze sind von einem physikalischen Kern abgeleitet, wie in Kap. 8 beschrieben. Das ursprüngliche Ziel war die „akustische Kontrolle", d. h. die Kontrolle über die physikalische Welle.[2] Bei der Umsetzung in die Praxis sind eine Reihe von Problemen zu lösen, da die realen Audiogeräte und -aufbauten von dem idealisierten physikalischen Konzept abweichen. Die Lösungen kommen in der Regel aus dem Bereich der Ingenieurwissenschaften. Probleme werden mit technischen Mitteln gelöst. Werkzeuge wie Diskretisierung, Fensterung und Tapering haben sich in vielen Anwendungen der Elektrotechnik, digitalen Signalverarbeitung und Kommunikationstechnik bewährt. Das beeindruckende Klangerlebnis, das

[1] Siehe z. B. Wittek (2007), Wittek et al. (2004), Wierstorf et al. (2017), Ahrens et al. (2010), Geier et al. (2010), Wierstorf et al. (2013), Spors et al. (2013), Lindau et al. (2014), Ahrens (2015), Wierstorf (2014), Böhlke und Ziemer (2017a, b).

[2] Siehe Berkhout (1988).

T. Ziemer, *Psychoakustische Schallfeldsynthese für Musik*,
https://doi.org/10.1007/978-3-031-26863-2_9

viele Wellenfeldsynthesesysteme bieten, zeigt einmal mehr den Nutzen dieser Methoden. Ein unkonventioneller, aber vielversprechender Ansatz ist die *psychoakustische Kontrolle*. Dabei geht es darum, den hörbaren Anteil des physikalischen Schallfeldes mit einer für den menschlichen Hörer ausreichenden Präzision zu kontrollieren. Um dies zu erreichen, müssen wir das Auflösungsvermögen des Gehörs berücksichtigen, wie in Kap. 4 ausführlich beschrieben.

Diese Idee eines psychoakustischen Schallfeldsynthesesystems ist die Hauptmotivation für dieses Buch. Ein Ansatz zur psychoakustischen Schallfeldsynthese wird in diesem Kapitel vorgestellt. Das Kapitel beginnt mit psychoakustischen Überlegungen. Danach wird der physikalische Rahmen des vorgestellten psychoakustischen Schallfeldsyntheseansatzes in aufeinanderfolgenden Unterabschnitten hergeleitet. Schließlich werden die psychoakustischen Überlegungen in den physikalischen Rahmen implementiert und in Berechnungen, Simulationen und Hörversuchen evaluiert. Nach einer kurzen Zusammenfassung schließt das Kapitel mit einem Ausblick auf weitere mögliche Entwicklungsschritte für die psychoakustische Schallfeldsynthese.

9.1 Psychoakustische Argumentation

Bei der Berücksichtigung der auditiven Wahrnehmung in Audiosystemen ist es wichtig, die Klangqualitäten zu bestimmen, die das Audiosystem erzeugen soll. Für musikalische Anwendungen sollte ein Audiosystem in der Lage sein, einen natürlichen Instrumentalklang zu erzeugen. Wie in Abschn. 5.2 erwähnt, gehören zu den wichtigsten akustischen Merkmalen von Musikinstrumenten die musikalische Skala, die Dynamik, die zeitliche Hüllkurve und die Abstrahlcharakteristik. Wir nehmen den Ort und die Ausdehnung der Quelle des Musikinstruments wahr, die Lautheit, die Tonhöhe und die Klangfarbe sowie deren zeitliche Veränderungen. Dies sind die wichtigsten Aspekte des Direktschalls im gegenwärtigen psychoakustischen Schalfeldsyntheseansatz. In diesem Buch werden diese Eindrücke als ein *natürlicher, räumlicher Klangeindruck* zusammengefasst. Das Gehör verarbeitet diese Eindrücke mit begrenzter Zeit- und Frequenzauflösung. Weitere Klangeindrücke beziehen sich auf den indirekten Schall, der in Kap. 6 ausführlich behandelt wird. Sie liegen außerhalb des Rahmens dieses Kapitels zur psychoakustischen Schalfeldsynthese, sind aber für die weitere Entwicklung der psychoakustischen Schalfeldsynthese für Musik sicherlich hoch interessant.

9.1.1 Integrationszeiten

Das Gehör hat mehrere Integrationszeiten. Diese sind teilweise umstritten. Wir können jedoch zwei Größenordnungen klar unterscheiden. Bei der Schallquellenlokalisation in der horizontalen Ebene geht es um interaurale Zeitunterschiede von weniger als einer Millisekunde. Bei anderen Aspekten des Instrumentalklangs handelt es sich um einen Bereich zwischen 5 und 300 ms.

Wie in Abschn. 4.1 erläutert, benötigen die Wahrnehmung von Tonhöhe und Klangfarbe mindestens 5 ms, um sich aufzubauen. Die Ausprägung der Tonhöhe nimmt jedoch zu, bis eine Dauer von 300 ms erreicht ist.[3] Auch die Lautheit und Merkmale der Klangfarbe – wie Helligkeit und Schärfe – sind keine Frage der zeitlichen Feinstruktur, sondern eher eine Integration über 50–200 ms.[4] Wie in Abschn. 4.1 erörtert, dauert es je nach Frequenz mindestens 7–30 ms, um alternierende komplexe Töne von gleichzeitigen komplexen Tönen zu unterscheiden. Und wie bereits in Abschn. 4.5.4 erwähnt, erzeugt die sequenzielle Gruppierung die Wahrnehmung von Melodien, und etablierte auditory streams können sich über Sekunden und länger halten. Die wahrgenommene Ausdehnung der Quelle wird im Allgemeinen als eine Frage der (Un-)Kohärenz der Ohrsignale von Direktschall und frühen Reflexionen betrachtet.[5] Wie in Abschn. 6.2 erläutert, trennt die Integrationszeit von 50–80 ms die frühen von den späten Reflexionen im Bereich der subjektiven Raumakustik. Die späten Reflexionen haben einen größeren Einfluss auf die Eingehülltheit des Hörers, als auf die wahrgenommene Quellenausdehnung. Wie in Abschn. 4.3.1 beschrieben, kann die Vormaskierung vor dem Einsetzen des Tons zwischen 20 und 100 ms wirksam sein, gefolgt von einem Overshoot von bis zu 50 ms. Nach dem Noten-Offset hält der Maskierungseffekt für etwa 5 ms an, bevor er allmählich abnimmt und bis zu 200 ms dauert. Wie in Abschn. 4.3.2 beschrieben, ist das Overshoot-Phänomen auch bei binauraler Maskierung zu beobachten. Hier liegt die Maskierungsschwelle um bis zu 10 dB höher als im stationären Zustand.

Diese Integrationszeit von mehreren Millisekunden impliziert, dass die Signaleigenschaften nicht die ganze Zeit über korrekt synthetisiert werden müssen. Ein gutes Beispiel für diese Tatsache ist die Gesangsstimme. Einzelne Noten gesungener Melodien sind in der Regel keine separaten stabilen Noten. Stattdessen gleitet die Tonhöhe von einer Note zur anderen. Dieses subtile Portamento klingt nicht verstimmt. Es unterstützt das natürliche auditory scene analysisPrinzip der Kontinuität und stärkt damit die zeitliche Gruppierung von Noten zu einer Melodie. Aufgrund der Trägheit des Gehörs, d. h. der Integrationszeit, entsteht durch die schnelle Korrektur der gesungenen Grundfrequenz der Eindruck einer stabilen Tonhöhe. Ein weiteres Beispiel ist die Audiokompression auf der Grundlage der zeitlichen Maskierung. Codecs wie MP3 neigen dazu, leise Passagen direkt vor lauten Notenanfängen mit einer geringen dynamischen Auflösung zu kodieren. Dadurch entsteht zwar ein Vor-Echo, d. h. zusätzliche Schallenergie direkt vor dem Notenbeginn, aber der Ton erscheint nicht lauter. Aufgrund der Rückwärtsmaskierung ist das Vor-Echo unhörbar und trägt nicht zur Lautheitswahrnehmung bei. Technisch gesehen ist die Integrationszeit eine Zeitspanne, in der wir Signalinformationen unhörbar hinzufügen, subtrahieren oder verschlechtern können.

---

[3] Siehe z. B. Zwicker und Fastl (1999), S. 138 und Bader (2013), S. 325.

[4] Für eine Diskussion der Integrationszeit siehe z. B. Ziemer (2017c) und psychoakustische Studien von Zwicker und Fastl (1999), von Bismarck (1974), Aures (1985) und Daniel und Weber (1997).

[5] Eine ausführliche Übersicht über physikalische Maße zur Erklärung der wahrgenommenen Breite von Schallquellen findet sich in Ziemer (2017a).

Die Schallquellenlokalisierung in der horizontalen Ebene hängt von Signaleigenschaften wie der Frequenz ab, ist aber hauptsächlich eine Frage von ILD und ITD der ersten Wellenfront und der sehr frühen Reflexionen, die beim Hörer ankommen. Wie in Abschn. 4.4.2 besprochen, kann eine ITD von 27 μ s oder eine ILD von etwas über 1 dB bereits als seitliche Quellenablenkung interpretiert werden. Wenn mehrere Wellenfronten eintreffen, neigt die erste Wellenfront dazu, die Lokalisierungsmechanismen zu dominieren. Aber z. B. bei einem Stereo-Setup zieht die erste eintreffende Wellenfront das Hörereignis nicht immer zum Standort des Lautsprechers. Mit einer Zeitverzögerung von einigen Millisekunden zwischen den Kanälen beeinflusst die zweite Wellenfront den Winkel der Phantomschallquelle und ermöglicht so ein zeitbasiertes Panning. Für die Erkennung von Quellenbewegungen ist die Integrationszeit viel höher,[6] liegt bei 150–300 ms. Da die Integrationszeit für die Schallquellenlokalisierung in der Größenordnung von Mikrosekunden liegt, können Signalmanipulationen leicht die wahrgenommene Quellenposition beeinflussen. Die Herausforderung besteht darin, eine robuste Quellenlokalisierung zu gewährleisten, auch wenn das vom Audiosystem synthetisierte Signal physikalisch nicht genau ist.

9.1.2 Frequenzauflösung

Nicht alle Spektralkomponenten sind für die Klangwahrnehmung gleich wichtig. Wie in Abschn. 4.2 erörtert, verarbeitet das Gehör den Schall nicht als Ganzes, sondern in kritischen Frequenzbändern. Dies gilt für die Wahrnehmung von Lautheit und Verdeckungseffekten, für Aspekte der Klangfarbe und des räumlichen Hörens sowie für die auditory stream segregation. Die lauteste Frequenz innerhalb jedes kritischen Frequenzbandes ist gegenüber anderen Teiltönen dominant. Psychoakustische Audiokompressionsalgorithmen wie MP3 machen sich diese Tatsache zunutze, indem sie die dynamische Präzision von teilweise oder vollständig maskierten Teiltönen herabsetzen.[7]

Aus den unterschiedlichen Integrationszeiten ist ersichtlich, dass die Quellenlokalisierung sehr empfindlich auf kleine zeitliche Veränderungen reagiert, während musikalische Skala, Lautstärke, Klangfarbe und sogar die wahrgenommene Ausdehnung der Quelle eine Frage größerer zeitlicher Größenordnungen sind. Das Gehör konzentriert sich auf den lautesten Teilton innerhalb einer kritischen Bandbreite und ist weniger empfindlich gegenüber Ungenauigkeiten anderer Teiltöne. Diese grundlegenden Beobachtungen bilden den psychoakustischen Kern des im Folgenden beschriebenen psychoakustischen Schallfeldsyntheseansatzes. Im Gegensatz zu

[6] Erörtert auch in Abschn. 4.1, nach Grantham (1986).

[7] Siehe z. B. Internationale Organisation für Normung/Internationale Elektrotechnische Kommission (1993), Brandenburg und Stoll (1994).

anderen Schallfeldsyntheseansätzen, wie z. B. Wellenfeldsynthese und Ambisonics, berücksichtigt er die auditive Wahrnehmung in der gesamten Kette von Messungen über Berechnungen bis zur eigentlichen Schallfeldsynthese. Die vollständige Herleitung des psychoakustischen Schallfeldsyntheseansatzes sowie weitere Details und Hörtestergebnisse sind in der Literatur zu finden.[8]

9.2 Physikalische Grundlagen

Der Kern des vorliegenden psychoakustischen Schallfeldsyntheseansatzes kann als physikalisch betrachtet werden. Tatsächlich enthält dieser Kern bereits einige psychoakustische Überlegungen, wie im Abschnitt über die Implementierung der Psychoakustik, Abschn. 9.3, deutlich wird. Die physikalischen Grundlagen werden in diesem Abschnitt vorgestellt.

9.2.1 Abstrahlung des Lautsprechers

Ein Lautsprecherspektrum $P_Y(\omega)$ ist die Lösung der homogenen Helmholtz-Gleichung, Gl. 5.9, die in den Abschn. 5.1.3 bis 5.1.4 behandelt wurde. Seine Abstrahlung vom Quellpunkt $\mathbf{Y}$ wird durch eine komplexe Übertragungsfunktion, die Freifeld-Green-Funktion $G(\omega, r)$, beschrieben. Sie wurde in Gl. 5.22 eingeführt und in den Abschn. 5.1.5 bis 5.1.6 beschrieben. Im Falle einer Monopolquelle ist die Abstrahlung unabhängig von der Ausbreitungsrichtung. Strahler höherer Ordnung haben komplexe Winkelfaktoren $\Psi(\omega, \phi, \vartheta)$, die sich aus einem Azimut- und einem Polfaktor $\Gamma(\omega, \phi)$ und $\Theta(\omega, \vartheta)$ zusammensetzen, die eine Amplituden- und Phasenverschiebung für jede Richtung beschreiben, wie in Abschn. 5.3.1.1 erläutert. Reduziert man das betrachtete Schallfeld für die Messung und Rekonstruktion auf zwei Dimensionen, wie es bei Anwendungen der Wellenfeldsynthese üblich ist, entfällt der Term $\Theta(\omega, \vartheta)$. Dann ist $\Gamma(\omega, \phi)$ der einzige winkelabhängige Term, der die Druck- und Phasenverteilung auf der Kreiswellenfront modifiziert. Der Term beschreibt die Abstrahlcharakteristik. Er kann eine beliebige komplexe Funktion des Azimutwinkels sein, solange er von 0–2π definiert ist. Theoretisch könnte die Abstrahlcharakteristik sogar ein Dirac-Delta-Impuls sein. Dies entspricht einem Strahl, wie er in Abschn. 6.1 für die geometrische Raumakustik verwendet wird. Er könnte aus einer unendlichen Reige von circular harmonics zusammengesetzt werden, wie in Abschn. 5.3.1.1 beschrieben. Im Prinzip ist die Zerlegung in circular harmonics eine Fourier-Transformation über den horizontalen Winkel, wie in Abschn. 5.3.1.1

[8] Siehe Ziemer (2009, 2011a, b, c, d, 2014, 2015b, 2016, 2017b, 2018) Ziemer und Bader (2015a, b, c, d, 2017).

erläutert. Da $\Gamma(\omega, \phi)$ der einzige Term ist, der vom Azimutwinkel abhängt, ist er ausreichend, um die Abstrahlcharakteristik einer Quelle zu bestimmen, wenn wir sie als komplexe Punktquelle betrachten. Die Beziehung zwischen dem Frequenzspektrum eines Lautsprechers $P_Y(\omega)$, seinem komplexen Winkelfaktor $\Gamma_Y(\omega, \phi)$, der räumlichen Wellenausbreitung $G(\omega, \Delta\mathbf{r})$ und dem resultierenden Signal an einem Empfängerstandort $P_M(\omega)$ für ein freies Feld mit einer komplexen Punktquelle kann wie folgt geschrieben werden

$$P_M(\omega) = P_Y(\omega)\Gamma_Y(\omega, \phi)G(\omega, \Delta\mathbf{r}) \ . \tag{9.1}$$

Nimmt man ein Signal an einem beliebigen Punkt im Fernfeld **M** auf und geht davon aus, dass die Quelle in genau einem Punkt **Y** ihren Ursprung hat, so entspricht das gemessene Signal $P_X(\omega)$ dem Quellsignal $P_Y(\omega)$, modifiziert durch die Verstärkung in Richtung $\Gamma(\omega, \phi)$ und Entfernung $G(\omega, \Delta\mathbf{r})$ zwischen Quellpunkt und Empfängerpunkten für jede Frequenz ω. Wenn der Abstand zwischen dem Quellpunkt und einer Reihe von Empfängerpositionen konstant gehalten wird, liegen die Empfänger auf einem Kreis mit der Quelle im Zentrum. In Polarkoordinaten, wie in Gl. 5.18 in Abschn. 5.1.6, kann die Position des Lautsprechers und der Empfängerpunkte geschrieben werden als

$$\begin{aligned} \mathbf{Y} &= \begin{bmatrix} 0 \\ 0 \end{bmatrix} \\ \mathbf{M}_m &= \begin{bmatrix} 1 \\ \frac{2\pi(m-1)}{M} \end{bmatrix}, \qquad m = 1,2,3,\ldots,M \end{aligned} \tag{9.2}$$

mit M Mikrofonen, die sich an den Positionen $\mathbf{M}_m$ befinden. Eine beispielhafte Anordnung für Fernfeldaufnahmen mit 128 Mikrofonen ist in Abb. 9.1 dargestellt. Das

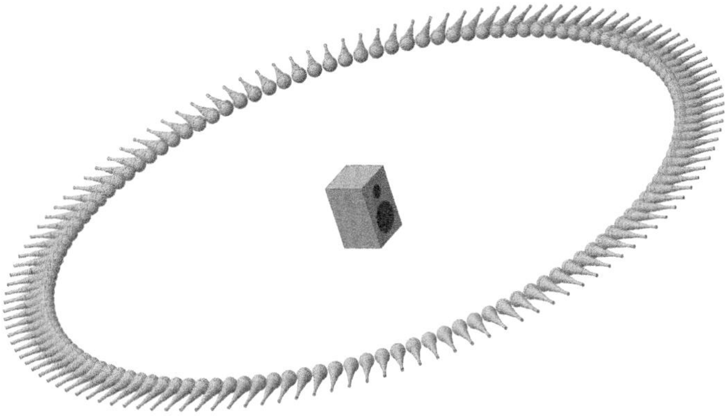

Abb. 9.1 Kreisförmiges Mikrofonarray zur Aufnahme der Abstrahlcharakteristik eines Lautsprechers

Lautsprechersignal $P_Y(\omega)$ kann mit 1 gewählt werden. In einem Abstand von 1 m vom Lautsprecher bedeutet die Abstandsfunktion $G(\omega, \mathbf{\Delta r}) = e^{ikr}/r = e^{ik}$ nichts anderes als eine Phasenverschiebung, die für jeden Mikrofonstandort gleich ist. Folglich ist jedes aufgezeichnete Spektrum $P_X(\omega)$ direkt proportional zum Richtwirkungsfaktor in dem entsprechenden Winkel $\Gamma_Y(\omega, \phi)$. Die Messung tastet also implizit die komplexen Abstrahlcharakteristik (Radiation Characteristic RC) eines Lautsprechers ab, der als Punktquelle dargestellt wird. Die RC eines Lautsprechers kann also in einer Datenbank gespeichert werden, indem die diskreten komplexen, frequenzabhängigen Amplituden pro Winkel gespeichert werden. Man beachte, dass ein Lautsprecher immer wieder das gleiche Signal wiedergeben kann. Wenn also kein Mikrofonarray zur Verfügung steht, könnte der Lautsprecher auf einen Drehtisch gestellt werden. Dann kann ein Mikrofon die Abstrahlcharakteristik eines Winkels aufnehmen. Danach wird der Lautsprecher um x Grad gedreht und die Messung wird wiederholt, bis alle 360° abgedeckt sind.

9.2.2 *Abstrahlcharakteristik von Musikinstrumenten*

In Gl. 9.1 kann die Abstrahlcharakteristik $\Gamma(\omega,\phi)$ eines Lautsprechers berechnet werden, da das ursprüngliche Spektrum $P_Y(\omega)$ kontrolliert werden kann. Wenn also eine Quelle durch einen Dirac-Delta-Impuls angeregt wird, ist $\Gamma(\omega,\phi)$ der einzige unbekannte Term, wenn $P_M(\omega)$ mit einem kreisförmigen Mikrofonarray im Fernfeld gemessen wird, das die Quelle konzentrisch umgibt. Wenn die Quelle durch ein anderes Antriebssignal angeregt wird, kann ein relativer $\Gamma(\omega,\phi)$, $\Gamma' = \frac{\Gamma_Q(\omega\phi,\vartheta)}{P_Q(\omega)}$, berechnet werden. Da Γ' proportional zu Γ ist, ist es ein adäquates Maß, um die Abstrahlcharakteristik jeder komplexen Punktquelle zu beschreiben und zu vergleichen, auch wenn die Amplitude der Quelle nicht bekannt ist. Γ' fehlt nur die Normierung. Standardwerke wie (Meyer 2009) und (Fletcher und Rossing 2008) verwenden dieselbe Methode, um die Abstrahlcharakteristik von Musikinstrumenten zu beschreiben und zu vergleichen, sogar für Instrumente, die viel größer als die betrachteten Wellenlängen sind.[9] Diese Vereinfachung ist physikalisch unzutreffend und vernachlässigt die Beugung am Instrumentenkörper und am Instrumentalisten, die Interferenz zwischen dem von verschiedenen Teilen des Instruments abgestrahlten Schalls, sowie unterschiedliche Ankunftszeiten und Amplitudenabfälle aufgrund unterschiedlicher Wege von verschiedenen Körperteilen zu jedem Empfänger. Aber neben dem immensen Vorteil eines einheitlich definierten Maßes, das die RC beschreibbar und vergleichbar macht, hat die Vereinfachung der komplexen Punktquelle einen weiteren sehr wichtigen Vorteil: ihre Einfachheit in der Anwendung. Durch die Reduktion der Abstrahlcharakteristik auf eine einzige Winkelfunktion entfallen komplizierte Messverfahren wie die akustische Holographie. Darüber

[9] Siehe Fletcher und Rossing (2008), S. 395, mit den Plots aus Meyer (2009), S. 163 ff.

hinaus ist die Berechnung des Schallfeldes, das von einer solchen komplexen Punktquelle ausgeht, für jeden beliebigen Quell- und Empfängerstandort einfach, und praktische Anwendungen haben gezeigt, dass „eine kreisförmige Anordnung von Mikrofonen zu den besten Extrapolationsergebnissen führt".[10] Es wurden kugelförmige und doppelkugelförmige Mikrofonanordnungen vorgeschlagen, um die Abstrahlcharakteristiken von Schallquellen aufzuzeichnen und zu rekonstruieren.[11] Es konnte gezeigt werden, dass die komplexe Punktquellenmethode ein plausibles Schallfeld in Bezug auf interaurale Pegel- und Phasendifferenzen und andere Maße der interauralen Kohärenz liefert.[12] Ein beliebiges Quellensignal $P(\omega)$ kann mit dem relativen Winkelfaktor für die verschiedenen Frequenzbereiche für die gewünschte Richtung multipliziert und entsprechend der Green'schen Freifeldfunktion für die gewünschte Entfernung vorwärts propagiert werden. Eine Überlagerung von sphärischen Harmonischen oder ein Integral von Punktquellen ist nicht erforderlich.

Abb. 9.2 zeigt den gleichen Aufbau wie in Abb. 9.1. Diesmal ist jedoch ein Instrumentalist in der Mitte des Mikrofonarrays platziert. Auf dem Foto enthält der weiße Rand 128 synchronisierte Mikrofone. Indem verschiedene Töne nacheinander gespielt werden, kann ein großer Teil des hörbaren Frequenzbereichs erzeugt werden. Diese können gemessen, normalisiert und in einer Γ -Datenbank gespeichert werden. Eine Sekunde quasistationärer Klang wird aufgezeichnet und in den Frequenzbereich übertragen, um eine Frequenzgenauigkeit von 1 Hz zu erreichen.

Abb. 9.2 Foto des Messaufbaus zur Aufnahme der Abstrahlcharakteristik eines Shakuhachi. Die Mikrofone ragen aus dem kreisförmigen Ring heraus, der hinter dem Instrumentalisten zu sehen ist

[10] Übersetzt aus Ajdler et al. (2008), S. 157.

[11] Siehe Bader (2014), S. 1181 f.

[12] Dies wird z. B. in Ziemer (2014), Ziemer und Bader (2015a), Ziemer (2015a) und Ziemer (2017a) gezeigt.

9.2.3 Extrapolation des Schallfeldes

Unter der Annahme einer Punktquelle Q in einem freien Feld mit einem beliebigen Quellenspektrum $P_Q(\omega)$ kann man die Druckverteilung in einem ausgedehnten Hörbereich leicht berechnen. Zu diesem Zweck wird der Hörbereich in diskrete Hörpunkte unterteilt. Für jeden Hörpunkt ist

$$P_X(\omega) = P_Q(\omega)\Gamma_Q(\omega,\phi)G(\omega,\Delta\mathbf{r}) \tag{9.3}$$

gültig. Hier kann entweder $\Gamma_Q(\omega,\phi)$ frei gewählt werden oder Γ wird mit Hilfe eines kreisförmigen Mikrofonarrays gemessen. Die Wahl von $\Gamma_Q(\omega,\phi) = 1$ entspricht einer Monopolquelle. Dies ist sicherlich der einfachste Fall. Die Vorwärtsfortpflanzung in Gl. 9.3 ist eine Extrapolation des Quellenspektrums $P_Q(\omega)$ von der Quelle $\mathbf{Q}$ zu den Hörpunkten $\mathbf{X}$, die einen ausgedehnten Hörbereich abtasten. $\Gamma_Q(\omega,\phi)$ und $G(\Delta\mathbf{r})$ bilden die Übertragungsfunktion von der Quelle zur Hörposition, die zu einer Funktion kombiniert werden kann

$$K(\mathbf{Q},\mathbf{r}) = \Gamma_Q(\phi)G(\Delta\mathbf{r}). \tag{9.4}$$

Fasst man die Übertragungsfunktion zu einem Term K zusammen, kann die Funktion 9.1 als Matrixgleichung geschrieben werden

$$\mathbf{P}_X = P_Q\mathbf{K}. \tag{9.5}$$

Die Amplituden $\mathbf{P}_X$ beschreiben das Schallfeld an den Hörpunkten $\mathbf{X}$ unter Freifeldbedingungen. Sie werden durch den propagierten Quellterm P_Q erzeugt und sollen vom Lautsprechersystem reproduziert werden. Die Berechnung des gewünschten Schallfeldes auf diese Weise ist eine einfache Vorwärtsausbreitung eines bekannten Quellensignals. Ein Beispiel ist in Abb. 9.3 dargestellt. Es zeigt einen frei gewählten Quellort, frei gewählte Hörpunkte und einen gemessenen Richtungsfaktor Γ. Der gemessene Richtungsfaktor modifiziert die Amplitude für jeden Winkel zwischen der Blickrichtung der Quelle und jedem Hörpunkt. In Richtung $\mathbf{X}_4$ ist die Amplitude Γ in $\mathbf{K}$ eher gering. In Richtung $\mathbf{X}_1$ und $\mathbf{X}_3$ ist sie viel höher. Die Abbildung geht von einem rein realen Γ aus und stellt nur den Realteil von $\mathbf{K}$ dar. Die Suche nach den notwendigen Lautsprechersignalen, die dieses berechnete Schallfeld erzeugen, ist jedoch ein inverses Problem. Dies wird im folgenden Unterabschnitt erörtert.

9.2.4 Schallfeld-Rekonstruktion

Das berechnete Schallfeld an den Hörpunkten ist eine modifizierte Version des ursprünglichen Quellensignals. Die Modifikation wird durch die Ausbreitung durch das freie Feld verursacht, einschließlich Amplitudenabfall und Phasenverschiebung

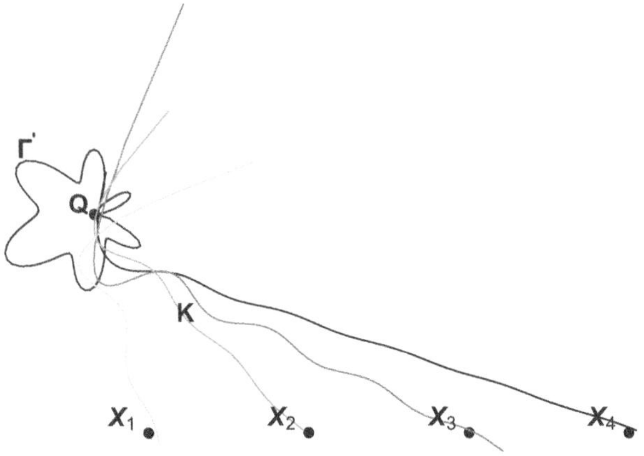

Abb. 9.3 Vorwärtsausbreitung von einer Quelle **Q** zu Empfängern $\mathbf{X}_m$ mit Hilfe der Ausbreitungsmatrix **K**, die den Winkelamplitudenfaktor Γ' enthält

pro Entfernung und die verschiedenen komplexen Strahlungsfaktoren pro Winkel. Dieses berechnete Schallfeld ist das gewünschte Schallfeld, das von einem Lautsprechersystem reproduziert werden soll. Mit anderen Worten: Die Lautsprecher müssen mit Versionen des Quellsignals gespeist werden, die so manipuliert sind, dass sie an den Hörpunkten genau das berechnete Schallfeld ergeben. Die Lautsprechersignale müssen für die individuelle Konstellation von virtuellem Quellort, Lautsprecherverteilung und Hörpunkten berechnet werden. Der im vorigen Kapitel beschriebene Ansatz der Wellenfeldsynthese geht davon aus, dass die Lautsprecher wie Monopole abstrahlen. Dies ist eine sinnvolle Vereinfachung, die es uns ermöglicht, das Rayleigh-Integral anzuwenden und eine analytische Lösung zu finden. Lautsprechersignale werden entsprechend dem Abstand zwischen der virtuellen Monopolquelle und dem Lautsprecher verzögert und abgeschwächt. Aufgrund der endlichen Anzahl von Sekundärquellen und ihrer diskreten Anordnung in einem oder mehreren eindimensionalen Arrays sind jedoch alle oben erwähnten Maßnahmen wie das Tapering und der 2,5D-Operator notwendig. Diese sind zwar analytisch nicht korrekt, aber sie funktionieren in der Praxis. Es gibt auch Ansätze, um die Abstrahlcharakteristiken der Sekundärquellen zu berücksichtigen.[13] Es hat sich gezeigt, dass die abweichende Abstrahlcharakteristik der im Array enthaltenen Lautsprecher auf die virtuelle Punktquelle übertragen wird.[14] Solange aber alle Lautsprecher die gleichen Abstrahlcharakteristika aufweisen, kann dies in der Wellenfeldsyntheseberechnung mit geringen Synthesefehlern abgetastet und implementiert werden. In ähnlicher Weise liefern (Ahrens und Spors 2009) eine Formulierung zur Implementierung der tatsächlichen Abstrahlcharakteristik von Lautsprechern, wie sie mit einem Mikrofonarray unter reflexionsfreien Bedingun-

[13] Siehe z. B. de Vries (1996) und Ahrens und Spors (2009).

[14] Siehe de Vries (1996), S. 1123.

gen gemessen wurden. Die Autoren beider Arbeiten sind sich einig, dass alle für die Schallfeldsynthese verwendeten Lautsprecher die gleichen Abstrahlcharakteristiken aufweisen sollten.

In Ambisonics-Systemen wird in der Regel davon ausgegangen, dass die Lautsprecher den Schall entweder wie Monopole abstrahlen oder dass sie ebene Wellen abstrahlen. Diese Unterscheidung ist der Hauptunterschied zwischen Ambisonics und nahfeldkompensiertem Ambisonics. Unter dieser Annahme könnte man das gewünschte Schallfeld durch Lösen des linearen Gleichungssystems rekonstruieren

$$\mathbf{P}_{\mathbf{X}_n} = \mathbf{P}_{\mathbf{Y}_l}\mathbf{G}, n = 1,\ldots,N, l = 1,\ldots,L. \tag{9.6}$$

Hier werden L Lautsprecher als Monopolquellen vereinfacht und die Übertragungsfunktion von jedem Lautsprecher $\mathbf{Y}_l$ zu jedem der N Hörpunkte $\mathbf{X}_n$ wird vollständig durch die Greensche Funktion des freien Feldes $\mathbf{G}$ beschrieben. Wie bereits erwähnt, ist Gl. 9.6 schlecht gestellt, weil zwar das Schallfeld bekannt ist, nicht aber die Lautsprechersignale, die es erzeugen. Wählt man jedoch so viele Hörpunkte wie Lautsprecher zur Verfügung stehen, d. h. $L = N$, so kann eine exakte und eindeutige Lösung gefunden werden. Nach dem Nyquist-Shannon-Abtasttheorem sollte die Lösung nicht nur an den diskreten Hörpunkten, sondern im gesamten Hörbereich das richtige Schallfeld erzeugen, solange die betrachtete Frequenz unterhalb der kritischen Raumfrequenz liegt. Diese kritische Frequenz wird durch den Abstand zwischen benachbarten Hörpunkten bestimmt.

Problematisch ist hier die Tatsache, dass Gl. 9.6 schlecht konditioniert sein kann. Wenn zwei Lautsprecher in Bezug auf die betrachtete Wellenlänge nahe beieinander liegen, ist ihr Einfluss auf einen Hörpunkt fast gleich groß. Ebenso ist der Einfluss eines Lautsprechers auf zwei nahe beieinander liegende Hörpunkte fast gleich groß. In diesen Fällen sind die Zeilen der Übertragungsmatrix nicht voneinander unabhängig und die Matrix ist schlecht konditioniert. Der Zustand $\kappa(\mathbf{K})$ einer Matrix $\mathbf{K}$ kann durch das Verhältnis ihres höchsten (max) zu ihrem niedrigsten (min) Eigenwerts beschrieben werden eig($\mathbf{K}$)

$$\kappa(\mathbf{K}) = \frac{\mathrm{eig}_{\max}(\mathbf{K})}{\mathrm{eig}_{\min}(\mathbf{K})}. \tag{9.7}$$

Eine hohe κ weist auf eine schlecht konditionierte Matrix hin. Wenn also die Konditionierung von $\mathbf{G}$ in 9.6 schlecht ist, kann die Lösung riesige Lautsprechersignalamplituden aufweisen, die z. B. durch leichtes Quantifizierungsrauschen verursacht werden. Das bedeutet, dass die Rekonstruktionsenergie sehr hoch ist. Eine Entspannungsmethode, die die Konditionszahl verbessert, ist die Methode der minimalen Energie (Minimum Energy Method MEM), die aus dem Bereich der Nahfeld-Mikrofonarray-Technologie stammt und in Abschn. 5.3.3 behandelt wird. Bei dieser Methode wird die angenommene Richtcharakteristik des Lautsprechers geringfügig von einem Monopol zu einer stärker gerichteten Schallquelle geändert. Selbst subtile Änderungen führen zu einer drastischen Verringerung der Konditionszahl. Bei dieser Methode erzeugt die optimale Lösung die geringste Rekonstruktionsenergie, d. h. die geringsten Lautsprecheramplituden. Ein weiterer Entspannungsansatz ist die Beibehaltung der Annahme einer komplexen Punktschallquelle wie in Gl. 9.1 und 9.5. In diesem Fall ändert sich Gl. 9.6 zu

$$\mathbf{P}_\mathrm{X} = \mathbf{P}_\mathrm{Y}\mathbf{K}. \tag{9.8}$$

Hier beinhaltet die Ausbreitungsmatrix

$$\mathbf{K} = \Gamma \mathbf{G} \tag{9.9}$$

die Lautsprecherabstrahlung, wie sie in Abschn. 9.2.1 gemessen wurde. Diese Entspannungsmethode wird als *Strahlungsmethode* (radiation method) bezeichnet. Lautsprecher haben zumindest leichte Variationen von Amplitude und Phase über den Winkel. Für niedrige Frequenzen sind sie oft nahe an einem Monopol. Höhere Frequenzen werden noch gerichteter abgestrahlt. Ein Beispiel für eine tiefe und eine hohe Frequenz ist in Abb. 9.4 dargestellt. Die Lautsprechermembran ist zur rechten Seite hin ausgerichtet. Die Abstrahlcharakteristik der tiefen Frequenz ähnelt einem Monopol. Allerdings ist die Amplitude an der Vorder- und Rückseite des Lautsprechers etwas höher als zu den Seiten hin. Die Abstrahlcharakteristik der hohen Frequenz sieht komplizierter und asymmetrischer aus. Der vordere linke Bereich ist betont und an den Seiten sind tiefe Amplitudeneinbrüche zu erkennen. Wenn man die gemessenen Abstrahlcharakteristiken einbezieht, werden die Zeilen in **K** von Gl. 9.8 unabhängig voneinander. Lautsprecher, die sich in unterschiedlichen Winkeln zu einem Hörpunkt befinden, weisen individuelle Strahlungsfaktoren auf. Die Chancen sind gering, dass sie genau den gleichen Zahlenwert aufweisen. Aber selbst wenn sie es tun, ist es sehr unwahrscheinlich, dass sie für jeden einzelnen Hörpunkt

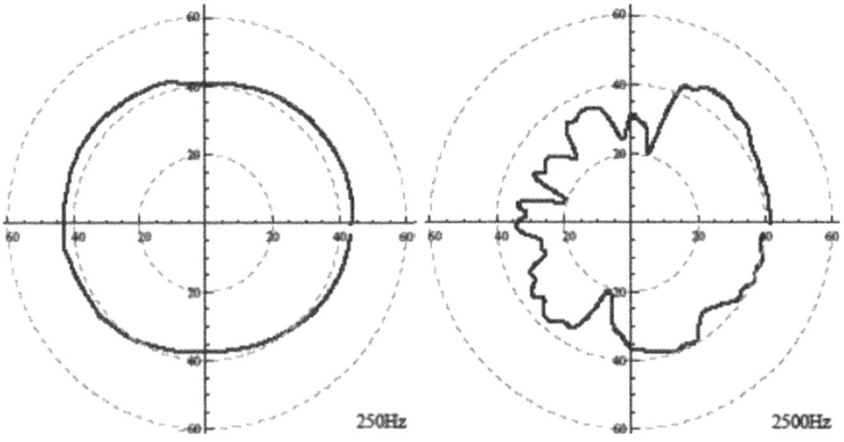

Abb. 9.4 Gemessene Abstrahlcharakteristik eines Lautsprechers bei Frequenzen von 250 Hz (links) und 2,5 kHz (rechts). Aus Ziemer (2016), S. 164–165

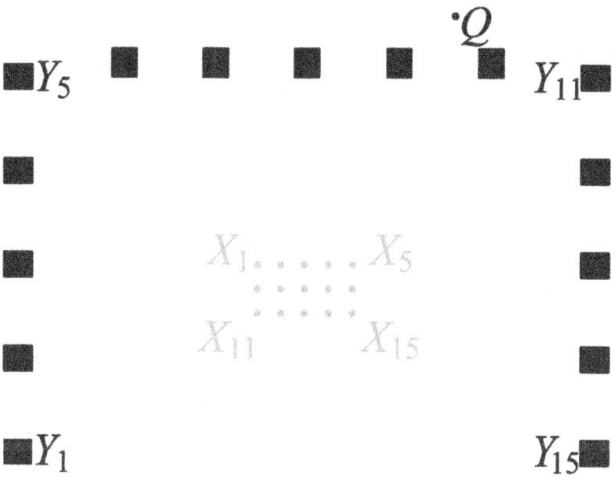

Abb. 9.5 Aufbau des simulierten Szenarios, das die Leistung der Regularisierungstechniken demonstriert

die gleiche komplexe Amplitude aufweisen. Durch die Einbeziehung der Abstrahlcharakteristik hat die Matrix **K** in Gl. 9.8 eine bessere Kondition κ als die Matrix **G** in Gl. 9.6. Die Strahlungsmethode entspannt also das lineare Gleichungssystem ebenso wie die Methode der minimalen Energie. Die Ausbreitungsmatrix weist eine geringere $\kappa(\mathbf{K})$ auf und die Lautsprecheramplituden in der Lösung sind niedriger. Im Gegensatz zur MEM-Methode basiert die Strahlungsmethode jedoch auf Messungen und kann die tatsächliche Physik der Lautsprecherabstrahlung besser darstellen.

Ein beispielhaftes Szenario wird simuliert, um den Nutzen der Regularisierungsmethoden zu demonstrieren und ihre Leistung zu vergleichen. Das Szenario ist in Abb. 9.5 dargestellt. Eine Quelle mit einer Shakuhachi-Abstrahlung befindet sich in einem freien Feld an der Position **Q**. Sie strahlt ein stationäres Signal mit 25 Frequenzen ab. In diesem Beispiel sind die Frequenzen die Mittenfrequenzen der 25 kritischen Bänder gemäß der Bark-Skala, die in Tab. 4.1 in Abschn. 4.2. 15 Hörpunkte $\mathbf{X}_{1-15}$ werden so gewählt, dass sie einige Meter von der Quelle entfernt sind. Diese Punkte bilden einen Hörbereich ab. 15 Lautsprecher $\mathbf{Y}_{1-15}$ umgeben den Hörbereich von drei Seiten. Das Schallfeld kann sowohl für diese 15 Punkte als auch für weitere Punkte zwischen und neben diesen Hörpunkten gemäß Gl. 9.5 berechnet werden. Das Schallfeld kann nun synthetisiert werden, indem die Lautsprecher als Monopolquellen betrachtet werden (Gl. 9.6), indem die Methode der minimalen Energie angewendet wird (Gl. 5.31 in Abschn. 5.3.3) und indem die Strahlungsmethode angewendet wird (Gl. 9.8). Bei der Abstrahlungsmethode wird die gemessene Richtcharakteristik von tatsächlichen Lautsprechern verwendet.

Ohne Regularisierung führen kleine numerische Fehler zu einem massiven Anstieg der Schalldruckpegel in der Lösung. Je schlechter Konsition, desto höher sind die von einem Solver berechneten Amplituden. Eine solche Lösung ist zwar mathematisch korrekt, aber unphysikalisch. Viele Regularisierungsmethoden verbessern die mathematische Bedingung[15] Eine plausible Regularisierungsmethode berück-

[15] Eine Übersicht über Regularisierungsmethoden bei inversen Problemen in der räumlichen Audiotechnik findet sich in Bai et al. (2017).

sichtigt jedoch die natürliche Physik des betrachteten Problems. Zwei Regularisierungsmethoden dienen diesem Zweck.

Die Philosophie, die hinter der Methode der minimalen Energie steht, ist für das gegebene inverse Problem überzeugend. Die Idee ist, dass die Natur sich selbst reguliert. Es gibt unzählige Beispiele für Selbstorganisation in der Natur. In der musikalischen Akustik sind die selbsterhaltende Schwingung in Orgelpfeifen und die aeroakustische Synchronisation zwischen Orgelpfeifen das Ergebnis der Selbstorganisation eines nichtlinearen Systems. Es wird davon ausgegangen, dass Nichtlinearitäten wie beim Mode-Locking wesentlich sind, um nahezu harmonische Obertonreihen in Musikinstrumenten zu erzeugen. Die Synchronisation von Musikern, Tänzern und Musikhörern ist eine Frage der Selbstorganisation, die als Entrainment bezeichnet wird. Sie hilft dabei, das Tempo zu halten und eine Gruppe zusammenzuhalten, was z. B. bei Arbeitsliedern deutlich wird.[16] Diese Selbstorganisation ist energieeffizient. Ohne sie könnten viele Musikinstrumente überhaupt keinen Klang erzeugen, und das Spielen in einem Ensemble wäre viel anstrengender. Die Idee im MEM ist, dass die energieeffizienteste Lösung die natürliche ist.

Die Strahlungsmethode geht von einer ähnlichen Annahme aus. Sie steht jedoch in direkterem Zusammenhang mit der Problemstellung. Da die Natur sich selbst reguliert, kann es von Vorteil sein, die Lautsprecherphysik genauer zu betrachten. Anstatt die Lautsprecher als ideale Monopolquellen zu vereinfachen, werden ihre Abstrahlcharakteristiken gemessen und in die Berechnung einbezogen. Bei niedrigen Frequenzen sind nur geringe Abweichungen von einem Monopol zu beobachten. Bei hohen Frequenzen ist der Unterschied sehr groß. Über den gesamten hörbaren Frequenzbereich hinweg erweisen sich die natürlichen Abweichungen der Abstrahlcharakteristiken jedoch als ein wichtiger Beitrag zur Regularisierung des linearen Gleichungssystems.

Der Nutzen der Regularisierungsmethoden wird anhand eines Beispiels demonstriert. Abb. 9.6 zeigt die Konditionszahl κ der drei Lösungen für jede Frequenz nach Gl. 9.7. Es ist zu beobachten, dass ohne Regularisierung die Zustandszahl mit steigender Frequenz abnimmt. Dies ist zu erwarten: Wenn die Wellenlängen im Ver-

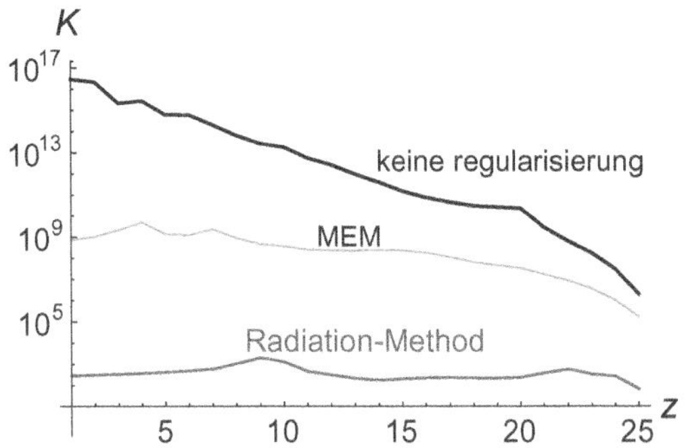

Abb. 9.6 Zustandszahlen κ für jedes Frequenzband ohne Regularisierung (schwarz) und bei Anwendung der MEM- (hellgrau) und r-Methode (grau). Aus Ziemer und Bader (2017), S. 486, mit Genehmigung der Audio Engineering Society

[16] Siehe Fischer et al. (2016), Bader (2013), S. 253 f. und S. 159–163, Fletcher (1978), Dubnov und Rodet (2003), Jensenius et al. (2010), Patel (2002), Kap. 3 für Details zu den genannten Beispielen.

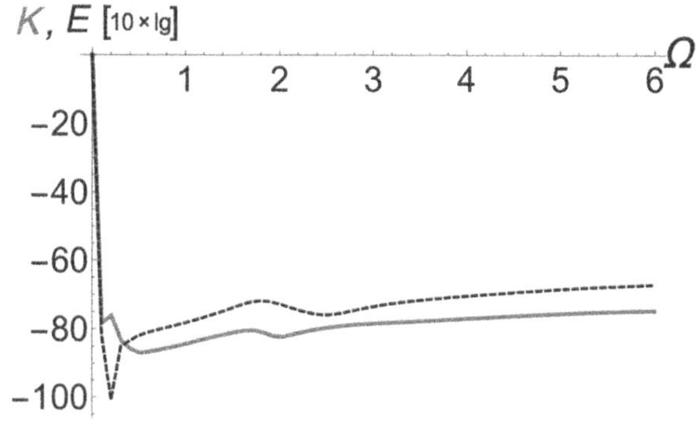

Abb. 9.7 Beispielhafte Rekonstruktionsenergie E (schwarz) und Zustandszahl κ (grau) für verschiedene Frequenzbänder im gegebenen Szenario. Beide werden berechnet als $10 \lg \frac{\text{value}}{\text{max}}$

gleich zum Abstand zwischen den Hörpunkten und zwischen den Lautsprechern groß sind, werden die Zeilen in der Ausbreitungsmatrix **G** in Gl. 9.6 immer ähnlicher. Die MEM weist viel niedrigere Konditionszahlen auf, wenn man annimmt, dass die Lautsprecher etwas gerichteter sind als Monopolquellen. Auf diese Weise ist die Schallabstrahlung zwischen allen Lautsprechern und zwei benachbarten Hörpunkten unterschiedlicher. Die Methode wählt jedoch nicht die Lösung mit der niedrigsten Konditionszahl, sondern mit der niedrigsten Rekonstruktionsenergie. Dies ist nicht unbedingt dasselbe. Ihr Zusammenhang ist in Abb. 9.7 für eine Frequenz im Szenario zu sehen. Bei unterschiedlichen Werten für Ω ändern sich sowohl die Rekonstruktionsenergie als auch die Zustandszahl. Beide Kurven sehen ähnlich aus. Bereits eine leichte Erhöhung von Ω reduziert die Rekonstruktionsenergie und die Konditionszahl drastisch. Verschiedene andere Werte von Ω führen jedoch zu einer etwas niedrigeren Konditionszahl. Man könnte den Wert für Ω mit der niedrigsten Kondition wählen, um die mathematisch ideale Lösung zu erhalten. Die Wahl der Lösung mit der niedrigsten Rekonstruktionsenergie hat jedoch einen gewissen Vorteil. Für alle Lösungen wird angenommen, dass das Schallfeld an den Hörpunkten $\mathbf{P}_X$ gleich groß ist. Eine geringere Rekonstruktionsenergie bedeutet geringere Lautsprecheramplituden. Je geringer die Lautsprecheramplituden sind, desto konstruktiver interferieren die Wellen im Hörbereich. Wären die Lautsprecheramplituden höher, würde das Schallfeld durch destruktive Interferenz erzeugt. In der Praxis haben wir in der Regel kein freies Feld. Wie bereits in Abb. 8.16 dargestellt, werden die Wellen von den Raumoberflächen reflektiert und interferieren mit dem gewünschten Schallfeld. Außerhalb des Hörbereichs überlagern sich die ausgestrahlten Lautsprechersignale nicht kontrolliert, sondern in zufälligen Phasenbeziehungen. Je geringer also die Lautsprecheramplituden sind, desto höher ist der Grad der konstruktiven Interferenz innerhalb des Hörbereichs und desto geringer sind folglich die Amplituden außerhalb des Hörbereichs. Dies gilt sowohl für den Direktschall als auch für die Reflektionen. Dies macht den Ansatz der minimalen Energie sehr wertvoll für die Synthese eines Schallfeldes. Bei Anwendung der Strahlungsmethode ist für alle Frequenzen eine noch niedrigere Konditionszahl zu

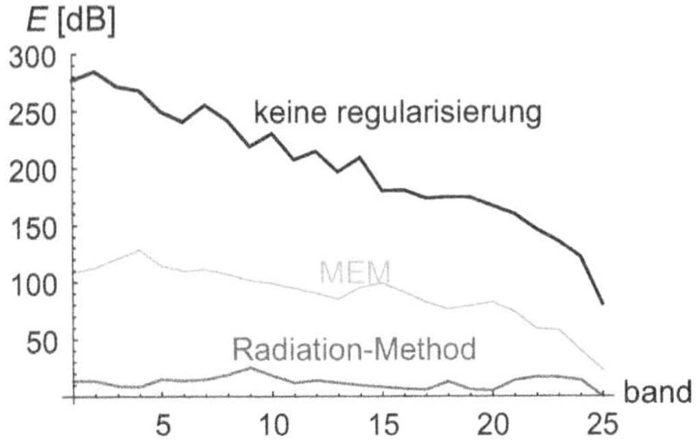

Abb. 9.8 Rekonstruktionsenergie E für jedes Frequenzband ohne Regularisierung (schwarz) und bei Anwendung der MEM (hellgrau) und r-Methode (grau). Aus Ziemer und Bader (2017), S. 486, mit Genehmigung der Audio Engineering Society

beobachten, was zu geringeren Lautsprecheramplituden führt. Beachten Sie, dass die Ordinate im Diagramm in Abb. 9.6 in logarithmischer Skala dargestellt ist. Im Vergleich zur unregulierten Lösung reduziert die MEM die Kondition der Ausbreitungsmatrix um eine Größenordnung von 1 bis fast 8 Dezimalstellen, die Strahlungsmethode sogar um 5–15 Dezimalstellen. Ein ähnlicher Trend ist für die Rekonstruktionsenergie zu beobachten, wie in Abb. 9.8 dargestellt. Obwohl aus physikalischen Messungen abgeleitet, scheint also die Strahlungsmethode der iterativen Methode der minimalen Energie für diese Schallfeldsynthese-Aufgabe überlegen zu sein. Dies ist sicherlich der Tatsache geschuldet, dass die tatsächlichen Abstrahlcharakteristiken von Lautsprechern sehr viel unterschiedlicher sind, als die leichten Anpassungen, die die MEM einführt. Das Muster in Abb. 9.4 ist viel komplizierter und stärker abweichend von einem Monopol, als das Muster in Abb. 5.13 in Abschn. 5.3.3.

Die Lösung eines linearen Gleichungssystems mit einer schlecht konditionierten Matrix kann sich dramatisch ändern, wenn man die Anfangsbedingungen – d. h. die Konstellation von Quelle, Empfängern und Lautsprechern – nur geringfügig ändert. Das heißt, die Lösung ist nicht robust. Subtile Änderungen des Quellenspektrums oder eine kleine Verschiebung der virtuellen Quellposition würden zu einer ganz anderen Lösung führen, nämlich zu einer stark variierenden Konstellation der Lautsprechersignale. Theoretisch wäre dies kein Problem, da das Schallfeld an den Hörpunkten mathematisch korrekt ist. Tatsächlich sind die Gleichungen aber bereits eine Vereinfachung der physikalischen Szene, und die numerische Quantifizierung sowie die DFT über ein endliches Zeitfenster führen kleine Fehler ein. In der tatsächlichen Umsetzung können solche starken Veränderungen also zu hörbaren Diskontinuitäten führen. Diese Diskontinuitäten können außerhalb des Hörbereichs stärker sein, aber innerhalb des Hörbereichs aufgrund von Reflexionen hörbar werden. Eine gute Entspannungsmethode führt zu robusten Lösungen. Dies ist bei beiden vorgestellten Methoden der Fall,[17] wie in Abb. 9.9 zu sehen ist. Sie zeigt die 15

[17] Dies wurde in Simulationen in Ziemer (2011a) nachgewiesen.

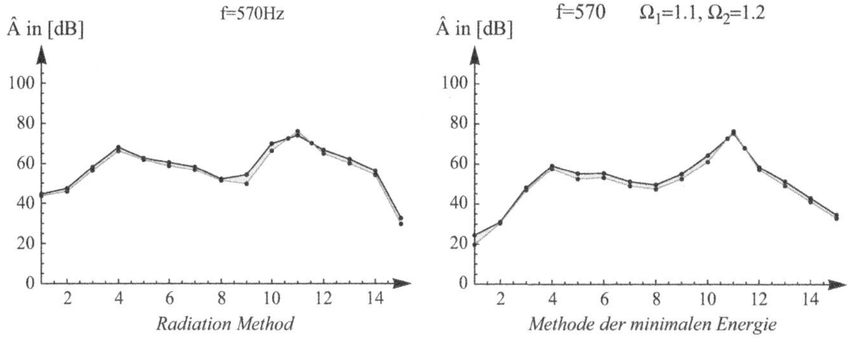

Abb. 9.9 Lautsprecheramplituden für zwei nahe beieinander liegende virtuelle Quellen mit demselben Quellsignal, gelöst mit der Strahlungsmethode (links) und der Methode der minimalen Energie (rechts). Aus Ziemer (2016), S. 296

Lautsprecheramplituden einer Frequenz, die von zwei virtuellen Quellen abgestrahlt wird, die einen Abstand von 5 cm zueinander haben. Der Abstand zwischen den beiden Plots ist als graue Fläche dargestellt. Er gibt die Differenz zwischen der Lösung für die ursprüngliche und die leicht verschobene Quelle an. Es ist zu beobachten, dass die Differenz tendenziell unter 3 dB liegt. Dies ist plausibel, da sich das gewünschte Schallfeld auch bei leichter Verschiebung einer Quelle mit komplexer Abstrahlcharakteristik ändert.

9.3 Implementierung der Psychoakustik

Bislang wird der Ansatz der psychoakustischen Schallfeldsynthese auf mathematische Weise beschrieben, die eine musikalische Schallquelle und Lautsprecher durch komplexe Punktquellen approximiert. Er ist im Frequenzbereich formuliert. Eine Fourier-Transformation ist im strengen Sinne nur für stationäre Signale gültig. Sie liefert das korrekte Spektrum, wenn wir davon ausgehen, dass das betrachtete Zeitfenster genau eine Periode eines stationären Signals enthält, das bei $t_{\text{start}} = -\infty$ beginnt und sich bis $t_{\text{end}} = \infty$ wiederholt. In diesem Fall hat die Wellenfront den Hörbereich bereits passiert, da wir ein Zeitfenster bei $t_0 = 0$ betrachten. Die Wellenfront hat also bereits eine Strecke von $|(t_0 - t_{\text{start}})c| = \infty$ zurückgelegt. Im Falle von stationärem Schall gelten die Gleichungen im Frequenzbereich also für jeden Zeitpunkt. Musik besteht jedoch nur aus quasistationären Phasen, die durch Transienten, wie z. B. Noten-Onsets, Offsets und Modulationen, unterbrochen werden.

Die Laufzeit und die Richtung einer Wellenfront liefern die Anhaltspunkte, die das Gehör zur Lokalisierung einer Schallquelle verwendet. Ein Anhaltspunkt ist die ITD, die durch die einzelnen Wege von der Quelle zu jedem Ohr verursacht wird. Ein weiterer Anhaltspunkt ist die ILD, die ebenfalls teilweise durch die individuelle Weglänge zwischen der Quelle und den beiden Ohren sowie durch Schallschatten verursacht wird. Ebenfalls bedingt durch die kopfbezogene Übertragungsfunktion

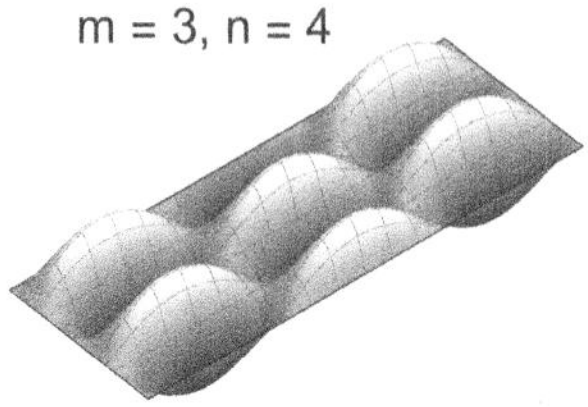

Abb. 9.10 Eigenmode einer rechteckigen Membran zur Demonstration einer zweidimensionalen stehenden Welle. Es ist keine Wellenfront zu erkennen. Dennoch können zwei Punkte Schalldruckpegel- und Phasenunterschiede aufweisen

kommt es zu einer individuellen spektralen Ausformung der beiden Ohrsignale, die von der Quellrichtung abhängt. Beim Eintritt in einen Raum, in dem bereits ein quasistationärer Schall spielt, überlagert sich der Direktschall mit Reflexionen erster und höherer Ordnung. In einem solchen diffusen Schallfeld ist auch die Quellenlokalisierung diffus. Auch stehende Wellen scheinen keine Quellenlokalisierung zu haben. Ihre regelmäßigen Interferenzmuster erzeugen Ohrsignale, die nicht auf einen Quellort hinweisen. Ein Beispiel für eine stehende Welle ist in Abb. 9.10 dargestellt. Auch mit dem Auge lassen sich weder Wellenfronten noch Quellorte erkennen. Es besteht also kein Zweifel, dass die Laufzeit und die Richtung einer Wellenfront für eine korrekte Lokalisierung wichtig sind. Sie haben jedoch kaum Einfluss auf die Wahrnehmung von Pegel, Tonhöhe und Timbre. Auch scheint die wahrgenommene Quellenausdehnung erst nach einer Integration der ersten Wellenfront und der folgenden 50–80 ms zu entstehen.[18] Außerdem verschlechtert eine geringe zeitliche, dynamische und räumliche Präzision maskierter Teiltöne die Klangwahrnehmung nicht. All diese Tatsachen über die auditive Wahrnehmung lassen den Ansatz der psychoakustischen Schallfeldsynthese als geeignet für die Musikpräsentation erscheinen.

9.3.1 Implementierung der kritischen Bandbreiten

Das Gehör verarbeitet nicht alle auftreffenden Geräusche als Ganzes. Als einen der ersten Schritte führt es eine Frequenzanalyse durch, direkt in der Cochlea. Von hier aus werden die Frequenzen in dynamischen Frequenzbändern verarbeitet. In jedem Frequenzband neigt die Frequenz mit der größten Amplitude dazu, die anderen Frequenzen innerhalb dieses Bandes zu überdecken. Oder die Frequenzen in einem Band werden gemeinsam verarbeitet, so dass ein gemeinsamer Eindruck entsteht, wie z. B. Schwebungen oder Rauhigkeit. In der psychoakustischen Audioverarbeitung wird dies typischerweise durch statische Bänder wie die kritischen Bänder nach der Bark-Skala modelliert. Wir können diese Skala während des gesamten psychoakustischen Schallfeldsyntheseverfahrens verwenden, von der Messung der

[18] Wie in Abschn. 6.2 kurz erörtert und in Ziemer (2017a) ausführlicher dargestellt.

Abstrahlcharakteristik der Lautsprecher und Quellen über die Schallfeldextrapolation bis hin zur Berechnung der Lautsprechersignale, d. h. der Rekonstruktion des berechneten Schallfelds.

Beachten Sie, dass alle Formulierungen in diesem Kapitel im Frequenzbereich liegen. Zur Verarbeitung im Frequenzbereich wird eine diskrete Fourier-Transformation über ein Zeitfenster des Quellensignals durchgeführt. Eine übliche Abtastrate von Musikmaterial ist 44,1 kHz. Ein Zeitfenster von 512 Samples Länge entspricht dann einer Dauer von etwa 11 ms. Daraus ergeben sich die Amplitude und Phase von 256 positiven Frequenzen. Die korrekte Verarbeitung aller Frequenzen würde bedeuten, dass die RC-Werte der Lautsprecher und der Musikinstrumente für diese 256 Frequenzen gemessen werden müssten. Diese müssen in einer Datenbank gespeichert und in die Extrapolation des Schallfeldes einbezogen werden. Dann muss das lineare Gleichungssystem bei Anwendung der Strahlungsmethode 256 Mal gelöst werden. Bei Anwendung der Methode der minimalen Energie werden die 256 Gleichungssysteme 18 Mal gelöst, wenn Ω zwischen 0 und 10 gewählt und auf 0,1 genau approximiert wird, d. h. zweimal iteriert. Somit wurde das lineare Gleichungssystem für jedes Zeitfenster 4608 Mal gelöst. Dies kann bei einer großen Anzahl von Lautsprechern einen hohen Rechenaufwand bedeuten. Außerdem werden Amplitude und Phase jedes Frequenzbins manipuliert. Diese massive Filterung kann eine massive Abweichung vom ursprünglichen Quellsignal und eine starke Dekorrelation der Lautsprechersignale bewirken. Für ein tatsächlich stationäres Signal ist dies kein Problem. Die sich ausbreitenden Signale überlagern sich im Hörbereich und erzeugen das gewünschte Schallfeld. Musik ist aber typischerweise durch das Zusammenspiel von Transienten und quasi-stationären Perioden gekennzeichnet. Hier impliziert die Fourier-Transformation bereits eine zeitliche Integration und erzeugt spektrale Leakage-Effekte. Durch die Manipulation der Phaseninformation aller Frequenzbereiche wird die zeitliche Signalhüllkurve verändert. Bei stationären Signalen würde dies keinen Unterschied machen. Jedes berechnete Lautsprechersignal wäre nur unterschiedlich aussehende Perioden eines statischen Klangs. Aber bei transienten Signalen führt eine Phasenänderung zu einer hörbaren zeitlichen Veränderung. Anschläge können verschmiert werden, und am Anfang und am Ende eines jeden Fensters können Klicks auftreten. Um diese Artefakte zu reduzieren, gibt es verschiedene Fensterungsmethoden. Diese sind jedoch nicht Gegenstand dieses Buches.[19] Je mehr Frequenzen jedoch manipuliert werden, desto stärker ist auch der Einfluss auf die Zeitsignatur des Signals. Dies kann zur Folge haben, dass einige Lautsprechersignale nicht mehr als Modifikationen eines gemeinsamen Quellsignals erkannt werden können. Dies wird deutlich, wenn wir ein typisches Beispiel betrachten. Wenn ein Quellsignal eine bestimmte Frequenz nicht enthält, sollte die Amplitude dieser Frequenzkomponente 0 sein. Eine kontinuierliche Fourier-Transformation über ein unendliches Zeitfenster würde für diese Frequenz 0 ergeben. Bei der Anwendung einer diskreten Fourier-Transformation könnte die Amplitude jedoch aufgrund des Leakage-Effekts, der in einem endlichen Zeitfens-

[19] Einen Überblick über Fensterungen findet man z. B. in Nuttal (1981). Beispiele für Fenster-Funktionen finden Sie in einem YouTube-Video auf https://tinyurl.com/y7nfgfd8.

ter auftreten kann, oder aufgrund von numerischen Fehlern höher sein. Nach einer inversen diskreten Fourier-Transformation ist die Frequenz jedoch nicht mehr im Signal enthalten, da die Fourier-Transformation eine Eins-zu-Eins-Entsprechung hat. Die Lösung des linearen Gleichungssystems enthält jedoch andere Amplituden für die Lautsprecher, die nicht Null sind. Diese Amplituden können viel höher sein als die ursprüngliche Amplitude im Quellenspektrum. In diesem Fall kann diese Frequenz im Zeitsignal nach einer inversen Fourier-Transformation hörbar sein. Abhängig von der Größe des Zeitfensters und der spektralen Dichte des Quellensignals kann dies bei Hunderten von Frequenzen der Fall sein. Dies kann zu zwei Effekten führen. Erstens weisen die Lautsprechersignale ein starkes numerisches Rauschen auf oder sie weichen so stark vom ursprünglichen Quellsignal ab, dass sie im synthetisierten Schallfeld bis auf die spektrale Kontur der quasistationären Perioden nicht erkennbar sind. Zweitens sind die Lautsprechersignale so inkohärent, dass sie nicht als verschiedene Versionen desselben Quellensignals erkannt werden. In diesem Fall werden sie nicht zu einem gemeinsamen auditory Stream zusammengefasst, sondern getrennt. Sie werden dann vom Gehör einzeln verarbeitet, was dazu führt, dass verschiedene Streams mit individuellen Orten und Klangfarben wahrgenommen werden. Oder die große Anzahl inkohärenter Signale wird als überwältigender, chaotischer Raumklang wahrgenommen. Solche Effekte sind für ein Audiosystem inakzeptabel. Durch die Berücksichtigung kritischer Frequenzbänder können diese Effekte jedoch verhindert werden.

Wie bereits erwähnt, variiert die RC eines Musikinstruments nicht nur mit der Frequenz, sondern auch mit dem gespielten Grundton, der Griffweise oder der Spieltechnik. Die Speicherung aller möglichen Abstrahlcharakteristiken würde eine riesige Datenbank erzeugen. Es ist jedoch nicht bekannt, inwieweit ein Hörer zwischen verschiedenen Abstrahlcharakteristiken unterscheiden oder gar ein bestimmtes Muster erkennen kann. Es ist sicherlich sinnvoll, die Abstrahlcharakteristik von Musikinstrumenten durch eine Teilmenge von Abstrahlcharakteristiken darzustellen. Hier kann die kritische Bandbreite als Kompromiss zwischen Präzision und Datenbankgröße dienen. 25 Abstrahlcharakteristiken, eines für jedes kritische Frequenzband, lassen sich leicht messen, in einer Datenbank speichern und über eine Nachschlagetabelle abrufen. Dies ist eine sinnvolle Untermenge von Abstrahlcharakteristiken aus Sicht der Wahrnehmung, sowohl für Musikinstrumente als auch für Lautsprecher.

Im nächsten Schritt wird bei der Berechnung des gewünschten Schallfeldes aus jedem Frequenzband eine hervorstechende Frequenz in den Hörbereich extrapoliert. Das gewünschte Schallfeld im Hörbereich besteht also nur aus 25 Frequenzen, und zwar aus der lautesten Frequenz jedes Bandes. Dann wird das lineare Gleichungssystem nur 25-mal gelöst, um eine Schallquelle mit der vollen hörbaren Bandbreite zu synthetisieren, wobei die *Strahlungsmethode* angewandt wird. Bei Anwendung der MEM-Methode wird das lineare Gleichungssystem 450 Mal pro Zeitfenster gelöst. Alle anderen im Quellsignal enthaltenen Frequenzen bleiben unangetastet. Folglich entsprechen bis auf 25 Frequenzen alle Frequenzen in den Lautsprecherspektren dem ursprünglichen Quellenspektrum. Der rechnerische Vorteil der Berücksichtigung kritischer Frequenzbereiche liegt auf der Hand. Die Anzahl

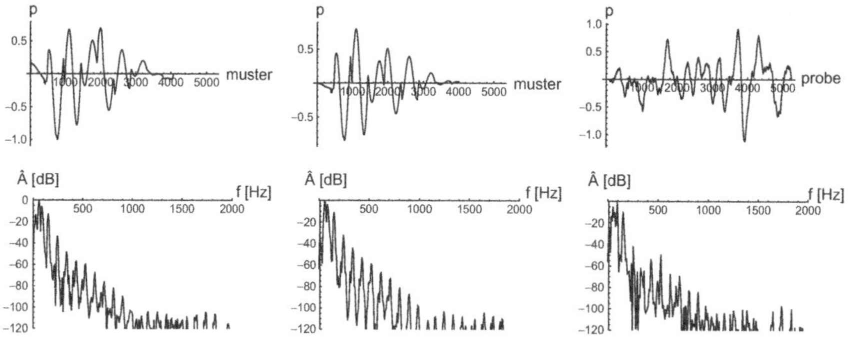

Abb. 9.11 Zeitreihen (oben) und Spektren (unten) eines originalen elektronischen Bassdrum-Samples (links) und einer Version mit 25 (Mitte) und 2048 (rechts) Frequenzen, deren Amplitude und Phase manipuliert wurden. Insbesondere Phasenmanipulationen beeinträchtigen die Gesamtkontur der Zeitreihe

der Berechnungen wird um den Faktor 10 reduziert. Aber neben den rechnerischen Anforderungen ist der wahrnehmungsbezogene Vorteil noch wichtiger. Wie bereits erwähnt, kann die Manipulation von Amplitude und Phase aller Spektralkomponenten zu hörbarem Rauschen und dekorrelierten Signalen führen, die in verschiedene Hörströme aufgeteilt werden können. Je weniger Frequenzen jedoch manipuliert werden, desto geringer ist der Grad der Dekorrelation. Um die transienten Eigenschaften des Quellsignals zu erhalten, ist es außerdem wichtig, nur minimale Phasenmanipulationen vorzunehmen. Abb. 9.11 verdeutlicht diesen Zusammenhang. Sie zeigt das Zeitsignal und das Spektrum eines originalen elektronischen Bassdrum-Sounds, eine Version mit 25 und eine andere Version mit 2048 manipulierten Frequenzen. Die Manipulation von 25 Frequenzen hat moderate Auswirkungen auf die Zeitreihe und das Frequenzspektrum. Die Manipulation aller enthaltenen Frequenzen hat einen stärkeren Effekt. Die Kontur des Spektrums sieht der Originalversion recht ähnlich. Allerdings sieht es etwas verrauscht aus. Die Spitzen des Spektrums sind weniger ausgeprägt. Das liegt daran, dass viele Frequenzen, die in der Originalversion eine sehr niedrige Amplitude hatten, jetzt viel lauter sind. Deutlicher sind die Auswirkungen der spektralen Manipulation auf die Zeitreihe. Vor allem durch die hohe Anzahl von Phasenmanipulationen hat sich die Zeitreihe dramatisch verändert. Weder die Feinstruktur noch die Hüllkurve der ursprünglichen Bassdrum sind erhalten geblieben. Trotz eines ähnlichen Frequenzspektrums fehlen der steile Anstieg, die Periodizität und das Ausklingen. Diese manipulierte Version klingt kaum noch wie eine Bassdrum.[20]

Sowohl die gesamte spektrale Kontur als auch der impulsive Attack gehen verloren, wenn zu viele Frequenzen manipuliert werden. Da wir außerdem nur die Fre-

[20] Man beachte, dass der sehr steile Einschwingvorgang ganz am Anfang der ursprünglichen Zeitreihe in beiden manipulierten Versionen verloren geht. Dies ist hauptsächlich auf den Precedence-Fade zurückzuführen. Der ist eine Methode zur Verbesserung der Quellenlokalisierung im Rahmen der psychoakustischen Schallfeldsynthese. Sie wird in Abschn. 9.3.3 ausführlich erläutert.

quenzen mit den höchsten Amplituden berücksichtigen, werden die Lösungen mit Sicherheit nicht das Quantifizierungsrauschen verstärken. Dies verringert das Risiko, dass die Lösungen Rauschen enthalten oder dass sie nicht als modifizierte Versionen des Quellsignals erkannt werden. Dennoch haben diese 25 Frequenzen den stärksten Einfluss auf den Klangeindruck, insbesondere auf die Klangfarbe.

9.3.2 *Implementierung der interauralen Kohärenz*

Wenn es um die räumliche Genauigkeit der RC-Messungen geht, ist es auch sinnvoll, wahrnehmungsbezogene Aspekte zu berücksichtigen. Für die Quellenlokalisierung sind interaurale Pegel- und Phasenunterschiede von großer Bedeutung. Dies gilt auch für die ASW. Die Ohren eines menschlichen Zuhörers haben einen Abstand von etwa 0,15 m zueinander. Es sollte also mindestens ein Mikrofon im Abstand von 0,15 m zur Messung der Abstrahlcharakteristik verwendet werden. Auf diese Weise enthalten die Aufnahmen Informationen, die mit binauralen Daten vergleichbar sind. Aus demselben Grund kann es sinnvoll sein, einen Hörbereich mit Hörpunkten abzutasten, die 0,15 m voneinander entfernt sind. Wenn die Winkel zweier Hörpunkte zwischen den Winkeln zweier Mikrofone liegen, wird eine Interpolation durchgeführt, um eine sinnvolle Annäherung zu erhalten. Liegen jedoch beide Ohren zwischen demselben Mikrofonpaar, so erhalten sie aufgrund der Interpolation einen ähnlichen Strahlungsfaktor. Ihr Unterschied hängt nur von der Art der Interpolation ab. Daher sollten 0,15 m als Mindestabstand benachbarter Mikrofone angesehen werden. In diesem Fall ist für jedes Ohr ein eigener Strahlungsfaktor vorgesehen. Dies gilt, solange der Hörer einen Abstand zur virtuellen Quelle hat, der kleiner oder gleich dem Abstand der Mikrofone von der ursprünglichen Quelle ist. Wählt man einen Abstand von 0,05 m für benachbarte Mikrofone in einem kreisförmigen Array mit 128 Mikrofonen und einem Radius von 1 m, können die Abstrahlcharakteristiken bis zu 3 m extrapoliert werden, bevor die beiden Ohren eines der Quelle zugewandten Hörers zwischen demselben Paar extrapolierter Mikrofonsignale liegen können. Dies ist in Abb. 9.12 dargestellt. Sie zeigt die Abstrahlcharakteristik einer Geigenfrequenz. Drei Hörer befinden sich in einem Abstand von 1, 1,5 und 3 m zur Schallquelle. Jedes ihrer Ohren liegt auf dem Ausbreitungsweg eines Mikrofonwinkels. Nur bei einem Abstand von >3 m könnten die beiden Ohren zwischen zwei benachbarten Mikrofonwinkeln liegen.

Es ist allgemein anerkannt, dass Musikinstrumente als Punktquellen betrachtet werden können, wenn die Empfängerpositionen im Vergleich zur Größe der Quelle und zum Abstand zwischen den Empfängern selbst weit entfernt sind. Das Gleiche gilt für das Sehen. Details der Form, Farbe und Kontur von nahen Objekten sind sichtbar, und beide Augen können sehr unterschiedliche Perspektiven haben. Aus großer Entfernung erscheinen selbst breite Objekte schmal und komplizierte Konturen verschwimmen. Ein nahes und ein entferntes Cembalo sind in Abb. 9.13 als Beispiel dargestellt. Ein Beispiel aus dem Bereich der Audioanwendungen sind kopfbezogene Übertragungsfunktionen (Head-Related Transfer Functions HRTFs).

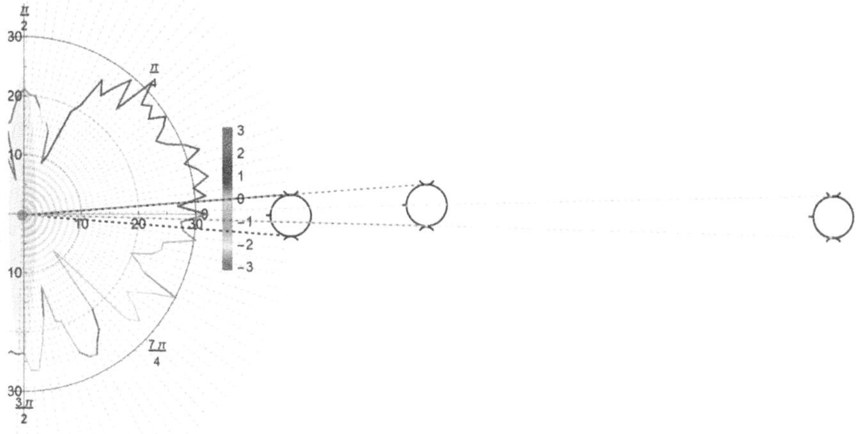

Abb. 9.12 Abstrahlcharakteristik und Extrapolationspfade von einer virtuellen komplexen Punktquelle zu 3 Hörern im Abstand von 1, 1,5 und 3 m. Aus Ziemer (2017a), S. 323

Abb. 9.13 Beispiel für Breite und Detailreichtum eines nahen Objekts im Vergleich zu einem entfernten Objekt. Das nahe Cembalo wirkt und klingt breit und detailreich. Das entfernte Cembalo in einem freien Feld sieht schmal und punktförmig aus und klingt auch so. Cembalo-Darstellung entnommen aus VictorianLady (2016)

Diese werden in der Regel für das Nah- und das Fernfeld gemessen oder modelliert. Ein Beispiel wurde in Gl. 4.8 und Abb. 4.21 in Abschn. 4.4.2. Was unklar bleibt, ist der Übergang vom einen zum anderen. Ähnlich verhält es sich bei Anwendungen der Schallfeldsynthese. In einem freien Feld treten keine Reflexionen auf. Dennoch können Musikinstrumente wesentlich breiter klingen als ein Punkt. Der Hauptgrund dafür ist die Abstrahlcharakteristik, die inkohärente Ohrsignale erzeugt. Erst ab einer Entfernung von mehreren Metern klingen Quellen eher punktförmig. In typischen, reflektierenden Räumen ist die Situation anders. Hier wird die wahrgenommene Quellenausdehnung stark von den frühen Reflexionen beeinflusst. In der Literatur besteht ein breiter Konsens darüber, dass die ersten 50–80 ms nach dem Direktschall integriert werden, um die Grundlage der auditiven Größenwahrnehmung zu bilden. Bei einer großen Entfernung ist das Verhältnis von reflektiertem zu direktem Schall ziemlich hoch. Reflexionen können dann einen noch größeren Einfluss auf die ASW haben als die Abstrahlcharakteristik. Es wurde berichtet, dass die auditive Quellenbreite sogar größer sein kann als die visuelle Quellenbreite.[21]

In den obigen Beispielen – z. B. in Abb. 9.1, 9.2 und 9.4-wird die RC einer Quelle mit 128 Mikrofonen in einem Abstand von 1 m gemessen, d. h. alle 0,05 m ist ein Mikrofon platziert. Das bedeutet, dass bei der Extrapolation eines Schallfeldes von einer virtuellen Quelle die Zuhörer bis zu 3 m Abstand haben können, bevor beide Ohren zwischen demselben Paar komplexer Strahlungsfaktoren liegen und somit hauptsächlich durch Interpolation beeinflusst werden. So können komplizierte Strahlungsmuster für Quellen mit einem Abstand von bis zu drei Metern rekonstruiert werden, bevor sie beginnen, monopolartig zu werden. Dies ist ein angemessener Abstand. In natürlichen Schallfeldern ist dies die Größenordnung, in der die Reflexionen in der Breitenwahrnehmung gegenüber den Strahlungseigenschaften zu dominieren beginnen. Falls verfügbar, ist eine höhere Präzision sicherlich willkommen.

9.3.3 Anwendung des Präzedenzeffekts

Bei der Wellenfeldsynthese wird die Ausbreitungsrichtung des Schalls berücksichtigt. Lautsprecher, deren normale Richtung um mehr als 90° von der gewünschten Ausbreitungsrichtung abweicht, werden stummgeschaltet. Dadurch werden Echos unterdrückt und die Hörer können die Schallquelle besser lokalisieren. Aufgrund dieser räumlichen Fensterung kann es jedoch vorkommen, dass weit weniger als die Hälfte der verfügbaren Lautsprecher tatsächlich aktiv sind, um eine virtuelle Quelle zu synthetisieren. Ein Beispiel wurde bereits in Abb. 8.10 in Abschn. 8.3.2 gezeigt. Im Vergleich dazu hat der psychoakustische Schallfeldsyntheseansatz den Vorteil, dass alle Lautsprecher für alle virtuellen Quellwinkel aktiv sind. Das gleiche gilt für viele Ambisonics-Ansätze. Es wird jedoch bemängelt, dass die Quellenlokalisierung für doe Hörer nicht funktioniert, die sich auch nur geringfügig außerhalb der optimalen Hörposition befinden, einer Sweet Area, die oft nicht größer als der Kopf eines Hörers ist,. Für nicht zentrierte Hörer wird der Präzedenzeffekt aktiv. Diese Hörer nehmen die Quelle am Ursprung der ersten sie erreichenden Wellenfront wahr, d. h. am Standort des nächstgelegenen Lautsprechers. In diesem Sinne konnte gezeigt werden, dass die Lokalisation in der psychoakustischen Schallfeldsynthese

[21] Manchmal wird ASW sogar als die auditive Wahrnehmung einer Quelle definiert, die breiter ist als ihre optische Größe, siehe z. B. Blau (2004), S. 720.

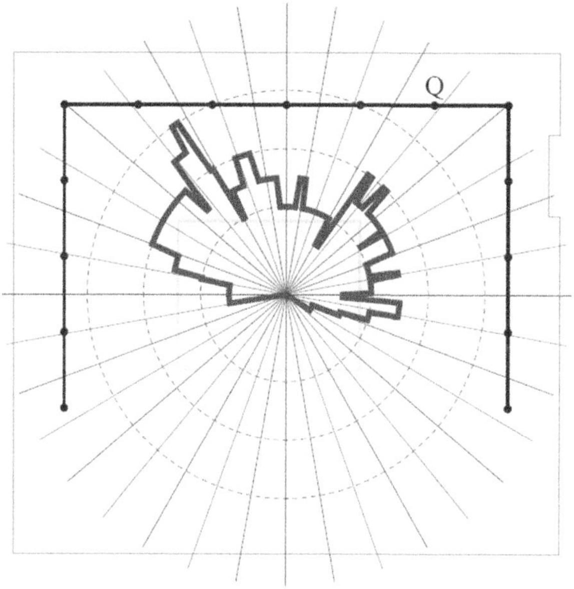

Abb. 9.14 Virtueller (Q) und wahrgenommener Quellort (Polardiagramm) für eine spektrale Schallfeldsynthese ohne die Implementierung des Precedence-Fades. Aus Ziemer (2011b), S. 194, mit Genehmigung der Audio Engineering Society

erst dann funktioniert, wenn der Präzedenz-Effekt mit technischen Mitteln ausgehebelt wird. Dies wurde in Ziemer (2011b) bewusst demonstriert und ist in Abb. 9.14 zu sehen, die im Hintergrund den gleichen Aufbau wie die in Abb. 9.5 dargestellte Simulation zeigt. Im Vordergrund sind Hörversuchsergebnisse aus einer frühen Phase der Entwicklung der psychoakustischen Schallfeldsynthese dargestellt. Dieses Polardiagramm zeigt, wie viele von 10 Versuchspersonen während der Aufführung eines Geigenstücks den entsprechenden Winkel als Quellort markierten. Dieses Polardiagramm sieht eher zufällig aus. Die Zuhörer lokalisierten die Quelle an einer oder mehreren Positionen oder Regionen irgendwo innerhalb einen Öffnungswinkels von 230°. Aufgrund der Größe und Lage des Hörbereichs stand keine Versuchsperson in der Nähe des Lautsprechers, dessen Position fast mit der Position der virtuellen Quelle übereinstimmte. Folglich kam die erste Wellenfront von einem der anderen Lautsprecher. Dennoch zeigen nur einige auf die diskreten Lautsprecherwinkel. Offensichtlich lokalisierten die Versuchspersonen die Position der virtuellen Quelle nicht unbedingt als mit einer diskreten Lautsprecherposition übereinstimmend. Der Grund dafür ist sicherlich, dass die Lokalisierung nicht nur eine Frage der ersten Wellenfront ist. Der Ansatz der psychoakustischen Schallfeldsynthese erzeugt auch interaurale Pegel- und Phasenunterschiede, die den natürlichen binauralen Informationen einer realen Quelle ähneln. In diesem Fall jedoch widersprachen sich die Hinweise aus der ersten Wellenfront und die spektralen Hinweise während des stationären Teils des Klangs. Dies könnte die Hörer verwirrt haben. Bei der Implementierung des Precedence-Fades wurde der Ort der Quelle für die Versuchspersonen deutlich klarer, wie in Abb. 9.15 gezeigt. In diesem frühen Ent-

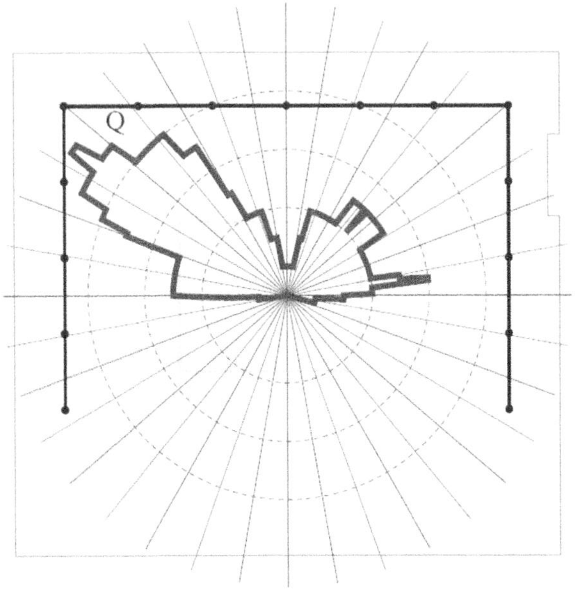

Abb. 9.15 Virtueller (Q) und wahrgenommener Quellort (Plot) für eine spektrale Schallfeldsynthese bei Anwendung des Precedence-Faceds. Aus Ziemer (2011b), S. 194, mit Genehmigung der Audio Engineering Society

wicklungsstadium traten systematische Lokalisierungsfehler auf, weil zu diesem Zeitpunkt noch nicht alle psychoakustischen Prinzipien umgesetzt waren.

Die Lokalisierung leidet unter dem Präzedenzeffekt. Daher ist es eine logische Konsequenz, die erste Wellenfront in der Schalfeldsynthese zu kontrollieren, um eine Kontrolle über die virtuelle Quellenposition zu erhalten. Vor allem bei Tonanfängen ist die Richtung der ersten Wellenfront wichtig. Das Gesetz der ersten Wellenfront bestimmt die Quellenlokalisierung in einem natürlichen, halligen Schallfeld. Aber auch unter unnatürlichen Hörbedingungen wurde ein Effekt beobachtet, der mit dem Präzedenzeffekt verwandt ist: Die interaurale Verzögerungen des Note-Onsets bestimmte in Experimenten mit Kopfhörern die Quellenlateralisation, selbst wenn ihr gegensätzliche interaurale Zeitverzögerungen folgten.[22]

Die Kontrolle über die erste Wellenfront an den Notenanfängen wird durch den *Precedence-Fade* erreicht. Der Lautsprecher, der sich am nächsten an der Position der virtuellen Quelle befindet, spielt immer die kompletten Noten. Dieser Lautsprecher wird als *Precedence Speaker* bezeichnet. Die Signale aller anderen Lautsprecher werden nach und nach eingeblendet. Dadurch wird sichergestellt, dass alle Zuhörer im Hörbereich aufgrund des Präzedenzeffekts dieselbe Quellenposition wahrnehmen. Dabei ist die Dauer es Einblendens entscheidend. Sie muss mindestens so lang sein, dass die Wellenfront des Precedence Speakers alle Hörpunkte er-

[22] Siehe Freyman et al. (1997).

reicht, bevor die anderen Lautsprechersignale vollständig eingeblendet sind. Und sie muss kurz genug sein, damit weder die ausgeblendeten Signale als Echos erscheinen, noch die Einblendung selbst als abgeschwächter Anschlag hörbar wird. Dies ist eine Frage der Integrationszeiten des Gehörs und der Verdeckungsphänomene, wie später noch erläutert wird.

Um einen eher linearen Anstieg der Lautstärke zu erreichen, ist eine Amplitudenleistungsfunktion der Form

$$\hat{A}(t) = \frac{t^3}{T_{\text{fade}}^3} \tag{9.10}$$

geeignet. Hier ist T_{fade} die gewählte Einblenddauer. Ein Beispiel für den Precedence-Fade ist in Abb. 9.16 für ein 5.1-Setup dargestellt. Der Precedence-Fade wurde auch in Abb. 9.11 verwendet und eliminiert den impulsiven Attack einer Bassdrum.

Der Nachteil des Precedence-Fades ist, dass das gespielte Signal klare Note-Onsets benötigt. Ein Crescendo an den Notenanfängen, wie es häufig von Streichinstrumenten wie der Violine gespielt wird, macht den Präzedenzeffekt weniger robust, wenn der allmähliche Amplitudenanstieg einen Übergang von der Stille zu einem quasistationären Klang erzeugt, dem ein offensichtlicher Anschlag fehlt. Andererseits sind solche Signaltypen auch in einer natürlichen Hörsituation schwer zu lokalisieren. Außerdem müssen die Notenanfänge entweder kodiert oder im Quellsignal erkannt werden. Glücklicherweise kann der Präzedemzeffekt einige Sekunden andauern. So kann die Lokalisierung der Quelle auch dann beibehalten werden, wenn ein Onset nicht erkannt oder kodiert wird.

Es ist interessant zu sehen, dass die alleinige Anwendung des Precedence-Fades – d. h. die Weiterleitung des ungefilterten Quellsignals an alle Lautsprecher

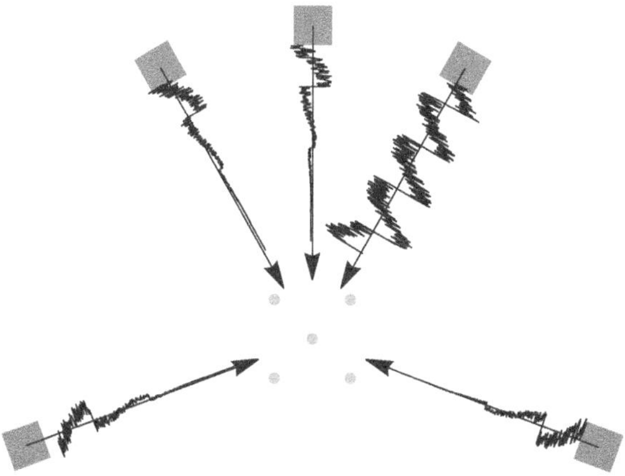

Abb. 9.16 Demonstration des Precedence-Fades in einem 5.1-Lautsprechersystem. Die virtuelle Quelle befindet sich vorne rechts. Aus Ziemer und Bader (2017), S. 489, mit Genehmigung der Audio Engineering Society

und die Anwendung der Vorrangüberblendung – für eine korrekte Lokalisierung ebenfalls unzureichend ist. Der Grund dafür könnte sein, dass das Signal des Precedence- Speakers nicht unbedingt die erste Wellenfront ist, die an allen Hörpunkten ankommt. Es ist lediglich das erste Signal, das mit voller Amplitude ankommt. Abb. 9.17 zeigt wieder denselben Hörtestaufbau wie zuvor. Hier wird der Precedence-Fade auf 15 exakte Kopien des Quellsignals, ein Cembalostück, angewendet. Es wird 30 Versuchspersonen präsentiert. Viele Probanden lokalisierten die virtuelle Quelle in der richtigen Region. Allerdings ist dieser Bereich recht breit und es sind auch viele „falsche" Lokalisierungen zu beobachten. Im Vergleich dazu schafft die Kombination aus spektraler Schallfeldsynthese und Precedence-Fade eine robuste Quellenlokalisierung für alle Zuhörer, wie in Abb. 9.18 gezeigt. Es ist

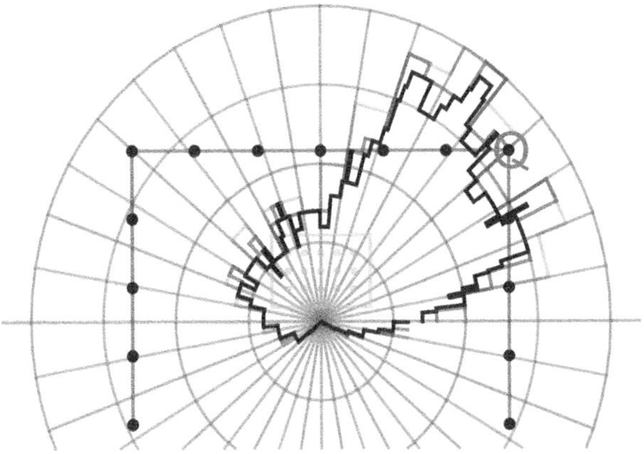

Abb. 9.17 Wahrgenommene Quellorte bei Anwendung des Precedence-Fades auf das ungefilterte Quellsignal. Aus Ziemer und Bader (2017), S. 492, mit Genehmigung der Audio Engineering Society

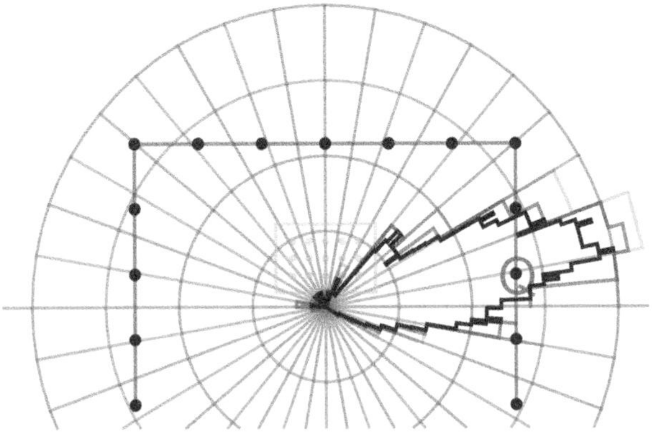

Abb. 9.18 Wahrgenommene Quellorte im psychoakustischen Schallfeldsynthesesystem. Aus Ziemer und Bader (2017), S. 492, mit Genehmigung der Audio Engineering Society

die Kombination aus der spektralen Schallfeldsynthese und dem Precedence-Fade, die den Hörern die Lokalisierung der Quelle ermöglicht. Die Schallfeldsynthese liefert eher statische Hinweise, wie interaurale Pegel- und Phasendifferenzen, während der Precedence-Fade den zeitlichen Hinweis liefert. Durch das Einblenden können die interauralen Zeitunterschiede an den Notenanfängen von der beabsichtigten Quellenposition abweichen. Das Eintreffen mehrerer Wellenfronten ähnelt dem Aliasing-Effekt in Wellenfrontsynthese-Systemen, so dass sie wie sehr frühe Reflexionen erscheinen können. Nach dem Eintreffen der ersten Wellenfronten liefert das synthetisierte Schallfeld zusätzliche Hinweise, die die Lokalisierung beeinflussen. Es hat sich gezeigt, dass ILD-Hinweise in echoreichen Umgebungen robuster sind als ITD-Hinweise (Klockgether und van de Par 2016). Diese ILD-Hinweise werden direkt nach dem Eintreffen der ersten Wellenfront durch die Synthese des Schallfelds geliefert. Zusammen liefern sie robuste und stabile Lokalisierungshinweise, die im gesamten Hörbereich konsistent sind.

9.3.4 Implementierung von Integrationszeiten

Bei dem vorgestellten Ansatz der Schallfeldsynthese kommt eine Vielzahl von Wellenfronten von verschiedenen Orten und zu verschiedenen Zeitpunkten beim Hörer an. Das Gehör hat mehrere Integrationszeiten. Wahrnehmungen von Lautstärke, Klangfarbe, Tonhöhe und Ausdehnung der Quelle entstehen nach einem Integrationsprozess von mehreren Millisekunden, etwa 50–200. Alle Lautsprechersignale sollten zumindest innerhalb dieses Zeitfensters an jeder Hörposition eintreffen. In diesem Fall können sie integriert werden und eine gemeinsame Wahrnehmung von Lautheit, Klangfarbe und Tonhöhe erzeugen. Zur Quellenlokalisierung wertet das Gehör jedoch interaurale Zeitunterschiede in der Größenordnung von Mikrosekunden aus. Reflexionen, die innerhalb von etwa 4 ms nach dem Direktschall eintreffen, verschieben die wahrgenommene Quellenposition in Richtung des Ursprungs der Reflexion. Bei größeren Verzögerungszeiten tritt das Gesetz der ersten Wellenfront in Kraft, und die Reflexionen tragen eher zur Wahrnehmung der Ausdehnung der Quelle als zu ihrer Lokalisierung bei. Wenn die Verzögerungszeit die Echoschwelle t_e von ca. 50 ms überschreitet, kann sie deutlich vom Direktschall unterschieden werden und wird als Echo gehört. Dies wurde in Abschn. 7.2.2 im Zusammenhang mit stereophonen Audiosystemen diskutiert und in Abb. 7.7 und in Kap. 6 im Zusammenhang mit der Raumakustik dargestellt. Dies ist der Grund für die Anwendung des Precedence-Fades. Auf diese Weise liefert die erste Wellenfront annähernd die interauralen Zeitdifferenzen, die das Gehör zur Quellenlokalisierung berücksichtigt. Das Echo-Threshold setzt dem Ansatz der psychoakustischen Schallfeldsynthese eine Obergrenze. Erstens muss die Dauer des Fadfes kürzer sein, als diese Schwelle, damit die ausgeblendeten Signale nicht an jedem Hörpunkt als Echo erscheinen. Und zweitens darf es, da alle Lautsprechersignale zur gleichen Zeit beginnen, keinen Hörpunkt geben, an dem die Zeitverzögerung zwischen der vom nächstgelegenen und dem am weitesten entfernten Lautsprecher ankommenden

Wellenfront größer ist als t_e. Das heißt, wenn es einen Hörpunkt gibt, bei dem die Entfernung zum nächstgelegenen Lautsprecher mehr als $t_e/c = 17$ m von der Entfernung zum am weitesten entfernten Lautsprecher abweicht, kann nur eine Teilmenge aller Lautsprecher verwendet werden. Dies ist notwendig, um sicherzustellen, dass alle Lautsprechersignale innerhalb dieser zeitlichen Obergrenze ankommen.

9.3.5 Implementierung der Maskierung

Ein Grund, warum nur die lauteste Frequenz jeder Frequenzgruppe berücksichtigt wird, ist die Tatsache, dass diese 25 Frequenzen dazu neigen, einen großen Teil des hörbaren Spektrums im Sinne der simultanen Maskierung zu verdecken. Andere Frequenzen können zumindest teilweise von ihnen verdeckt werden. Sie sind also zwar hörbar und tragen zum wahrgenommenen Klang bei, werden aber nur mit geringer Präzision gehört. Durch die Einführung des Precedence-Fades in das psychoakustische Schallfeldsynthesesystem wird auch die zeitliche Maskierung wirksam. Wie bereits in Abschn. 4.3.1.4 erwähnt, kann die Rückwärtsmaskierung für eine Dauer von 10–100 ms wirksam sein, abhängig von Signalmerkmalen wie dem Frequenzgehalt, dem Pegel und der Dauer des Maskierers. Aufgrund des in Abschn. 4.3.1.3 besprochenen Overshoot-Phänomens, steigt die Maskierungsschwelle um 3–26 dB an, wiederum abhängig von den Signaleigenschaften. Eine beispielhafte Hüllkurve der zeitlichen Maskierung einschließlich der Vormaskierung und des Overshoots wurde in Abb. 4.11 in Abschn. 4.3.1.5 aufgezeichnet. Aufgrund der Rückwärtsmaskierung und des Overshoot-Phänomens an den Notenanfängen ist der Precedence-Fade unhörbar, auch wenn der überblendete Ton kurz vor dem Signal des Precedence-Speakers eintrifft. In Abb. 9.19 ist das Zeitsignal des Precedence-Speakers und das eines anderen Lautsprechers für einen Punkt im Hörbereich aufgetragen. Die Abbildung zeigt auch den zeitlichen Verlauf der maskierten Schwelle.

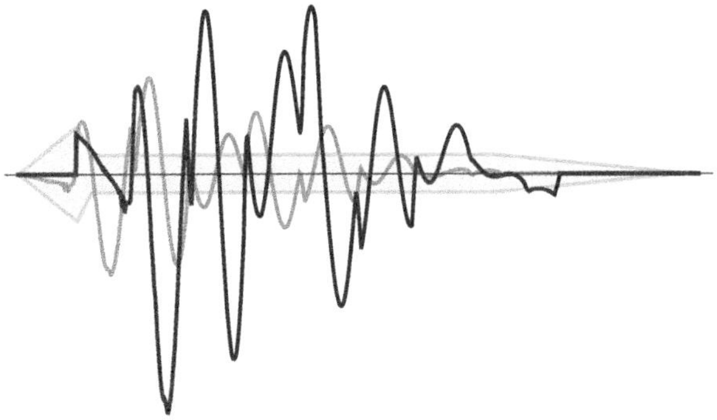

Abb. 9.19 Maskierungsschwelle (hellgraue Fläche) des Signals des Precedence-Speakers (schwarz), der ein anderes Lautsprechersignal (grau) in der psychoakustischen Schallfeldsynthese teilweise verdeckt

Der leise Ton unmittelbar vor dem Eintreffen des Signals des Precedence-Speakers wird durch die Rückwärtsmaskierung vollständig maskiert. Der schwache Attack des eingeblendeten Signals wird aufgrund des Overshoot-Phänomens gleich zu Beginn des Precedence-Speaker-Signals weitgehend maskiert. Während der quasistationären Phase maskiert das Signal des Precedence-Speakers das andere Signal kaum.

9.3.6 Implementierung der Timbrewahrnehmung

Timbre ist größtenteils unabhängig von der Tonhöhe, der Dauer, der Lautheit, dem Ort und der räumlichen Ausdehnung der Quelle. Wie bereits in Abschn. 2.1 erörtert, ist die Wahrnehmung des Timbres mehrdimensional. Eine Dimension ist eher stationärer Natur und hängt mit der auditiven Helligkeit, der Bandbreite und der Ausgewogenheit der spektralen Komponenten zusammen. Dieser Aspekt des Timbres wird durch den Ansatz der psychoakustischen Schallfeldsynthese kaum beeinträchtigt. Tatsächlich werden bis zu 25 Frequenzkomponenten in Amplitude und Phase manipuliert. Die Manipulationen können sogar recht drastisch sein, so dass einzelne Lautsprechersignale massive Abweichungen vom ursprünglichen Quellenspektrum aufweisen können. Allerdings überlagern sich die Lautsprechersignale im Hörbereich, um das ursprüngliche Spektrum wiederherzustellen. Da das Schallfeld im Frequenzbereich berechnet wird, ist es jedoch nur für stationäre Signale gültig. Bei Signaltransienten können Synthesefehler auftreten. Bei Musikinstrumenten bestehen die Ausgangsklänge in der Regel aus einem transienten Notenbeginn, auf den eine quasistationäre Phase folgt. Dies ist bei anhaltenden Klängen wie einem gestrichenen Celloton offensichtlich. Es gilt aber auch für ausklingende Klänge. Obwohl ein Gitarrenton nur vorübergehend quasistationär ist, sind die spektralen Veränderungen allmählich und im Vergleich zu den enthaltenen Frequenzen relativ langsam. Daher kann ein großer Teil einer Note als quasistationär angesehen werden. Die einzige Ausnahme ist die Einschwingphase.

Ein zeitliches Merkmal der Klangfarbe ist die Anfangssynchronität der Teiltöne. Auch dieses Merkmal bleibt von den Manipulationen im Rahmen der psychoakustischen Schalfeldsynthese weitgehend verschont. Der Attack vieler Instrumentalklänge neigt dazu, ein dichtes, breites Spektrum zu haben. Viele spektrale Komponenten klingen schnell aus. Dies gilt für perkussive Klänge wie geschlagene Trommeln, gezupfte Saiteninstrumente und geschlagene Idiophone. Es ist aber auch bei Instrumentalklängen zu beobachten, die einen eher anhaltenden, stationären Klangcharakter haben, wie gestrichene Saiten oder geblasene Blasinstrumente. Ein impulsiver Schlag oder ein geräuschvolles Reiben oder Blasen enthält weit mehr als 25 Frequenzkomponenten. Der Ansatz der psychoakustischen Schallfeldsynthese betrifft nur die Anfangssynchronität einer kleinen Teilmenge von Teiltönen.

Das informelle Abhören eines elektronischen Schlagzeugs – mit Bassdrum, Hihat und Snaredrum – zeigte, dass auch diese eher perkussiven Klänge gut synthetisiert werden können. Aufgrund ihrer steilen Attacks wirkt der Präzedenzeffekt sehr robust und gewährleistet eine gute Lokalisierung. Ein formeller Hörtest, der idealerweise einen Vergleich zwischen Original-Quellklang und psychoakustischem Schalfeldsyntheseklang beinhaltet, wird zeigen, wie natürlich das Timbre wahrgenommen wird. Das Fehlen einer quasi-stationären Phase kann sich auf das wahrgenommene Timbre auswirken.

9.3.7 Implementierung der Auditory Scene Analysis

Wie die meisten anderen Audiosysteme funktioniert auch die psychoakustische Schallfeldsynthese nur aufgrund der Auditory Scene Analysis. Stereo-Panning funktioniert, weil zwei oder mehr Lautsprechersignale nicht einzeln wahrgenommen werden. Stattdessen werden sie in einen gemeinsamen auditory Stream integriert, der eine wahrgenommene Quellenposition und ein Timbre hat. Dieser Ort kann durch Änderung der Signalamplitude oder des Verhältnisses der Ankunftszeiten manipuliert werden. Dies wird als amplitudenbasiertes und zeitbasiertes Panning bezeichnet. Die wahrgenommene Ausdehnung der Quelle wird hauptsächlich durch den Grad der Kohärenz der Lautsprechersignale beeinflusst. Nicht kohärente Lautsprechersignale erzeugen eher inkohärente Ohrsignale. Solange die Signale genügend gemeinsame Merkmale aufweisen, werden sie als eine Quelle mit einer bestimmten Ausdehnung wahrgenommen. Merkmale könnten Tonhöhe, Synchronität, Kontinuität und gemeinsames Schicksal usw. sein. Nur wenn die Signale zu inkohärent sind, d. h. wenn sie nicht genügend klangliche Aspekte gemeinsam haben, spalten sie sich in separate auditory Streams auf, die einzeln lokalisiert werden, wobei jede Quelle ihr eigenes Timbre hat. Das Gleiche gilt für Wellenfeldsynthesesysteme. Aufgrund des räumlichen Aliasing kommen hochfrequente Echos direkt nach der synthetisierten, breitbandigen Wellenfront beim Hörer an. Bei fokussierten Quellen treffen diese hochfrequenten Echos sogar vor der synthetisierten Wellenfront ein und werden als Vor-Echos bezeichnet. Sie treffen größtenteils innerhalb des Echo-Threshold ein, so dass sie nicht als Echos wahrgenommen werden. Sie enthalten nur Teiltöne der synthetisierten Wellenfront, so dass sie mit Sicherheit die gleiche Tonhöhenwahrnehmung und das Harmonizitätsprinzip der Auditory Scene Analysis hervorrufen. Es ist jedoch wahrscheinlich, dass sie sich auf die Wahrnehmung von Lautheit, Helligkeit und Rauhigkeit auswirken, d. h., dass sie das wahrgenommene Timbre beeinflussen, auch wenn die synthetisierte Wellenfront und die hochfrequenten Echos nicht synchron eintreffen.[23]

Bei der psychoakustischen Schallfeldsynthese treffen mehrere manipulierte Quellsignale aus verschiedenen Richtungen und zu leicht unterschiedlichen Zeitpunkten beim Hörer ein. Um in einen gemeinsamen Auditory Stream integriert wer-

[23] In Cusack und Carlyon (2004), S. 23 wird beschrieben, dass Musikensembles Asynchronitäten zwischen 30 und 50 ms aufweisen. Dennoch wird dies vom Publikum nicht wahrgenommen, wahrscheinlich weil die sequenzielle Gruppierung – wie in Abschn. 4.5.1 erörtert wurde-mehr Aufmerksamkeit auf sich zieht als die gleichzeitige Gruppierung, so dass Details zum Timing verloren gehen.

den zu können, müssen diese Signale anstelle der räumlichen Position genügend andere Merkmale gemeinsam haben. Es ist sicherlich hilfreich, dass die Schallfeldsynthese während großer Teile des quasistationären Teils des Instrumentalklangs plausible interaurale Pegel- und Phasenunterschiede erzeugt, die auf den beabsichtigten Ort der Quelle hinweisen und den Lokalisierungsprozess unterstützen, der durch den Präzedenzeffekt während des Notenbeginns initiiert wird. Noch wichtiger ist jedoch, dass die Lautsprecherspektren nur bei 25 Frequenzen verändert werden. Sie haben also immer noch einen gemeinsamen Grundton und weisen ein ähnliches Timbre und zeitliche Hüllkurve auf. Selbst in einem Extremfall, in dem ein Lautsprechersignal diese 25 Frequenzen stark betont und ein anderes sie fast ausblendet, würden die Signale wahrscheinlich immer noch dieselbe Tonhöhenwahrnehmung hervorrufen, eine ähnliche spektrale und zeitliche Kontur aufweisen und ein gemeinsames Schicksal haben, d. h. dieselben Noten spielen. Die Manipulation weiterer Frequenzen könnte ihre Gemeinsamkeit verringern und eine Trennung der Auditory Streams bewirken. Es ist die Integration, die die Signale als einen Auditory Stream erscheinen lässt, der einen gemeinsamen wahrgenommenen Quellort hat. Die Auswahl von 25 Frequenzen ist also nicht nur im Hinblick auf die kritische Bandbreite und die simultane Maskierung von Bedeutung, sondern auch im Hinblick auf die Auditory Scene Analysis. Merkmale eines einzelnen Stroms können leichter gehört werden, als Details innerhalb eines Stroms, da dieses Detail nur ein kleines Element eines größeren Stroms ist. Dieser Mangel an Details ist natürlich hilfreich, um einen natürlichen Klangeindruck zu erzielen, auch wenn sich das synthetisierte Schalfeld in einem kurzen Zeitraum zwischen aufeinanderfolgenden Zeitfenstern von einem natürlichen Schalfeld unterscheidet.

9.4 Zusammenfassung

Der vorgestellte Ansatz zur psychoakustischen Schallfeldsynthese unterteilt einen Hörbereich in diskrete Hörpunkte. Das gewünschte Schallfeld an diesen Punkten wird durch Vereinfachung von Musikinstrumenten als komplexe Punktquellen berechnet. Die zeitlichen Quellensignale werden mittels diskreter Fourier-Transformation in den Frequenzbereich übertragen. Dann wird jede betrachtete Frequenz zu jedem Hörpunkt propagiert. Das Ergebnis ist eine Anzahl komplexer Amplituden, die das Schallfeld für diese Frequenz darstellen. Lautsprecher sollen dieses gewünschte Schallfeld durch Überlagerung der von ihnen abgestrahlten Signale erzeugen. Genau wie die Musikinstrumente werden auch die Lautsprecher als komplexe Punktquellen betrachtet. Eine Übertragungsmatrix beschreibt die Ausbreitung jeder komplexen Lautsprecheramplitude zu jedem Hörpunkt. Die komplexen Lautsprecheramplituden, die notwendig sind, um das gewünschte Schallfeld zu erzeugen, werden durch Lösen eines linearen Gleichungssystems berechnet. Die Lösungen sind die komplexen Amplituden für jeden Lautsprecher für die betrachtete Frequenz. Die Betrachtung von Lautsprechern als komplexe Punktquellen wird als Strahlungsmethode bezeichnet, die aufgrund des komplizierten

Abstrahlverhaltens von Lautsprechern eine leistungsfähige Regularisierungsmethode ist. Eine inverse Fourier-Transformation liefert das zeitliche Lautsprechertreibersignal für die entsprechende Frequenz. Bei diesem Ansatz wird die Zeit vernachlässigt. Es wird angenommen, dass das Quellsignal quasistationär ist. Nur unter dieser Annahme liefert eine Fourier-Transformation das richtige Spektrum. Und nur unter dieser Annahme ist es zulässig, eine Übertragungsmatrix zu erstellen, die die Laufzeit vernachlässigt. Viele musikalische Instrumentalklänge haben anhaltende quasi-stationäre Zustände. Phasenmanipulationen, wie sie sich aus der Lösung des linearen Gleichungssystems ergeben, sind in stationären Signalen praktisch unhörbar. Sie werden bei Transienten hörbar. Insbesondere bei Notenanfängen wirken sich Phasenmanipulationen hörbar auf das Timbre aus; perkussive Anschläge werden ohne Phasensynchronität unscharf. Daher werden nur 25 Frequenzen in Bezug auf Amplitude und Phase manipuliert. Die Attack-Transienten der meisten Musikinstrumente haben eine relativ große spektrale Bandbreite. Viele Frequenzen klingen schnell ab, während meist eine harmonische Spektralreihe über längere quasistationäre Phasen bestehen bleibt. Wenn man also die Phase von 25 Frequenzen manipuliert, bleibt der Großteil des spektralen Inhalts unverändert. Auf diese Weise bleibt das Timbre natürlich, aber die dominante Frequenz in jeder Frequenzgruppe erzeugt interaurale Pegel- und Phasenunterschiede, die die Abstrahlcharakteristik des Schalls und den Ort der virtuellen Quelle anzeigen. Da die Zeit vernachlässigt wird, fehlen interaurale Zeitunterschiede, insbesondere bei den Notenanfängen. Der Precedence-Fade wird verwendet, um interaurale Zeitunterschiede hinzuzufügen und die Lokalisierung zu stabilisieren. Lösungen für aufeinanderfolgende Zeitfenster können Phasensprünge aufweisen, die als Klickgeräusche hörbar sein können. Daher werden sich überlappende Zeitfenster gewählt und übergeblendet. Auf diese Weise wird ein Phasensprung geglättet und klingt wie eine subtile Schwebung anstelle eines Klicks. Der Ansatz wurde in mehreren Hörversuchen simuliert und validiert.

In vielen Zusammenhängen kommt es dem Hörer auf den wahrgenommenen Klang an, nicht auf seine physikalischen Eigenschaften. Das Gehör verfügt über bestimmte Schwellenwerte und eine begrenzte Auflösung, die als räumliche und/oder zeitliche Integration betrachtet und in Form von Just Noticeable Differences gemessen werden kann. Ein begrenzter Teil des ursprünglichen Schallfeldes reicht aus, um eine oder mehrere seiner Wahrnehmungseigenschaften zu reproduzieren.

9.5 Die Zukunft der psychoakustischen Schallfeldsynthese

Der vorgestellte Ansatz der psychoakustischen Schallfeldsynthese erzeugt mit geringem Rechenaufwand und einer vergleichsweise geringen Anzahl von Lautsprechern eine robuste Quellenlokalisierung und den Eindruck einer breiten Quelle für Hörer innerhalb eines erweiterten Hörbereichs. Dabei werden zahlreiche psychoakustische Effekte genutzt, so dass das Schallfeld mit einer Präzision gesteuert wird, die für die wichtigsten Aspekte der menschlichen Schallwahrnehmung ausreicht.

Schwellenwerte und Integrationszeiten sowie Prinzipien der Auditory Scene Analysis werden berücksichtigt. Obwohl bisher nur in der horizontalen Ebene implementiert, könnte die Methode auf dreidimensionale Lautsprecheraufstellungen erweitert werden. Im Gegensatz zum zeit- und amplitudenbasierten Panning ist der Präzedenzeffekt auch in der Medianebene sehr effektiv und robust.[24] Die psychoakustische Schalfeldsynthese ist sicherlich ein Ansatz, der weiter entwickelt werden kann. Viele Forscher betonen das Potenzial der Psychoakustik für Auralisations- und Schalfeldsyntheseanwendungen.[25] Man könnte sie mit der herkömmlichen Wellenfeldsynthese kombinieren. Oberhalb der Aliasing-Frequenz eines Wellenfeldsynthesesystems könnte der psychoakustische Schallfeldsyntheseansatz Hinweise für die Lokalisierung und die Wahrnehmung der Quellbreite liefern. Dies ähnelt dem in Abschn. 8.3.2.2 besprochenen OPSI-Ansatz. Das Raster, das den Hörbereich abtastet, könnte frequenzabhängig gewählt werden. Auf diese Weise würde, genau wie bei Ambisonics-Systemen, ein Sweet Spot für hohe Frequenzen zu niedrigeren Frequenzen hin wachsen, da größere Abtastpunktabstände für große Wellenlängen ausreichen. Diese Idee ist in Abb. 9.20 dargestellt. In dieser Abbildung sind die Abtastpunkte für vier verschiedene Oktaven durch den Grauwert kodiert. In einer tatsächlichen Implementierung würde man ein Gitter von Hörpunkten pro kritischem Frequenzband wählen, so dass jedes zu lösende lineare Gleichungssystem einen individuellen Satz von Hörpunkten enthält.

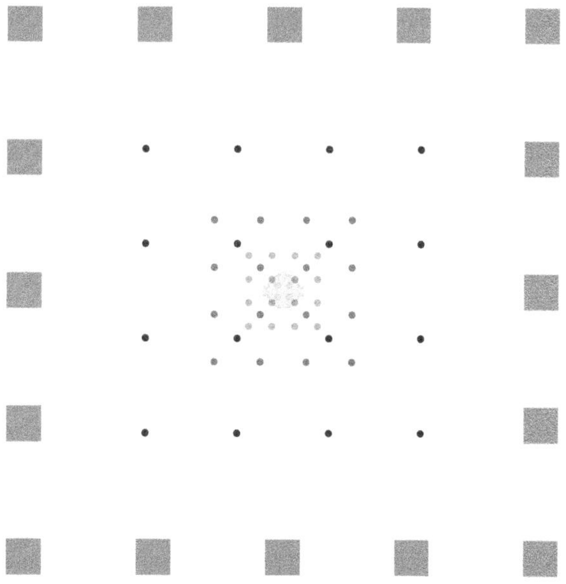

Abb. 9.20 Beispiel für eine frequenzabhängige Ausdehnung des Hörbereichs. Der Grauwert der Hörpunkte, die die Hörzone abtasten, gibt die Frequenz an

[24] Siehe z. B. Litovsky et al. (1997) und Tregonning und Martin (2015).

[25] Siehe z. B. Fastl (2010), Blauert (2008), Spors et al. (2013), Ziemer (2018).

Außerdem könnte die Anzahl der Hörpunkte erhöht werden. Dies macht das lineare Gleichungssystem, Gl. 9.8, zu einem überbestimmten Gleichungssystem. Es wird nach einer kleinen Anzahl von Lautsprechersignalen gesucht, die das gewünschte Schallfeld an einer größeren Anzahl von Hörpunkten produziert. Wie bei vielen Ambisonics-Ansätzen können auch hier Näherungslösungen gefunden werden. So könnte man die Ausdehnung des Hörbereichs vergrößern oder die Anzahl der Lautsprecher noch weiter reduzieren. Die Suche nach einer Näherungslösung, die den quadratischen Synthesefehler minimiert, ist jedoch nicht unbedingt die beste Wahl. Stattdessen sollte man wieder psychoakustische Überlegungen anstellen. So kann beispielsweise die synthetisierte Phase hoher Frequenzen große Fehler aufweisen, ohne dass dies wahrnehmbar ist, da das Gehör für Phasen- und interaurale Phasendifferenzen bei Frequenzen über 1,2 kHz unempfindlich ist.[26] Hier sollte die Minimierung von Amplitudenfehlern die höhere Priorität haben. Ebenso können sehr tiefe Frequenzen nicht gut lokalisiert werden. Anstatt sich also darauf zu konzentrieren, plausible ILDs und IPDs im Hörbereich zu erzeugen, sollte man sich darauf konzentrieren, eine Lösung zu finden, die Amplituden- und Phasenmanipulationen minimiert, damit das gefilterte Quellsignal seine Transienten so gut wie möglich bewahrt. Im Bereich der subjektiven Raumakustik werden LEF im Frequenzbereich von 125Hz–1 kHz und die $BQI_{\text{early, 500 - 2000Hz}}$ berücksichtigt, wenn es um die wahrgenommene Quellenausdehnung geht, wie in Abschn. 6.2.2 diskutiert. Um die wahrgenommene Quellausdehnung zu kontrollieren, sollte man sich also auf diesen Frequenzbereich konzentrieren. Leider decken drei bis vier Oktavbänder einen großen Teil des hörbaren Frequenzbereichs ab. Weitere Studien zur Wahrnehmung der Quellenausdehnung sind notwendig, um herauszufinden, welcher der beiden vorgeschlagenen Frequenzbereiche die ASW stärker beeinflusst.

Bisher verwenden die meisten Ansätze zur Schallfeldsynthese das Rayleigh-Integral in einer der beiden Formen, wie in Abschn. 8.3.2 beschrieben. Dies gilt für Ambisonics, Wellenfeldsynthese und den vorgestellten psychoakustischen Schallfeldsyntheseansatz. Die Rayleigh-Integrale erlauben die Wahl zwischen sekundären Monopol- oder Dipolquellen. Beide Strahlungsarten können durch verschiedene Lautsprechertypen recht gut approximiert werden. Es ist jedoch auch möglich, eine Niere durch einen Lautsprecher oder eine Kombination aus einem Monopol- und einem Dipol-Lautsprecher, die eng beieinander stehen, zu approximieren. Mit einem Array aus solchen Lautsprechern könnte eine diskretisierte Version des K-H-Integrals realisiert werden. Das Umgeben eines Hörbereichs mit nach innen gerichteten Nierenlautsprechern hat den Vorteil, dass nur ein kleiner Teil des Schalls außerhalb des Hörbereichs abgestrahlt wird. Dies würde die Kompensation des Hörraums erheblich erleichtern. Wenn die Lautsprecher drehbar sind, können sowohl der Schalldruck als auch der Gradient gesteuert werden. Dieser Ansatz ist eine Überlegung wert, da er im Gegensatz zu den auf dem Rayleigh-Integral basierenden Ansätzen tatsächlich dem K-H-Integral nahe kommt. Natürlich müssen auch hier viele Probleme gelöst werden. Zum Beispiel kann eine hohe Rotationsgeschwindigkeit notwendig sein, wenn mehrere Quellen oder sich bewegende Quellen syntheti-

[26] Erläutert in Abschn. 4.4.2, hauptsächlich basierend auf Hall (2008), S. 343, Davis (2007), S. 750 und Ross et al. (2007).

siert werden. Psychoakustische Überlegungen werden die notwendige Rotationsgeschwindigkeit aufzeigen. Außerdem sind Kardioide in der Regel keine energieeffizienten Strahler. Und oft kann nur ein schmales Frequenzband mit einer Nierencharakteristik von einem Lautsprecher abgestrahlt werden. Andere Frequenzen werden in der Regel auf kompliziertere Weise abgestrahlt. Lautsprecher mit kardioidförmiger Schallabstrahlung reduzieren die Anzahl und die Amplituden der Erstreflexionen. Eine geringe Anzahl von Reflexionen erster Ordnung kann in die Berechnung der Schallfeldsynthese einbezogen werden. Dieser Ansatz ist mit der adaptiven Wellenfeldsynthese vergleichbar. Bei der aktuellen psychoakustischen Schallfeldsynthese können die Wellenfronten jedoch mit einer Verzögerung von mehreren Millisekunden vor oder nach dem Direktschall des vorhergehenden Lautsprechers eintreffen. Dies ist eine viel höhere Größenordnung als bei der herkömmlichen Wellenfrontsynthese. Bei der psychoakustischen Schallfeldsynthese sind kontrollierte frühe Reflexionen nicht so störend, da die Lokalisierung hauptsächlich vom vorhergehenden Sprecher abhängt.

Es gibt noch so viele Aspekte der Klangwahrnehmung, die noch nicht systematisch in Audiosystemen umgesetzt wurden, und die Psychoakustik bietet unzählige Ansatzpunkte für alternative Ansätze. Die Konzentration auf die Kontrolle über die drei Dimensionen des Timbreraums könnte ein Ausgangspunkt für ein Audiosystem aus einer allgemein neuen Perspektive sein. In Diskotheken und bei Live-Konzerten liegen die Schalldruckpegel oft weit jenseits der 85dB_{SPL}, die als Mischpegel des Toningenieurs und als üblicher Hörpegel bei MP3 angenommen werden. Folglich sind die Maskierungsschwellen noch höher, und man könnte Rechenzeit sparen, wenn man die Maskierungseffekte unter diesen Umständen überdenkt. Bislang sind viele Prinzipien der Auditory Scene Analysis nur aus phänomenologischer Sicht bekannt. Sie wurden anhand von Testsignalen untersucht, die sich in der Regel vom Klang von Musikinstrumenten unterscheiden. Ein tieferes Verständnis der zugrundeliegenden Mechanismen wird sicherlich neue Wege der Tonaufnahme und -wiedergabe aufzeigen. Umgekehrt kann der Aufbau eines auf ASA-Prinzipien basierenden Audiosystems neue Erkenntnisse über die auditive Wahrnehmung liefern.

Die Vision der psychoakustischen Schallfeldsynthese besteht nicht darin, ein komplettes Schallfeld zu kopieren, sondern vielmehr darin, die notwendigen Hinweise für die Wahrnehmung einer gewünschten Quellenposition, der Ausdehnung der Quelle, der Lautheit, des Timbres, der Tonhöhe, der Melodie, des Konsonanzgrads, der Rauhigkeit usw. zu liefern. Die erforderliche Präzision wird durch die räumliche, spektrale und zeitliche Auflösung und die Schwellenwerte des Gehörs sowie durch Organisationsprinzipien im Sinne der Auditory Scene Analysis definiert.

Literatur

Ahrens J (2015) Perceptual evaluation of the diffuseness of synthetic late reverberation created by wave field synthesis at different listening positions. In: Fortschritte der Akustik – DAGA 2015. Berlin

Ahrens J, Spors S (2009) Sound field reproduction employing non-omnidirectional loudspeakers. In: Audio engineering society convention 126

Ahrens J, Geier M, Spors S (2010) Perceptual assessment of delay accuracy and loudspeaker misplacement in wave field synthesis. In: Audio engineering society convention 128

Ajdler T, Faller C, Sbaiz L, Vetterli M (2008) Sound field analysis along a circle and its application to hrtf interpolation. J Audio Eng Soc 56(3):156–175. http://www.aes.org/e-lib/browse.cfm?elib=14380. Zugegriffen am 28.03.2023

Aures W (1985) Berechnungsverfahren für den sensorischen Wohlklang beliebiger Schallsignale (a model for calculating the sensory euphony of various sounds). Acust 59(2):130–141. https://www.ingentaconnect.com/content/dav/aaua/1985/00000059/00000002/art00008. Zugegriffen am 28.03.2023

Bader R (2013) Nonlinearities and synchronization in musical acoustics and music psychology. Springer, Berlin/Heidelberg. https://doi.org/10.1007/978-3-642-36098-5

Bader R (2014) Microphone array. In: Rossing TD (Hrsg) Springer handbook of acoustics. Springer, Berlin/Heidelberg, S 1179–1207. https://doi.org/10.1007/978-1-4939-0755-7_29

Bai MR, Chung C, Wu P-C, Chiang Y-H, Yang C-M (2017) Solution strategies for linear inverse problems in spatial audio signal processing. Appl Sci 7(6):582. https://doi.org/10.3390/app7060582

Berkhout AJ (1988) A holographic approach to acoustic control. J Audio Eng Soc 36(12):977–995. http://www.aes.org/e-lib/browse.cfm?elib=5117. Zugegriffen am 28.03.2023

von Bismarck G (1974) Sharpness as an attribute of the timbre of steady sounds. Acust 30:159–172. https://www.ingentaconnect.com/contentone/dav/aaua/1974/00000030/00000003/art00006. Zugegriffen am 28.03.2023

Blau M (2004) Correlation of apparent source width with objective measures in synthetic sound fields. Acta Acust united Ac 90(4):720–730. https://www.ingentaconnect.com/content/dav/aaua/2004/00000090/00000004/art00015. Zugegriffen am 28.03.2023

Blauert J (2008) 3-d-Lautsprecher-Wiedergabemethoden. In: Fortschritte der Akustik – DAGA 2008. Dresden, S. 25–26

Böhlke L, Ziemer T (2017a) Perception of a virtual violin radiation in a wave field synthesis system. J Acoust Soc Am 141(5):3875. https://doi.org/10.1121/1.4988669

Böhlke L, Ziemer T (2017b) Perceptual evaluation of violin radiation characteristics in a wave field synthesis system. Proc Mtgs Acoust 30(1):035001. https://doi.org/10.1121/2.0000524

Brandenburg K, Stoll G (1994) ISO/MPEG-1 audio: a generic standard for coding of high-quality digital audio. J Audio Eng Soc 42(10):780–792. http://www.aes.org/e-lib/browse.cfm?elib=6925. Zugegriffen am 28.03.2023

Cusack R, Carlyon RP (2004) Auditory perceptual organization indside and outside the laboratory. In: Neuhoff JG (Hrsg) Ecological psychoacoustics, chapter 2. Elsevier, Oxford, S 15–48. https://doi.org/10.1016/b978-012515851-0/50003-5

Daniel P, Weber R (1997) Psychoacoustical roughness: implementation of an optimized model. Acta Acust united Ac 83(1):113–123. https://www.ingentaconnect.com/contentone/dav/aaua/1997/00000083/00000001/art00020. Zugegriffen am 28.03.2023

Davis MF (2007) Audio and electroacoustics. In: Rossing TD (Hrsg) Springer handbook of acoustics, chapter 18. Springer, New York, S 743–781. https://doi.org/10.1007/978-0-387-30425-0_18

Dubnov S, Rodet X (2003) Investigation of phase coupling phenomena in sustained portion of musical instruments sound. J Acoust Soc Am 113(1):348–359. https://doi.org/10.1121/1.1518981

Fastl H (2010) Praktische Anwendungen der Psychoakustik. In: Fortschritte der Akustik – DAGA 2010. Berlin, S 5–10

Fischer JL, Bader R, Abel M (2016) Aeroacoustical coupling and synchronization of organ pipes. J Acoust Soc Am 140(4):2344–2351. https://doi.org/10.1121/1.4964135

Fletcher NH (1978) Mode locking in nonlinearly excited inharmonic musical oscillators. J Acoust Soc Am 6(64):1566–1569. https://doi.org/10.1121/1.382139

Fletcher NH, Rossing TD (2008) The physics of musical intstruments, 2. Aufl. Springer, New York

Freyman RL, Zurek PM, Balakrishnan U, Chiang Y-C (1997) Onset dominance in lateralization. J Acoust Soc Am 101(3):1649–1659. https://doi.org/10.1121/1.418149

Geier M, Wierstorf H, Ahrens J, Wechsung I, Raake A, Spors S (2010) Perceptual evaluation of focused sources in wave field synthesis. In: Audio engineering society convention 128, London

Grantham DW (1986) Detection and discrimination of simulated motion of auditory targets in the horizontal plane. J Acoust Soc Am 79(6):1939–1949. https://doi.org/10.1121/1.393201
Hall DE (2008) Musikalische Akustik. Ein Handbuch. Schott, Mainz
International Organization for Standardization/International Electrotechnical Commission (1993) ISO/IEC JTC1/SC29/WG11 MPEG, IS11172–3, information technology – coding of moving pictures and associated audio for digital storage media at up to about 1.5 Mbit/s – part 3: audio
Jensenius AR, Wanderley MM, Rl G, Leman M (2010) Musical gestures. concepts and methods in research. In: Godøy RI, Leman M (Hrsg) Musical gestures. Sound, movement, and meaning. Routledge, New York, NY, S 12–35. https://doi.org/10.4324/9780203863411
Klockgether S, van de Par S (2016) Just noticeable differences of spatial cues in echoic and anechoic acoustical environments. J Acoust Soc Am 140(4):EL352–EL357. https://doi.org/10.1121/1.4964844
Lindau A, Erbes V, Lepa S, Maempel H-J, Brinkman F, Weinzierl S (2014) A spatial audio quality inventory (SAQI). Acta Acust united Ac 100(5):984–994. https://doi.org/10.3813/AAA.918778
Litovsky RY, Rakerd B, Yin TCT, Hartmann WM (1997) Psychophysical and physiological evidence for a precedence effect in the median sagittal plane. J Neurophysiol 77(4):2223–2226. https://doi.org/10.1152/jn.1997.77.4.2223
Meyer J (2009) Acoustics and the performance of music. manual for acousticians, audio engineers, musicians, architects and musical instrument makers, 5. Aufl. Springer, Bergkirchen. https://doi.org/10.1007/978-0-387-09517-2
Nuttal AH (1981) Some windows with very good sidelobe behavior. IEEE Trans Acoust Speech Signal Process 29:84–91. https://doi.org/10.1109/tassp.1981.1163506
Patel AD (2002) Music, language, and the brain. Oxford University Press, Oxford
Ross B, Tremblay KL, Picton TW (2007) Physiological detection of interaural phase differences. J Acoust Soc Am 121(2):1017–1027. https://doi.org/10.1121/1.2404915
Spors S, Wierstorf H, Raake A, Melchior F, Frank M, Zotter F (2013) Spatial sound with loudspeakers and its perception: a review of the current state. Proc IEEE 101(9):1920–1938. https://doi.org/10.1109/JPROC.2013.2264784
Tregonning A, Martin B (2015) The vertical precedence effect: utilizing delay panning for height channel mixing in 3d audio. In: Audio engineering society convention 139. New York/NY
VictorianLady (2016) cembalo-geige-notenständer-möbel. https://pixabay.com/de/cembalo-geige-notenst%C3%A4nder-m%C3%B6bel-1412019/. Zugegriffen am 28.03.2023
de Vries D (1996) Sound reinforcement by wavefield synthesis: adaption of the synthesis operator to the loudspeaker directivity characteristics. J Audio Eng Soc 44(12):1120–1131. http://www.aes.org/e-lib/browse.cfm?elib=7872. Zugegriffen am 28.03.2023
Wierstorf H (2014) Perceptual assessment of sound field synthesis. PhD thesis. University of Technology Berlin, Berlin
Wierstorf H, Raake A, Geier M, Spors S (2013) Perception of focused sources in wave field synthesis. J Audio Eng Soc 61(1/2):5–16. http://www.aes.org/e-lib/browse.cfm?elib=16663. Zugegriffen am 28.03.2023
Wierstorf H, Raake A, Spors S (2017) Assessing localization accuracy in sound field synthesis. J Acoust Soc Am 141(2):1111–1119. https://doi.org/10.1121/1.4976061
Wittek H (2007) Perceptual differences between wavefield synthesis and stereophony. PhD thesis. University of Surrey, Guilford
Wittek H, Kerber S, Rumsey F, Theile G (2004) Spatial perception in wave field synthesis rendered sound fields: distance of real and virtual nearby sources. In: Audio engineering society convention 116, Berlin. http://www.aes.org/e-lib/browse.cfm?elib=12711. Zugegriffen am 28.03.2023
Ziemer T (2009) Wave field synthesis by an octupole speaker system. In: Naveda L (Hrsg) Proceedings of the second international conference of students of systematic musicology (SysMus09), S 89–93. http://biblio.ugent.be/publication/823807/file/6824513.pdf#page=90. Zugegriffen am 28.03.2023
Ziemer T (2011a) Wave field synthesis. theory and application. (magister thesis). University of Hamburg, Hamburg
Ziemer T (2011b) A psychoacoustic approach to wave field synthesis. In: Audio engineering society conference: 42nd international conference: semantic audio. Ilmenau, S 191–197. http://www.aes.org/e-lib/browse.cfm?elib=15942. Zugegriffen am 28.03.2023

Ziemer T (2011c) Psychoacoustic effects in wave field synthesis applications. In: Schneider A, von Ruschkowski A (Hrsg) Systematic musicology. Empirical and theoretical studies. Peter Lang, Frankfurt am Main, S 153–162. https://doi.org/10.3726/978-3-653-01290-3

Ziemer T (2011d) A psychoacoustic approach to wave field synthesis. J Audio Eng Soc 59(5):356. https://www.aes.org/conferences/42/abstracts.cfm#Tim_Ziemer. Zugegriffen am 28.03.2023

Ziemer T (2014) Sound radiation characteristics of a shakuhachi with different playing techniques. In: Proceedings of the international symposium on musical acoustics (ISMA-14). Le Mans, S 549–555. http://www.conforg.fr/isma2014/cdrom/data/articles/000121.pdf. Zugegriffen am 28.03.2023

Ziemer T (2015a) Exploring physical parameters explaining the apparent source width of direct sound of musical instruments. In: Jahrestagung der Deutschen Gesellschaft für Musikpsychologie. Oldenburg, S 40–41. http://www.researchgate.net/publication/304496623_Exploring_Physical_Parameters_Explaining_the_Apparent_Source_Width_of_Direct_Sound_of_Musical_Instruments

Ziemer T (2015b) Spatial sound impression and precise localization by psychoacoustic sound field synthesis. In: Deutsche Gesellschaft für Akustik EV, Mores R (Hrsg) Seminar des Fachausschusses Musikalische Akustik (FAMA): „Musikalische Akustik zwischen Empirie und Theorie". Deutsche Gesellsch. f. Akustik, Hamburg, S 17–22. https://www.dega-akustik.de/fachausschuesse/ma/dokumente/tagungsband-seminar-fama-2015/. Zugegriffen am 28.03.2023

Ziemer T (2016) Implementation of the radiation characteristics of musical instruments in wave field synthesis application. PhD thesis. University of Hamburg, Hamburg

Ziemer T (2017a) Source width in music production. Methods in stereo, ambisonics, and wave field synthesis. In: Schneider A (Hrsg) Studies in musical acoustics and psychoacoustics, vol 4 of current research in systematic musicoogy, chapter 10. Springer, Cham, S 299–340. https://doi.org/10.1007/978-3-319-47292-8_10

Ziemer T (2017b) Perceptually motivated sound field synthesis for music presentation. J Acoust Soc Am 141(5):3997. https://doi.org/10.1121/1.4989162

Ziemer T (2017c) Perceptual sound field synthesis concept for music presentation. In: Proceedings of meetings on acoustics, paper number 015016, Boston/MA. https://doi.org/10.1121/2.0000661

Ziemer T (2018) Wave field synthesis. In: Bader R (Hrsg) Springer handbook of systematic musicology, chapter 18. Berlin/Heidelberg, S 175–193. https://doi.org/10.1007/978-3-662-55004-5_18

Ziemer T, Bader R (2015a) Complex point source model to calculate the sound field radiated from musical instruments. In: Proceedings of meetings on acoustics, Bd 25. https://doi.org/10.1121/2.0000122

Ziemer T (2015b) Spatial sound impression and precise localization by psychoacoustic sound field synthesis. In: Deutsche Gesellschaft für Akustik EV, Mores R (Hrsg) Seminar des Fachausschusses Musikalische Akustik (FAMA): „Musikalische Akustik zwischen Empirie und Theorie. Deutsche Gesellsch. f. Akustik, Hamburg, S 17–22. https://www.dega-akustik.de/fachausschuesse/ma/dokumente/tagungsband-seminar-fama-2015/. Zugegriffen am 28.03.2023

Ziemer T, Bader R (2015b) Implementing the radiation characteristics of musical instruments in a psychoacoustic sound field synthesis system. J Audio Eng Soc 63(12):1094. http://www.aes.org/journal/online/JAES_V63/12/. Zugegriffen am 28.03.2023

Ziemer T, Bader R (2015c) Implementing the radiation characteristics of musical instruments in a psychoacoustic sound field synthesis system. In: Audio engineering society convention 139, paper number 9466, New York. http://www.aes.org/e-lib/browse.cfm?elib=18022. Zugegriffen am 28.03.2023

Ziemer T, Bader R (2015d) Complex point source model to calculate the sound field radiated from musical instruments. J Acoust Soc Am 138(3):1936. https://doi.org/10.1121/1.4934107

Ziemer T, Bader R (2017) Psychoacoustic sound field synthesis for musical instrument radiation characteristics. J Audio Eng Soc 65(6):482–496. https://doi.org/10.17743/jaes.2017.0014

Zwicker E, Fastl H (1999) Psychoacoustics. Facts and models. Springer, Berlin/Heidelberg. second updated edition. https://doi.org/10.1007/978-3-662-09562-1

The manufacturer's authorised representative in the EU is Springer Nature Customer Service Centre GmbH, Europaplatz 3, 69115 Heidelberg, Germany. If you have any concerns regarding our products, please contact ProductSafety@springernature.com

Printed and bound by CPI Group (UK) Ltd, Croydon, CR0 4YY
21/10/2026
02237159-0012